一流本科专业一流本科课程建设系列教材

电力系统分析

付　敏　白红哲　吕艳玲　编

机械工业出版社

本书以生产、输送优质、安全、可靠、经济的电能为主线，阐述了电力系统的基本概念、基本理论和基本计算方法。全书共10章，包括电力系统概述、电力系统接线及一次设备、电力系统各元件的参数计算和等效电路、电力系统潮流计算、电力系统无功功率平衡与电压调整、电力系统有功功率平衡与频率调整、电力系统的经济运行、电力系统三相短路电流计算、电力系统不对称短路电流计算和电力系统运行稳定性。

本书可作为普通高校本科和高等职业教育电气工程及其自动化相关专业的教材，也可供电气工程技术人员参考。全书采用一体化设计，重点课程内容配有微视频，可实现线上同步学习。

图书在版编目（CIP）数据

电力系统分析 / 付敏，白红哲，吕艳玲编 . -- 北京 : 机械工业出版社，2025. 7. --（一流本科专业一流本科课程建设系列教材）. -- ISBN 978-7-111-78077-9

Ⅰ. TM711

中国国家版本馆 CIP 数据核字第 2025D4871F 号

机械工业出版社（北京市百万庄大街 22 号　邮政编码 100037）

策划编辑：王雅新　　责任编辑：王雅新　王　荣

责任校对：郑　婕　张　薇　　封面设计：张　静

责任印制：任维东

河北鹏盛贤印刷有限公司印刷

2025 年 7 月第 1 版第 1 次印刷

184mm × 260mm · 19.5 印张 · 456 千字

标准书号：ISBN 978-7-111-78077-9

定价：59.80 元

电话服务　　网络服务

客服电话：010-88361066　　机　工　官　网：www.cmpbook.com

010-88379833　　机　工　官　博：weibo.com/cmp1952

010-68326294　　金　书　网：www.golden-book.com

　机工教育服务网：www.cmpedu.com

前 言

在结合国家级、省级一流本科课程建设的总体设想，满足工程教育认证要求，体现“以学生为中心，以产出为导向”的教育理念，实现课程建设持续改进的背景下，编者总结多年的教学改革经验，编写了本书。

本书内容编排在保证体系完整、理论严谨的基础上，没有繁杂冗余的理论推导；介绍了一些前沿、成熟的科技成果，以反映现代电力工业领域的新发展和新成就；介绍了 MATLAB/Simulink 仿真内容，以提高学生分析解决复杂电力网络的能力；介绍了电力系统接线和一次设备，以加深学生对电力系统全面、更好的认识。

本书以生产、输送优质、安全、可靠、经济的电能为主线，着重阐述电力系统的基本概念、电力系统各元件的模型和等效电路、电力系统潮流计算、电力系统无功功率平衡和电压调整、电力系统有功功率平衡和频率调整、电力系统的经济运行、电力系统短路故障分析及电力系统稳定性分析。

本书既可作为电气工程及其自动化专业的本科生教材，也可作为电气类专业人员的培训教材和电气工程技术人员的参考书。为了更好地服务于高校师生和技术人员，本书采用数字资源一体化设计，结合互联网技术，将重点课程内容微视频制成二维码供读者扫码观看，同时配备了课程资源网站 https://www.xuetangx.com/course/hrbust08061008589/23903301?channel=i.area.recent_search，提供了与教材相关的多媒体课件。

本书由付敏主持编写工作，负责全书的定稿、统稿。全书共 10 章，第 1、2、10 章由吕艳玲编写；第 3 章的 3.2、3.3 及第 4 ~ 7 章由白红哲编写；第 3 章的 3.1、3.4、3.5 以及第 8、9 章由付敏编写。

本书的编写得到了哈尔滨理工大学教务处、哈尔滨理工大学电气与电子工程学院及电力部门同行的大力支持和帮助，在此表示衷心感谢！同时，本书在编写过程中参考了大量文献，向本书所有参考文献的作者表示真诚感谢！

编　者

目 录

第1章 电力系统概述

1.1 我国电力工业的发展

早在公元前6世纪，古希腊哲学家泰勒斯发现了摩擦生电现象，直到18世纪，电磁理论的研究才取得重大进展。1831年，法拉第发现了电磁感应定律，并发明了世界上第一台发电机，实现了由磁到电的重大飞跃。1832年，法国人皮克西制造出世界上第一台手摇式直流发电机，1882年，爱迪生在纽约建立了第一个商业化的直流电力系统。1891年，德国建立了第一个三相交流系统，输电容量及距离迅速扩大。1879年，毕晓甫在上海利用一台7.46kW的柴油发电机开启了我国的用电时代。1882年，英国商人在上海创办了中国第一家公用电业公司——上海电气公司。

我国的电力工业从1882年开始，至今已经走过140多年的光辉历程。

1882年，上海电气公司开业后，上海、汉口、天津、广州、北京以及东北等租界相继开办了一些公用电业公司。同年华裔商人成立广州电灯公司，开启了民族资本创办电力公司的历史。1904年比利时商人与北洋军阀在天津成立了电车电灯公司，并于1906年开启了我国交流电的历史。至1911年，全国发电装机容量只有2.7万kW，有电的地方仅限于上海、广州、北京、香港等中心城市和租界内，我国电力工业处于刚刚起步的幼芽状态。第一次世界大战爆发后，民族资本工业得到了较快发展。到1936年底，全国发电装机容量达到136.59万kW（不含台湾省），当时，最大的电力公司为上海电力公司，装机容量16.1万kW。1924年，江苏建成了第一条33kV输电线路，1935年，东北地区出现了154kV输变线路，输电配电网络也相应得到发展。在1937—1945年，我国电力工业遭受了极大破坏。全国电力装机容量只增加了9万kW。这期间，国民政府主要在四川、云南、贵州、陕西、甘肃等地区筹建了共27个小电厂，总装机容量只有2.84万kW。1946—1949年，我国电力工业基本处于停滞状态，仅在1947年杨树浦电厂建成了一台180t/h的高温高压锅炉和一台1.765万kW的汽轮发电机组，这是我国第一台高参数火电机组。在新中国成立前夕，全国发电装机容量只有185万kW，发电量43亿kW•h，人均年用电量只有9kW•h，发电装机容量和发电量分别居世界第21位和第25位。当时除东北有一条220kV线路和几条154kV线路外，其他地区只有以城市供电区为中心的发电厂及直配线，电力工业处于落后地位。1949—1978年，在不到30年的时间里，全国发电装机容量达到5712万kW，发电量达到2566亿kW•h，分别比1949年增长了29.9倍和58.7倍，发电装机容量和发电量分别跃居世界第8位和第7位。电网也初具规模，建成330kV输电线路533km和220kV输电线路22672km，相应的变电容量分别为49万kV•A和2479万kV•A。1987年，我国发电装机容量实现了历史性的突破，达到1亿kW。此后，电力工业每年新投产的发电机组都超过1000万kW，1987—1994年仅7年间，全国发电装机容量翻了一番，跨上 2 亿 kW 的台阶。1995 年后仅仅 5 年间，全国发电装机容量又跨上 3 亿 kW 的台阶。这期间，我国发电装机容量和发电量先后超过法国、英国、加拿大、德国、俄罗斯和日本等国家，于 1996 年底跃居世界第 2 位，仅次于美国。

随着三峡工程的正式开工，与之配套的三峡输变电工程也于 1997 年 1 月正式开工，实现了将三峡的电力输送到华中、华东、广东及重庆等地区，同时促进了我国逐步形成以三峡电站为中心的全国联网。2009 年，三峡电站全部建成，总功率为 18200MW，通过 15 回 500kV 交流输电线路和 3 回 500kV 直流输电线路向全国输电。2009 年 1 月 6 日，我国自主研发、设计和建设的 1000kV 晋东南—南阳—荆门特高压交流试验示范工程建成并正式投入商业运行。这是当时世界上电压等级最高、输送能力最强、技术水平最先进的特高压交流输电工程。2010 年 7 月 8 日，向家坝—上海 ±800kV 特高压直流输电示范工程建成并正式投入商业运行。2019 年 9 月 26 日，昌吉—古泉 ±1100kV 特高压直流输电工程竣工投产，来自 3000km 外新疆的丰富电能源源不断地送达安徽直抵华东，输送容量达 1200 万 kW。2009—2019 年是我国电力工业发展最快、规模最大、技术管理水平得到极大提高的时期。这期间，我国调整了电力结构，飞速发展了电网，解决了长期困扰经济发展的能源逆分布问题。“十三五”期间，全国跨区跨省输电通道加快推进，区域电网主网架不断完善，华北、华东特高压主网架基本形成，华中、东北、西北主网架持续优化，西南川渝形成独立同步电网，南方电网的云南电网与主网异步联网。

“十三五”时期，全国全口径发电装机容量年均增长 7.6%。其中，非化石能源装机年均增长 13.1%，占总装机容量比重从 2015 年底的 34.8% 上升至 2020 年底的 44.8%；煤电装机容量年均增速为 3.7%，占总装机容量比重从 2015 年底的 59.0% 下降至 2020 年底的 49.1%。从能源结构看，十年来，我国传统化石能源发电装机容量比重持续下降、新能源装机容量比重明显上升。2020 年火电装机容量比重较 2011 年下降 15.7 个百分点，风电、太阳能发电装机容量比重上升近 20 个百分点，发电装机容量结构进一步优化。水电、风电、光伏、在建核电装机规模等多项指标保持世界第一。“十四五”期间，面对全球气候变化给人类生存和发展带来的严峻挑战，我国提出构建以新能源为主体的新型电力系统，明确了“双碳”背景下我国能源电力转型发展的方向。截止到 2024 年年底，全国风电、光伏发电装机容量突破 12 亿 kW，风电、光伏发电装机容量均处于世界第一。

1.2 我国电力工业的新技术

1.2.1 特高压技术

1. 特高压电网

我国能源资源与能源需求逆向分布，76% 的煤炭分布在北部和西北部，80% 的风能分布在西部和北部，80% 的水能分布在西南部，90% 的太阳能分布在西部和北部。而 70% 以上的电力消费集中在东中部地区，发展特高压可促进西部大型煤电、水电、风电、太阳能发电基地的大规模开发，减少弃水、弃风、弃光。通过特高压电网的经济输送，落地电价比当地火电上网电价低 5 ～ 8 分 /（kW•h）。

特高压电网由交流 1000kV 及以上和直流 ±800kV 及以上系统构成。特高压电网能大大提升我国电网的输送能力。一回路特高压直流电网可以输送 600 万 kW 电量，相当于现有 500kV 直流电网的 5～6 倍，而且送电距离也是后者的 2～3 倍，因此大大提高了效率。此外，输送同样功率的电量，采用特高压线路可以比采用 500kV 高压线路节省 60% 的土地资源。

我国特高压电网的发展

发展特高压电网后，送端、受端省份都受益，大范围优化配置了能源资源。截止到 2020 年，我国特高压项目在运情况见表 1-1。

表 1-1　我国特高压项目在运情况（截止到 2020 年）

分类	线路	输送电压 /kV	线路长度 /km	投运时间
交流	晋东南—南阳—荆门	1000	654	2009
	淮南—南京—上海	1000	760	2016
	浙北—福州	1000	2×603	2014
	锡盟—山东	1000	730	2016
	蒙西—天津南	1000	2×608	2016
	淮南—浙北—上海	1000	2×649	2013
	锡盟—胜利	1000	2×240	2017
	榆横—潍坊	1000	2×1050	2017
	山东—河北环网	1000	816	2020
	苏通 GIL 综合管廊	1000	34（气体绝缘线路）	2019
	北京西—石家庄	1000	2×221	2019
	蒙西—晋中	1000	2×308	2020
直流	云南—广东（南网）	±800	1373	2010
	向家坝—上海	±800	1907	2010
	锦屏—苏南	±800	2059	2012
	糯扎渡—广东（南网）	±800	1413	2015
	哈密南—郑州	±800	2192	2014
	溪洛渡—金华	±800	1653	2014
	宁东 / 灵州—浙江 / 绍兴	±800	1720	2016
	滇西北—广东（南网）	±800	1953	2018
	酒泉—湖南	±800	2383	2017
	晋北 / 山西—江苏 / 南京	±800	1119	2017
	锡盟—泰州 / 江苏	±800	1620	2017
	上海庙—山东	±800	1230	2019
	扎鲁特—青州	±800	1234	2017
	昌吉—古泉	±1100	3293	2019
	乌东德—广东广西	±800	1452	2020
	青海—河南	±800	1563	2020

这些特高压项目的投运，标志着我国在特高压输变电核心技术和设备国产化上取得了重大突破，对优化能源资源配置、保障国家能源安全和电力可靠供应具有重要意义。2021 年 10 月，由国务院印发的《2030 年前碳达峰行动方案》提出新建通道可再生能源电量比例原则上不低于 50%。这为“十四五”新建特高压线路的可再生能源输电能力标明了底线，将对我国实现双碳发展目标产生重大的支撑价值。

特高压工程的成功建设是世界电力发展史上的重要里程碑。我国在国际特高压领域率先实现了从理论研究到工程实践的全面突破，首次实现了中国创造和中国引领，为我国能源可持续发展、电力技术和装备走向世界奠定了坚实基础。我国在世界上率先建立了全套特高压技术标准体系，我国特高压交流标准电压被推荐为国际标准电压。下面简单介绍我国特高压技术的创新能力。

（1）试验能力

目前我国有四个试验基地，即特高压直流试验基地（北京昌平）、高压交流试验基地（湖北武汉）、特高压杆塔试验基地（河北霸州）和西藏高海拔试验基地（西藏羊八井）。这四个试验基地构成了一套功能完整的特高压试验研究体系，主要进行一些工程需要的前期科学研究、基础性机理研究以及设备型式试验等。

（2）电压控制

电压控制包括稳态电压控制和瞬态过电压抑制。我国提出了特高压交流系统无功电压控制方法，高性能避雷器、高压电抗器及断路器合闸电阻有机组合的过电压抑制方法，潜供电弧计算方法及抑制方案等，将过电压限制在 1.5 倍额定电压以下，成功实现 0.7s 内快速重合闸。

（3）外绝缘配置

我国首次获得了特高压系统外绝缘特性全系列真型试验数据，建立了长空气间隙放电过程的数学模型，掌握了大尺度外绝缘的非线性放电特性，提出了基于长波前冲击试验的过电压绝缘配合方法、大吨位复合绝缘子配置方案等，攻克了外绝缘配置难题。以特高压交流输电为例，线路铁塔质量降低 64%、造价降低 60%。

（4）电磁环境控制

我国首次开展了全场域电场分析，掌握了特高压导体表面和空间的电场分布规律；提出了导线布置方案、电晕控制方法，有效控制了带电导体表面和附近空间的电场强度；通过研发高性能隔声屏障以及优化噪声源布置，成功解决了变电站、换流站可听噪声控制难题。

（5）设备研制

特高压设备额定参数高，多物理场协调复杂。通过开展电、磁、热、力多物理场仿真计算分析，提出了变压器主体变与调压变分离布置方案、三柱并联绕组磁路平衡方法，研制出开关设备双断口和四断口高效能灭弧室，提出了高强度、强憎水性有机复合材料配方和成形工艺等，成功研制出全套特高压交、直流输电设备。

（6）系统集成

我国提出了特高压交流工程整套设计和施工方法、设备现场试验方案，研制出线路带电作业工器具和试验装备等，形成了工程设计、施工、调试、运行全套技术规范。另外，我国还研究确定了特高压直流系统额定电压、额定电流和输送功率等关键参数，首次提出了成套设计方案，实现了特高压直流输电自主系统集成。

2. 超高压远距离直流输电

在电力事业发展的初期——19 世纪 80 年代，由于当时的电源是直流发电机，所以都采用直流输电。第一条直流输电线路电压等级只有 1.5kV。早期的直流输电存在电压变换困难、功率难以提升以及发电机不易换向、可用率低等缺点。随着交流的出现，特别是三相交流制的建立以及高压输变电设备制造技术的进步，交流高压输电以其独特的优点逐渐取代了直流输电。但是，随着交流输电容量的增大、线路距离的增长以及电网结构的复杂化，使得系统稳定、限制短路电流、调压等问题日益突出，特别是在远距离输电中，为了提高稳定性与输电容量，常需要花费较大的投资，再加上交直流换流技术所取得的进展，使人们重新回过头来研究高压直流输电技术。

从 20 世纪 50 年代起，汞弧阀换流技术被成功应用到直流输电中，高压直流输电有了显著的进展。当时，瑞典投入了电压等级为 ±100kV、输送容量为 20MW 的高压直流输电线路，全长 96km，但汞弧阀的换流站投资非常高。1956 年，美国贝尔实验室发明了晶闸管，1957 年，美国通用电气公司开发出第一只晶闸管，并于 1958 年实现商业化。1972 年，世界首个采用晶闸管阀的直流输电工程——加拿大伊尔河“背靠背”直流输电系统建成，并开始蓬勃发展。随着电压等级和容量的不断提高，这种输电技术在远距离大容量输电方面发挥着越来越重要的作用。1990 年，加拿大 McGill 大学提出了电压源高压直流输电（Voltage Sourced Converter HVDC，VSC-HVDC）技术，并由 ABB 公司于 1997 年在赫尔斯扬完成了首条商业化运行 VSC-HVDC 工程。随着功率半导体器件技术的进步、大功率绝缘栅双极型晶体管（Insulated Gate Bipolar Transistor，IGBT）的出现及脉宽调制（Pulse Width Modulation，PWM）技术和多电平控制技术的发展，VSC-HVDC 技术得到了迅猛发展。随着电力电子技术的发展和半导体器件技术的进步，直流输电将会有更大的发展。

世界上有 20 多个国家和地区都建设了直流输电工程。我国直流输电工程的建设始于 20 世纪 70 年代，当时依靠国产设备建设了舟山群岛的跨海直流输电工程，其电压等级为 ±1000kV，初期容量仅为 50MW，1983 年，国家决定建设 ±500kV 的葛洲坝—上海直流输电工程，其输送容量最大为 1200MW，但主要设备全部依靠进口，投资较高。此后，主要设备不能国产化曾一度阻碍了直流输电的发展。20 世纪 90 年代中期，随着三峡工程的建设以及“西电东送”的需求，我国先后开展了天生桥—广州、三峡—常州、三峡—广东、贵州—广东以及河南灵宝的“背靠背”直流联网工程的建设。2014 年初，新疆哈密南—河南郑州的特高压直流输电工程投入使用，其电压等级为 ±800kV，全长 2210km，能将新疆丰富的火电、风电、光电送入内地，并入大交流系统。直流设备的国产化也正在大力进行中。我国幅员辽阔，能源分布不均匀，“西电东送”是国家当前的既定方针。因此，发展高压直流输电的潜力巨大，直流输电在远距离输电中所占比重将日益增加。

1.2.2　储能技术

在双碳背景下，以新能源为主体的新型电力系统概念应运而生，大力发展新能源、加快终端能源消费电气化进程是新型电力系统的发展趋势。传统电力系统为

“源随荷动”的确定性单向电量平衡，随着新能源渗透率的不断提高，新型电力系统电源侧逐渐转变为以新能源为主体的高不确定性供能体系，系统负荷侧逐步发展成为需求响应激励、负荷类型多样、新兴用能消费理念交织的强随机性用能体系。新型电力系统随机波动的供用能体系塑造了源荷双向互动的功率－能量动态均衡新形态，系统对灵活性资源的需求大幅增加。伴随电力电子设备的广泛应用，系统动态特性也发生了深刻变化，稳定性问题日益凸显。储能可以提供及时安全稳定的功率－能量输出，为新型电力系统常规场景的安全稳定运行与极端场景的弹性提升提供了技术支撑。

储能技术主要分为物理储能（如抽水蓄能、压缩空气储能及飞轮储能等）、化学储能（如铅酸电池、氧化还原液流电池、钠硫电池及锂离子电池）和电磁储能（如超导电磁储能、超级电容器储能等）三大类。根据各种储能技术的特点，飞轮储能、超导电磁储能和超级电容器储能适合需要提供短时较大脉冲功率的场合，如应对电压暂降和瞬时停电、提高用户的用电质量、抑制电力系统低频振荡、提高系统稳定性等；而抽水蓄能、压缩空气储能和化学电池储能适合系统调峰、大型应急电源、可再生能源并入等大规模、大容量的应用场合。

抽水蓄能使用两种不同水位的水库。谷负荷时，将下位水库中的水抽至上位水库；峰负荷时，利用反向水流发电。抽水蓄能电站的最大特点是储存能量大，可按任意容量建造，储存能量的释放时间可以从几小时到几天，其效率为 70% ～ 85%。

压缩空气储能系统主要由两部分组成：一是充气压缩循环，二是排气膨胀循环。在夜间负荷低谷时段，电动机－发电机组作为电动机工作，驱动压缩机将空气压入空气储存库；在白天负荷高峰时段，电动机－发电机组作为发电机工作，储存的压缩空气先经过回热器预热，再与燃料在燃烧室内混合燃烧后，进入膨胀系统（如驱动燃气轮机）发电。

飞轮储能利用电动机带动飞轮高速旋转，将电能转换成机械能储存起来，当需要时，飞轮带动发电机发电。新技术和新材料的应用，使飞轮储能技术取得了突破性进展，如磁悬浮技术、真空技术、高性能永磁技术和高温超导技术的发展，极大地降低了机械轴承摩擦与风阻损耗；高强度纤维复合材料的应用使飞轮允许线速度大幅提高，大大增加了单位质量的动能储量；电力电子技术的飞速发展使飞轮储存的能量交换更为灵活高效。因此，飞轮储能被认为是近期最有竞争力的储能技术之一。

超导电磁储能是利用超导线圈经电网供电励磁而产生的磁场储存能量。超导电磁储存的能量为 $E=LI^2/2$（其中，L 为线圈的电感，I 为线圈的励磁电流）。若线圈维持超导态，则线圈中所储存的能量几乎可以无损耗地永久储存下去，直到需要时再使用。超导线圈是一个直流装置，电网中的电流经整流变为直流后给超导线圈充电励磁。超导线圈放电时，须经逆变装置向电网或负荷供电。

超级电容器根据电化学双电层理论研制而成，可提供强大的脉冲功率。充电时，电极表面处于理想极化状态，电荷将吸引周围电解质溶液中的异性离子，使其附于电极表面，形成双电荷层，构成双电层电容器。双电层电容器容量极大，可存储较多的电荷。

钠硫电池以钠和硫分别作为负极和正极，β 氧化铝陶瓷起隔膜和电解质的双重作用。目前研发的单体钠硫电池最大容量可达 650Ah，功率达 120W 以上，组合构成模块直接用于储能。钠硫电池在国外已是发展相对成熟的储能电池，实际使用寿命可达 10 ～ 15 年。

氧化还原液流电池是正负极活性物质均为液态流体氧化还原电对的一种电池。液流电池主要包括溴化锌（ZnBr）、氯化锌（ZnCl）、多硫化钠溴液流电池（PSB）和全钒液流电池（VRB）等多种体系。其中，全钒液流电池已经成为液流电池体系的主流。

锂离子电池的工作原理：锂离子电池的正极活性物质由锂的活性化合物组成，负极活性物质为碳材料。锂离子电池是利用锂离子在正负极材料中嵌入和脱嵌，从而完成充放电过程的反应。使用磷酸铁锂为正极材料的锂离子电池由于成本优势明显，正逐步成为锂离子电池的主要发展方向。锂离子电池已成为目前世界上大多数汽车企业的首选和主攻方向。

1.3　电力系统的基本概念及组成

1.3.1　电力系统的组成

在电力工业发展的初期，由于对电能的需求量不大，发电厂都建设在用户附近，因而规模小，且孤立运行，各电厂间没有联系。随着工农业的发展和科学技术的进步，对电能的需求量和发电厂容量都在不断增大。为了节省燃料的运输费用，通常将发电厂建设在蕴藏动力资源的地区，而这些地区往往远离电力用户。为了减少远距离电能输送过程中的功率损耗和电压损耗，需要提高输电电压，因此在发电厂和输电线路间必须建设升压变电所，以实现电能的远距离输送。而当电能输送到负荷中心后，为满足用户对电压的要求，又必须经过降压变电所降压，再由配电线路向用户供电。另外，随着用电量的增多，发电厂的数量也逐渐增多，同时电力用户对供电可靠性也提出了更高的要求。于是，将彼此孤立运行的发电厂通过输电线路和变电所相互连接起来，便形成了现代电力系统。图 1-1 所示为现代电力系统接线图。

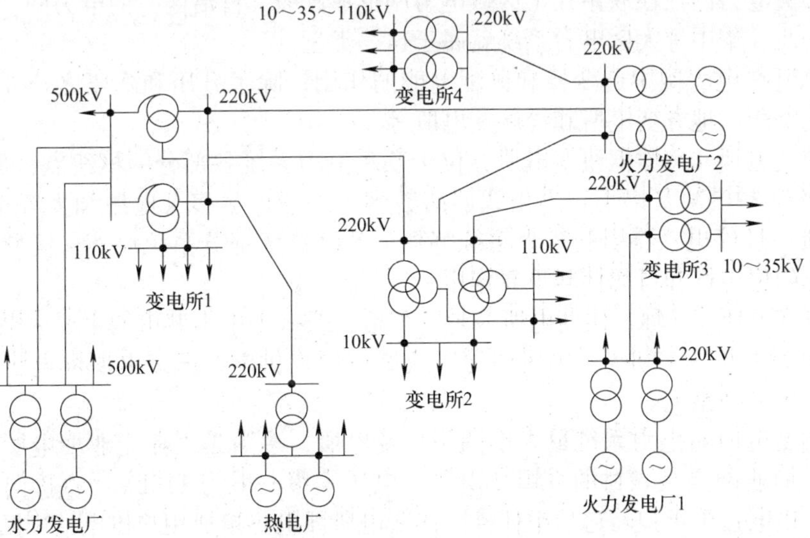

图 1-1　现代电力系统接线图

图 1-1 所示的电力系统由大容量的水力发电厂、火力发电厂和热电厂生产电能。其中，水力发电厂由于容量大、输电距离远，因此将电压升高到 500kV 后经过双回输电线路送到变电所 1；火力发电厂 1 的电能升压至 220kV 后由线路送到变电所 3，并通过线路与 220kV 电网相连；火力发电厂 2 是建设在燃料产区的区域性火电厂，它所生产的电能通过 220kV 线路送往负荷中心；热电厂位于负荷附近，它除了发电外，还向周围的工厂及用户供热。由图 1-1 可见，电力系统是由多个发电设备、输变电设备和用电设备等按照一定的规律连接在一起而组成的系统，完成电能的生产、输送、分配及消费任务。具体说，电力系统就是由发电机、变压器、输电线路和用电设备组成的系统。

交流电力系统都是三相输送电能的，为了简单、清晰地表示设备之间的连接关系，而且系统正常运行时三相系统是对称的，一般情况下常将其接线图画成单线接线图。为了便于讨论分析，常用图 1-2 来描述简单的电力系统。

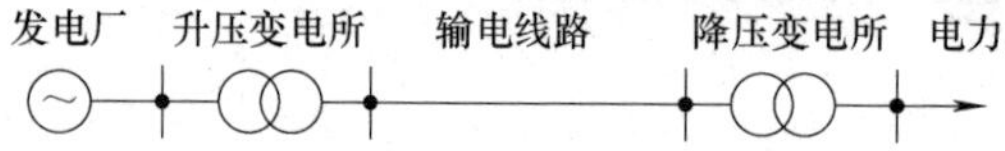

图 1-2　简单的电力系统

在电力系统中，通常将输送电能和分配电能的设备（输电线路和变电设备）组成的网络称为电力网（简称电网）。由图 1-1 可清晰地看到，电力网由输电线路及其所联系起来的各级变电所构成，在电力系统中，电力网担负着对电能的输送和分配任务。通常，按供电范围和电压等级将电力网分为三类：地方电力网、区域电力网和超高压远距离输电网。

地方电力网是指电压不超过 110kV、供电半径在 20 ～ 50km 以内的电力网。一般城市、工矿区和农村配电网属于地方电力网。

区域电力网是指电压在 110 ～ 220kV、供电半径超过 50km 的电力网。这类电力网联系发电厂较多。我国大部分省（自治区）的电力网属于区域电力网。

超高压远距离输电网是指电压在 330kV 以上，由远距离输电线路连接构成的电力网。该类电力网往往联系几个区域电力网形成跨省（自治区）的电力网，如我国的东北、华北、华中等大区电力系统就属于这一类型。

变电所在电力网中起变换和分配电能的作用，除了升压和降压之分外，还可分为区域变电所、地方变电所和终端变电所等。

区域变电所（又称枢纽变电所）位于联系电力系统各部分的枢纽点，地位重要，电压等级为 330kV 及以上，进出线回路数多，一般汇集多个电源和大容量联络线。该变电所一旦停电，将引起整个系统解列，甚至造成部分系统瘫痪。区域变电所对电力系统的稳定性和可靠性起重要作用。

地方变电所（又称二次变电所）是一个地区或一个中小城市的主要变电所，电压等级一般为 110 ～ 220kV，主要向地区或城市用户供电。该变电所停电将造成该地区或城市供电的紊乱。

终端变电所是电力系统最末端的用户变电所，多数是工业企业变电所和城市居民小区、商业网点及农村的乡镇变电所，电压等级一般为 110kV，直接向一个局部地区用户供电，不承担转送功率任务。该变电所停电将造成用户供电的中断。

另外，考虑到火力发电厂的汽轮机、水力发电厂的水库和核电站的反应堆等动力设备，提出了动力系统这一概念。动力系统是指电力系统中动力设备（火电厂的热力设备、热力网，水电厂的水力设备，核电站的反应堆等）构成的整体。

1.3.2 联合系统的优越性

随着对电力系统可靠性的要求越来越高，将孤立运行的发电厂通过电力网连接起来组成联合系统，这样并网运行的系统在技术、经济上有以下五个明显的优越性。

（1）减少备用容量的百分比

为了在发电机发生故障及机组检修时，系统能不中断地对电力用户供电，即为了提高电力系统的供电可靠性，往往在机组装机时都留有备用容量（备用容量是装机容量与最大负荷之差）。由于备用容量在联合系统中可以共同享有，因此系统容量越大，备用容量在总装机容量中所占的百分比越小。

（2）可以采用大容量高效率的发电机组

大容量机组效率高、运行费用低、占地面积小。从供电可靠性及经济性的角度考虑，孤立运行的电厂由于没有足够的备用容量，因此不能采用大容量机组，否则一旦机组因检修或故障而退出运行，将造成电网的大面积停电，给国民经济带来巨大损失。对于联合电力系统，由于拥有足够的备用容量，因此可采用高效率的大容量机组。

（3）可充分利用水电厂的水力资源

水电厂发电有很强的季节性，这是因为水力资源受季节的影响较大。夏、秋丰水期水量大，水电厂可多生产电能；冬、春枯水期水量小，水电厂只能承担少量的发电任务。如果水、火电厂组成联合电力系统，丰水期时，水电厂多发电、火电厂少发电，并安排火电厂机组检修；枯水期时，火电厂多发电、水电厂少发电，并安排水电厂机组检修，这样既充分利用了水力资源，又减少了化石能源的消耗，提高了经济性，实现了低碳环保。另外，水电机组起动方便，宜作为调频电厂，从而减少了火电机组调频时的起动煤耗，提高了火电厂的效率。

（4）可减小系统总装机容量

不同地区由于生产、生活以及时间、季节等各种条件的差异，最大负荷出现的时间各不相同，当组成联合系统后，系统总负荷的最大值小于系统内所有负荷最大值之和，从而减小了系统总装机容量，提高了系统的经济性。

（5）可提高供电可靠性

电力系统中有大量的发电机、变压器、输电线等电力设备，这些设备在运行中不可避免会发生故障，单台机组故障对用户供电没有影响或者影响不大，而多台机组同时故障或系统瓦解的概率很小。组成联合系统后，可提高系统的供电可靠性。

综上可知，采用联合系统显著地提高了电力系统运行的可靠性和经济性。因而世界各国电力系统的规模越来越大，有的发达国家已经形成了全国统一的电力系统，甚至相邻国家之间也建立了互联的电力系统。需要指出的是，随着电力系统日益增大、联系不断紧密，容易发生因系统内一处故障处理不及时或处理错误，而引起其他地区随之发生故障的现象。近二三十年来世界上发生的几次著名的大停电事故，都是由于这种事故波及所导致的。可见，系统的规模并不是在所有场合下都越大越好，而应该依据实际条件以适当的方式建立联合系统。

1.3.3 电力系统的基本参数

可采用下面的基本参数描述一个具体电力系统。

（1）总装机容量

系统中实际安装的所有发电机组额定有功功率的总和，单位为kW（千瓦）、MW（兆瓦）和GW（吉瓦）。

（2）年发电量

系统中所有发电机组全年实际发出的电能总和，单位为kW•h（千瓦时）、MW•h（兆瓦时）、GW•h（吉瓦时）、TW•h（太瓦时）。

（3）最大负荷

在规定时间（一天、一月或一年）内，系统总有功负荷的最大值，单位为kW、MW和GW。

（4）年用电量

接在系统上的所有用户全年所用电能的总和，单位为kW•h、MW•h、GW•h和TW•h。

（5）额定频率

我国规定交流电力系统的额定频率为50Hz，国外则有额定频率为60Hz的电力系统。

（6）最高电压等级

系统中最高电压等级电力线路的额定电压，单位为kV。

1.4 电力系统的特点和要求

1.4.1 电力系统的特点

电能在生产、输送、分配及使用过程中表现出与其他工业部门的产品有明显的不同，即电力系统具有以下特点。

（1）电能不能大量储存

电能的生产、输送、分配和使用是同时完成的。发电厂任意时刻所发出的电量取决于电力用户在同一时刻所需的电量和电力系统自身损耗的电量，即电力系统中功率时刻保持平衡。因此，电力系统中任何环节发生故障都会影响电力系统的正常工作。

迄今为止，尽管人们对电能储存进行了大量的研究，并对一些电能的储存方式，如抽水蓄能、飞轮储能、压缩空气储能和化学电池储能等方面有了某些突破性进展，但仍没有完全解决经济、高效、大容量的电能储存问题。因此，电能不能大量储存是电能生产的最大特点。

（2）过渡过程非常迅速

电能以电磁波的形式传播，其传播速度为光速（3×10^8m/s），因此运行过程中任何变化引起系统在电磁和机电方面的过渡过程都十分短暂。发电机、变压器、输电线路及电力设备的投入或退出运行、负荷的增减都在瞬间完成，电力系统发生异常和故障所引发的过渡过程更是非常短暂，往往用毫秒（ms）、微秒（μs）甚至纳秒（ns）来计量。因此，无论是正常运行时所进行的调整和切换操作，还是故障时所做的切除和恢复操作，必须采用先进的信息控制技术和各种自动装置来迅速、准确地完成。

（3）与国民经济各部门及人民生活关系极为密切

由于具有易于集中生产、便于远距离输送、易于转换成其他形式能量等优势，电能已经成为国民经济各部门以及人民生活不可或缺的能源，如果电能供应不足或突然停电，将给国民经济造成巨大损失、给人民生活带来不便。

（4）具有明显的地区性特点

由于各个电力系统的能源结构、负荷结构不同，因而各个电力系统的组成也各不相同，甚至完全不同。

1.4.2 电力系统的要求

由于电力系统具有上述特点，对其提出了以下基本要求。

（1）保证供电的可靠性

这是电力系统运行的首要任务。保证供电可靠性就是不间断地向用户供电。在电力系统运行过程中，由于设备受自然灾害或人为误操作等原因的影响，不可避免地会发生各种各样的故障，轻者造成局部停电，重者造成设备损坏或大面积停电，造成经济上的严重损失和政治上的不良影响。因此，电力系统的各个部门应加强现代化管理，提高设备的运行和维护质量，尽可能避免系统发生故障，一旦发生故障，也要尽量缩小故障影响的范围。应当指出，目前绝对防止故障的产生是不可能的，并且各种用户对供电可靠性的要求也不一样。因此，应根据电力用户的重要性不同，采取相应措施，以便在故障情况下把给国民经济造成的损失降至最低限度。从实际出发，通常将电力用户分为三类。

1）第一类用户：停电会造成人身伤亡、设备损坏、产品报废、生产秩序长时间不易恢复，或在经济上给国家造成重大损失的用户。这类用户要求有很高的供电可靠性。对该类用户通常应设置两路或以上相互独立的电源供电，其中每一路电源的容量均应保证在此电源单独供电的情况下能满足用户的用电要求，以确保当任一路电源发生故障或检修时，都不会中断对用户的供电。

2）第二类用户：中断供电会造成大量减产、工人窝工、城市公共事业及人民生活受到影响的用户。对这类用户应设专用供电线路，条件许可时也可采用双回路供电，并在电力供应出现不足时优先保证其电力供应。

3）第三类用户：一般指不属于第一类、第二类的其他用户，如小城镇、小加工厂及农村用电等。短时停电不会给这类用户造成严重后果。

当系统发生事故、出现供电不足的情况时，应当首先切除第三类用户的用电负荷，以保证第一、二类用户的用电。需要指出的是，用户的重要程度不是一成不变的，如农业用户，在平时是第三类用户，允许短时间停电，但当发生洪涝或严重干旱时，必须按第一类用户对待，保证向其不间断供电。

（2）保证良好的电能质量

频率、电压和电压波形是电能质量的三个基本指标。当系统的频率、电压和波形不符合电气设备的额定值要求时，往往会影响设备的正常工作，危及设备和人身安全，影响用户的产品质量等。因此，为保证电力系统安全经济可靠运行，国家提出系统所提供的电压、频率和电压波形必须在所允许的变化范围内。

（3）保证充足的电力

最大限度地满足用户的电力需求，为国民经济各部门提供充足的电力。为此，首先应按照电力先行的原则做好电力系统发展的规划设计，认真搞好电力建设，以确保电力工业的建设优先于其他工业部门。其次，要加强现有设备的维护，以充分发挥潜力，确保足够的备用容量，防止事故的发生。

（4）保证电力系统运行的经济性

要使电能在生产、传输和分配过程中损耗小、效率高，以期最大限度地降低电能成本。电能成本的降低不仅会使各用电部门的成本降低，更重要的是节省能量资源，带来巨大的经济效益和长远的社会效益。为了实现电力系统的经济运行，除了进行合理的规划设计外，还须对整个系统实施最佳经济调度，实现火电厂、水电厂及核电厂负荷的合理分配，同时还要提高整个系统的管理技术水平。

概括地说，对电力系统的基本要求就是保证对用户不间断地供给可靠、优质、充足而价廉的电能。

1.5 电能质量指标

良好的电能质量是保证电气设备正常运行、提高其经济效率的重要保障。电能质量标准是保证电网安全经济运行、保护电气环境、保障电力用户正常使用电能的基本技术规范，是实施电能质量监督管理、推广电能质量控制技术、维护供用电双方合法权益的法律依据。

世界各国几乎都制定了有关供电频率和电压允许偏差的计划指标，部分国家还制定了限制谐波、电流畸变、电压波动等的推荐导则，许多发达国家也已经制定、颁布、实施了更加完备的电能质量系列标准。1998 年，我国颁布并执行《电网电能质量技术监督管理规定》，提出为保证电力系统安全、稳定、经济、优质运行，全面保障电能质量是电力企业和用户共同的责任和义务。迄今为止，我国已经制定并颁布多项电能质量国家标准，现行标准有 GB/T 12325—2008《电能质量　供电电压偏差》、GB/T 14549—1993《电能质量　公用电网谐波》、GB/T 15543—2008《电能质量　三相电压不平衡》、GB/T 15945—2008《电能质量　电力系统频率偏差》、GB/T 12326—2008《电能质量　电压波动和闪变》和 GB/T 18481—2001《电能质量　暂时过电压和瞬态过电压》等。

为了保证电网安全、经济运行，保证对用户连续、可靠地供应电能，保障输配电设备、用电设备与装置正常使用，以科学技术和运行经验的综合成果为基础，按照标准化的原则对电气产品制定并发布统一、适度的基本指标规定，并以统一的质量检验方法指导实施，这一工作称为电能质量标准化。从目前国家颁布的电能质量标准中可知，衡量电能质量的指标为电压、频率和波形。电压又从供电电压允许偏差、三相电压不平衡度、电压波动和闪变、暂时过电压和瞬态过电压方面衡量，频率从电力系统频率偏差方面衡量，波形从公用电网谐波方面衡量。

1.5.1 电压

（1）供电电压允许偏差

供电电压允许偏差是指频率 50Hz 交流电力系统在正常运行条件下各处的电压允

许偏离其额定值的百分比。一些主要工业国家和组织对供电电压允许偏差的规定中，一般仅对 35kV 及以下供电电压做出规定。照明用户的电压允许偏差以 ±5% 左右居多，最大达到 ±10%，动力用户的电压允许偏差以 ±10% 居多。我国 GB/T 12325—2008《电能质量供电电压偏差》中规定：35kV 及以上供电电压正负偏差的绝对值之和不超过标称电压的 10%，如供电电压上下偏差同号（均为正或负）时，按较大的偏差绝对值作为衡量依据；20kV 及以下三相供电电压允许偏差为标称电压的 ±7%；220V 单相供电电压允许偏差为标称电压的 -10% ～ 7%。

（2）三相电压不平衡度

三相电压不平衡度是指三相系统中三相电压不平衡的程度，用电压或电流负序基波分量与正序基波分量的方均根值百分比表示。三相电压不平衡（即存在负序分量）会引起继电保护误动、电动机附加振动力矩和发热。工作于额定转矩的电动机，如长期在负序电压不平衡度 4% 的状态下运行，由于发热，电动机绝缘寿命将会减半；若某相电压高于额定电压，其运行寿命将减短得更加严重。

GB/T 15543—2008《电能质量　三相电压不平衡》规定了电力系统公共连接点电压不平衡度限值：电网正常运行时，负序电压不平衡度不超过 2%，短时不得超过 4%，其中短时允许值是指任何时刻均不能超过的限值，以保证继电保护和自动装置正确动作。接于公共连接点的每个用户引起该点负序电压不平衡度允许值一般为 1.3%，短时不超过 2.6%。根据连接点的负荷状况以及邻近发电机、继电保护和自动装置安全运行要求，该允许值可作适当变动。

（3）电压波动和闪变

电压波动是指电压幅值在一定范围内有规则变动时，电压变动或工频电压包络线内的周期性变化；或电压幅值不超过 0.9 ～ 1.1（p.u.）的一系列随机变化。电压波动值为电压方均根最大值与最小值之差相对额定电压的百分比。

任何一个波动负荷用户在电力系统公共连接点产生的电压变动，其限值 d 与电压变动频度 r、电压等级有关。对于电压变动频度较低（如 $r \leqslant 1000$ 次 /h）或规则的周期性电压波动，可通过测量电压方均根值曲线 $U(t)$ 确定其电压变动频度和电压变动值。电压波动限值见表 1-2。

表 1-2　电压波动限值

r/（次 /h）	d（%）	
	$U_N \leqslant 1$kV 或 1kV$<U_N \leqslant 35$kV	35kV$<U_N \leqslant 220$kV 或 $U_N>220$kV
$r \leqslant 1$	4	3
$1< r \leqslant 10$	3*	2.5*
$10<r \leqslant 100$	2	1.5
$100<r \leqslant 1000$	1.25	1

注：对于随机性不规则的电压波动，如电弧炉负荷引起的电压波动，表中标有“*”的值为其限值。

电压波动引起照明灯的照度波动。闪变用于说明对不同频率电压波动引起灯闪的敏感程度及引起闪变刺激性程度的电压波动值，其定义是人眼对照度波动的一种主观感觉。对用户负荷引起的闪变限值，是根据用户负荷的大小、协议用电容量占供电容量的比例及系统电压等级规定的。

GB/T 12326—2008《电能质量　电压波动和闪变》特别规定了各级电压下的闪

变限值，适用于由波动负荷引起的公共连接点电压的快速变动及由此可能造成人对灯闪感觉明显的场合。

（4）暂时过电压和瞬态过电压

暂时过电压是指在电网给定点上持续时间较长的不衰减和弱衰减的（以工频或其一定的倍数、分数）振荡过电压。

瞬态过电压是指持续时间数毫秒或更短，通常带有强阻尼的振荡或非振荡的过电压，它可以叠加于暂时过电压上。

暂时过电压和瞬态过电压是由于电力系统运行操作、受雷击、发生故障等原因引起的，是供电特性之一。GB/T 18481—2001《电能质量　暂时过电压和瞬态过电压》规定了作用于电气设备的暂时过电压和瞬态过电压的要求、电气设备的绝缘水平及过电压保护方法，并对过电压的相关术语、定义做了比较详尽的论述。

1.5.2　频率

电力系统在正常运行状态下，用电负荷和发电机出力一直不断地变动，设备的操作也时有发生，这就使系统中不同节点的频率产生不同程度的波动，这种波动是系统能量均衡的动态过程。在不破坏整个系统稳定运行的前提下，用测量设备在不同节点同时检测，不易觉察到波动的差异（即在概率统计的意义下各节点的频率相等，并在作同步变化），因此由任一节点测得的频率均为系统频率。

GB/T 15945—2008《电能质量　电力系统频率偏差》规定：电力系统正常运行条件下频率偏差限值为 ±0.2Hz，当系统容量较小时，偏差限值可以放宽到 ±0.5Hz。我国电力系统的标准频率为 50Hz（工频），并规定电力系统正常的频率标准为（50±0.2）Hz。当系统容量较小时，可放宽到（50±0.5）Hz。《全国供用电规则》中规定了供电频率的允许偏差：电网容量在 3000MW 及以上者为 ±0.2Hz，电网容量在 3000MW 以下者为 ±0.5Hz。

1.5.3　电压波形

标准规定电力系统给用户供电的电压波形为正弦波形。

1. 电力系统谐波的来源

电力系统本身包含的能产生谐波电流的非线性元件主要是变压器（空载电流）、交直流换流站的晶闸管、晶闸管控制的电容器和电抗器组等。但是，电力系统谐波更主要的来源是各种非线性负荷用户，如各种整流设备、调节设备、电弧炉、轧钢机和电力拖动设备。另外，各种低压电气设备和家用电器所产生的谐波电流也能从低压侧馈入高压侧。对于这些设备，即使供给它理想的正弦波电压，它的电流也是非正弦的，即有谐波电流存在。谐波含量取决于它本身的特性和工况，基本与电力系统参数无关，因而可看作谐波恒流源。这些用电设备产生的谐波电流注入电力系统，使系统各处电压含有谐波分量。电流谐波含量过大会对电力系统造成严重影响，因此对设备的电流谐波含量，在制造时即应限制在一定的数值范围内。

2. 公用电网谐波要求

为了减少谐波对公用电网的污染，一方面，国家有关部门有必要对电力系统谐波畸变允许值和谐波源注入供电点的谐波电流值做出规定，对谐波源和供电点电压或电流的谐波含量或畸变值进行监测，对新接入的谐波源负荷进行必要的验算和管理，以保证电能质量以及电力系统和用户设备的安全和正常运行；另一方面，电力用户为保证自身设备的安全运行，也应当把自己的用电设备产生的谐波畸变保持在规定的限度以内。因为对电力系统的污染必须由产生谐波污染的用户采取措施（如装设滤波器等），将其设备产生的谐波限制在规定值以下，所以除了要求现有的谐波源用户采取措施外，新接入系统的大谐波源负荷必须经供电部门验算，确定其允许值和是否需要采取措施。供电部门在确定新接入用户的谐波含量和畸变允许值时，除考虑系统中原有的谐波含量外，还应留有适当裕度，为今后接入系统的新用户考虑。

1.6　电力系统的电压等级及其选择

1.6.1　电力系统的电压等级

电力系统中的发电机、电器和用电设备都按一定的标准电压设计和制造，这些设备只有在标准电压下运行时，其技术性能和经济性能才是最好的，才能保证其安全、可靠运行，这个标准电压就是通常所说的额定电压。为使电力工业和电工制造业的生产标准化、系列化和统一化，世界上许多国家和有关国际组织都制定了关于额定电压等级的标准。电压等级指的是电力系统及电力设备的额定电压级别系列。表 1-3 给出了我国国家标准所规定的额定电压（1000V 以上）。

表 1-3　我国国家标准所规定的额定电压（1000V 以上）

用电设备额定电压 /kV	交流发电机额定电压 /kV	变压器额定电压 /kV	
		一次绕组	二次绕组
3	3.15	3 及 3.15	3.15 及 3.3
6	6.3	6 及 6.3	6.3 及 6.6
10	10.5	10 及 10.5	10.5 及 11.0
	13.8、15.75、20	13.8、15.75、20	
35		35	38.5
63		63	69
110		110	121
220		220	242
330		330	363
500		500	525 及 550
750		750	825

注：现在正在研究新增设的 1000kV 特高压电压等级，以加强西电东送、全国联网。

目前我国常用的电压等级为 220V、380V、3kV、6kV、10kV、35kV、110kV、220kV、330kV、500kV、750kV、1000kV。

由表 1-3 可见，电力系统内同一电压等级电气设备的额定电压不相同。

1.6.2 电力网及电力设备额定电压的确定

为了适应各种电气设备对额定电压的要求，电力系统对各设备的额定电压做出了相应的规定，以使电力网的额定电压和电气设备的额定电压相一致。

（1）电力网额定电压

规定电力网的额定电压和用电设备的额定电压相同。

（2）电力线路额定电压

如图 1-3a 所示，当线路 ab 有功率通过时，由于线路阻抗的存在，使得线路首、末两端的电压不等，且首端电压 U_a 高于末端电压 U_b，沿线路 ab 的电压分布如图 1-3a 所示，接在线路中的用电设备 $LD_1 \sim LD_5$ 所承受的电压各不相同，为使用电设备所承受的电压尽量与其额定电压相接近，应取线路的平均电压 $U_{av}=(U_a+U_b)/2$ 作为用电设备的额定电压，即线路的额定电压与用电设备的额定电压相同。

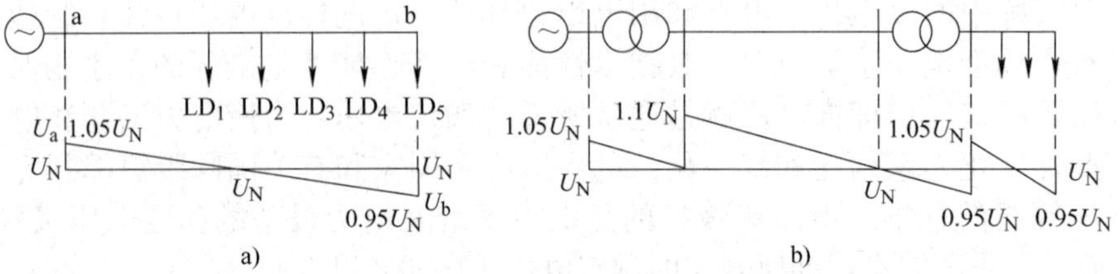

图 1-3 电力网中电压的分布

由于通常允许用电设备实际工作电压偏离额定电压 ±5%，而电力线路从始端到末端电压损耗一般为 10%，因此通常使线路首端电压比额定电压高 5%，而线路末端电压比额定电压低 5%。这样，接在线路任一点的用电设备所承受的电压均不超过额定电压的 ±5%。

（3）发电机额定电压

发电机总是接在线路的首端，因此发电机的额定电压比所接线路的额定电压高 5%。

（4）变压器额定电压

电力变压器在输变电过程中具有供电设备和用电设备的双重作用。变压器一次绕组连接电源或发电机，接收电能，相当于用电设备；变压器二次绕组连接负荷，向负荷提供电能，相当于发电机或供电设备。因此，变压器一次绕组额定电压应等于用电设备的额定电压。需要注意的是，对于直接与发电机连接的变压器一次绕组，其额定电压应等于发电机的额定电压。变压器二次绕组的额定电压是指变压器空载运行时的电压。当变压器在额定负载下运行时，其内部阻抗会造成大约 5% 的电压损耗。为使变压器在额定负载下工作时，二次绕组的电压比同级电网的额定电压高 5%，规定变压器二次绕组的额定电压比电力系统额定电压高 10%。若变压器阻抗较小，内部电压损耗也较小，则规定这类变压器二次绕组的额定电压仅比用电设备额定电压高 5%。

由上述规定可知，当线路上接有升压变压器和降压变压器，并在额定负荷下运行时，沿线路的电压分布情况如图 1-3b 所示。

为了适应电力系运行调节的需要，通常在变压器的高压绕组上设计制造分接头。分接头用百分数表示，即表示分接头电压与主抽头电压的差值占主抽头电压的百分数。对于同一电压等级的变压器，当用作升压变压器和降压变压器时，即使分接头百分数值相同，分接头的电压也不同。图 1-4 所示为连接于 220kV 和 10kV 电压等级下具有分接头 $(1\pm2\times2.5\%)\,U_N$ 的升压、降压变压器分接头额定电压。

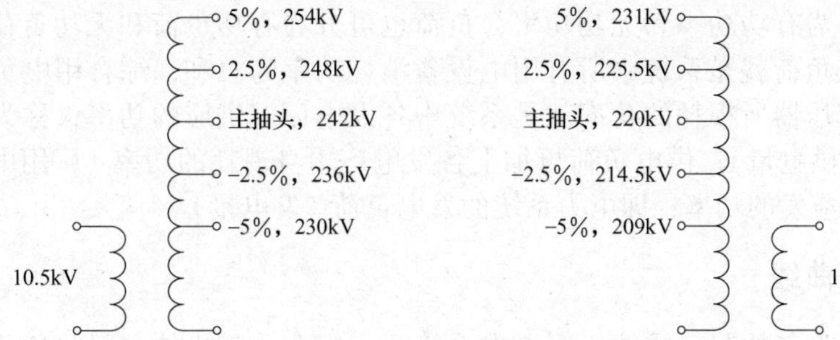

a) 升压变压器　　b) 降压变压器

图 1-4　变压器分接头额定电压

1.6.3　电力系统电压等级的选择

输配电网络额定电压的选择在规划设计时又称作电压等级的选择。三相交流输电线路传输的有功功率 $(P=\sqrt{3}UI\cos\varphi)$，当输送功率一定时，线路的电压越高，线路中的电流就越小。由于减小了电流，一方面使得线路上的功率损耗、电能损耗及电压损耗相应减小，另一方面可以减小输电导线的截面积，从而节约了有色金属用量，减少了导线的投资。但是，电压越高，要求线路的绝缘水平越高，输电线路的走廊加宽，杆塔的几何尺寸也将随着导线之间的距离和导线对地距离的增加而加大，从而增加了线路的投资和杆塔的材料消耗。同时，线路两端变电站内的变压器、断路器等设备的投资也将随电压的升高而增加。所以，电压等级的选择是关系到电力系统建设费用高低、运行是否方便、设备制造是否经济合理的综合性问题，因而较为复杂。根据以往的设计和运行经验，我国电力网的额定电压、传输功率和输电距离之间的关系见表 1-4。表 1-4 可供选择电力网额定电压时参考。

表 1-4　我国电力网的额定电压、传输功率和输电距离之间的关系

额定电压 /kV	传输功率 /kW	输电距离 /km	额定电压 /kV	传输功率 /kW	输电距离 /km
6	100 ~ 1200	4 ~ 15	220	100000 ~ 500000	100 ~ 300
10	200 ~ 2000	6 ~ 20	330	200000 ~ 1000000	200 ~ 600
35	2000 ~ 10000	20 ~ 50	500	600000 ~ 1500000	400 ~ 1000
110	10000 ~ 50000	50 ~ 150			

1.7 电力系统的负荷及负荷曲线

1.7.1 负荷的基本概念

电力系统中接有数量众多、千差万别的用电设备，这些用电设备包括异步电动机、同步电动机、各类电炉、整流设备、电力电子设备、信息技术设备、家用电器及照明设备等。通常，把这些用电设备在一定时间内消耗的功率（或电能）称为负荷。功率可分为有功功率和无功功率，负荷也可分为有功负荷和无功负荷。电力系统的综合用电负荷就是系统中所有用电设备消耗功率的总和；综合用电负荷加上网络中线路和变压器所损耗的功率就是系统中各发电厂应供应的功率，称为电力系统的供电负荷（供电量）；供电负荷再加上各发电厂本身消耗的功率（厂用电）就是系统中各发电机应发的功率，即电力系统的发电负荷（发电量）。

1.7.2 负荷曲线

用户用电设备的起动或停止对电力系统而言完全是随机的，因此负荷也是随机的，但从长时间来看，则可显示出某种规律性。例如，某些负荷随季节（冬、夏季）、企业工作制（一班或倒班作业）的不同而呈现一定程度的变化。其变化的规律性可用负荷曲线来描述。负荷曲线是指在某一段时间内用电设备有功、无功负荷随时间变化的图形。负荷曲线有多种形式，按负荷种类可分为有功负荷曲线和无功负荷曲线，常用的是有功负荷曲线（如无特殊说明，一般所提到的负荷曲线均指有功负荷曲线）；按时间段的长短可分为日负荷曲线、年负荷曲线等；按计量地点可分为用户、电力线路、变电所、发电厂和电力系统的负荷曲线。下面介绍三种常用的负荷曲线。

1. 日负荷曲线

日负荷曲线是用来反映一天内（0：00 ～ 24：00）负荷随时间的变化情况，是制定各发电厂发电负荷计划及系统调度运行的依据。典型的日负荷曲线如图 1-5 所示。日负荷曲线中的最大值称为日最大负荷（峰荷）P_{max}，最小值称为日最小负荷（谷荷）P_{min}，最小负荷以下的部分称为基本负荷，显然，基本负荷不随时间变化。

根据负荷曲线可以求出系统中用户的日用电量为

$$W=\int_0^{24} P\mathrm{d}t \tag{1-1}$$

为了反映负荷曲线的起伏情况，引入负荷率 K_P 的概念，其定义为

$$K_P=\frac{P_{av}}{P_{max}} \tag{1-2}$$

式中，P_{av} 为日平均负荷，$P_{av}=W/24$。

负荷率 K_P 值小，表明负荷曲线起伏变化大，发电机的利用率较差。

无功负荷也在一天中不断变化，图 1-6 给出了日无功负荷曲线。对比同一负荷的有功功率和无功功率日负荷曲线（图 1-5 和图 1-6）可见，这两类负荷曲线不完全相似，因为一日之内功率因数是变化的，低负荷时功率因数相对较低，高峰负荷时功率因数较高。另外，无功功率与有功功率的最大负荷不一定同时出现。

对于不同性质的用户，其负荷曲线也各不相同。负荷曲线的变化规律取决于负荷的性质、厂矿企业的生产制度以及用电地区的地理位置、当地气候条件和人们的生活习惯等。

由于电力系统中各用户的日最大负荷不会在同一时刻出现，最小负荷也不会在同一时刻出现，因此系统的最大负荷小于各用户最大负荷之和（将各用户最大负荷相加再乘以小于1.0的同时率，即为系统的最大负荷），而系统的最小负荷总大于各用户最小负荷之和。于是，尽管系统中不同用户的负荷曲线变化较大，但系统的负荷曲线却相对平坦。

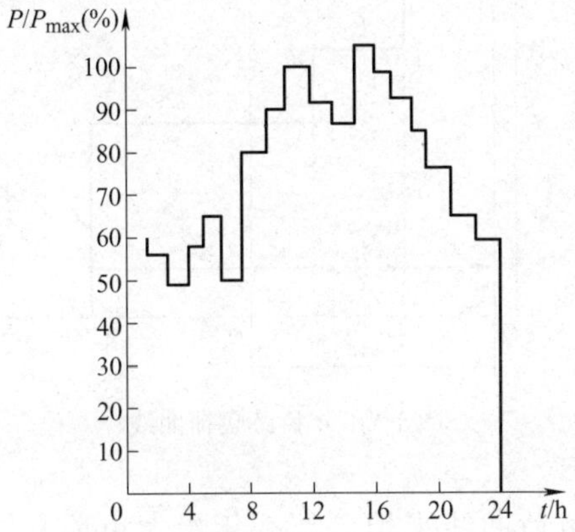

图1-5 日负荷曲线

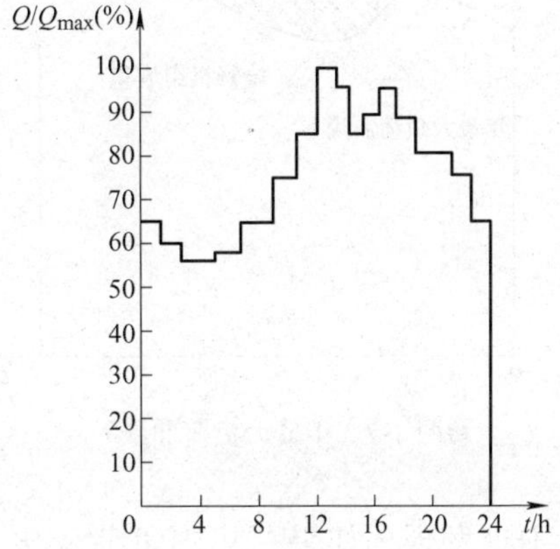

图1-6 日无功负荷曲线

2. 年最大负荷曲线

在电力系统运行和设计中，不仅要知道一日的负荷变化规律，而且要知道一年内负荷的变化规律。图1-7所示为年最大负荷曲线，该曲线反映的是一年12个月内，每个月最大负荷变化的规律。图1-7中，夏季照明负荷普遍减小，负荷曲线在该季节出现了低谷，年终时由于各工矿企业为超额完成年度计划而增加生产，以及新建、扩建厂矿投入生产等原因使得该时段的负荷较其他时段大。由此可见，利用年最大负荷曲线可安排发电设备的检修计划，同时为制订发电机组或发电厂的扩建或新建计划提供依据。

3. 年持续负荷曲线

年持续负荷曲线是将一年中的系统负荷按其大小及其累计时间顺序排列而成的曲线，如图1-8所示。可见，在全年8760h中，t_1小时的负荷为P_1，t_2小时的负荷为P_2，t_3小时的负荷为P_3，其中$P_1 = P_{max}$。这种负荷曲线常用于安排发电计划、电网能量损耗计算、可靠性估算等方面。

根据年持续负荷曲线，可以确定系统全年的耗电量为

$$W = \int_0^{8760} P\mathrm{d}t \tag{1-3}$$

利用年持续负荷曲线也可确定电力系统年最大负荷利用小时数T_{max}。通过全年实际消耗的电量求出年最大负荷利用小时数，即

$$T_{max}=\frac{W}{P_{max}}=\frac{1}{P_{max}}\int_{0}^{8760}P\mathrm{d}t \tag{1-4}$$

在图 1-8 所示的年持续负荷曲线中，若使矩形面积 $Oahi$ 等于面积 $OabcdefgO$，则 Oi 代表的时间即为 T_{max}。

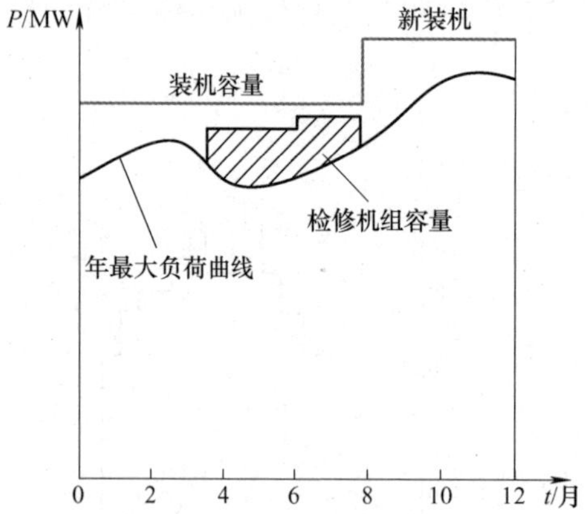

图 1-7　年最大负荷曲线

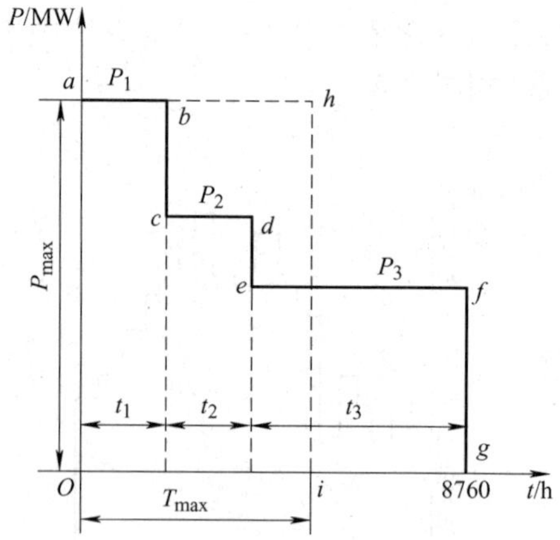

图 1-8　年持续负荷曲线

不难发现，如果一年中负荷变化不大，负荷曲线平坦，那么年最大负荷利用小时数 T_{max} 就大；如果一年中负荷变化大，负荷曲线变化也大，那么该负荷的 T_{max} 就相对较小。根据运行经验，不同性质的用户、不同的生产班次，其年最大负荷利用小时数 T_{max} 都有一个大致的范围，见表 1-5。

表 1-5　各类用户年最大负荷利用小时数

负荷类型	T_{max} /h
照明及生活用电	2000 ～ 3000
一班制企业	1500 ～ 2200
二班制企业	3000 ～ 4500
三班制企业	6000 ～ 7000
农业用电	1000 ～ 1500

在用户实际负荷曲线未知的情况下，依据该用户的用电性质，从表 1-5 中选择相应的值，结合已知的该用户最大负荷，即可近似估算出其全年用电量。

本章小结

本章介绍了我国电力工业的发展历程和最新的电力技术，给出了电力系统的概念、特点、要求，重点说明了电能质量指标，明确了如何选择电力系统的电压等级和电气设备额定电压，最后阐明了电力系统负荷、负荷曲线的定义及作用。

本章重点是对基本概念的理解，本章内容是学习本课程的预备知识。

复习思考题与习题

1-1　简述电力系统、电力网的定义和基本构成形式。

1-2　电力系统有什么特点？对电力系统的基本要求是什么？

1-3　衡量电能质量的指标有哪些？

1-4　为什么远距离输电线路电压等级越高越经济？

1-5　试述我国电压等级的配置情况。

1-6　孤立发电厂构成联合电力系统的优点有哪些？

1-7　电力系统中发电机、变压器、输电线路和用电设备的额定电压是如何确定的？

1-8　对于接在额定电压为 10kV 与 110kV 输电线路间的升压变压器，其额定电压比是多少？当接在 +5% 分接头上时，该变压器的实际电压比是多少？

1-9　对于接在额定电压为 110kV 与 10kV 输电线路间的降压变压器，其额定电压比是多少？当接在 +5% 分接头上时，该变压器的实际电压比是多少？

第2章 电力系统接线及一次设备

2.1 电力系统的接线方式

电力系统接线涉及两方面的内容，一是发电厂、变电所之间的连接关系，二是发电厂、变电所内的电气主接线。发电厂、变电所之间的连接关系又可分为地理接线和电气接线，地理接线描述的是发电厂、变电所所处的地理位置和输电距离长短，如图 2-1 所示；电气接线表示发电厂、变电所之间的电气连接关系，如图 1-1 所示。本书所提到的电力系统接线指的是发电厂、变电所之间的电气接线。

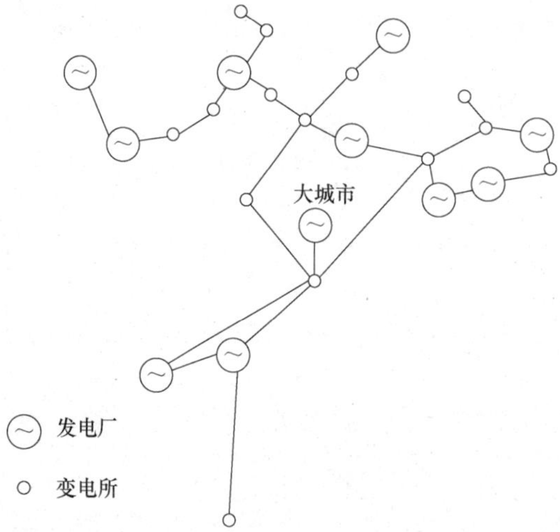

图 2-1　电力系统地理接线

电力系统的接线方式通常按可靠性分为无备用接线和有备用接线两种。

（1）无备用接线

用户只能从一个方向取得电能的接线方式称为无备用接线。这类接线方式可以分为单回路放射式、单回路干线式、单回路链式等，如图 2-2 所示。

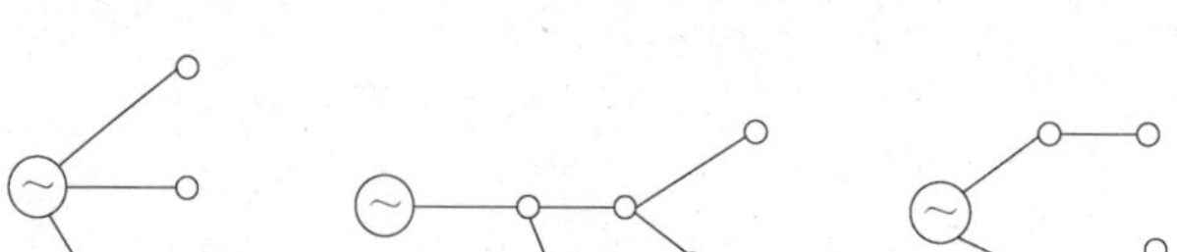

a) 单回路放射式　b) 单回路干线式　c) 单回路链式

图 2-2　无备用接线

无备用接线的主要优点是简单、投资少、运行维护方便；主要缺点是供电可靠性低，任一段线路检修或故障都会导致部分用户供电中断。该接线方式只适合第三类用户，采用自动重合闸后，可以明显提高供电可靠性，也可以用于第二类用户，但不能用于向第一类用户供电。

通常，把采用无备用接线的电网称为开式网。

（2）有备用接线

用户可以从两个或两个以上方向取得电能的接线方式称为有备用接线。这类接线方式可以分为双回路放射式、双回路干线式、双回路链式、环网、双侧电源供电式等，如图 2-3 所示。

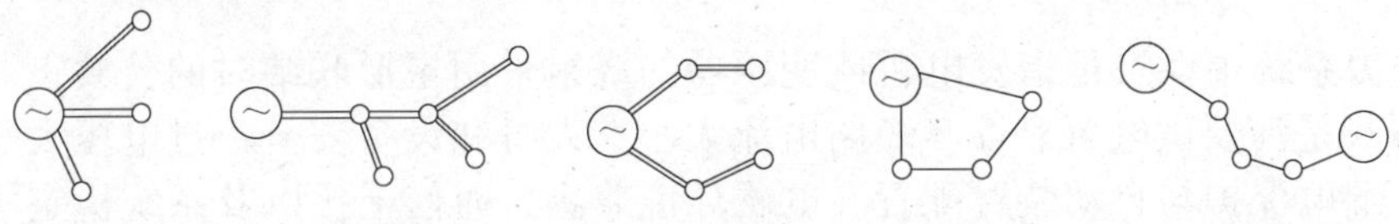

a) 双回路放射式　b) 双回路干线式　c) 双回路链式　d) 环网　e) 双侧电源供电式

图 2-3　有备用接线

有备用接线的优点是每个用户从两条或两条以上线路获得电能，供电可靠性高，适合第一、二类用户；缺点是运行调度和继电保护复杂，经济性较差。但是由于保证对用户不间断供电是电力系统的首要目标之一，所以目前较多采用有备用接线（尤其是双侧电源供电式）。把采用环网和双侧电源供电式的电网称为闭式网。在选择接线方式时，需要综合考虑用户对供电可靠性和电压质量的要求，如运行灵活方便、经济指标良好等，一般都要对多种可能的接线方案进行技术经济比较后才能确定。

2.2　电力系统的中性点接地方式

2.2.1　电力系统的接地方式

为了保证电网、电气设备的正常运行和工作人员的人身安全，人为地将电网及其单个元件的某一特定地点通过导体与大地做良好的连接，称为接地。接地包括工作接地、保护接地、保护接零、防静电接地、防雷接地等。

（1）工作接地

为了保证电气设备在工作或故障情况下可靠工作而采取的接地称为工作接地。通常，工作接地都是将电气设备的中性点直接或经特殊设备与地做金属连接，因此又称为中性点接地。

（2）保护接地

将一切正常工作时不带电而绝缘损坏时可能带电的金属部分（如各种电气设备的金属外壳、配电装置的金属构架等）接地，以保证工作人员触及时的安全，称为保护接地。保护接地可以减小人体触电的危险，是防止触电事故的有效措施。

（3）保护接零

在中性点直接接地的低压电力网中，把电气设备的外壳与接地的中性线（又称为零线）直接连接，以实现对人身安全的保护作用，称为保护接零（简称接零）。

(4) 防静电接地

对生产过程中有可能积蓄电荷的设备，如油罐、天然气罐等所采取的接地，称为防静电接地。

(5) 防雷接地

为了消除大气过电压对电气设备的威胁，而对过电压保护装置采取的接地措施称为防雷接地。把避雷针、避雷线和避雷器通过导体与大地直接连接均属于防雷接地。

2.2.2 中性点接地方式

电力系统中性点是指发电机或变压器的绕组采用星形联结时的公共点。中性点接地方式是涉及供电可靠性、短路电流大小、人身和设备安全、过电压大小、绝缘水平、继电保护与自动装置配置、电磁环境兼容、通信干扰以及系统稳定等许多方面的综合性技术经济问题。

电力系统的中性点接地方式有中性点不接地（中性点绝缘）、中性点经消弧线圈接地、中性点直接接地、中性点经电阻或电抗接地等。目前国际上把中性点不接地或经高阻抗接地（如经消弧线圈接地）的系统称为非有效接地系统（也称为小电流接地系统），而把中性点直接接地或经小电阻接地的系统称为有效接地系统（也称为大电流接地系统）。我国目前采用的中性点接地方式主要为中性点不接地、中性点经消弧线圈接地和中性点直接接地，在城网供电中，中性点经小电阻接地的方式也采用较多。

1. 中性点不接地

(1) 正常运行

中性点不接地的三相电网电路图和向量图如图 2-4 所示。由于任意两个导体之间有绝缘介质相隔离，因此三相交流电力系统中相与相之间和相与地之间都存在一定的电容。为了便于讨论，认为 A、B、C 三相系统的电压和线路参数都是对称的，并将各相与地之间的分布电容用集中电容 C 表示，同时忽略相间的分布电容。

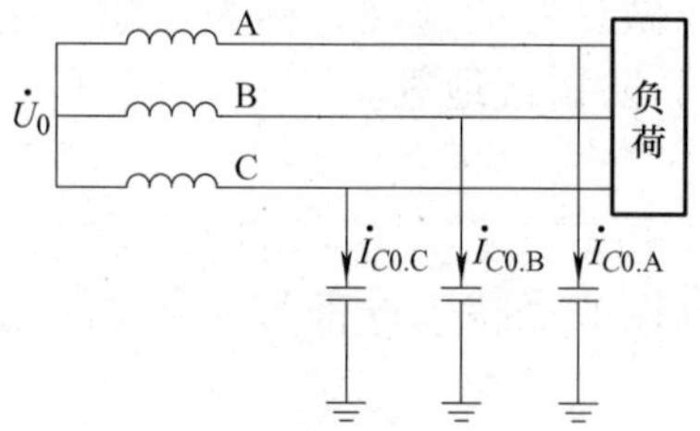

a) 电路图

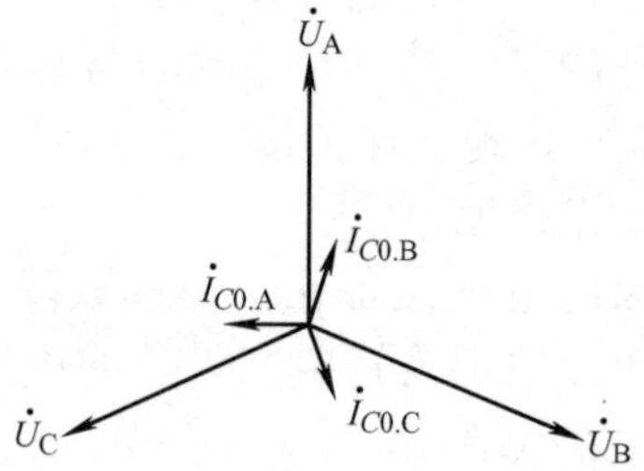

b) 向量图

图 2-4　中性点不接地的三相电网

首先分析在此系统中中性点电压 $\dot{U}_0$ 的大小。系统正常运行时，三相的对地电压 $\dot{U}_A$、$\dot{U}_B$、$\dot{U}_C$ 对称，由电路理论可知，三相的对地电容电流 $\dot{I}_{C0}$ 也是平衡的。因此三相电容电流之和为 0，流入大地中的电容电流为 0。从而得到每相对地电压与其相电压相等，中性点的电压 $\dot{U}_0=0$。

这就是说，对于中性点不接地的三相电网，当三相电压对称且各相的对地电容相等时，其中性点电位为0。因此，从正常传输电能的角度来看，中性点是否接地对运行没有任何影响。

但是，当中性点不接地系统中各相对地电容大小不相等时，即使在正常运行状态下，中性点的对地电位也不再是0。通常，把这种情况称为中性点位移，即中性点的对地电位发生了偏移。这种现象多数是由于架空线路导线排列不对称而又没有进行完全换位造成的。

（2）发生单相接地故障

当中性点不接地电网由于绝缘损坏而发生单相接地故障时，中性点的对地电位将发生明显的变化。图2-5a所示为当C相在f点发生金属性接地时的情况。接地后故障点处C相对地电压变为0（$\dot{U}_{\mathrm{C}}=0$），于是中性点电位为C相相电压的相反数，即$\dot{U}_0=-\dot{U}_{\mathrm{C}\Phi}$。因此A、B相的对地电压相应变为

$$\begin{cases}\dot{U}_{\mathrm{A}}=\dot{U}_0+\dot{U}_{\mathrm{A}\Phi}=-\dot{U}_{\mathrm{C}\Phi}+\dot{U}_{\mathrm{A}\Phi}=\dot{U}_{\mathrm{AC}}=\sqrt{3}\dot{U}_{\mathrm{C}\Phi}\mathrm{e}^{-\mathrm{j}150^\circ}\\ \dot{U}_{\mathrm{B}}=\dot{U}_0+\dot{U}_{\mathrm{B}\Phi}=-\dot{U}_{\mathrm{C}\Phi}+\dot{U}_{\mathrm{B}\Phi}=\dot{U}_{\mathrm{BC}}=\sqrt{3}\dot{U}_{\mathrm{C}\Phi}\mathrm{e}^{\mathrm{j}150^\circ}\end{cases} \tag{2-1}$$

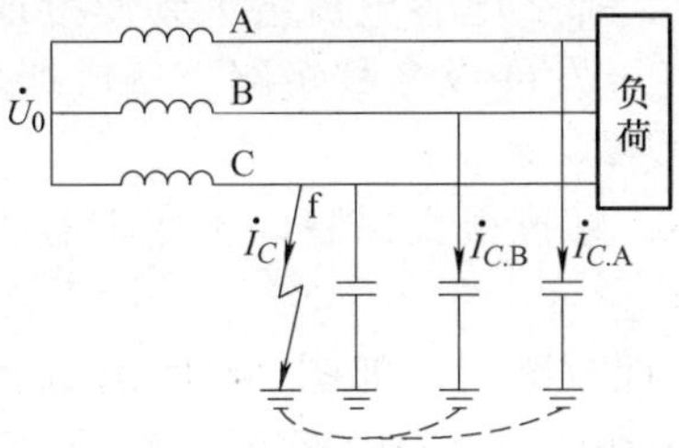

a) 电路图

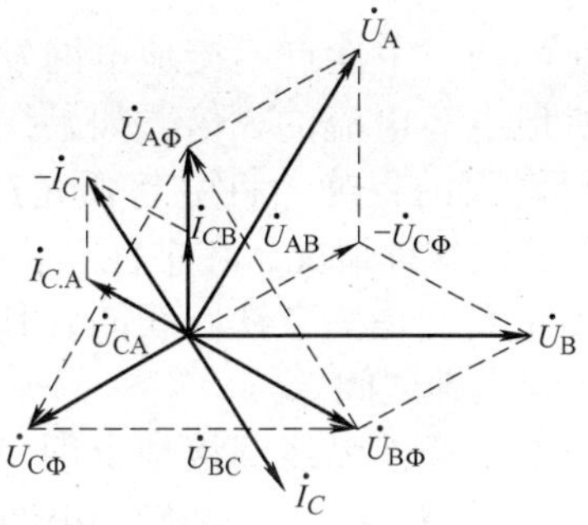

b) 相量图

图2-5　中性点不接地电网的单相接地

由图2-5b可见，非故障相（A、B两相）的对地电压大小由原来的相电压变为线电压，即对地电压升高为原来的$\sqrt{3}$倍。而故障前后三相的线电压无论大小还是相位都未发生改变。由于故障前后线电压保持不变，接在线电压上的电力用户不受影响，可以继续工作，因此该电网发生单相接地故障时不必马上切除故障，提高了供电可靠性。但是，非故障相对地电压却升高为$\sqrt{3}$倍，等于线电压，从而要求电网中各种设备的绝缘水平应当按线电压来设计，使得绝缘费用比重加大。同时，在对地的线电压作用下，如果电网某处绝缘不好，会引发该点接地，从而发生两相甚至三相接地短路，将故障扩大。所以在继电保护配置中，要求当中性点不接地电网发生单相接地短路时电网可以带故障运行，但是必须在较短时间（2～3h）内迅速发现并消除故障，以免发展成多相接地短路。

从电流上分析，由于A、B两相对地电压升高为$\sqrt{3}$倍，使得该相对地电容电流也相应地增大为$\sqrt{3}$倍。由于C相接地，对地电容被短接，因此C相的对地电容电流变为0。于是，经过C相接地点进入大地中的电容电流$\dot{I}_C$（即接地电流）为A、B

两相对地电容电流之和。按照一般习惯取从电源到负荷的方向为各相电流的正方向，所以有

$$\dot{I}_C = -(\dot{I}_{C.A} + \dot{I}_{C.B}) \tag{2-2}$$

将式（2-1）代入式（2-2），可得

$$\dot{I}_C = -j\sqrt{3}\omega C\dot{U}_{C\Phi}(e^{-j150°} + e^{j150°}) = -\sqrt{3}\omega C\dot{U}_{C\Phi}(e^{-j60°} + e^{-j120°}) = j3\omega C\dot{U}_{C\Phi} \tag{2-3}$$

式（2-3）表明，当中性点不接地电网中发生单相接地故障时，接地电流 I_C 的大小等于正常运行时相对地电容电流 I_{C0} 的 3 倍。另外，接地电流 I_C 的大小与网络的电压、频率和对地电容 C 的大小有关，而电容 C 的大小则与电网的结构（电缆线或架空线）、布置方式、长度等有关。

以上分析是按金属性接地（即接地处电阻为 0）来进行的。若发生的是不完全接地（即经过一定的过渡电阻接地），则故障相的对地电压将大于 0 而小于相电压，而非故障相的对地电压大于相电压而小于线电压，这时接地电流较金属性接地时要小。

2. 中性点经消弧线圈接地

由前可知，中性点不接地电网发生单相接地故障时，流经短路点的接地电流是故障前对地电容电流的 3 倍，如果线路比较长，那么电容电流会大到使接地点电弧不能自行熄灭的程度，将引起弧光过电压，甚至发展成多相短路，造成严重事故。为了避免发生这种情况，在中性点装设了消弧线圈。

消弧线圈就是一个铁心线圈，其电阻很小，感抗很大，装设于变压器或发电机的中性点与大地之间。

当中性点经消弧线圈接地电网发生单相接地故障时，如图 2-6 所示 C 相，中性点电压 $\dot{U}_0$ 将变为 $-\dot{U}_{C\Phi}$，非故障相对地电压变为线电压（与中性点不接地电网发生单相接地相同）。这时，正在故障相与消弧线圈所构成的回路中，若忽略线圈电阻，则流过消弧线圈的感性电流 $\dot{I}_L$ 为

$$\dot{I}_L = -\frac{\dot{U}_0}{jX_L} = \frac{-j\dot{U}_{C\Phi}}{\omega L} \tag{2-4}$$

式中，X_L、L 分别为消弧线圈的电抗和电感。

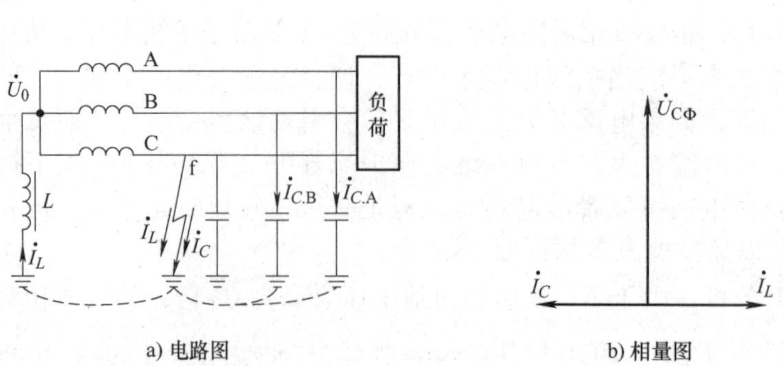

图 2-6　中性点经消弧线圈接地电网的单相接地

对应图 2-6 中的电流方向，由式（2-4）可知，流过故障相的感性电流 $\dot{I}_L$ 相位滞后 $\dot{U}_{C\Phi}$ 90°；由式（2-3）可知，由故障相和非故障相所组成的回路中流过故障相的容性电流 $\dot{I}_C$ 相位超前 $\dot{U}_{C\Phi}$ 90°。因此，故障相接地电流中感性电流与容性电流方向相反，相互补偿，减小了接地点的接地电流，使电弧易于自行熄灭，从而提高了供电可靠性。于是，中性点经消弧线圈接地电网又称为补偿电网或谐振电网，消弧线圈接地又称为谐振接地。

根据感性电流对容性电流补偿大小的不同，中性点经消弧线圈接地电网有三种补偿方式，即全补偿方式、欠补偿方式和过补偿方式。

1）全补偿方式：选择消弧线圈的电感，使 $I_L = I_C$，则接地电流为 0。采用这种补偿方式时，感抗与容抗相等，电网将发生谐振，产生危险的高电压或过电流，影响系统安全运行，因此不能采用这种补偿方式。

2）欠补偿方式：选择消弧线圈的电感，使 $I_L < I_C$，则接地电流呈现容性。采用这种补偿方式时，当因电网运行方式改变而切除部分线路时，整个电网对地电容将减小，电网中有可能出现感抗与容抗相等的情况，也就是说电网有可能由欠补偿方式发展为全补偿方式，从而导致谐振现象，危及系统安全运行；另外，欠补偿方式也容易引起铁磁谐振过电压等其他问题，因此很少采用欠补偿方式。

3）过补偿方式：选择消弧线圈的电感，使 $I_L > I_C$，则接地电流呈现感性。采用这种补偿方式时，即使因电网运行方式改变而切除部分线路，也不会发展成全补偿方式，致使电网发生谐振。同时，由于消弧线圈留有一定的裕度，今后电网发展，线路增多、对地电容增加后，原有消弧线圈仍可以继续使用，因此实际中大多采用过补偿方式。

3. 中性点直接接地

图 2-7 所示为中性点直接接地电网的单相接地。线路上将流过较大的单相接地短路电流 $\dot{I}_f^{(1)}$，线路继电保护装置迅速使断路器动作，断开故障部分，有效地防止了单相接地时产生间歇电弧过电压的可能。因此采用中性点直接接地方式可以克服中性点不接地方式存在的某些缺点。

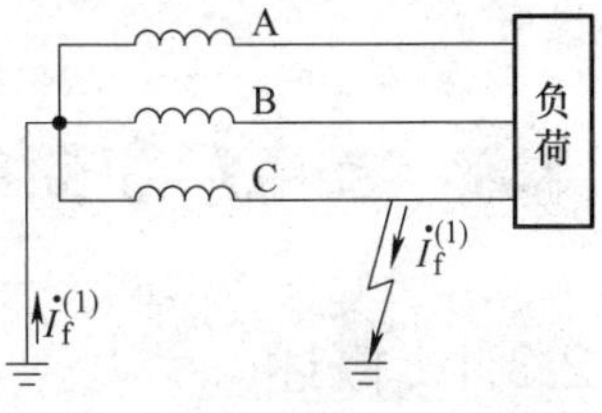

图 2-7　中性点直接接地电网的单相接地

当中性点直接接地电网发生单相接地故障时，中性点的电位仍保持为 0，非故障相的对地电压基本不会变化，这与中性点不接地或经消弧线圈接地电网不同。因此这类电网中设备的绝缘只需要按相电压考虑，不需要按线电压考虑。这点对于 110kV 及以上的高压电网有着优越的经济性。因为高压电器特别是超高压电器的绝缘问题，是影响其设计和制造的关键问题。对绝缘的要求降低，实际上也就降低了高压电器的造价，同时改善了高压电器的性能，所以我国 110kV 及以上的电网通常采用中性点直接接地方式。

由于中性点直接接地电网发生单相接地故障时，不仅要流过较大的单相接地短路电流，还要中断供电，因此为了提高供电可靠性，在线路上大量装设了自动重合闸装置，以尽快恢复供电。

需要特别注意的是，对于 1kV 以下的低压系统，电网的绝缘水平已不是主要问题，系统中性点接地与否，主要从人身安全方面考虑。在 380V/220V 系统中，一般都采用中性点直接接地方式，一旦发生单相接地故障，可以迅速断开断路器或烧断熔丝，将故障部分隔断；另外，此时非故障相对地电压基本不会升高，不会出现人接触时超过 250V 的危险电压。如果系统中性点不接地，那么发生单相接地故障时非故障相对地电压将接近于线电压，对人身安全的危害会更大。当然，即使是 250V 左右的接触电压，对于人身安全来说仍是有危险的，应采取措施防止触电。

4. 中性点经小电阻接地

对于采用电缆供电的中、低压电网，多采用中性点经小电阻接地方式。这是因为不同于架空线路，电缆线路发生的单相接地故障多为永久性故障，所以电缆线路发生单相接地后不允许继续运行，必须迅速切断电源，避免事故扩大。另外，经消弧线圈接地方式也存在绝缘水平高，以及可能诱发倍数较高的弧光过电压或铁磁谐振过电压的问题。

中性点经小电阻接地如图 2-8 所示。其基本运行性能接近于中性点直接接地方式。当发生单相接地故障时，经小电阻将流过较大的单相接地（短路）电流，与此同时依靠单相接地的继电保护装置将使出口断路器立即断开，切除故障。这样非故障相的电压一般不会升高，也不致发生前述的内部过电压，因而电网的绝缘水平较中性点经消弧线圈接地方式低。

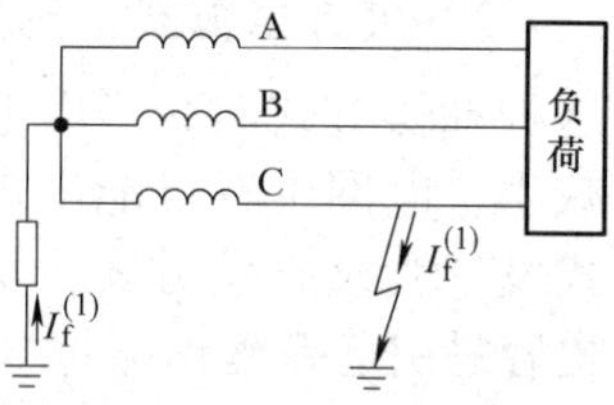

图 2-8　中性点经小电阻接地

但是，由于接地电阻值较小，因此发生故障时的单相接地（短路）电流值较大，从而对接地电阻元件的材料及其动、热稳定性能提出了较高的要求。目前国内不少厂家都在生产这种小电阻接地的成套装置，其运行情况良好。

2.3　发电厂和变电所的电气主接线

2.3.1　概述

发电厂和变电所的电气主接线图是由各种电气设备的图形符号和连线组成的表示电能输送过程的电路图。从主接线图可以了解各种电气设备的规模、数量、连接方式和作用，以及各电力回路的相互关系和运行条件等，因而它代表了电力系统构成的各个重要环节。主接线选择正确与否，对电气设备选择，配电装置布置，运行的可靠性、灵活性和经济性等都有重大影响。通常，发电厂和变电所的主接线应满足以下基本条件。

1）根据系统和用户的要求，保证必要的供电可靠性和电能质量。在运行中供电被迫中断的机会越少或事故后影响的范围越小，主接线的可靠性就越高。例如，断路器检修时，应不影响对系统的供电；即使断路器或母线故障，也应该尽量减小停电范围，竭力避免厂（所）停电的可能等。

2）主接线应具有一定的灵活性，以适应电力系统及主要设备的各种运行工况的要求，此外还要便于检修。

3）主接线应简单、清晰、操作维护方便，使主要元件投入或切除时所需操作步骤最少。

4）在满足上述要求的条件下，力求做到投资和运行费用最少。

5）具有扩建的可能性。

绘制电气主接线图时，各主要设备应当采用国家标准规定的统一的文字、图形符号，见表2-1。

表2-1　电气主接线图中主要设备的文字、图形符号

序号	设备名称	文字、图形符号	序号	设备名称	文字、图形符号
1	发电机	G 	10	负荷开关	QS 
2	交流电动机	M 	11	母线	W 
3	双绕组变压器	T 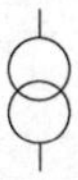	12	三相导线	W 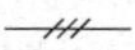
4	自耦变压器	T 	13	电缆	W 
5	三绕组变压器	T 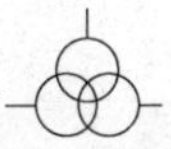	14	电压互感器	TV 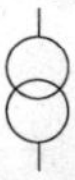
6	有载调压变压器	T 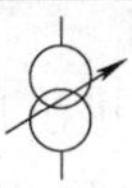	15	电流互感器	TA 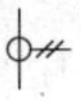
7	断路器	QF 	16	熔断器	FU 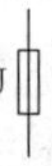
8	隔离开关	QS 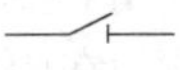	17	电抗器	R  或 
9	带接地开关的隔离开关	QS 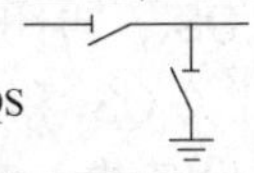	18	避雷器	FA 

注：电气主接线图一般都用单线图（用一根线表示三相）绘制，只有在个别地方必须同时绘出三相时，才能用三线图表示。

2.3.2　电气主接线的基本形式

电气主接线的基本形式可分为有母线接线和无母线接线两大类。当进出线回路数较多时，可采用母线（又称汇流排）作为中间环节，便于电能的汇集和分配，也便于连接、安装和扩建。有母线接线方式包括单母线接线、单母线分段接线、双母线接线、双母线分段接线、双母线带旁路母线接线、双母线双断路器接线和一台半断路器接线。当进出线回路数不多时，可采用无母线接线，这种接线所使用的断路器数量少，结构简单。无母线接线方式包括桥形接线、角形接线和单元接线。

1. 单母线接线

发电厂和变电所主接线的基本环节是电源（发电机或变压器）和引出线。母线是中间环节，它起着汇集和分配电能的作用。由于多数情况下引出线数量要比电源数

量多好几倍，因此在二者之间采用母线连接，既有利于电能交换，又可使接线简单、明显和运行方便，整个装置也易于扩建。但有母线接线将使配电装置复杂，并且当母线故障时将使供电中断。

只有一组母线的接线称为单母线接线，图 2-9 所示为典型的单母线接线。进线电源和出线线路（L_1、L_2、L_3 和 L_4）都连接在同一组母线 W 上，为了便于投入或切除任何一条进、出线，在每条引出线上都装有可以在各种运行工况下断开或闭合的断路器 QF，因为断路器具有灭弧装置，可以断开、闭合负荷电流和故障电流。当需要检修断路器而又要保证其他线路正常供电时，应使被检修的断路器和电源隔离。为此，在每台断路器的两侧装设隔离开关 QS，紧靠母线侧的隔离开关 QS_1 称为母线隔离开关，靠线路侧的隔离开关 QS_2 称为线路隔离开关，隔离开关的作用是在线路停运后隔开电源，当检修断路器或线路时，形成一个检修人员能看见的、则明显的“断口”，确保检修人员的安全。从图 2-9 可以看出，若不设置隔离开关，则检修断路器 QF_1 时，为保证检修人员的安全，必须使母线 W 完全停电，显然这样做不合理，因此在断路器 QF_1 两侧各加装了隔离开关。但由于隔离开关没有灭弧装置，绝对不能用来开断负荷电流和故障电流。由于检修发电机出口处断路器 QF_2 时，发电机需要停机，因此靠近发电机一侧不需要装设隔离开关。QS_3 称为接地开关，正常运行时它是断开的，检修时，在隔开电源、检修设备前将其闭合，使线路与地等电位，防止突然来电，确保检修人员的人身安全。

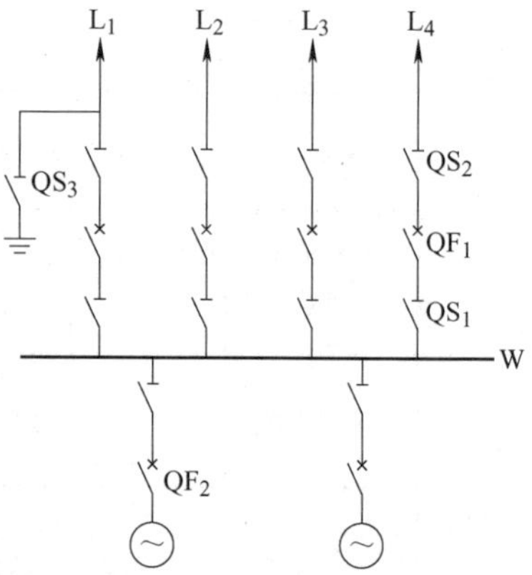

图 2-9　单母线接线

运行人员操作断路器和隔离开关时，必须严格遵守隔离开关“先通后断”或者在等电位的情况下操作的原则。例如，给出线 L_4 送电时，在隔离开关 QS_1 和 QS_2 断开的情况下，依次闭合母线隔离开关 QS_1 和线路隔离开关 QS_2，再闭合断路器 QF_1；出线 L_4 停电时，应先断开断路器 QF_1，再依次断开线路隔离开关 QS_2 和母线隔离开关 QS_1。

单母线接线的主要优点是简单、清晰，采用设备少，操作方便，投资少，便于扩建；主要缺点是当母线隔离开关发生故障或检修时必须断开全部电源，造成整个装置停电。此外，当出线断路器检修时，也必须在整个检查期间停止该回路的工作。由于存在上述缺点，单母线接线无法满足重要用户的用电需求。

2. 单母线分段接线

单母线接线的缺点可以通过单母线分段接线加以克服，如图 2-10 所示。在母线的中间加装一台断路器 QF 后，即把母线分为两段（Ⅰ段和Ⅱ段），这样重要用户可以由分别接在两段母线上的两条线路供电，任一段母线故障，都不至于使重要用户全部停电，另外，可以分别对两段母线进行清扫和检修，也可以缩小停电范围。

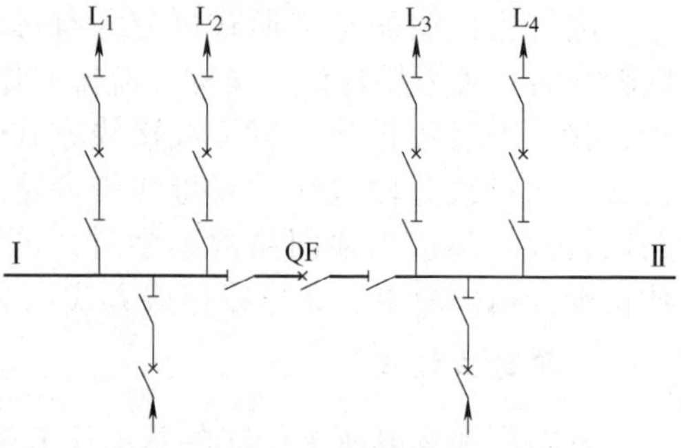

图 2-10　单母线分段接线

由于单母线分段接线既保留了单母线接线本身的简单、经济、方便等基本优点，又在一定程度上克服了它的缺点，所以这种接线一直被广泛应用。特别是对于中小型发电厂和出线数较少的 35 ～ 110kV 级的变电所，这种接线方式采用较多。

但是单母线分段接线也有较显著的缺点，就是当一段母线或任一段隔离开关故障或者检修时，该母线上所连接的全部引出线都要在检修期间长期停电。显然，对于大容量电厂和区域变电所来说，这都是不允许的。因此就出现了双母线接线。

3. 双母线接线

双母线接线是针对单母线分段接线的缺点提出来的，其基本形式如图 2-11 所示，即除了工作母线 W_1 之外还增设了一组备用母线 W_2。由于它有两组母线，可以相互备用。两组母线之间用母线联络断路器 QF 连接起来，每一个回路都通过一台断路器和两台隔离开关接到两组母线上，运行时接在工作母线上的隔离开关闭合，接在备用母线上的隔离开关断开。

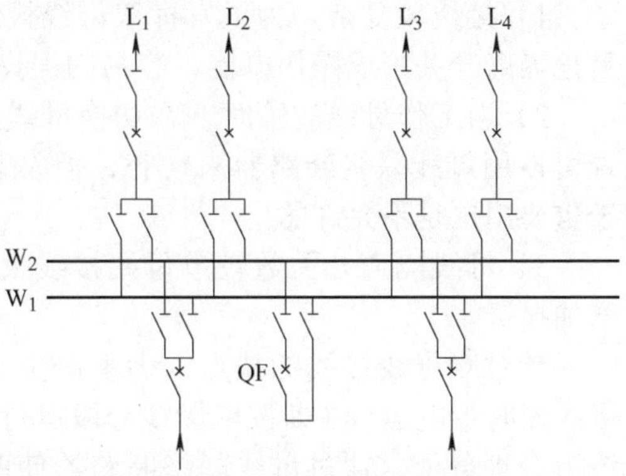

图 2-11　双母线接线

有了两组母线后，就可以通过切换两组母线的隔离开关满足如下要求。

1）轮流检修母线而不致使供电中断。

2）修理任一回路的母线隔离开关时只断开该回路。

3）工作母线故障时，可将全部回路转移到备用母线上，从而使装置迅速恢复供电。

4）修理任一回路的断路器时，不致使该回路的供电长期中断。

5）个别回路需要单独试验时，可将该回路分出，单独接至备用母线。

双母线接线的重要操作是切换母线。下面以检修工作母线（见图 2-11）和出线断路器（见图 2-12）为例说明其操作步骤。

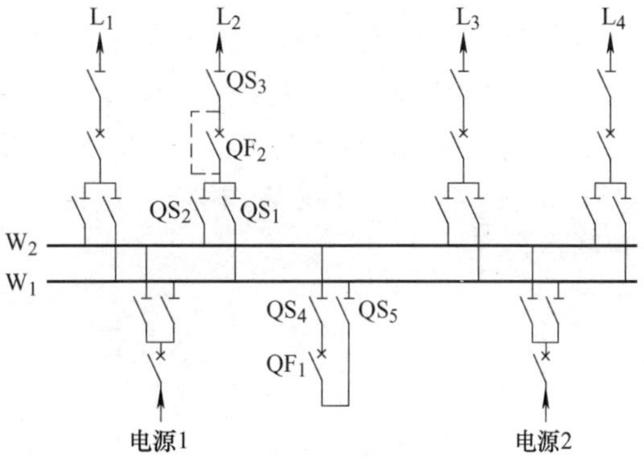

图 2-12　检测出线断路器

（1）检修工作母线

要检修工作母线必须将所有电源和线路都切换到备用母线上。为此，首先应检查备用母线是否完好，方法是先接通母线联络断路器 QF，使备用母线带电。若备用母线存在绝缘不良或故障，则断路器 QF 将在继电保护装置的作用下自动断开；若备用母线无故障，则 QF 保持接通状态。这时由于两组母线等电位，可以先接通备用母线上所有隔离开关，再断开工作母线上所有隔离开关，这样就完成了母线的切换。最后，还必须断开 QF 以及它两侧的隔离开关，以便把工作母线完全隔离起来，进行检修。

（2）检修一条出线上的断路器

当检修任何一条出线上的断路器而不希望该线路长时间停电时，以检修图 2-12

中出线 L_2 的断路器为例，可先用母线联络断路器 QF_1 检测备用母线完好，即断开 QF_1，随后断开 QF_2 及两侧的隔离开关 QS_3 和 QS_1，再拆开断路器 QF_2 的引线接头，并用临时跨条替代断路器 QF_2，然后接通与备用母线相连的隔离开关 QS_2，再闭合线路侧隔离开关 QS_3，最后闭合母线联络断路器 QF_1，线路 L_2 即重新投入运行。这时母线联络断路器的功能是使线路 L_2 得以继续供电。

220kV 线路断路器倒闸操作

综上所述，双母线接线的主要优点是可以在不影响供电的情况下对母线系统进行检修。但是双母线接线存在以下缺点。

1）接线较复杂。为了发挥双母线接线的优点，必须进行大量的切换操作，特别是把隔离开关当成操作电器，容易因误操作而酿成较大的事故。

2）当工作母线故障时，在切换母线过程中仍要短时停电。检修线路断路器时尽管可以用母线联络断路器来代替，但是装接跨条期间仍需要短时停电，这种停电对于重要用户是不允许的。

3）母线隔离开关数较单母线接线大为增加，从而增大了配电装置的占地面积，增加投资。

针对双母线接线的缺点，为了避免工作母线故障时造成全部停电，可以采用双母线同时带电运行（即按单母线分段运行）的方式。这时可以把电源和线路在两组母线上合理分配，通过母线联络断路器使两组母线并联运行。这样既提高了运行可靠性，必要时又可空出一组母线进行检修。这种运行方式目前在我国 35 ～ 220kV 的配电装置中采用较多。除此之外，还可以采用双母线分段、双母线带旁路母线的接线方式。

4. 双母线分段接线

图 2-13 所示为双母线分段接线。这种接线可以看作单母线分段接线和双母线接线的结合，采用分段断路器 QF 将工作母线 W_1 分段，每段分别用母线联络断路器 QF_1 和 QF_2 与备用母线 W_2 相连。这样，当任何一段母线故障或检修时仍保持双母线并联运行。

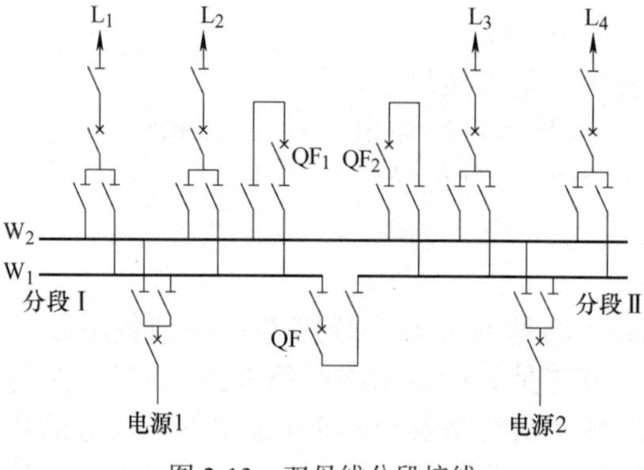

图 2-13　双母线分段接线

5. 双母线带旁路母线接线

为了避免检修线路断路器时造成短时停电，可采用双母线带旁路母线接线，如图 2-14 所示。母线 W_3 为旁路母线，断路器 QF_2 为接到旁路母线的断路器，正常运行时它处于断开位置。当需要检修任何一台线路断路器时，可用 QF_2 代替被检修的线路断路器而不致造成停电。例如，当需要对线路 L_1 上的断路器 QF_1 进行检修时，可以先闭合断路器 QF_2，使旁路母线 W_3 带电，然后再闭合旁路母线隔离开关 QS_1，最后断开线路断路器 QF_1，再切断隔离开关 QS_2、QS_3、QS_4 后，即可对 QF_1 进行检修。

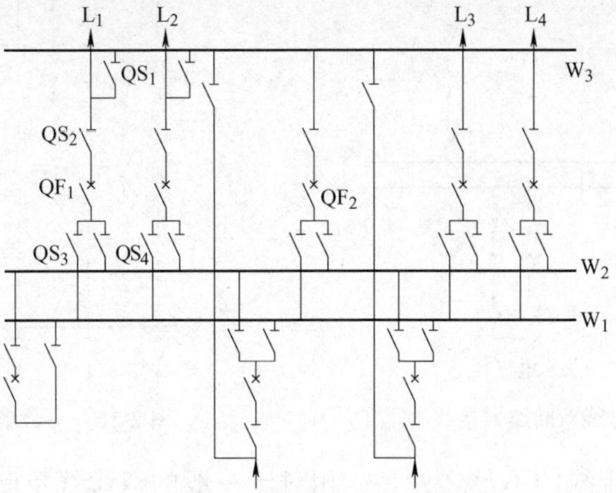

图 2-14　双母线带旁路母线接线

尽管采取上述措施改进了双母线接线的性能，但是仍存在着当一组母线故障或检修时一般的回路供电中断的缺点，这对于大容量发电厂和枢纽变电所也是不允许的。此外，在双母线切换过程中需要对大量的隔离开关进行操作，容易误操作而酿成严重的后果。为此，对重要程度很高的发电厂和变电所，可以考虑采用双母线双断路器接线和一台半断路器接线。

6. 双母线双断路器接线

双母线双断路器接线如图 2-15 所示。这种接线方式的特点是双母线同时运行，每个回路内装有两台断路器。其主要优点是任何一组母线或断路器发生故障或进行检修时都不会造成停电，而且运行灵活、检修方便，同时隔离开关不用作操作电器，避免了切换过程中因操作隔离开关而发生事故的可能性，从而提高了运行可靠性。这种接线方式的主要缺点是断路器数量增加一倍，设备投资和配电装置的占地面积也会相应增大。此外，每个回路故障要同时切断两台断路器，增大了断路器维修的工作量。总的来说，这种接线的性能并不优越于一台半断路器接线，因此这种接线已很少采用。

7. 一台半断路器接线

一台半断路器接线所用的断路器介于每个回路装设一台断路器和装设两台断路器的接线方式之间，如图 2-16 所示。在两组母线间，装有三台断路器，但可引接两个回路，因此又称为二分之三接线。正常时，两组母线同时带电运行，任一组母线故障或检修均不会造成停电。同时，还可以保证任何断路器检修时不停电，其中隔离开关不作为操作电器，仅在检修时使用，甚至在两组母线同时故障（或一组母线正检修时另一组母线又故障）的极端情况下仍可以继续输出电能。因而，这种接线方式的主要优点是尽管所用的断路器数量比双母线双断路器接线方式少，但运行的可靠性与灵活性却较高。

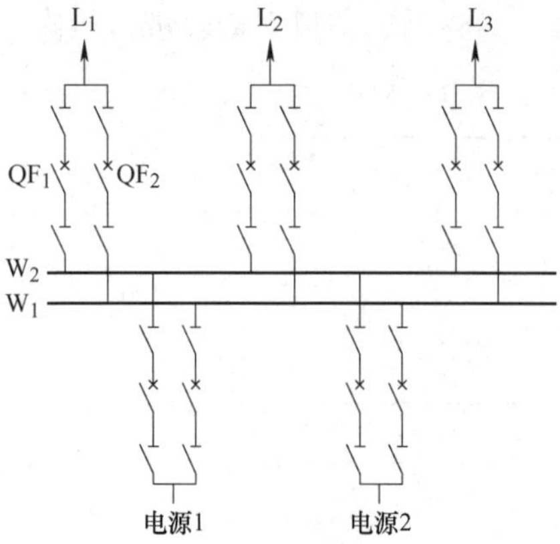

图 2-15 双母线双断路器接线

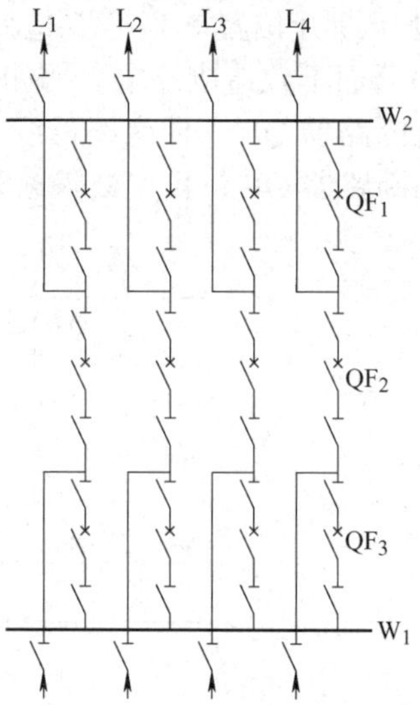

图 2-16 一台半断路器接线

一台半断路器接线的不足之处是，相对于一般的双母线单断路器接线而言，所需要的断路器数量多，同时一个回路故障也要断开两台断路器，增大了维修工作量。此外，这种接线方式的继电保护也较其他接线方式要复杂，而且为了便于布置，这种接线方式要求电源数和出线数最好相等，当出线数较多时，对于某些只有引出线的回路，在配电装置中需向不同方向引出。尽管一台半断路器接线有这些缺点，但运行经验表明，其具有运行可靠性高、灵活性大的优点，所以目前该接线方式在世界许多国家的超高压电网中得到了广泛应用。我国已有的 330 ～ 500kV 变电所大多采用这种接线。

在以上介绍的单母线和双母线接线方式中，断路器的数量一般都等于或大于所连接回路数。由于高压断路器的价格昂贵，所需的安装占地面积也较大，特别是电压等级越高，这种情况就越明显。因此，从经济方面考虑，应力求减少断路器数。为了既满足主接线的基本要求，又尽量减少断路器数，当引出线不多时，可以考虑采用无母线接线。

8. 桥形接线

当电路内只有两台变压器和两条输电线时，采用桥形接线所需的断路器数较少。桥形接线可分为内桥式接线和外桥式接线，分别如图 2-17a 和图 2-17b 所示。

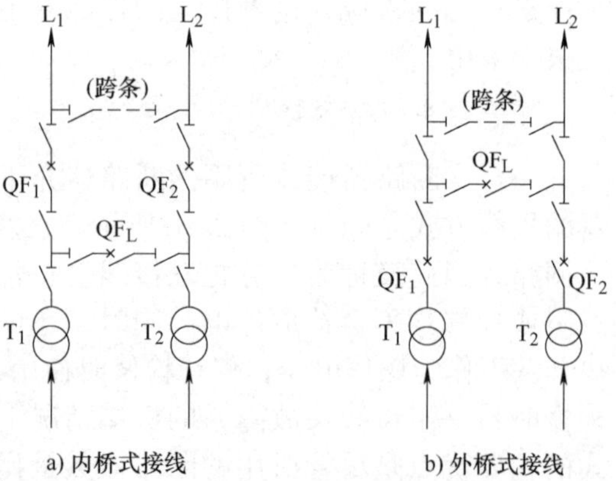

图 2-17 桥形接线

内桥式接线的特点是两台断路器 QF_1 和 QF_2 接在线路上，因此线路的断开和投入比较方便。当线路发生故障时，仅断开该线路的断路器，而另一回线路和两台变压器仍可继续工作。但是，当一台变压器故障时，将断开与变压器相连的两台断路器，使相关线路短时退出工作。因此，这种接线一般适用于线路较长（相对来说线路的故障概率较大）和变压器不要求经常切换的情况。

外桥式接线的特点与内桥式接线相反，当变压器发生故障或运行中需要断开时，只需断开断路器 QF_1 和 QF_2，而不致影响线路工作。可是，当线路发生故障时却要影响变压器的运行。因而，这种接线方式适用于线路较短且需要经常切换变压器的情况，一般在降压变电所应用较多。此外，当系统有穿越功率流经本厂（所）（如两路出线均接入环形电网）时，采用外桥式接线较为适宜。

总体来说，桥形接线可靠性不是很高，有时也需要用隔离开关作为操作电器，但由于使用电器少、布置简单、造价低，在 35 ～ 110kV 的配电装置中仍有采用。此外，只要在配电装置的布置上采取适当措施，这种接线方式有可能发展成单母线或双母线接线，因此可用作工程初期的过渡接线。

9. 角形接线

如图 2-18 所示的三角形接线和四角形接线都属于角形接线。角形接线的特点是电路闭合形成环形，并按回路用断路器分隔。这种接线方式所用的断路器数等于回路数，比相同回路数的单母线分段或双母线接线少用一台断路器。由于每个回路都经过两台断路器连接，因而在一定程度上具有双断路器接线的优点。例如，检修任一断路器时不需要切除线路或变压器；所有隔离开关只用于检修，不用作操作电器；任何器件的退出、投入都很方便，且不影响其他器件的正常工作等。因此，与单断路器的双母线接线相比较，角形接线的运行可靠性与灵活性较高，也较经济。

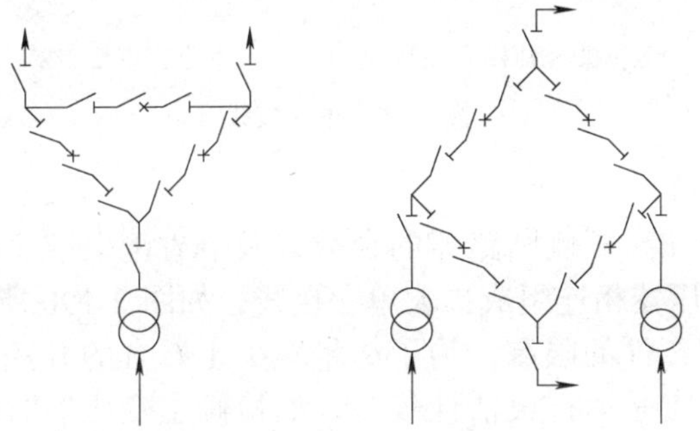

a) 三角形接线　　b) 四角形接线

图 2-18　角形接线

鉴于角形接线的上述优点，国内外这种接线方式（特别是三角形、四角形接线）采用较多。在配电装置的布置上采取一定措施后，角形接线可以最终发展成为一台半断路器接线或双断路器接线，因而它也可以作为一些超高压、大容量的枢纽变电所的初期接线方式。

角形接线的缺点如下。

1）检修任一断路器时都要开环运行，在这种情况下如其他器件再发生故障，将使整个系统解列或分裂成两部分运行，从而影响可靠性。因此，角形接线不适用于回路数较多的情况，最多用到六角形，以三角形、四角形用得最多。

2）开环和闭环两种情况下各支路的潮流变化差别较大，这给电器选择带来困难，并使继电保护的整定复杂化。

3）扩建不太方便。

10. 单元接线

单元接线的特点是几个器件直接串联，其间没有任何横的联系（如母线等），这样不仅减少了电器的数量，简化了配电装置的结构，降低了造价，同时减小了故障发生的可能性。单元接线主要有以下两种基本类型。

（1）发电机—变压器单元接线

如图 2-19a 所示，发电机和变压器组成一个单元组，电能经升压后直接送入高压电网。这种接线方式由于发电机和变压器都不单独运行，因此二者的容量应当相等。发电机—变压器单元接线的缺点是单元中的任意一个器件故障或检修，将使整个单元被迫停止工作。这种接线主要适用于没有当地负荷或当地负荷很小的大型发电厂（如远离负荷中心的区域火电厂或水电厂等）。

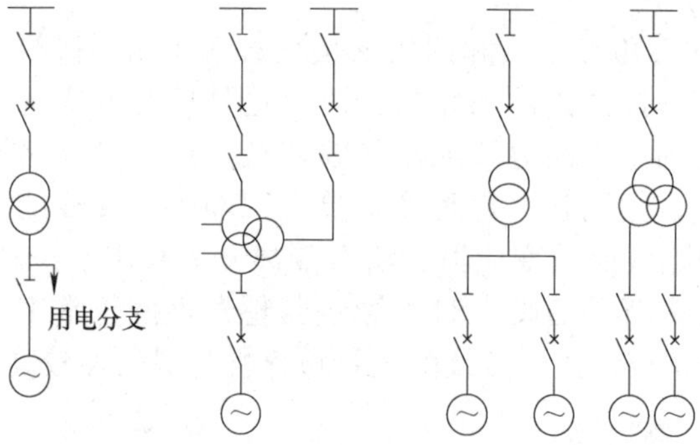

a) 发电机–变压器单元接线　　b) 扩大单元接线

图 2-19　单元接线

（2）扩大单元接线

为了减少变压器和高压侧断路器的台数以及节省配电装置的占地面积，有时将两台发电机与一台变压器相连组成扩大单元接线，如图 2-19b 所示。有些水电厂由于在布置上受自然地形条件的限制，为了尽量减少土石方的开挖量，可采用扩大单元接线。这种接线的缺点是运行灵活性较差，如检修主变压器时将迫使两台发电机组停止运转；另外当一台机组运转时，变压器处于轻载运行，从而使变压器损耗增大，降低了经济性。

2.3.3　发电厂和变电所电气主接线举例

发电厂和变电所的电气主接线是在基本接线形式的基础上，综合考虑发电厂和变电所的类型、容量大小、地理位置、负荷要求及其在系统中的地位等因素形成的。

1. 发电厂的电气主接线

如前所述，火力发电厂有地方性和区域性两大类型，以区域性为主。地方性火力发电厂位于负荷中心，大部分电能用 10kV 的配电线路供给发电厂附近的用户，剩余的电能升高到 110kV 及以上送入系统，热电厂属于典型的地方性发电厂。区域性火力发电厂一般建在动力资源较丰富的地区，或从生产条件、环保要求等出发，适宜于建设大型区域性火力发电厂的地区，其生产的电能主要依靠升高电压送入系统，发电机电压负荷很少甚至没有，这类发电厂一般容量大、利用小时数多，在系统中的地位重要。

对于地方性火力发电厂，由于发电机机端负荷的比例较大，发电机机端的出线又多，因此均采用母线接线或母线分段接线。在分段母线之间及引出线上通常都安装限流电抗器以限制短路电流，以便可以选择轻型断路器。在高压侧可根据容量大小、重要程度和出线数的多少，采用双母线、双母线带旁路母线、单母线分段、角形或桥形等接线方式。

对于大容量区域性火力发电厂，由于容量大、地位重要，一般高压侧均采用双母线接线或一台半断路器接线。当出线回路数较少时，也可以采用角形接线。而发电机机端由于负荷很少，因此一般都采用单元接线。图 2-20 所示为某火电厂的电气主接线。该厂装有两台 25MW 的机组 G_1 和 G_2，以及两台 50MW 的机组 G_3 和 G_4，发电机电压侧负荷最大为 20000kW，最小为 12000kW，此外还有厂用电约 5000kW，35kV 电压侧的负荷为 20000kW，而 110kV 电压侧的负荷最大，经常需要供给 7 ～ 10 万 kW。根据负荷情况，发电机电压侧只需接有两台 25MW 机组，并采用双母线分段接线，即可满足对发电机电压侧负荷供电的需要，其余两台 50MW 的机组则以单元接线方式直接引至 110kV 高压母线，这样可以简化发电机电压侧的配电装置。35kV 电压侧由于仅有两回出线，根据其重要程度采用桥形接线即可。110kV 电压侧由于重要程度较高、负荷也最大，故采用双母线带旁路母线的接线方式。

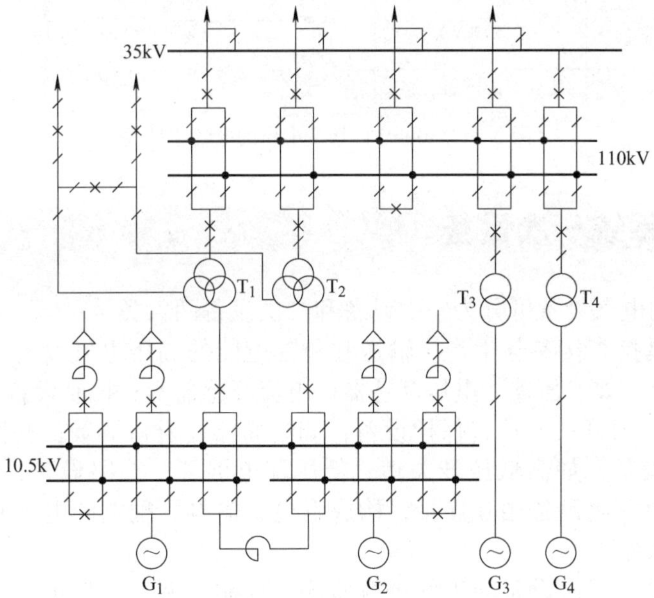

图 2-20　某火电厂的电气主接线

2. 变电所的电气主接线

变电所可分为区域变电所、地方变电所和终端变电所。区域变电所由区域电网供电，它的一次电压一般为 500kV、330kV 和 220kV，二次电压为 220kV、110kV 和 35kV 等，区域变电所较地方变电所容量要大，也更重要。相对来说，地方变电所的供电区域要小，它的一次电压一般为110kV和35kV或10kV，二次电压为6～10kV或380V/220V。

对于区域变电所的高压（一次）侧，根据出线多少或重要程度可采用双母线、角形或一台半断路器接线，对于某些重要程度极高的枢纽变电所，多采用一台半断路器接线或双母线四分段等接线方式。区域变电所的低压（二次）侧多采用双母线、单母线分段等接线方式。

对于地方性变电所，其容量相对较小、重要程度较低，且多数属于终端变电所类型。对于其高压侧，当线路较少时，可采用桥形、角形等简化接线方式；而当线路回路数较多时，可采用双母线或单母线分段等接线方式。对于其低压侧，一般都采用单母线分段或双母线分段等接线方式。

图2-21所示为500kV区域变电所的电气主接线。

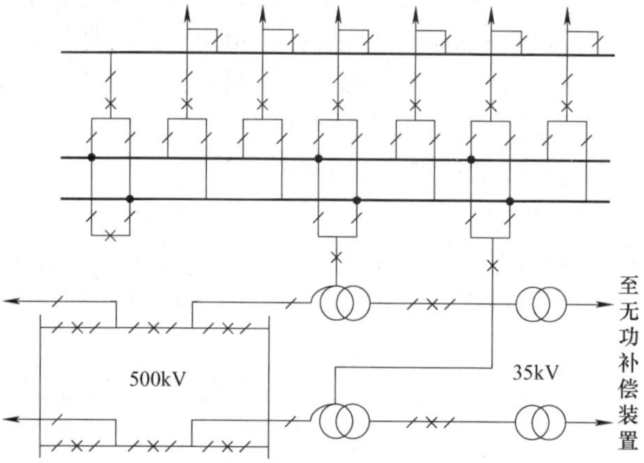

图2-21　500kV区域变电所的电气主接线

2.4 电力系统一次设备

电力系统的电气设备可分为一次设备和二次设备两大类。

一次设备是指直接参与生产、输送和分配电能的高压电气设备。一次设备主要包括：变换设备，如变压器、电压互感器、电流互感器等；控制设备，如断路器（开关）、隔离开关（刀开关）等；保护设备，如熔断器、避雷器等；补偿设备，如并联电容器；成套设备，如高低压开关柜、低压配电屏等；线路设备，如母线、电缆、架空线路等。由一次设备相互连接，构成发电、输电、配电的电气回路称为一次回路或一次接线系统。

二次设备是对一次设备的工作进行监测、控制、调节、保护，以及为运行、维护人员提供运行状况或信号的低压电气设备。二次设备包括测量仪表、继电器、操作开关、按钮、自动控制设备、计算机、信号设备、控制电缆，以及提供这些设备能源的供电装置（如蓄电池、硅整流器等）。由二次设备相互连接，构成对一次设备进行监测、控制、调节和保护的电气回路称为二次回路或二次接线系统。

1. 变压器

变压器是把电压和电流转变成另一种（或几种）同频率的不同电压、电流的电气设备。变压器是电力系统中数量极多且地位十分重要的电气设备，其功能是将电力系统中的电能电压升高或降低，以利于电能的合理输送、分配。

由于制造上的困难，发电机的电压不可能很高（目前在 20kV 以下），所以在发电厂中要用升压变压器将发电机的电压升高，才能将大量的电能送往远处的用电地区。而在用电负荷处，再用降压变压器将电压降低到适当的数值供用电设备使用。变压器的结构如图 2-22 所示。

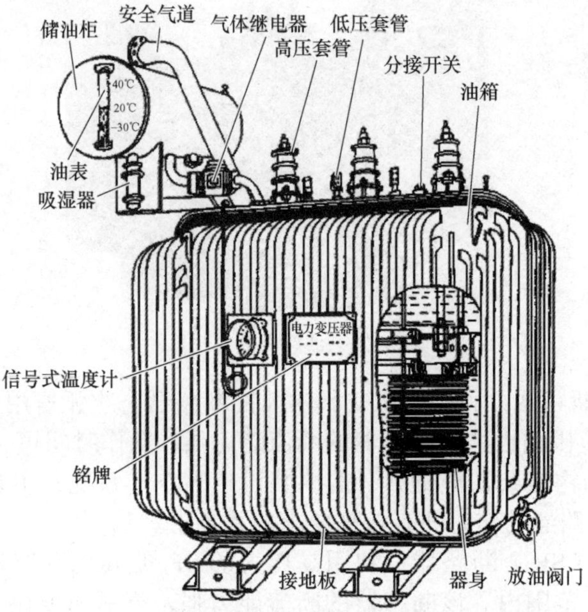

图 2-22　变压器的结构

变压器的调压方式分无载调压和有载调压两种。无载调压是指变压器在停电、检修情况下调节分接开关位置，从而改变变压器的电压比，以实现调压目的；有载调压是指变压器在运行中通过调节机构直接调节分接开关位置，从而改变变压器的电压比，以实现调压目的。无载调压的调压范围较窄，调节级数较少，通常额定调压范围以变压器额定电压的百分数表示为 $\pm 2\times 2.5\%$；有载调压的调压范围较宽，调节级数较多，通常额定调压范围以变压器额定电压的百分数表示为 $\pm 8\times 1.25\%$。线路中的变压器如图 2-23 所示。

2. 高压断路器

高压断路器是发电厂、变电所一次系统中的重要开关设备，用来切断和接通负荷电路，以及切断故障电路，防止事故扩大，保证安全运行。为实现正常和故障情况下电路的开断和闭合，断路器必须具有熄灭电弧的能力，否则长时间燃烧的电弧不仅会烧毁断路器本身，还会给系统运行带来不堪设想的严重后果。

高压断路器之所以能熄灭电弧，在于其结构中有灭弧室。高压断路器按灭弧介质的不同可分为以下五类。

1）油断路器：触头在变压器油中开断，利用变压器油作为灭弧介质的断路器，如以油为灭弧介质的少油断路器、以油为灭弧介质及绝缘介质的多油断路器。少油断路器质量小、体积小、用钢和油量少、价格低，但是不能频繁操作，主要用于

6～35kV 室内配电装置。多油断路器结构简单、工艺要求低，但体积大、用钢和油量多、检修工作量大、易发生爆炸和火灾，一般情况下不采用。

图 2-23　线路中的变压器

2）压缩空气断路器：利用高压空气吹弧的断路器。吹弧所用的空气压力一般在 1013～4052kPa 范围内。这种断路器的断流能力强、动作时间短、尺寸小、质量小、无火灾危险，但结构复杂、价格高、需要装设压缩空气系统，主要用于 110kV 及以上对电气参数及断路器动作时间有较高要求的系统中。

3）六氟化硫（SF_6）断路器：利用高压力的 SF_6 吹弧的断路器。其压力一般在 1013～1519.5kPa 范围内。该断路器的断流能力强、灭弧速度快、操作维护和检修都很方便、检修周期长，但要求加工精度高、密封性能要求高、价格昂贵，适用于频繁操作及易燃易爆的危险场合。

4）真空断路器：触头在真空中开断，以真空作为灭弧介质和绝缘介质的断路器（要求真空度在 10^{-4}Pa 以上）。真空断路器的静触头和动触头均放置在真空的玻璃泡中，因而灭弧快、触头不致氧化，适用于频繁操作，也没有变压器油的火灾危险性。但由于真空断路器对真空度要求高，所以密封比较困难，主要用于操作频繁的配电系统。

5）磁吹断路器：在空气中由磁场将电弧吹入灭弧栅中使之拉长、冷却而熄灭的断路器。

高压断路器按照安装地点又分为屋内式和屋外式两类，使用时必须结合各种断路器各自的特点及使用的具体条件来选用。

图 2-24 所示为各类断路器的外形结构。

3. 隔离开关

隔离开关（又称刀开关）是一种没有灭弧装置的开关设备，一般只用来闭合和断开有电压无负荷的线路，而不能用来断开负荷电流和短路电流，它需要与断路器配合使用，由断路器完成闭合和断开任务。隔离开关是电力系统中使用较多的电器，主要是为了将停役的电气设备与带电电网隔离，以形成安全的电气设备检修断口，建立可靠的绝缘回路。隔离开关在使用时应注意以下四点。

a) 多油断路器　b) 少油断路器　c) 压缩空气断路器　d) SF_6断路器　e) 真空断路器

图 2-24　各类断路器的外形结构

1）合闸时，静触头与闸刀接触要紧密。

2）分闸时，静触头与闸刀之间距离要远，必须达到一定的安全距离。

3）绝缘子要保持清洁。

4）操作时严格遵守倒闸操作顺序。

隔离开关按使用场所分为户内式和户外式两大类，按绝缘支柱数分为单柱式、双柱式和三柱式，按闭刀的运动方式分为水平旋转式、垂直旋转式、摆动式和插入式，按有无接地闸刀分为有接地闸刀型和无接地闸刀型，按操动机构不同分为手动、电动和气动等类型。图 2-25 所示为部分隔离开关的外形结构。

a) 户内式隔离开关　b) 双柱式户外隔离开关　c) 三柱式户外隔离开关　d)剪刀式户外隔离开关

图 2-25　部分隔离开关的外形结构

4. 高压熔断器

熔断器是最简单和最常使用的保护电器，它串接在电路中。当过载电流或短路电流流过熔断器时，熔丝或熔体由于电阻损耗过大、温度上升过高而发生熔断，从而断开电路，保护线路和电气设备。熔断器的特点是结构简单、价格低廉、维护方便、使用灵活，在低压（1000V 及以下）装置中广泛使用。在 3 ～ 35kV 的高压系统中，熔断器也被广泛用来保护电压互感器和小容量电气设备，如与负荷开关配合使用，还可以在短路容量较小的电网中代替高压断路器。熔断器的主要缺点是：熔体熔断后必须更换，会引起短时停电；保护特性和可靠性差，一般情况下，需要与其他电器配合使用。

熔断器主要由熔体、熔体管、触头、支持绝缘子和底座组成。对于高压熔断器，还设有简单的灭弧装置（如灭弧管、石英砂等），用以提高熔断器的灭弧能力。

熔断器按使用场所分为户外式和户内式，按有无填料分为有填料式和无填料式，按结构分为固定式和跌落式。图 2-26 所示为常用高压熔断器的外形结构。

跌落式熔断器是 10kV 配电线路分支线和配电变压器最常见的短路保护开关，安装在10kV配电线路分支线上，可以缩小停电范围，断开时有明显的断开点，具备隔离开关的功能，给检修线路和设备创造了一个安全作业环境，增加了检修人员的安全感，具有经济、操作方便、适应户外环境性强等特点。另外，跌落式熔断器也可作为配电变压器的主保护。

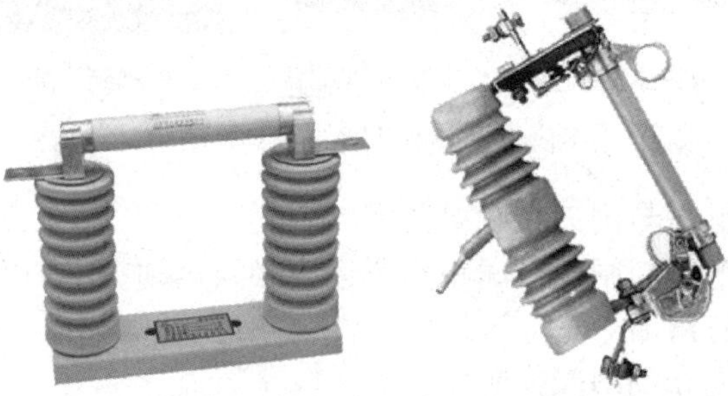

a) 有填料式熔断器　　b) 跌落式熔断器

图2-26　常用高压熔断器的外形结构

5. 高压负荷开关

高压负荷开关是用来分合负荷电流的开关电器，也具有一定的灭弧能力，但灭弧装置简陋，多用灭弧管（类似于熔断器灭弧），可以断开负荷电流，但不能断开故障电流。高压负荷开关与熔断器结合使用可以完成断路器的功能，切断故障电流。高压负荷开关的外形结构如图2-27所示。

图2-27　高压负荷开关的外形结构

6. 互感器

互感器是一种电压、电流变换设备，原理上与变压器相似。变电站中各种测量、保护和监测设备都属于低压系统，这些设备都不能直接接入变电站的高压系统中，需要通过互感器把高压设备上的大电压、大电流转换为各种仪器仪表能接受的小电压、小电流。另外，经过互感器把一次回路和二次回路隔离开，可以有效地保证人员和设备的安全。

同时，为了确保工作人员接触测量仪表和继电器时的安全，互感器的二次绕组必须可靠接地，以防止互感器的一、二次绕组间的绝缘损坏时，一次回路上的高压加到测量仪表和继电器上，危及工作人员的安全。

互感器分为电压互感器和电流互感器。

（1）电压互感器（TV）

电力系统中的电压互感器按其工作原理分为电磁式和电容式两种。采用较多的是电磁式电压互感器，其工作原理与变压器相似，但其容量很小，类似于一台小容量变压器，由于其二次侧负荷比较恒定，所接测量仪表和继电器的电压线圈阻抗很大，通过的电流很小，因此正常运行时，电压互感器接近于空载状态。为规范起见，电压互感器二次侧额定电压规定值为100V和$100/\sqrt{3}$V。

电压互感器在运行中，二次侧绝对不能短路。如果短路，二次回路中会产生很大的短路电流，使电压互感器的绕组烧毁。

按照绝缘结构形式，电压互感器可分为干式、浇注式、充气式和油浸式等；按照相数，电压互感器可分为单相和三相。电压互感器的外形结构如图 2-28 所示。

（2）电流互感器（TA）

电流互感器同样是根据变压器原理工作的，只是其二次绕组仅与仪表和继电器的电流线圈串联，仪表和继电器电流线圈的阻抗很小，因此电流互感器正常运行时二次绕组相当于短路状态，这是它与变压器的主要区别。电流互感器二次侧额定电流一般为 5A 或 1A。

电流互感器在运行中，二次侧绝对不允许开路。为了防止二次侧开路，规定电流互感器的二次侧不能装设熔断器。并且，电流互感器在运行中，如需拆除仪表或继电器，必须先用导线或短路压板将二次回路短接，以防止开路。

a) 干式电压互感器　　b) 浇注式电压互感器　　c) 油浸式电压互感器　　d) 电容式电压互感器

图 2-28　电压互感器的外形结构

电流互感器的种类很多，根据安装地点可分为户内式和户外式；根据安装方式可分为穿墙式、母线式、装入式和支持式；根据绝缘结构可分为干式、浇注式和油浸式；根据一次绕组的匝数可分为单匝式和多匝式等。电流互感器的外形结构如图 2-29 所示。

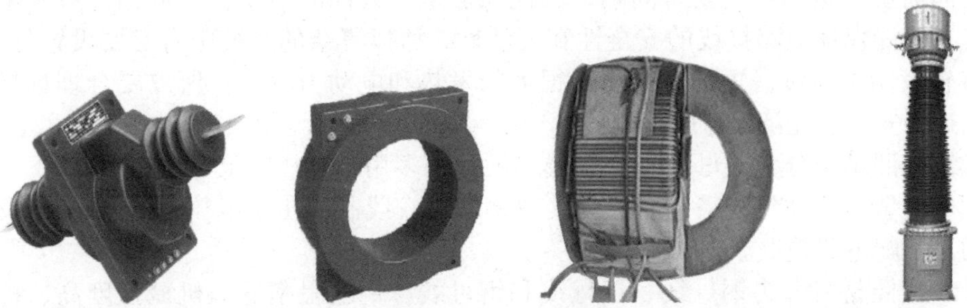

a) 穿墙式电流互感器　　b) 母线式电流互感器　　c) 装入式电流互感器　　d) 支持式电流互感器

图 2-29　电流互感器的外形结构

穿墙式电流互感器一般用于从室内到室外的连接，它可以既作为穿墙套管，又作为电流互感器，可以减少占地面积、减少设备数量；母线式电流互感器利用母线作为一次绕组，安装时将母线穿入电流互感器磁套的内腔；装入式电流互感器是为了节省空间而设计的，它没有外壳，可装入其他电气设备中，一般安装在大容量变压器和多油断路器的油箱内部；支持式电流互感器安装在平台或支柱上。

7. 防雷设备

为了防止雷电对设备的损害，在电力设备及建筑物上都设置了相应的防雷设备。防雷设备主要有避雷针、避雷线和避雷器。

避雷针是防直击雷最常见的装置，它由镀锌圆钢或镀锌钢管制成，安装在高建筑物的最顶端，经接地引下线与接地体很好地连接。由于避雷针离雷云较近，同时其尖端放电特性可将雷电引向自身，再经接地引下线流入大地，从而达到保护设备的目的。避雷针的保护范围大小与避雷针的高度、数量及相对位置有关。

避雷线是用来保护架空电力线路和露天配电装置免受直击雷的装置，由悬挂在空中的接地导线、接地引下线和接地体等组成，因而也称为架空地线。避雷线和避雷针一样，将雷电引向自身，并将雷电导入大地，使其保护范围内的导线或设备免遭雷击。避雷线一般采用镀锌钢绞线，架设在架空线的上方。

避雷器的主要作用是限制过电压，以保护电气设备。当被保护设备附近的线路上落雷时，雷电波会沿导线对电气设备形成雷电过电压。另外，断路器操作等也会引起过电压。当过电压超过一定限值时，避雷器自动对地放电降低电压，保护设备；而放电结束后又迅速自动熄灭电弧，保证系统正常运行。一般避雷器安装在各段母线与架空线的进出口处，靠近被保护设备的电源侧，并且与被保护设备并联。避雷器主要有管型避雷器、阀型避雷器和金属氧化物避雷器。图 2-30 所示为氧化锌避雷器和跌落式避雷器的外形结构。

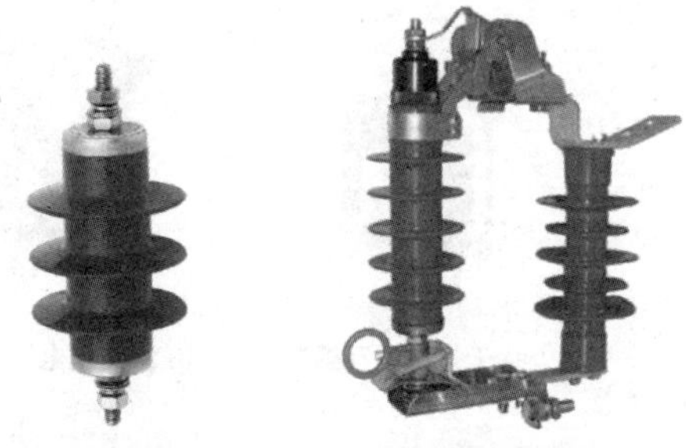

a) 氧化锌避雷器　　b) 跌落式避雷器

图 2-30　避雷器的外形结构

8. 母线

在发电厂和变电所的各级电压配电装置中，将发电机、变压器与各种电气设备连接的导线称为母线，它起到汇集和分配电能的作用。由于发电厂和变电所内的进出线之间需要一定的电气安全间隔，因此无法从一处同时引出多个回路，只有采用母线装置才能保证电路接线的安全性和灵活性，所以复杂的系统中有必要设置母线。母线有较大功率通过，短路时又承受很大的发热和电动力效应，所以要合理选择母线，以达到安全、经济运行的目的。

母线按照结构分为硬母线和软母线。硬母线多用于电压较低（20kV 及以下）的户内配电装置上；软母线采用多股绞线或钢芯铝绞线制成用于电压较高（35kV 及以上）的户外配电装置上。

母线按照材料分为铜母线、铝母线和钢母线。铜电阻率低、机械强度高、抗腐蚀性强，但价格高；铝电阻率略高于铜，但质量小、价格低。因此铝母线应用广泛，只有在大电流和腐蚀性强的环境中采用铜母线。钢电阻率大，但机械强度高、价格低，仅适用于高压小容量电路（如电压互感器）和电流在 200A 以下的低压及直流电路中，接地装置的接地线多用钢母线。

对于硬母线，按照截面的形状可分为矩形母线、双槽形母线和圆管形母线，散热效果与母线截面形状相关。一般在 35V 及以下的户内配电装置中采用矩形母线；50MW 及以下的发电机出口回路采用单根或多根矩形母线；100MW 发电机电流较大，采用双槽形母线；当单机容量在 200MW 及以上时，由于电流很大，为满足减少周围钢结构件涡流发热、抗短路时母线间巨大电动力的要求，需采用圆管形母线或封闭母线。对于矩形、双槽形、圆管形的硬母线，需要涂上不同颜色的油漆来识别相序，增加辐射散热能力和防腐蚀。图 2-31 所示为三相交流颜色分布，其中 A 相用黄色表示，B 相用绿色表示，C 相用红色表示。

图 2-31　三相交流颜色分布

9. 电抗器

电力系统中安装的电抗器有限流电抗器、串联电抗器和并联电抗器。

限流电抗器串联于电力电路中，其目的是限制短路电流，以便能经济合理地选择轻型开关电器。限流电抗器按安装地点和作用，可分为线路电抗器和母线电抗器。线路电抗器串接在电缆出线上，用来限制该线路短路电流；母线电抗器串接在发电机电压侧母线的分段处或主变压器的低压侧，用来限制厂内、外发生短路时的短路电流。

串联电抗器通常与系统中的电容补偿装置或与交流滤波装置回路中的电容器串联，组成谐振回路，滤除指定的高次谐波，抑制其他次谐波放大，减小系统电压的波形畸变，提高电压质量，同时减小电容器组的涌流。

并联电抗器并联接入系统，起无功补偿作用。并联电抗器有两种应用情况：并联接在大型发电厂或 110 ～ 500kV 变电所的 6 ～ 63kV 母线上，用于向电网提供可阶梯调节的感性无功功率，以保证电压稳定在允许的范围内；并联接在 330kV 及以上的超高压线路上，用于补偿输电线路的充电功率，以降低电力系统的工频过电压水平，这对降低系统绝缘水平和系统故障率、提高运行可靠性，均有重要意义。图 2-32 所示为干式空心串联电抗器和高压串联电抗器的外形结构。

a) 干式空心串联电抗器　　b) 高压串联电抗器

图 2-32　电抗器的外形结构

本章小结

本章阐述了电力系统的接线方式、中性点接线方式、发电厂和变电所的电气主接线，介绍了电力系统主要电气设备的作用和外形结构。

电力系统的接线方式分为无备用接线和有备用接线，采用这两种接线方式的电网分别称为开式网和闭式网。

电力系统的接地方式有工作接地、保护接地、保护接零、防静电接地和防雷接地。工作接地又称为中性点接地，中性点接地分为中性点不接地、中性点经消弧线圈接地、中性点直接接地和中性点经电阻或电抗接地。其中，中性点不接地系统发生单相接地故障时，非故障相对地电压上升为原来的$\sqrt{3}$倍，由原来的相电压变为线电压，而各相之间的线电压关系保持不变；故障相对地电流变为原来的 3 倍。

电气主接线的设计考虑安全可靠、调度灵活、操作方便、经济合理并具有扩建的可能性。主接线的形式很多，分为有母线接线和无母线接线两大类。有母线接线分为单母线、单母线分段、双母线、双母线分段、双母线带旁路母线、双母线双断路器和一台半断路器接线等。无母线接线分为桥形接线、角形接线和单元接线。一个发电厂或变电所的主接线往往是几种基本接线形式的综合。

电力系统的主要电气设备包括：断路器、隔离开关、负荷开关及熔断器等开关设备；电流互感器、电压互感器等电量转换设备；避雷针、避雷线、避雷器等防雷设备。其中，断路器在电网中地位最重要、任务最艰巨、结构最复杂，其完成对故障电流的切断。隔离开关在设备检修时隔离电源，保证检修人员及设备的安全，往往装在断路器两侧，操作时必须严格遵守隔离开关与断路器的操作顺序。互感器将大电气量转变为小电气量，以便于测量、保护和控制，同时将一次系统与二次系统相隔离。

复习思考题与习题

2-1　电力系统的电气主接线有哪些形式？

2-2　什么是开式网？什么是闭式网？

2-3　什么是接地？电力系统接地方式有哪些？各自的作用是什么？

2-4　中性点接地有哪几种方式？各自的优缺点是什么？适用于哪种条件？

2-5　什么是大电流接地系统？什么是小电流接地系统？

2-6　中性点不接地系统发生单相接地故障时，电压、电流有哪些变化？

2-7　为什么小电流接地系统发生单相接地故障时可以带故障运行 2h 左右？

2-8　中性点经消弧线圈接地的系统，消弧线圈的电抗值 X_L 与系统电纳值 X_C 的关系是什么？

2-9　发电厂和变电所电气主接线方式有哪些？

2-10　在单母线接线方式上再进行辅助改进，如分段、带旁路母线，其目的是什么？

2-11　在线路上串加电抗器的目的是什么？

2-12　简述双母线的工作母线检修时的操作过程。

2-13　主母线和旁路母线的作用是什么？简述检修出线上断路器的操作过程。

2-14　简述内桥式接线和外桥式接线各自的特点。

2-15　什么是单元接线？发电机出口是否要安装断路器？应如何考虑？

2-16　断路器与隔离开关的作用是什么？它们配合操作时应遵守什么原则？

2-17　负荷开关与熔断器的作用是什么？各自的特点有哪些？

2-18　互感器的作用是什么？使用时各自注意哪些事项？

2-19　互感器二次侧为什么要接地？

2-20　避雷器、避雷针和避雷线各自的特点是什么？

2-21　在双母线接线中检修出线断路器，使用户短时停电的方案有哪些？说明操作步骤。

2-22　举例说明在带有旁路母线的接线中检修出线断路器，使用户不停电的操作方案。

2-23　电抗器有几种类型？简述串联电抗器和并联电抗器的特点。

第3章 电力系统各元件的参数计算和等效电路

在电力系统电气计算中，系统各元件的运行特性常用等效电路来表示。因此，在进行电力系统分析研究时，首先研究电力系统中各元件的电气参数，再确定整个电力系统的等效电路，最后利用电路理论及方法来求解。

电力系统的正常运行状态是三相对称的，或者是能化为三相对称的（如利用对称分量法）。因此，可以只针对其中一相的等效电路来研究。另外，电力系统各元件的三相有星形接法和三角形接法，相应的三相等效电路也有星形电路和三角形电路。为了便于应用一相等效电路进行分析计算，通常将三角形电路转换为星形电路。同时，等效电路中的参数是已经考虑了其他两相影响（如相间互感等）的一相等效参数。

3.1 同步发电机的参数和等效电路

3.1.1 同步发电机稳态运行的等效电路

由“电机学”可知，凸极同步发电机的电压方程为

$$\begin{cases}\dot{U}_d = -r\dot{I}_d - \mathrm{j}x_q\dot{I}_q \\ \dot{U}_q = -r\dot{I}_q - \mathrm{j}x_d\dot{I}_d + \dot{E}_q\end{cases} \tag{3-1}$$

对于定子回路的电阻 r，一般只在计算定子电流非周期分量衰减时需要考虑，而在其他计算中忽略不计，于是略去电阻后与式（3-1）相应的等效电路如图 3-1 所示。

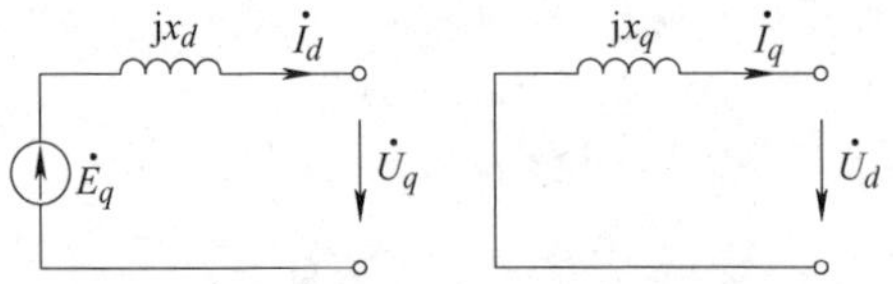

a) 直轴(d轴)　　b) 交轴(q轴)

图 3-1　凸极同步发电机的等效电路

考虑到 $\dot{U} = \dot{U}_d + \dot{U}_q, \dot{I} = \dot{I}_d + \dot{I}_q$，进一步得到凸极同步发电机端电压方程为

$$\dot{U} = \dot{E}_q - \mathrm{j}x_d\dot{I}_d - \mathrm{j}x_q\dot{I}_q = \dot{E}_q - \mathrm{j}(x_d - x_q)\dot{I}_d - \mathrm{j}x_q\dot{I} \tag{3-2}$$

对于隐极同步发电机，x_d=x_q，因此电压方程为

$$\dot{U} = \dot{E}_q - \mathrm{j}x_d\dot{I} \tag{3-3}$$

相应的等效电路和相量图如图 3-2 所示。

对于凸极同步发电机，$x_d \neq x_q$，为研究方便，在 q 轴方向构造一个虚构电动势 $\dot{E}_Q$，且

$$\dot{E}_Q = \dot{E}_q - \mathrm{j}(x_d - x_q)\dot{I}_d \tag{3-4}$$

借助于这个虚构电动势，式（3-2）可化简为

$$\dot{U} = \dot{E}_Q - \mathrm{j}x_q\dot{I} \tag{3-5}$$

相应的等效电路和相量图如图 3-3 所示。

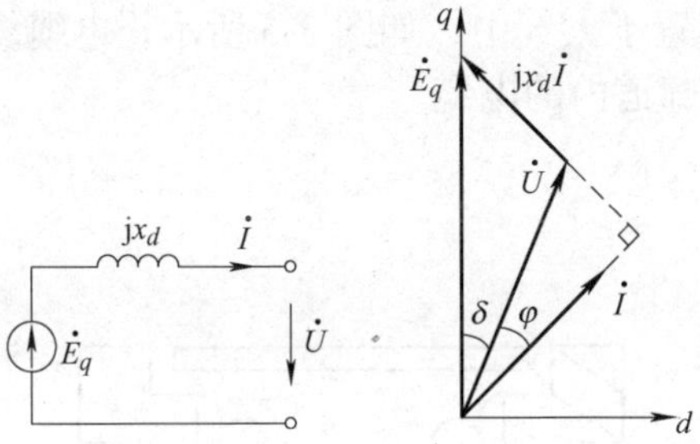

a) 等效电路　　b) 相量图

图 3-2　隐极同步发电机的等效电路和相量图

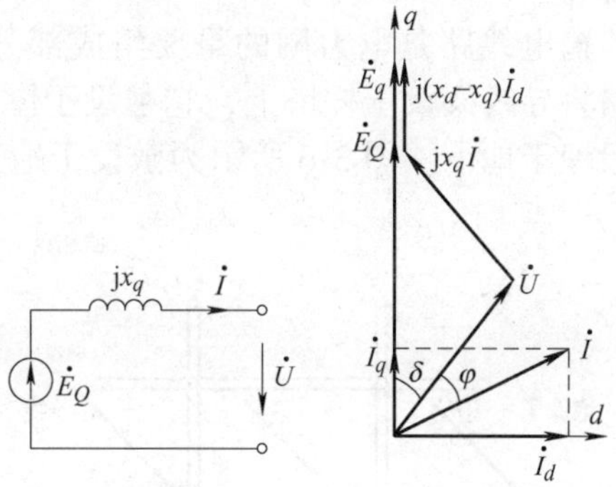

a) 等效电路　　b) 相量图

图 3-3　凸极同步发电机的等效电路和相量图

这样将凸极同步发电机通过电抗 x_q 和电势 $\dot{E}_Q$ 等效成隐极同步发电机。于是同步发电机可统一表示为图 3-4a 以电压源表示的等效电路或图 3-4b 以电流源表示的等效电路。

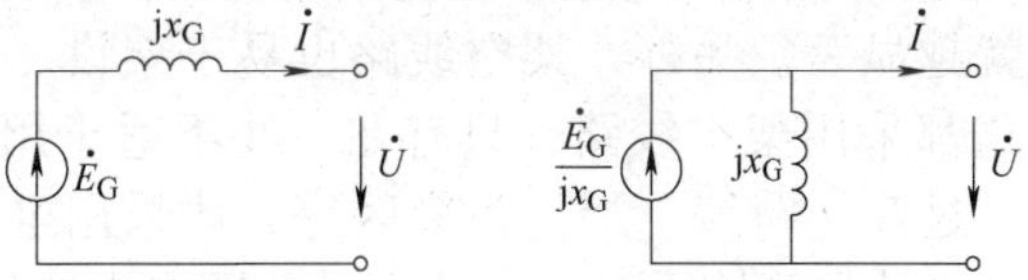

a) 以电压源表示　　b) 以电流源表示

图 3-4　同步发电机的等效电路

图 3-4 中，参数 E_G 和 x_G 分别表示稳态运行时同步发电机的电动势和电抗。除此之外，也可以用图 3-4a 所示等效电路来求取同步发电机突然短路时短路电流基频周期分量的初始值。对于无阻尼绕组同步发电机，等效电路中的参数为暂态电动势 E' 和暂态电抗 x'；对于有阻尼绕组同步发电机，等效电路中的参数为次暂态电动势 E'' 和次暂态电抗 x''。

3.1.2　同步发电机的参数

一般发电厂出厂时，厂商提供的参数有额定容量 S_N、额定有功功率 P_N、功率因

数 $\cos\varphi_N$、额定电压 U_N 和电抗百分值 $x_G\%$。据此可得同步发电机的电抗 x_G 为

$$x_G = \frac{x_G\%}{100}\frac{U_N^2}{S_N} \tag{3-6}$$

这里需要特别指出的是，进行电力系统稳态分析计算时往往以发电机端为计算起点，在计算中不考虑发电机内部的电磁关系，发电机通常采用恒定电压源来表示。

3.2 输电线路的参数计算和等效电路

3.2.1 输电线路的结构

输电线路是电力网的重要组成部分，可分为架空线路与电缆线路两大类。架空线路将导线架设于杆塔上，它敷设于屋外并露置于大气中，如图 3-5 所示；电缆线路一般埋于地下，图 3-6 所示为敷设于地下电缆廊道内的电缆。

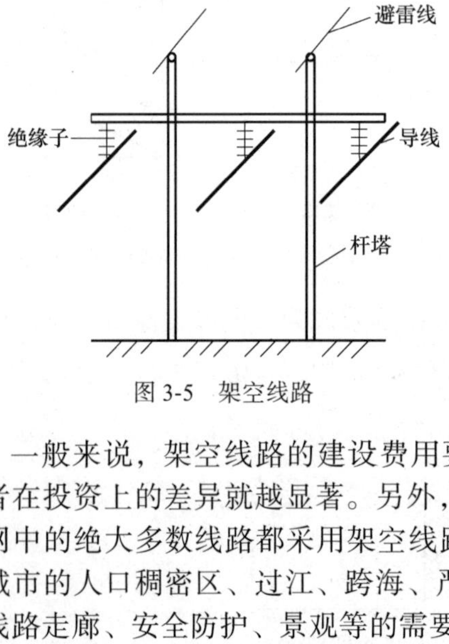

图 3-5 架空线路

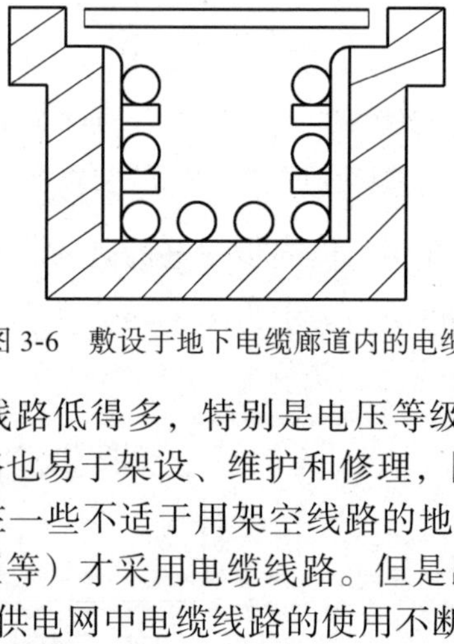

图 3-6 敷设于地下电缆廊道内的电缆

一般来说，架空线路的建设费用要比电缆线路低得多，特别是电压等级越高，二者在投资上的差异就越显著。另外，架空线路也易于架设、维护和修理，因此电力网中的绝大多数线路都采用架空线路，只有在一些不适于用架空线路的地方（如大城市的人口稠密区、过江、跨海、严重污染区等）才采用电缆线路。但是出于紧缩线路走廊、安全防护、景观等的需要，在城市供电网中电缆线路的使用不断增加。目前世界上已有电压高达 500kV 的地下电缆输电线路。

1. 架空线路

架空线路主要由导线、避雷线（架空地线）、杆塔、绝缘子和金具等组成（见图 3-5）。架空线路的导线和避雷线均采用裸线。

导线的作用是传导电流、输送电能，其材料主要有铝、铜、钢等，目前主要采用铝线或铝合金线。

避雷线的作用是将雷电流引入大地，保护电力设备免遭雷击，一般采用钢线。

杆塔的作用是支持导线和避雷线，并使导线与导线、导线与大地之间保持一定的安全距离。根据所用材料不同，架空线路的杆塔可分为木杆、铁塔和钢筋混凝土杆三种形式；按功能可分为直线杆塔、耐张杆塔、转角杆塔、终端杆塔、特种杆塔，

特种杆塔主要有跨越杆塔与换位杆塔两种。

绝缘子的作用是使导线与杆塔之间保持良好的绝缘，分为针式绝缘子、悬式绝缘子、瓷横担绝缘子、复合绝缘子。

金具的作用是连接导线，或将导线固定在绝缘子上以及将绝缘子固定在杆塔上，也可用作连接绝缘子或保护绝缘子和导线等。

2. 电缆线路

电缆的构造一般包括三部分：导体、绝缘层和包护层。

导体有铝或铜的单股或多股绞线形式，常采用多股绞线。

绝缘层的材料有橡胶、沥青、聚乙烯、交联聚乙烯、聚氯乙烯、聚丁烯、棉、麻、绸、纸、浸渍纸和矿物油、植物油等液体绝缘材料，目前大多用浸渍纸。

包护层分内护层和外护层两部分。内护层由铝或铅制成，用来保护绝缘不受损伤，防止浸渍剂的外溢和水分的侵入。外护层的作用在于防止外界的机械损伤和化学腐蚀。外护层由内衬层、铠装层和外被层组成。内衬层一般由麻绳或麻布带经沥青浸渍后制成，用作铠装的衬垫，以避免钢带或钢丝损伤内护层。铠装层一般由钢带或钢丝绕包而成，是外护层的主要部分。外被层的制作与内衬层相同，作用是防止铠装层锈蚀。

3.2.2 输电线路的参数

电力系统设计与运行过程中，需要进行一系列的计算。在这些计算中，常将电力系统各元件在电能输送过程中的运行状态用相应的参数和等效电路来描述。因此，对电力系统进行分析和计算，首先应从讨论网络各元件参数的计算和等效电路入手。在电力系统正常运行中，网络元件通常是三相对称的，可以只研究其中一相的等效电路。但是，实际电力系统在三相运行时，各相之间并不是独立的，而是互相耦合的。例如，通以三相对称电流时，对每一相，不仅本相电流通过时在元件上产生自感，其他两相电流产生的磁链也与该相交链，将在本相中产生互感。因此，研究其中一相等效电路时，网络元件的参数应是一相等效参数，即不仅要考虑本相，也要考虑其他两相对其影响。只有这样，抽取其中的一相来研究三相对称条件下的电力系统，才有实际意义。下面对网络元件的参数计算基于上述原则进行。

输电线路的电气参数是指线路的电阻、电导、电感（电抗）和电容（电纳），其中，电感（电抗）由交变磁场引起、电容（电纳）由交变电场引起。输电线路是均匀分布参数的电路，即它的电阻、电导、电感（电抗）和电容（电纳）都是沿线路长度均匀分布。正确计算这些参数是线路电气计算的基础。一般来说，线路的电气参数大小主要取决于导线的种类、尺寸和布置方式等因素。本节所介绍的计算方法主要适用于架空线路，电缆线路的参数计算和等效电路可查阅有关资料。

输电线路每相导线单位长度的电阻、电导、电抗和电纳分别以 r_0、g_0、x_0 和 b_0 表示，r_0 和 x_0 的单位为 Ω/km，g_0 和 b_0 的单位为 S/km。下面讨论这四个参数的计算方法。

1. 电阻

单根导线单位长度的直流电阻计算公式为

$$r_0 = \frac{\rho}{S} \tag{3-7}$$

式中，ρ为导线材料的电阻率，单位为$\Omega \cdot mm^2/km$；S为导线截面积，单位为mm^2。对于钢芯铝绞线，S指铝线部分的截面积。

应用式（3-7）计算架空线路的电阻时，必须注意以下三点。

1）由于交流电路受趋肤效应和邻近效应的影响，电流在导体中分布不均匀，故交流电阻值要比直流电阻值大，但要精确计算其影响却是比较复杂的。一般可近似认为在工频交流下，这些效应使电阻值增加 0.2% ～ 1%。

2）架空线路的导线大部分采用多股绞线，由于扭绞使导线的实际长度比测量长度增加了 2% ～ 3%，因此可以认为多股绞线的电阻率要比单股导线的电阻率增加 2% ～ 3%。

3）计算线路的电气参数都是根据导线的额定截面积（标称截面积）进行，但大多数情况下，导线的实际截面积要比额定截面积小。例如，LGJ–120 型钢芯铝绞线，其额定截面积为 120mm^2，而实际截面积为 115mm^2。因而在实际计算中，必须把导线的电阻率适当增大，以对应它的额定截面积。

在考虑上述因素后，一般计算时，导线材料的电阻率可近似采用下列数值：铝为 31.5$\Omega \cdot mm^2/km$；铜为 18.8$\Omega \cdot mm^2/km$。

实际应用时，导线的电阻率可以从产品目录或手册中查到。

一般从产品目录或手册中查到的电阻率都是 20℃时的值，当线路实际运行的温度不是 20℃时，应对电阻值进行温度修正，即

$$r_t = r_{20}[1+\alpha(t-20)] \tag{3-8}$$

式中，r_t、r_{20}分别为t和 20℃时导体单位长度的电阻，单位为Ω/km；α为电阻的温度系数，铝导线$\alpha = 0.0036/℃$，铜导线$\alpha = 0.00382/℃$。

2. 电导

输电线路在输送功率的过程中，除了电流在线路电阻内产生有功功率损耗之外，在周围的绝缘介质中还将产生功率损耗。输电线路的电导就与周围绝缘介质中的功率损耗有关。

架空线路的电导，或称为泄漏电导，主要与沿绝缘子串和金具的泄漏损耗及电晕损耗有关，严格来说它应理解为等效电导。

通常，泄漏损耗的值很小，往往可略去不计。从而线路的电晕损耗就是决定线路电导值的主要因素。

电晕是一种气体放电现象，当导线的表面电场强度达到并超过一定数值（电晕临界电压U_{cr}）时，导线周围的空气分子被游离而产生电晕放电。电晕的发生消耗了功率与能量，这就形成了电晕损耗。电晕损耗的大小与导线表面电场强度值、导线的表面状态、气象条件、导线的布置方式等因素有关，而与线路的电流值无关，目前还难以用理论知识来精确推导电晕损耗值，只能依靠实测或按经验公式来近似计算架空线路的电晕损耗。已知架空线路单位长度的电晕损耗后，线路单位长度的等效电导计算公式为

$$g_0 = \frac{\Delta P_g}{U^2} \times 10^{-3} \tag{3-9}$$

式中，ΔP_g 为三相输电线路单位长度的电晕损耗，单位为 kW/km；U 为输电线路的线电压，单位为 kV。

电晕不仅消耗电能，产生噪声，同时它产生的脉冲电磁波对无线电通信和电视接收等有干扰。因此，对高压和超高压架空线路，应尽量避免电晕的产生。为了减少电晕损耗，应设法降低导线表面电场强度，当导线表面电场强度值低于产生电晕的临界电场强度值时，就不会产生电晕。从电场特性可知，导线截面积越小，其表面电场强度越高。所以，限制和避免电晕产生的基本措施之一就是对不同电压等级的架空线路限制其导线外径不小于某个临界值。例如，对于 110kV 线路，其导线外径应不小于 9.6mm；对于 220kV 线路，其导线外径应不小于 21.3mm；对于 330kV 线路，其导线外径应不小于 33.2mm 等。但是对超高压输电线路，单纯依靠增大导线截面积来限制电晕的产生会消耗许多的铜或铝，这是不经济的。因此在 220kV 及以上的输电线路中，为了避免产生电晕现象，通常采用扩径导线和分裂导线，如图 3-7a、b 所示。

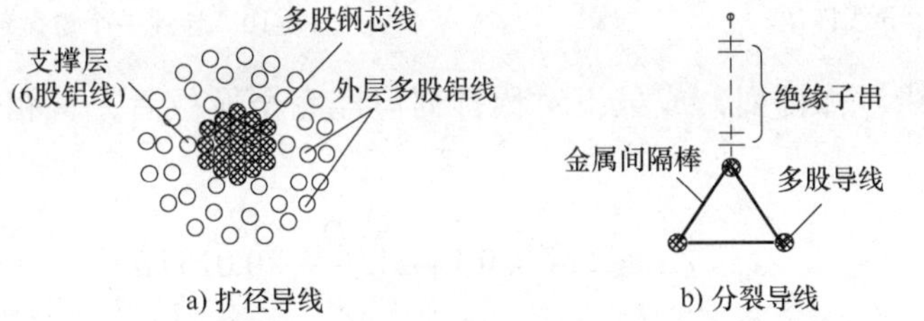

图 3-7　架空线路导线的结构形式

采用扩径导线，既不增大导线载流部分的截面积，又可以改善其电晕特性。目前采用较多的是扩径钢芯铝绞线。例如，LGJK–300 型扩径钢芯铝绞线的铝线部分截面积为 300.8mm^2，相当于 LGJQ–300 型钢芯铝绞线；而直径为 27.44mm，相当于 LGJQ–400 型钢芯铝绞线。这种导线和普通钢芯铝绞线不同的地方在于它的支撑层并不用铝线填满，仅有 6 股，主要起支撑作用。

分裂导线是将每相导线分裂成若干根子导线，每根子导线之间保持一定的距离，这样可使导线的等效半径增大，从而使导线的表面电场强度降低，避免发生电晕。这是目前国内外超高压输电线路上广泛采用的导线形式。线路中常用的分裂导线如图 3-8 所示。目前 500kV 线路一般采用四分裂导线，750kV 线路一般采用六分裂导线，而 1000kV 线路则需要采用八分裂导线。

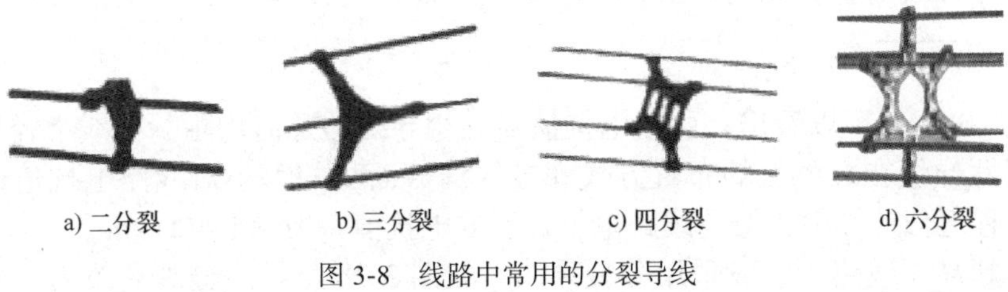

图 3-8　线路中常用的分裂导线

通常，由于架空线路的泄漏损耗很小，而电晕损耗在设计时总要尽力采取各种措施（如合理选择导线的结构和尺寸）将其限制在较小的数值内，因此一般进行电网的电气特性计算时，除特高压线路外，电导一项往往可以忽略不计，即取 $g_0=0$。

3. 电抗

输电线路在输送功率的过程中，线路中的交流电流会在周围介质中产生磁场，对应的等效参数即为线路电抗。

为了保证三相导线参数相等，对于不对称排列（如水平排列）的三相导线要进行换位。所谓换位，就是轮流改换三相导线在杆塔上的位置，如图 3-9 所示，导线一个整循环换位示意如图 3-10 所示。当Ⅰ、Ⅱ、Ⅲ段导线长度相等时，三相导线 a、b、c 处于位置 1、2、3 时的长度相同，从而使各相电感平均值近似相等。

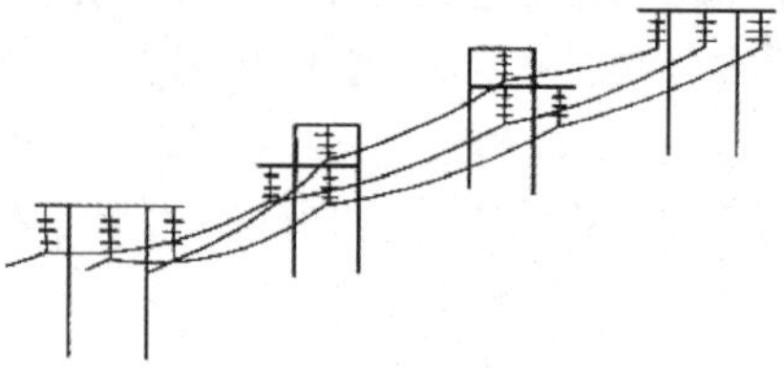

图 3-9　导线换位

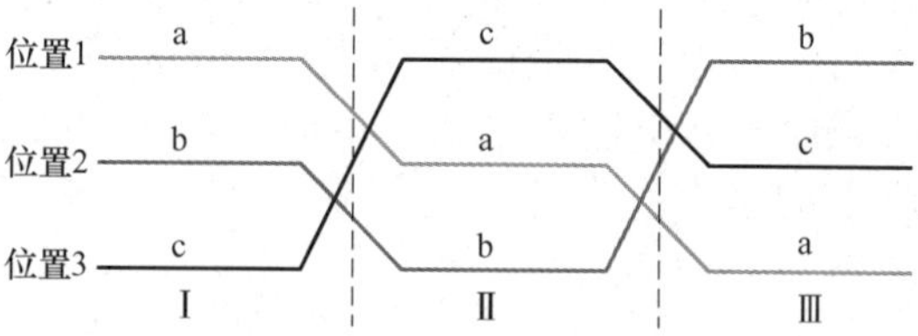

图 3-10　导线一个整循环换位示意

在三相导线对称排列，或虽不对称排列但经完全换位后，每相导线单位长度的电抗为

$$x_0=\omega L=2\pi fL=0.1445\lg\frac{D_{jp}}{r}+0.0157\mu \tag{3-10}$$

式中，r 为导线半径，单位为 m；μ 为导体的相对磁导率，对于有色金属，其值为 1；D_{jp} 为三相导线间的几何均距，单位为 m；$D_{jp}=\sqrt[3]{D_{ab}D_{bc}D_{ca}}$，其中 D_{ab}、D_{bc}、D_{ca} 分别为 ab、bc、ca 的相间距离。三相导线的排列方式如图 3-11 所示。

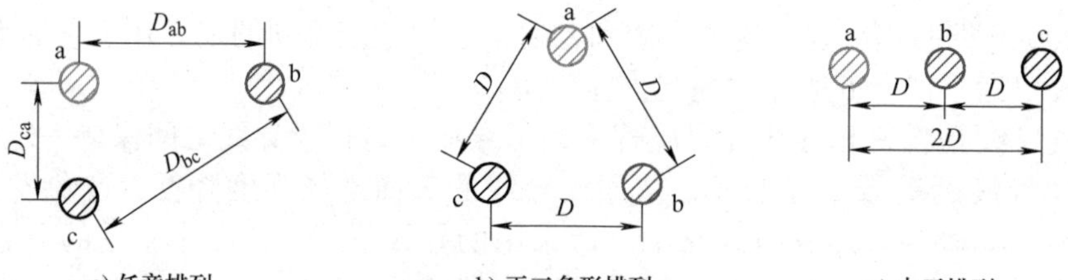

a) 任意排列　　b) 正三角形排列　　c) 水平排列

图 3-11　三相导线的排列方式

当三相导线对称排列时，$D_{ab}=D_{bc}=D_{ca}=D$，故 $D_{jp}=D$；当三相导线水平排列时，$D_{jp}=\sqrt[3]{DD2D}=1.26D$。

从式（3-10）可以看出，由于电抗值与三相导线的几何均距、导线半径均为对数关系，因此导线在杆塔上的布置方式和导线的截面积的大小对线路电抗值的影响不大。在工程近似计算中，架空线路单位长度的电抗值一般取 $0.4\Omega/\text{km}$。

对于超高压线路，一般采用分裂导线，如图 3-7b 所示。分裂后改变了导线周围

的磁场分布，等效地增大了导线半径，从而减小了线路电抗。分裂导线的单位电抗计算公式为

$$x_0 = 0.1445\lg\frac{D_{jp}}{r_D} + \frac{0.0157}{n}\mu \tag{3-11}$$

式中，r_D为分裂导线的等效半径，单位为m，且

$$r_D = \sqrt[n]{nr\left[\frac{d}{2\sin(\pi/n)}\right]^{n-1}} \tag{3-12}$$

式中，r为每根子导线的半径，单位为m；d为分裂导线的子导线间距，单位为m；n为分裂根数。

每相导线分裂间距d所对应的等效半径r_D通常比单导线的半径大得多，故分裂导线的等效电抗较小。工程上采用分裂导线的超高压输电线路的单位电抗近似值见表3-1。

表3-1　工程上采用分裂导线的超高压输电线路的单位电抗近似值

电压等级/kV	分裂根数	单位电抗近似值/(Ω/km)
220～330	2	0.33
500	3	0.3
	4	0.29
750	5	0.29
	6	0.28

4. 电纳

通常，架空线路的相与相之间和相与地之间都存在电位差，而它们之间又通过空气等绝缘介质隔开，因而相与相之间和相与地之间必有一定的电容存在，相应也就有一定的容性电纳存在。电容的大小与相间距离、导线截面积、杆塔结构和尺寸等因素有关。由于线路的电容对高压和超高压输电线路的运行情况影响较大，因而在架空线路设计和运行时正确计算电容值是很必要的。

由电磁学知识可知，三相输电线路对称排列或虽不对称排列但经完全换位后，每相导线单位长度的等效电容（单位为F/km）为

$$c_0 = \frac{0.02413}{\lg\frac{D_{jp}}{r}} \times 10^{-6} \tag{3-13}$$

因而，相应的电纳为

$$b_0 = 2\pi f c_0 = 2\pi \times 50 \times \frac{0.02413}{\lg\frac{D_{jp}}{r}} \times 10^{-6} = \frac{7.58}{\lg\frac{D_{jp}}{r}} \times 10^{-6} \tag{3-14}$$

由式（3-14）可以看出，导线在杆塔上的布置方式和导线的截面积大小对线路电纳值影响不大。通常架空线路的单位长度电纳值在2.8×10^{-6}S/km左右，也可根据导

线型号和线间几何均距由产品目录或手册查得。

采用分裂导线时周围介质的电场分布发生了改变，可认为它等效地增大了导线半径，从而相应增大了每相导线的电纳，这时每相导线的电纳计算公式为

$$b_0=\frac{7.58}{\lg\frac{D_{jp}}{r_D}}\times10^{-6} \tag{3-15}$$

一般情况下，工程计算中单位电纳可参考以下数值：二分裂为 $3.4\times10^{-6}\text{S/km}$，三分裂为 $3.8\times10^{-6}\text{S/km}$，四分裂为 $4.1\times10^{-6}\text{S/km}$。

例题 3-1 某三相单回输电线路，采用 LGJJ–300 型导线，已知导线的相间距离为 $D=6\text{m}$，试求：

1）三相导线水平排列且完全换位时，单位长度的线路参数。

2）三相导线按正三角形排列时，单位长度的线路参数。

解： 由《电力工程电气设计手册》导线型号表查得：LGJJ–300 型导线的计算外径为 25.68mm，因而相应的计算半径为

$$r=\frac{25.68}{2}\text{mm}=12.84\text{mm}=1.284\times10^{-2}\text{m}$$

电阻为

$$r_0=\frac{\rho}{S}=\frac{31.5}{300}\Omega/\text{km}=0.105\Omega/\text{km}$$

1）三相导线水平排列且完全换位时，$D_{jp}=1.26D=1.26\times6\text{m}=7.56\text{m}$。

电抗为

$$x_0=0.1445\lg\frac{D_{jp}}{r}+0.0157\mu=\left(0.1445\lg\frac{7.56}{1.284\times10^{-2}}+0.0157\times1\right)\Omega/\text{km}=0.415\Omega/\text{km}$$

电纳为

$$b_0=\frac{7.58}{\lg\frac{D_{jp}}{r}}\times10^{-6}=\frac{7.58}{\lg\frac{7.56}{1.284\times10^{-2}}}\times10^{-6}\text{S/km}=2.74\times10^{-6}\text{S/km}$$

2）三相导线按正三角形排列时，$D_{jp}=D=6\text{m}$。

电抗为

$$x_0=0.1445\lg\frac{D_{jp}}{r}+0.0157\mu=\left(0.1445\lg\frac{6}{1.284\times10^{-2}}+0.0157\times1\right)\Omega/\text{km}=0.402\Omega/\text{km}$$

电纳为

$$b_0=\frac{7.58}{\lg\frac{D_{jp}}{r}}\times10^{-6}=\frac{7.58}{\lg\frac{6}{1.284\times10^{-2}}}\times10^{-6}\text{S/km}=2.83\times10^{-6}\text{S/km}$$

例题 3-2 有一条长 280km、额定电压为 330kV 的输电线路，采用二分裂导线，

导线型号为 LGJQ–300，水平排列，已知导线的相间距离为 $D=8\text{m}$，分裂导线间距为 $d=0.4\text{m}$。试求单位长度的线路参数。

解：由《电力工程电气设计手册》导线型号表查得：LGJQ–300 型导线的计算外径为 23.7mm，因而相应的计算半径为

$$r=\frac{23.7}{2}\text{mm}=11.85\text{mm}=1.185\times10^{-2}\text{m}$$

分裂导线的等效半径为

$$r_{\text{D}}=\sqrt[n]{nr\left[\frac{d}{2\sin(\pi/n)}\right]^{n-1}}=\sqrt{2\times11.85\times\frac{400}{2\sin(\pi/2)}}\text{mm}=68.84\text{mm}=0.06884\text{m}$$

三相导线间的几何均距为

$$D_{\text{jp}}=1.26D=1.26\times8\text{m}=10.08\text{m}$$

电阻为

$$r_0=\frac{\rho}{2\times S}=\frac{31.5}{2\times300}\Omega/\text{km}=0.053\Omega/\text{km}$$

电抗为

$$x_0=0.1445\lg\frac{D_{\text{jp}}}{r_{\text{D}}}+\frac{0.0157\mu}{n}=\left(0.1445\lg\frac{10.08}{6.884\times10^{-2}}+\frac{0.0157}{2}\right)\Omega/\text{km}=0.321\Omega/\text{km}$$

电纳为

$$b_0=\frac{7.58}{\lg\frac{D_{\text{jp}}}{r_{\text{D}}}}\times10^{-6}=\left(\frac{7.58}{\lg\frac{10.08}{6.884\times10^{-2}}}\times10^{-6}\right)\text{S}/\text{km}=3.50\times10^{-6}\text{S}/\text{km}$$

3.2.3　输电线路的等效电路

如前所述，输电线路的电阻、电抗、电导和电纳这四个电气参数都是沿线路均匀分布的，所以严格来说输电线路的等效电路也应是由均匀分布参数描述的电路，但这种电路的计算过于复杂。因此，只有在计算远距离输电线路时才有必要用分布参数表示的等效电路，其他情况可以用集中参数的等效电路来表示。并且，以 R、X、G、B 分别表示全线路每相的总电阻、总电抗、总电导和总电纳，R、X 的单位为 Ω，G、B 的单位为 S。当线路长度为 l 时，有

$$R=r_0l,\quad X=x_0l,\quad G=g_0l,\quad B=b_0l$$

有时，也可用阻抗 Z 和导纳 Y 来表示输电线路参数，即

$$Z=R+\text{j}X,\quad Y=G+\text{j}B$$

在实际应用中，根据输电线路的长短，有以下三种类型的等效电路。

1. 短距离输电线路

通常不超过 100km、电压等级在 35kV 及以下的架空线路可以看作短距离输电线

路。这时线路中电导和电容的影响可以不用考虑，电阻和电抗用集中参数来处理，于是可得如图 3-12 所示的等效电路，也常称该等效电路为一字型等效电路。如果电缆线路不长、电纳影响不大，也可采用这种等效电路。

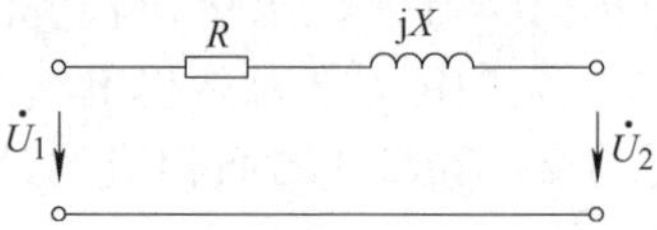

图 3-12　短距离输电线路的等效电路

2. 中距离输电线路

通常长度在 100km 以上但不超过 300km、电压等级为 110 ～ 220kV 的架空线路可以看作中距离输电线路，长度不超过 100km 的电缆线路也可以看作中距离输电线路。这时可以不考虑线路中电导的影响，但不可忽略电容的影响，同时电纳、电阻和电抗仍可以用集中参数来处理。此时，有 Π 形和 T 形两种形式的等效电路，如图 3-13 所示。图 3-13a 所示 Π 形等效电路中只有线路首末两个节点，而图 3-13b 所示 T 形等效电路中共有三个节点，除首末节点外增加了一个节点，从而增加了电网计算的工作量。因此，通常采用 Π 形等效电路。

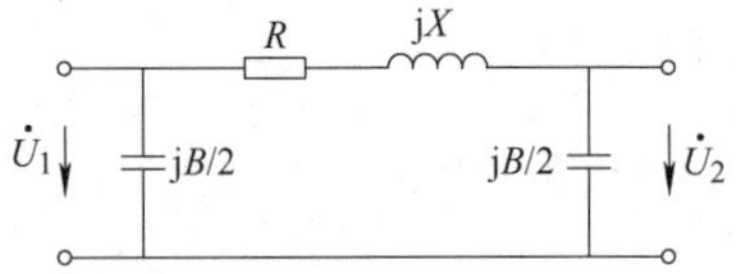

a) Π形等效电路　　b) T形等效电路

图 3-13　中距离输电线路的等效电路

3. 远距离输电线路（长线）

通常长度在 300km 以上的超高压输电线路和长度在 100km 以上的超高压电缆线路，必须按照符合线路实际参数均匀分布情况的分布参数等效电路进行计算。远距离输电线路的分布参数等效电路如图 3-14 所示，其中电阻、电抗、电导和电纳均为单位长度上的数值。

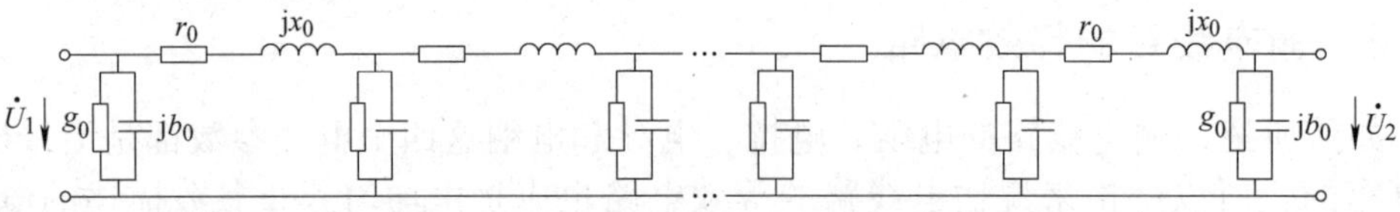

图 3-14　远距离输电线路的分布参数等效电路

在电力系统计算中，通常最关心的是线路首末两端的电压、电流和功率，因此，仍可采用集中参数表示的 Π 形等效电路，如图 3-15a 所示。利用电工学基本理论可得阻抗 Z_Π 与导纳 Y_Π 分别为

$$Z_\Pi = Z_C \operatorname{sh}\gamma l, \quad Y_\Pi = \frac{1}{Z_C}\frac{2(\operatorname{ch}\gamma l - 1)}{\operatorname{sh}\gamma l}$$

式中，Z_C 为线路的波阻抗或特性阻抗，单位为 Ω，$Z_C = \sqrt{(r_0 + \mathrm{j}\omega L_0)/(g_0 + \mathrm{j}\omega C_0)}$；$\gamma$ 为线路的传播常数，$\gamma = \sqrt{(r_0 + \mathrm{j}\omega L_0)(g_0 + \mathrm{j}\omega C_0)}$。

以上得到的表达式是按集中参数描述的长距离输电线 Π 形等效电路的精确形式，

但由于等效电路的参数均为双曲函数，并且 Z_C 和 γ 都是复数，计算相当复杂。为了使用方便，还可将 Z_Π 与 Y_Π 用集中参数 Z、Y 加修正系数 k_Z、k_Y 的方法来描述远距离输电线路，如图 3-15b 所示。

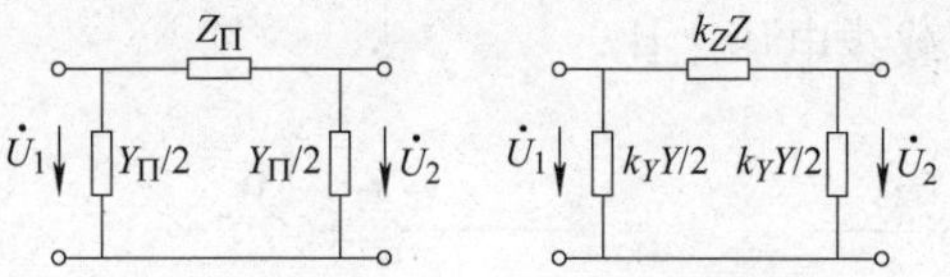

a) 集中参数表示　　b) 修正参数表示

图 3-15　远距离输电线的等效电路

图 3-15b 中，修正系数 k_Z、k_Y 分别为

$$k_Z = \frac{\text{sh}\sqrt{ZY}}{\sqrt{ZY}},\quad k_Y = \frac{2(\text{ch}\sqrt{ZY}-1)}{\sqrt{ZY}\,\text{sh}\sqrt{ZY}}$$

修正系数 k_Z 和 k_Y 仍然是双曲函数，计算还是很复杂。为了简化，将双曲函数以幂级数形式展开后只取前两项，从而可得简化后的修正系数 k_Z、k_Y 分别为

$$k_Z = 1+\frac{ZY}{6},\quad k_Y = 1-\frac{ZY}{12}$$

由此得到的修正系数均为复数。若输电线路的电导忽略不计，即 $G=0$，并同时将复数形式的修正系数分解成实部和虚部，则修正系数可进一步简化为

$$k_r = 1-\frac{l^2}{3}x_0 b_0,\quad k_x = 1-\frac{l^2}{6}\left(x_0 b_0 - r_0^2\frac{b_0}{x_0}\right),\quad k_b = 1+\frac{1}{12}x_0 b_0 l^2$$

式中，k_r 用以修正线路电阻，k_x 用以修正线路电抗，k_b 用以修正线路电纳。

最后需要指出的是，这种修正后的 Π 形等效电路只适用于计算线路的首末端的电压和功率，若需较准确地计算线路中任一点的电压、功率，则应采用分布参数的等效电路来推导。

3.3　变压器的参数计算和等效电路

电力系统中的变压器大多数是三相心式的，特大容量的用三相变压器组，即用三台容量相同的单相变压器连接而成。以下讨论的都是三相变压器。三相绕组的联结方式主要有星形联结和三角形联结两种，但在分析和计算中都等效成星形联结，由于三相对称因而只用一相来进行分析。变压器的参数包括电阻 R_T、电抗 X_T、电导 G_T、电纳 B_T 和变压器的电压比 k_T，这些参数可通过变压器铭牌数据和空载实验、短路实验数据得到。

变压器的结构

3.3.1　双绕组变压器

由“电机学”可知，双绕组变压器常常可以用图 3-16a 所示的 T 形等效电路来表示。在电力网计算中，为了减少网络节点数，同时考虑到变压器励磁电流相对很小，所以通常将励磁支路转换为导纳的并联形式移至 T 形等效电路的电源侧，即降压变压器的高压侧、升压变压器的低压侧，形成如图 3-16b 所示的 Γ 形等效电路。图中归算电压 $\dot{U}_2'$ 与实际电压 $\dot{U}_2$ 间通过理想变压器连接，如图 3-16c 所示。理想变压器本身无励磁、无损耗、无漏磁，只反映变压器两侧电压、电流的转换关系，电压比为变压器两侧绕组空载线电压之比。

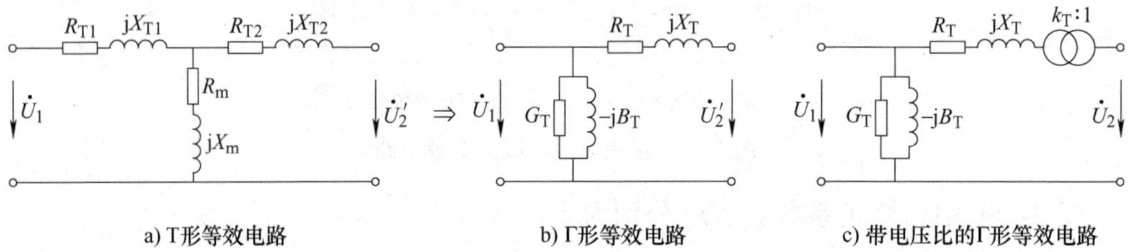

图 3-16　双绕组变压器的等效电路

下面介绍双绕组变压器各参数的计算方法。

1. 电阻 R_T

变压器做短路试验时，将其中一侧绕组短接，另一侧绕组施加电压，使短路侧绕组流过的电流达到额定值。此时，由于外加电压较小，相应励磁支路的损耗（主要是变压器铁心中的损耗，也称铁损）很小，可以认为这时的短路损耗等于变压器通过额定电流时一、二次绕组电阻中的总损耗（绕组铜或铝线中的损耗，也称铜损）。变压器电阻 R_T 的具体计算公式为

$$R_T=\frac{\Delta P_k}{3I_N^2}\times10^3=\frac{\Delta P_k U_N^2}{S_N^2}\times10^3 \tag{3-16}$$

式中，ΔP_k 为变压器的额定短路损耗，单位为 kW；S_N 为变压器的额定容量，单位为 kV·A；U_N 为变压器的额定电压，单位为 kV；I_N 为变压器的额定电流，单位为 A。

2. 电抗 X_T

变压器做短路试验时，绕组中通过额定电流，绕组的阻抗 Z_T 上将产生电压降。在变压器铭牌上将该电压降以相对于变压器额定电压百分数的形式给出，并称其为短路电压百分数，习惯上用 $U_k\%$ 来表示，即

$$U_k\%=\frac{\sqrt{3}I_N Z_T}{U_N}\times10^{-3}\times100 \tag{3-17}$$

例如，某台变压器的短路电压百分数为 10.5，则表示 $U_k\%=10.5$。

对于大容量变压器，绕组的电阻值远小于电抗值，可近似认为 $X_T\approx Z_T$，所以变压器电抗 X_T 的计算公式为

$$X_T=\frac{U_k\%}{100}\ \frac{U_N}{\sqrt{3}I_N}\times10^3=\frac{U_k\%}{100}\ \frac{U_N^2}{S_N}\times10^3 \tag{3-18}$$

3. 电导 G_T

变压器的电导是用来表示变压器铁心损耗的参数。由于空载电流相对于额定电流来说很小，在做空载试验时，绕组中的损耗也很小，因此可近似认为变压器的铁心损耗 ΔP_{Fe} 就等于变压器空载损耗 ΔP_0，即 $\Delta P_{Fe} \approx \Delta P_0$，于是有

$$G_T = \frac{\Delta P_{Fe}}{U_N^2} \times 10^{-3} = \frac{\Delta P_0}{U_N^2} \times 10^{-3} \tag{3-19}$$

4. 电纳 B_T

变压器的电纳是用来表示变压器励磁功率的参数。变压器空载电流包含有功分量和无功分量，与励磁功率对应的是无功分量。由于有功分量很小，因此无功分量 I_b 和空载电流 I_0 在数值上几乎相等。同样，该空载电流也以相对于变压器额定电流百分数的形式给出，称为短路电流百分数，用 $I_0\%$ 表示，即

$$I_0\% = \frac{I_0}{I_N} \times 100 \tag{3-20}$$

根据变压器铭牌数据，可得变压器电纳为

$$B_T = \frac{I_0\%}{100} \frac{\sqrt{3} I_N}{U_N} \times 10^{-3} = \frac{I_0\%}{100} \frac{S_N}{U_N^2} \times 10^{-3} \tag{3-21}$$

变压器励磁回路的无功分量为感性，而 B_T 消耗容性无功功率，所以在等效电路中 B_T 前加负号。

利用式（3-17）～式（3-21）计算变压器参数时需要注意以下两点。

1）若要得到归算到变压器一次侧的参数值，则公式中代入变压器一次侧的额定线电压；若要得到归算到变压器二次侧的参数值，则公式中代入变压器二次侧的额定线电压。双绕组变压器的一次绕组额定容量等于二次绕组额定容量，都是变压器的额定容量。

2）公式中所有物理量的单位分别按照如下给定：功率为 kV•A、kW，电压为 kV，电流为 A。

5. 电压比 k_T

在三相电力系统计算中，变压器的额定电压比 k_{TN} 通常是指变压器一次绕组额定电压与二次绕组额定电压的比值，是线电压之比；它与电机学中讨论的变压器一、二次绕组匝数比是有区别的。对于 Y/Y 和 D/D 联结的变压器，$k_{TN} = U_{1N} / U_{2N} = N_1 / N_2$，即电压比与一、二次绕组匝数比相等；而对于 Y/D 联结的变压器，一、二次绕组匝数比反映的是变压器两侧绕组相电压的比值，即 $k_{TN} = U_{1N} / U_{2N} = \sqrt{3} N_1 / N_2$。

应当指出，根据电力系统运行时潮流调节的要求，电力变压器在高压侧常设有若干个分接头以供选择，变压器的额定电压比 k_{TN} 是反映变压器的分接头位于主抽头时两侧绕组的空载额定线电压的比值。而变压器运行中的实际电压比 k_T，是变压器工作时，其分接头在实际位置情况下两侧绕组的空载线电压之比。

例题 3-3　某降压变电所有一台 SFL1–20000/110 型双绕组变压器，电压比为

110/11，试验数据为$\Delta P_0 = 22\text{kW}$，$I_0\% = 0.8$，$\Delta P_k = 135\text{kW}$，$U_k\% = 10.5$，试分别求变压器归算到高压侧和低压侧的参数。

解：（1）归算到高压侧的参数

电阻为

$$R_{T1} = \frac{\Delta P_k U_{1N}^2}{S_N^2} \times 10^3 = \frac{135 \times 110^2}{20000^2} \times 10^3 \Omega = 4.08\Omega$$

电抗为

$$X_{T1} = \frac{U_k\%}{100} \frac{U_{1N}^2}{S_N} \times 10^3 = \frac{10.5}{100} \times \frac{110^2}{20000} \times 10^3 \Omega = 63.5\Omega$$

电导为

$$G_{T1} = \frac{\Delta P_0}{U_{1N}^2} \times 10^{-3} = \frac{22}{110^2} \times 10^{-3} \text{S} = 1.82 \times 10^{-6} \text{S}$$

电纳为

$$B_{T1} = \frac{I_0\%}{100} \frac{S_N}{U_{1N}^2} \times 10^{-3} = \frac{0.8}{100} \times \frac{20000}{110^2} \times 10^{-3} \text{S} = 13.22 \times 10^{-6} \text{S}$$

（2）归算到低压侧的参数

电阻为

$$R_{T2} = \frac{\Delta P_k U_{2N}^2}{S_N^2} \times 10^3 = \frac{135 \times 11^2}{20000^2} \times 10^3 \Omega = 0.0408\Omega$$

电抗为

$$X_{T2} = \frac{U_k\%}{100} \frac{U_{2N}^2}{S_N} \times 10^3 = \frac{10.5}{100} \times \frac{11^2}{20000} \times 10^3 \Omega = 0.635\Omega$$

电导为

$$G_{T2} = \frac{\Delta P_0}{U_{2N}^2} \times 10^{-3} = \frac{22}{11^2} \times 10^{-3} \text{S} = 1.82 \times 10^{-4} \text{S}$$

电纳为

$$B_{T2} = \frac{I_0\%}{100} \frac{S_N}{U_{2N}^2} \times 10^{-3} = \frac{0.8}{100} \times \frac{20000}{11^2} \times 10^{-3} \text{S} = 13.22 \times 10^{-4} \text{S}$$

可见，变压器归算到高压侧的阻抗是归算到低压侧阻抗电压比的二次方倍，变压器归算到高压侧的导纳是归算到低压侧导纳电压比的二次方分之一。

3.3.2 三绕组变压器

在发电厂和变电所中，常需要把几种不同电压等级的输电系统联系起来。当联系三个电压等级的系统时，若用双绕组变压器，则至少需要两台变压器；若用三绕组变压器，则只需一台即可。这样不仅简化了发电厂和变电所的接线，而且减少了投资费用，同时便于维护管理。因此，三绕组变压器在电力系统中得到了广泛应用。

由于三相对称，三相绕组变压器的等效电路也常用一相表示。将同相的三个绕组的阻抗归算到一个基准电压下并做星形联结，励磁导纳支路仍接在电源侧，三绕组变压器的等效电路如图 3-17 所示。

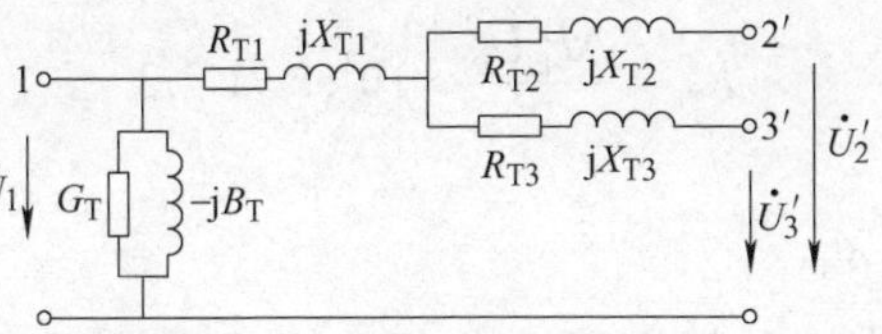

图 3-17　三绕组变压器的等效电路

三绕组变压器励磁导纳的计算方法与双绕组变压器相同，根据变压器空载试验数据计算。下面主要讨论三绕组变压器各绕组的电阻和电抗的计算方法。图 3-17 中 R_{T2}、X_{T2}、R_{T3}、X_{T3} 为归算到一次侧的阻抗值。

1. 电阻 R_{T1}、R_{T2}、R_{T3}

各绕组额定容量相等的三绕组变压器实际运行时，三个绕组不可能同时满载运行。因此，为了减小体积、节省材料，根据电力系统运行的实际情况需要，三个绕组的容量可以不相等。我国目前生产的变压器三个绕组的容量比，按高、中、低压绕组的顺序有 100/100/100、100/100/50、100/50/100 三种。变压器铭牌上的额定容量是指最大的绕组容量，即高压绕组的容量。通常，三绕组变压器在出厂时要提供分别为一个绕组开路、另两个绕组之间短路的实验数据。做短路试验时，出于绕组绝缘考虑，三个绕组容量不相等的变压器将受到较小容量绕组额定电流的限制，这时的短路损耗不是变压器额定容量下的值，所以必须对工厂提供的短路损耗进行容量折算，即把按绕组容量所测得的短路损耗值折算成变压器额定容量下的短路损耗值。若将工厂提供的短路损耗记为 $\Delta P'_{k(1-2)}$、$\Delta P'_{k(2-3)}$、$\Delta P'_{k(1-3)}$，且编号 1 为高压绕组、2 为中压绕组、3 为低压绕组，则它们折算到变压器额定容量下的值为

$$\begin{cases}\Delta P_{k(1-2)}=\Delta P'_{k(1-2)}\left(\dfrac{S_N}{S_{2N}}\right)^2\\ \Delta P_{k(2-3)}=\Delta P'_{k(2-3)}\left(\dfrac{S_N}{\min\{S_{2N},S_{3N}\}}\right)^2\\ \Delta P_{k(1-3)}=\Delta P'_{k(1-3)}\left(\dfrac{S_N}{S_{3N}}\right)^2\end{cases}\tag{3-22}$$

各绕组的等效短路损耗为

$$\begin{cases}\Delta P_{k1}=\dfrac{1}{2}[\Delta P_{k(1-2)}+\Delta P_{k(1-3)}-\Delta P_{k(2-3)}]\\ \Delta P_{k2}=\dfrac{1}{2}[\Delta P_{k(1-2)}+\Delta P_{k(2-3)}-\Delta P_{k(1-3)}]\\ \Delta P_{k3}=\dfrac{1}{2}[\Delta P_{k(2-3)}+\Delta P_{k(1-3)}-\Delta P_{k(1-2)}]\end{cases}\tag{3-23}$$

式中，ΔP_{k1}、ΔP_{k2}、ΔP_{k3} 为绕组流过与变压器额定容量 S_N 相对应的额定电流 I_N 时所产生的短路损耗。

求出各绕组的短路损耗后，便可导出各绕组归算到同一侧电压下的电阻为

$$R_{Ti}=\frac{\Delta P_{ki}U_N^2}{S_N^2}\times 10^3, i=1,2,3 \tag{3-24}$$

2. 电抗 X_{T1}、X_{T2}、X_{T3}

与短路电阻的计算方法相同，首先根据三次短路实验测出的两两绕组间的短路电压 $U_{k(1-2)}\%$、$U_{k(2-3)}\%$、$U_{k(3-1)}\%$，分别求出各绕组的等效短路电压为

$$\begin{cases} U_{k1}\%=\dfrac{1}{2}[U_{k(1-2)}\%+U_{k(1-3)}\%-U_{k(2-3)}\%] \\ U_{k2}\%=\dfrac{1}{2}[U_{k(1-2)}\%+U_{k(2-3)}\%-U_{k(1-3)}\%] \\ U_{k3}\%=\dfrac{1}{2}[U_{k(2-3)}\%+U_{k(1-3)}\%-U_{k(1-2)}\%] \end{cases} \tag{3-25}$$

再导出各个绕组归算到同一侧电压下的短路电抗为

$$X_{Ti}=\frac{U_{ki}\%}{100}\ \frac{U_N^2}{S_N}\times 10^3, i=1,2,3 \tag{3-26}$$

需要指出的是，手册和制造厂提供的短路电压，不论变压器各绕组容量比如何，对于普通三绕组变压器都是已经折算为变压器额定容量下的数值。因此，电抗计算不存在容量比不同的折算问题。

另外，三绕组变压器各绕组等效电抗的大小与三个绕组在铁心上的布置方式有关。一般来说，从绝缘条件出发，高压绕组都布置在最外层，而中、低压绕组的布置则与功率传输方向有关。例如，降压型三绕组变压器往往采用低压绕组最靠近铁心、中压绕组居中、高压绕组在外的布置，如图 3-18a 所示，这是因为降压型三绕组变压器的功率主要由高压侧送往中压侧；反之，升压型三绕组变压器则多采用中压绕组在内、低压绕组居中、高压绕组在外的布置，如图 3-18b 所示，这是由于它的功率主要由低压侧送往中压侧与高压侧。当三个绕组同心布置时，往往最内层与最外层绕组之间的漏电抗较大，从而使得各绕组间的等效电抗因布置方式不同而不同。同时，居于中间的绕组由于内、外侧绕组与它的互感作用强，当超过其本身的自感时，常常会出现其等效电抗很小甚至为负值的情况，但这个负值很小，计算时可近似取为 0。

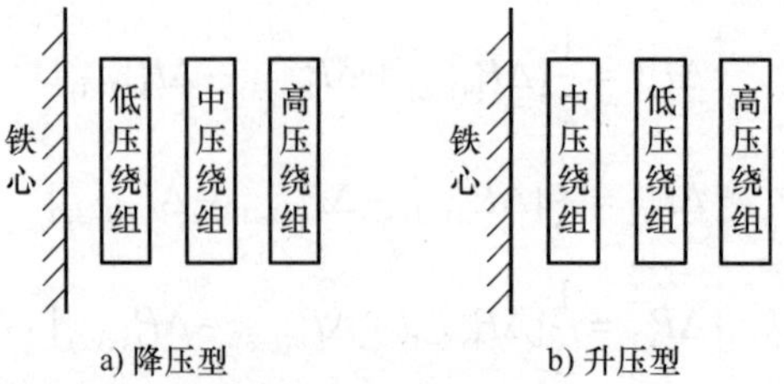

图 3-18　三绕组变压器的绕组布置方式

3. 电压比 k_{12}、k_{13}、k_{23}

三绕组变压器的电压比分别指一次侧、二次侧、三次侧的空载线电压之比。

例题 3-4　有一台 SFSL1-8000/110 型三相三绕组变压器，铭牌数据如下：容量比为 100/50/100，电压比为 110/38.5/11；试验数据如下：$\Delta P_0 = 14.2\text{kW}$，$I_0\% = 1.26$，$\Delta P'_{k(1-2)} = 27\text{kW}$，$\Delta P'_{k(1-3)} = 83\text{kW}$，$\Delta P'_{k(2-3)} = 19\text{kW}$，$U_{k(1-2)}\% = 14.2$，$U_{k(1-3)}\% = 17.5$，$U_{k(2-3)}\% = 10.5$。试计算以变压器高压侧电压为基准的参数值。

解：变压器的电导和电纳分别为

$$G_T = \frac{\Delta P_0}{U_{1N}^2} \times 10^{-3} = \frac{14.2}{110^2} \times 10^{-3}\text{S} = 1.17 \times 10^{-6}\text{S}$$

$$B_T = \frac{I_0\%}{100}\frac{S_N}{U_{1N}^2} \times 10^{-3} = \frac{1.26\%}{100} \times \frac{8000}{110^2} \times 10^{-3}\text{S} = 8.33 \times 10^{-6}\text{S}$$

由于变压器各绕组容量比不同，所以要将短路损耗折算到变压器的额定容量下，即

$$\begin{cases} \Delta P_{k(1-2)} = \Delta P'_{k(1-2)}\left(\dfrac{S_N}{S_{2N}}\right)^2 = 27 \times \left(\dfrac{100}{50}\right)^2 \text{kW} = 108\text{kW} \\ \Delta P_{k(1-3)} = \Delta P'_{k(1-3)}\left(\dfrac{S_N}{S_{3N}}\right)^2 = 83 \times \left(\dfrac{100}{100}\right)^2 \text{kW} = 83\text{kW} \\ \Delta P_{k(2-3)} = \Delta P'_{k(2-3)}\left(\dfrac{S_N}{\min\{S_{2N}, S_{3N}\}}\right)^2 = 19 \times \left(\dfrac{100}{50}\right)^2 \text{kW} = 76\text{kW} \end{cases}$$

各绕组的等效短路损耗为

$$\begin{cases} \Delta P_{k1} = \dfrac{1}{2}[\Delta P_{k(1-2)} + \Delta P_{k(1-3)} - \Delta P_{k(2-3)}] = \dfrac{1}{2} \times (108 + 83 - 76)\text{kW} = 57.5\text{kW} \\ \Delta P_{k2} = \dfrac{1}{2}[\Delta P_{k(1-2)} + \Delta P_{k(2-3)} - \Delta P_{k(1-3)}] = \dfrac{1}{2} \times (108 + 76 - 83)\text{kW} = 50.5\text{kW} \\ \Delta P_{k3} = \dfrac{1}{2}[\Delta P_{k(2-3)} + \Delta P_{k(1-3)} - \Delta P_{k(1-2)}] = \dfrac{1}{2} \times (83 + 76 - 108)\text{kW} = 25.5\text{kW} \end{cases}$$

因此归算到高压侧的变压器各绕组的电阻为

$$\begin{cases} R_{T1} = \dfrac{\Delta P_{k1} U_{1N}^2}{S_N^2} \times 10^3 = \dfrac{57.5 \times 110^2}{8000^2} \times 10^3\Omega = 10.87\Omega \\ R_{T2} = \dfrac{\Delta P_{k2} U_{1N}^2}{S_N^2} \times 10^3 = \dfrac{50.5 \times 110^2}{8000^2} \times 10^3\Omega = 9.55\Omega \\ R_{T3} = \dfrac{\Delta P_{k3} U_{1N}^2}{S_N^2} \times 10^3 = \dfrac{25.5 \times 110^2}{8000^2} \times 10^3\Omega = 4.82\Omega \end{cases}$$

各绕组的等效短路电压为

$$\begin{cases} U_{k1}\% = \dfrac{1}{2}[U_{k(1-2)}\% + U_{k(1-3)}\% - U_{k(2-3)}\%] = \dfrac{1}{2}\times(14.2+17.5-10.5) = 10.6 \\ U_{k2}\% = \dfrac{1}{2}[U_{k(1-2)}\% + U_{k(2-3)}\% - U_{k(1-3)}\%] = \dfrac{1}{2}\times(14.2+10.5-17.5) = 3.6 \\ U_{k3}\% = \dfrac{1}{2}[U_{k(2-3)}\% + U_{k(1-3)}\% - U_{k(1-2)}\%] = \dfrac{1}{2}\times(17.5+10.5-14.2) = 6.9 \end{cases}$$

因此归算到高压侧的变压器各绕组的电抗为

$$\begin{cases} X_{T1} = \dfrac{U_{k1}\%}{100}\ \dfrac{U_{1N}^2}{S_N}\times 10^3 = \dfrac{10.6\times 110^2}{100\times 8000}\times 10^3\Omega = 160.3\Omega \\ X_{T2} = \dfrac{U_{k2}\%}{100}\ \dfrac{U_{1N}^2}{S_N}\times 10^3 = \dfrac{3.6\times 110^2}{100\times 8000}\times 10^3\Omega = 54.5\Omega \\ X_{T3} = \dfrac{U_{k3}\%}{100}\ \dfrac{U_{1N}^2}{S_N}\times 10^3 = \dfrac{6.9\times 110^2}{100\times 8000}\times 10^3\Omega = 104.4\Omega \end{cases}$$

3.3.3 自耦变压器

自耦变压器由于有着优越的经济性，因此得到了越来越广泛的应用。自耦变压器有双绕组自耦变压器和三绕组自耦变压器两种形式，中性点直接接地的高压和超高压电力系统中使用的是三绕组自耦变压器。这种变压器的高、中压绕组间具有自耦联系并接成 YNyn0，低压绕组（第三绕组）接成三角形，如图 3-19 所示。

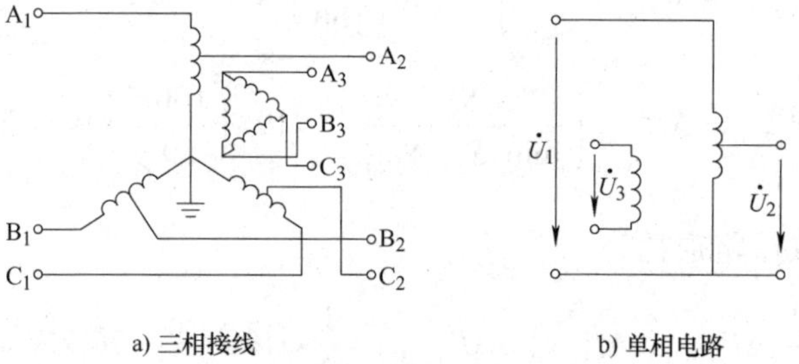

图 3-19 三绕组自耦变压器接线

第三绕组除了可消除铁心饱和引起的三次谐波外，还可以连接发电机、同步调相机以及作为向变电所附近的用户供电的电源或变电所的自用电源。并且，第三绕组的额定容量总是小于自耦变压器的额定容量，所以三绕组自耦变压器的短路实验数据存在容量折算的问题。一般手册和制造厂提供的自耦变压器试验数据，短路损耗未经折算，短路电压也未经折算。因此，计算三绕组自耦变压器的参数时，不仅短路损耗要进行容量折算，短路电压也要进行容量折算。短路损耗的容量折算与普通的三绕组变压器一样，短路电压的容量折算如下。

$$\begin{cases} U_{k(1-2)}\% = U'_{k(1-2)}\% \\ U_{k(1-3)}\% = U'_{k(1-3)}\%\dfrac{S_N}{S_{3N}} \\ U_{k(2-3)}\% = U'_{k(2-3)}\%\dfrac{S_N}{S_{3N}} \end{cases} \tag{3-27}$$

其余的计算与普通的三绕组变压器一样，等效电路也与普通的三绕组变压器一样。

例题 3-5　有一台 OSFPSL1 型三相三绕组自耦变压器，铭牌数据如下：容量比为 90000/90000/45000，电压比为 220/121/11；试验数据如下：$\Delta P_0 = 104\text{kW}$，$I_0\% = 0.65$，$\Delta P'_{k(1-2)} = 325\text{kW}$，$\Delta P'_{k(1-3)} = 345\text{kW}$，$\Delta P'_{k(2-3)} = 270\text{kW}$，$U'_{k(1-2)}\% = 10$，$U'_{k(1-3)}\% = 18.6$，$U'_{k(2-3)}\% = 12.1$。试计算以变压器高压侧电压为基准的参数值。

解： 变压器的电导和电纳为

$$G_T = \frac{\Delta P_0}{U_{1N}^2} \times 10^{-3} = \frac{104}{220^2} \times 10^{-3}\text{S} = 2.15 \times 10^{-6}\text{S}$$

$$B_T = \frac{I_0\%}{100} \cdot \frac{S_N}{U_{1N}^2} \times 10^{-3} = \frac{0.65}{100} \times \frac{90000}{220^2} \times 10^{-3}\text{S} = 1.2 \times 10^{-5}\text{S}$$

由于变压器各绕组容量比不同，因此要将短路损耗折算到变压器的额定容量下，即

$$\begin{cases} \Delta P_{k(1-2)} = \Delta P'_{k(1-2)} = 325\text{kW} \\ \Delta P_{k(1-3)} = \Delta P'_{k(1-3)}\left(\dfrac{S_N}{S_{3N}}\right)^2 = 345 \times \left(\dfrac{90000}{45000}\right)^2 \text{kW} = 1380\text{kW} \\ \Delta P_{k(2-3)} = \Delta P'_{k(2-3)}\left(\dfrac{S_N}{S_{3N}}\right)^2 = 270 \times \left(\dfrac{90000}{45000}\right)^2 \text{kW} = 1080\text{kW} \end{cases}$$

各绕组的等效短路损耗为

$$\begin{cases} \Delta P_{k1} = \dfrac{1}{2}[\Delta P_{k(1-2)} + \Delta P_{k(1-3)} - \Delta P_{k(2-3)}] = \dfrac{1}{2} \times (325 + 1380 - 1080)\text{kW} = 312.5\text{kW} \\ \Delta P_{k2} = \dfrac{1}{2}[\Delta P_{k(1-2)} + \Delta P_{k(2-3)} - \Delta P_{k(1-3)}] = \dfrac{1}{2} \times (325 + 1080 - 1380)\text{kW} = 12.5\text{kW} \\ \Delta P_{k3} = \dfrac{1}{2}[\Delta P_{k(2-3)} + \Delta P_{k(1-3)} - \Delta P_{k(1-2)}] = \dfrac{1}{2} \times (1380 + 1080 - 325)\text{kW} = 1067.5\text{kW} \end{cases}$$

因此归算到高压侧的变压器各绕组的电阻为

$$\begin{cases} R_{T1} = \dfrac{\Delta P_{k1} U_{1N}^2}{S_N^2} \times 10^3 = \dfrac{312.5 \times 220^2}{90000^2} \times 10^3 \Omega = 1.87\Omega \\ R_{T2} = \dfrac{\Delta P_{k2} U_{1N}^2}{S_N^2} \times 10^3 = \dfrac{12.5 \times 220^2}{90000^2} \times 10^3 \Omega = 0.075\Omega \\ R_{T3} = \dfrac{\Delta P_{k3} U_{1N}^2}{S_N^2} \times 10^3 = \dfrac{1067 \times 220^2}{90000^2} \times 10^3 \Omega = 6.38\Omega \end{cases}$$

因为是自耦变压器，所以短路电压百分比也要折算到变压器的额定容量下，即

$$
\begin{cases}
U_{k(1-2)}\% = U'_{k(1-2)}\% = 10 \\
U_{k(1-3)}\% = U'_{k(1-3)}\% \dfrac{S_N}{S_{3N}} = 18.6 \times \dfrac{90000}{45000} = 37.2 \\
U_{k(2-3)}\% = U'_{k(2-3)}\% \dfrac{S_N}{S_{3N}} = 12.1 \times \dfrac{90000}{45000} = 24.2
\end{cases}
$$

各绕组的等效短路电压为

$$
\begin{cases}
U_{k1}\% = \dfrac{1}{2}[U_{k(1-2)}\% + U_{k(1-3)}\% - U_{k(2-3)}\%] = \dfrac{1}{2} \times (10 + 37.2 - 24.2) = 11.5 \\
U_{k2}\% = \dfrac{1}{2}[U_{k(1-2)}\% + U_{k(2-3)}\% - U_{k(1-3)}\%] = \dfrac{1}{2} \times (10 + 24.2 - 37.2) = -1.5 \\
U_{k3}\% = \dfrac{1}{2}[U_{k(2-3)}\% + U_{k(1-3)}\% - U_{k(1-2)}\%] = \dfrac{1}{2} \times (24.2 + 37.2 - 10) = 25.7
\end{cases}
$$

因此归算到高压侧的变压器各绕组的电抗为

$$
\begin{cases}
X_{T1} = \dfrac{U_{k1}\%}{100} \bullet \dfrac{U_{1N}^2}{S_N} \times 10^3 = \dfrac{11.5 \times 220^2}{100 \times 90000} \times 10^3 \Omega = 61.84\Omega \\
X_{T2} = \dfrac{U_{k2}\%}{100} \bullet \dfrac{U_{1N}^2}{S_N} \times 10^3 = \dfrac{-1.5 \times 220^2}{100 \times 90000} \times 10^3 \Omega = -8.06\Omega \approx 0\Omega \\
X_{T3} = \dfrac{U_{k3}\%}{100} \bullet \dfrac{U_{1N}^2}{S_N} \times 10^3 = \dfrac{25.7 \times 220^2}{100 \times 90000} \times 10^3 \Omega = 138.21\Omega
\end{cases}
$$

3.3.4 变压器的 Π 形等效电路

下面以双绕组变压器为例说明变压器 Π 形等效电路。在电力系统的计算中，可将变压器的励磁回路另作处理，得到存在磁耦合的变压器一字形等效电路，如图 3-20a 所示。进一步变换为不含理想变压器的只有电气连接的 Π 形阻抗参数等效电路，如图 3-20b 所示。

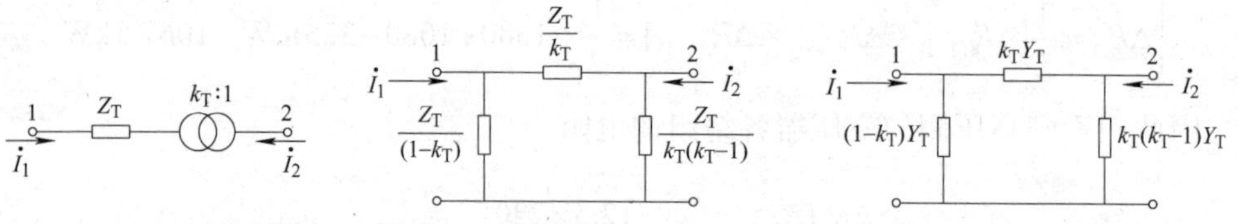

a) 一字形等效电路　　b) Π形阻抗参数等效电路　　c) Π形导纳参数等效电路

图 3-20　变压器的 Π 形等效电路

由电路原理得图 3-20a 电路的方程组为

$$
\begin{cases}
\dot{I}_1 + \dfrac{\dot{I}_2}{k_T} = 0 \\
\dot{U}_1 = k_T\dot{U}_2 - Z_T\dfrac{\dot{I}_2}{k_T}
\end{cases}
\tag{3-28}
$$

经过整理，得到

$$\begin{cases} \dot{I}_1 = \dfrac{\dot{U}_1 - k_T\dot{U}_2}{Z_T} = \dfrac{(1-k_T)}{Z_T}\dot{U}_1 + \dfrac{k_T}{Z_T}(\dot{U}_1 - \dot{U}_2) \\ \dot{I}_2 = -k_T\left(\dfrac{\dot{U}_1 - k_T\dot{U}_2}{Z_T}\right) = \dfrac{k_T}{Z_T}(\dot{U}_2 - \dot{U}_1) + \dfrac{k_T(k_T-1)}{Z_T}\dot{U}_2 \end{cases} \tag{3-29}$$

据此，可得到对应的等效电路，如图 3-20b 所示。

进一步，阻抗 Z_T 用导纳 Y_T 表示，有

$$\begin{cases} \dot{I}_1 = (1-k_T)Y_T\dot{U}_1 + k_TY_T(\dot{U}_1 - \dot{U}_2) \\ \dot{I}_2 = k_TY_T(\dot{U}_2 - \dot{U}_1) + k_T(k_T-1)Y_T\dot{U}_2 \end{cases} \tag{3-30}$$

于是得到导纳参数表示的 Π 形等效电路，如图 3-20c 所示。

在变压器的 Π 形等效电路中，尽管没有理想变压器，但两侧电压均为实际电压。

3.4　电力系统的负荷模型

电力系统运行时，母线上所接各类电气设备从系统取用的有功功率 P 和无功功率 Q 会随着系统频率 f 和节点电压 U 的变化而变化，负荷模型就是描述这些设备通过节点从系统中取用的 P 和 Q 与该节点的 f 和 U 的关系。

3.4.1　复功率、有功功率和无功功率

电路理论分析中通常计算的是电压和电流，而对电力系统稳态运行分析时更多的是计算功率和电压。

在单相交流电路中，根据国际电工委员会（IEC）推荐的约定，取复功率 $\tilde{S} = \dot{U}\overset{*}{I}$，于是有

$$\tilde{S} = \dot{U}\overset{*}{I} = UI\angle(\varphi_U - \varphi_I) = UI\angle\varphi = UI\cos\varphi + \mathrm{j}UI\sin\varphi = P + \mathrm{j}Q \tag{3-31}$$

式中，$\dot{U}$ 为电压相量，$\dot{U} = U\angle\varphi_U$；$\overset{*}{I}$ 为电流相量，$\dot{I} = I\angle\varphi_I$；$P$ 为有功功率，$P = UI\cos\varphi$；Q 为无功功率，$Q = UI\sin\varphi$；φ 为电压和电流相量间的夹角，称为功率因数角，$\varphi = \varphi_U - \varphi_I$。

由式（3-31）可见：

① 当电流滞后电压时，$\varphi>0$，$Q>0$，即为感性负载时，吸收无功功率。

② 当电流超前电压时，$\varphi<0$，$Q<0$，即为容性负载时，发出无功功率。

在三相交流电路中，复功率与有功功率、无功功率的关系为

$$\tilde{S} = \sqrt{3}\dot{U}\overset{*}{I} = \sqrt{3}UI\cos\varphi + \mathrm{j}\sqrt{3}UI\sin\varphi = P + \mathrm{j}Q \tag{3-32}$$

式中，U 和 I 分别为三相电路的线电压和线电流。

本书为书写方便，将复功率 $\tilde{S}$ 写为 S，即 $S=P+\mathrm{j}Q$ 进行复数运算时，S 表示复功率；进行代数运算时，S 表示视在功率（复功率的模）。

3.4.2　负荷特性与负荷模型

在电力系统分析计算中，常将电力网覆盖的广大地区内难以胜数的电力用户

合并为数量不多的负荷，分接在不同地区、不同电压等级的母线上。每一个负荷代表一定数量的各类用电设备及相关变配电设备的组合，这样的组合称为综合负荷，一个企业或一个地区都可看作一个综合负荷。对电力系统进行计算时，不需要分析具体某个设备的特性，更多关注的是综合负荷特性。

负荷特性是指电力负荷从电力系统电源吸取的有功功率和无功功率随负荷端电压和系统频率变化而变化的规律，其变化规律与系统运行参数有关。负荷模型是指在电力系统分析计算中对负荷特性所做的物理模拟或数学描述。可见建立负荷模型，就是要确定负荷特性。从负荷特性的定义中不难看出，负荷特性既有电压特性和频率特性之分，又有有功功率特性和无功功率特性之分；另外，负荷特性还可进一步分为静态特性和动态特性。静态特性是指系统进入稳态运行后，负荷功率与电压或频率的关系；动态特性则是指在电压、频率急剧变化过程中负荷功率与电压、频率的关系。将上述三种特征相结合，从而确定某一种特定的负荷特性，如无功功率静态电压特性、有功功率静态频率特性。负荷特性与研究电力系统的电压调整、频率调整有着直接的联系。

当应用计算机计算时，负荷静态特性的模拟通常不直接用静态特性曲线的数据，而是通常用二次多项式或幂指数形式来模拟负荷功率随电压和频率变化的关系。

1. 负荷的电压静特性

当频率维持额定值不变时，负荷功率 P_{LD}、Q_{LD} 与节点电压 U 的关系称为负荷的电压静特性，用二次多项式表示为

$$\begin{cases} P_{\mathrm{LD}} = P_{\mathrm{N}}\left[a_P\left(\dfrac{U}{U_{\mathrm{N}}}\right)^2 + b_P\dfrac{U}{U_{\mathrm{N}}} + c_P\right] \\ Q_{\mathrm{LD}} = Q_{\mathrm{N}}\left[a_Q\left(\dfrac{U}{U_{\mathrm{N}}}\right)^2 + b_Q\dfrac{U}{U_{\mathrm{N}}} + c_Q\right] \end{cases} \tag{3-33}$$

式中，U_{N} 为额定电压；P_{N} 和 Q_{N} 分别为节点电压为额定电压时负荷的有功功率和无功功率；a_P、b_P、c_P、a_Q、b_Q、c_Q 为待定系数，其数值可根据实际电压静特性曲线用最小二乘法拟合求得，这些系数满足

$$\begin{cases} a_P + b_P + c_P = 1 \\ a_Q + b_Q + c_Q = 1 \end{cases} \tag{3-34}$$

由式（3-33）和式（3-34）可见，负荷的有功功率和无功功率都由三部分组成：第一部分与电压二次方成正比，代表恒定阻抗消耗的功率；第二部分与电压成正比，代表恒定电流负荷相对应的功率；第三部分为恒定功率。因此也把式（3-33）对应的负荷模型称为 ZIP 模型。

2. 负荷的频率静特性

当节点负荷电压维持额定值不变时，负荷功率 P_{LD}、Q_{LD} 与系统频率 f 的关系称为负荷的频率静特性。也可用类似（3-33）二次多项式来表示负荷的频率静特性。除此之外，考虑到系统频率在额定值附近偏移很小，所以可将负荷的频率静特性进行线性化处理，用直线表示为

$$\begin{cases} P_{\mathrm{LD}} = P_{\mathrm{N}}\left(1 + k_P \dfrac{f - f_{\mathrm{N}}}{f_{\mathrm{N}}}\right) \\ Q_{\mathrm{LD}} = Q_{\mathrm{N}}\left(1 + k_Q \dfrac{f - f_{\mathrm{N}}}{f_{\mathrm{N}}}\right) \end{cases} \tag{3-35}$$

式中，P_{N} 和 Q_{N} 分别为系统频率为额定频率时负荷的有功功率和无功功率，系数 k_P、k_Q 为节点负荷功率在稳态运行点对频率变化的导数。

需要同时考虑电压和频率的变化时，负荷的静特性可表示为

$$\begin{cases} P_{\mathrm{LD}} = P_{\mathrm{N}}\left[a_P\left(\dfrac{U}{U_{\mathrm{N}}}\right)^2 + b_P\dfrac{U}{U_{\mathrm{N}}} + c_P\right]\left(1 + k_P \dfrac{f - f_{\mathrm{N}}}{f_{\mathrm{N}}}\right) \\ Q_{\mathrm{LD}} = Q_{\mathrm{N}}\left[a_Q\left(\dfrac{U}{U_{\mathrm{N}}}\right)^2 + b_Q\dfrac{U}{U_{\mathrm{N}}} + c_Q\right]\left(1 + k_Q \dfrac{f - f_{\mathrm{N}}}{f_{\mathrm{N}}}\right) \end{cases} \tag{3-36}$$

负荷的动态特性模型一般采用微分方程描述。如何建立一个既准确又实用的负荷模型始终是研究热点。

3. 电力系统计算中常见的负荷模型

在电力系统的分析计算中，针对不同的研究问题，所采用的负荷模型不同。

1）潮流计算中，负荷模型常采用恒定功率模型，必要时也可以采用静态的 ZIP 模型。

2）短路计算中，负荷模型可采用恒定阻抗（或导纳）模型或者含电压源的恒定阻抗模型。

3）稳定性计算中，负荷模型可采用恒定阻抗模型或者不同比例恒定阻抗和异步电动机的组合模型，并且为反映异步电动机的机械运动状态还应包含转子的运动方程。

3.5 电力系统的等效电路

电力系统的等效电路是进行电力系统计算的基础。电力系统是由发电机、变压器、输电线路和负荷等元件构成的网络，因此电力系统的等效电路就是由这些元件的等效电路组合而成。构成电力系统等效电路时，由于变压器两侧的电压等级不同，所以需要注意同一个电压等级下的元件阻抗才能进行串并联。

3.5.1 有名制表示的等效电路

在电力系统计算中，可将电压、电流、功率、阻抗、导纳等物理量的单位分别用 V、A、W、Ω、S 等表示，这种用实际有名单位表示物理量的方法称为有名制。

图 3-21 所示为含有两个变压器、三个电压等级的简单电力系统，图中变压器 T_1 为升压变压器、T_2 为降压变压器。该电力系统接线图相应有名制表示的等效电路有两种，一种含理想变压器，另一种不含理想变压器。

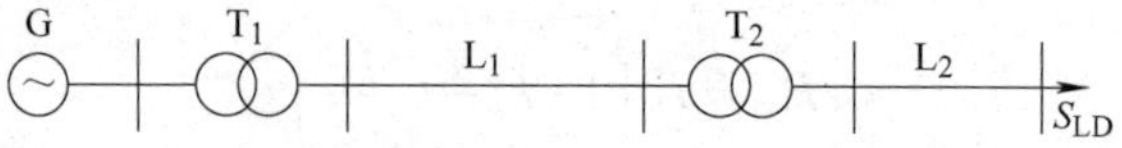

图 3-21 简单电力系统

1. 含理想变压器的等效电路

图 3-21 中发电机用等效电压源和阻抗串联的模型，变压器采用Γ形等效电路，并且变压器参数均归算至一次侧，输电线路采用Π形等效电路，于是得到有名制表示的含理想变压器的等效电路，如图 3-22 所示。

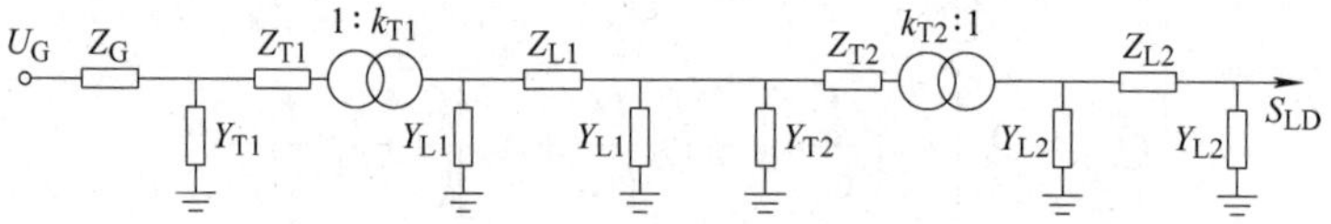

图 3-22 有名制表示的含理想变压器的等效电路

图 3-22 中的变压器是一种没有功率损耗的理想变压器，利用该理想变压器将实际变压器两侧不同电压等级的等效电路联系起来，在该电路中有三个电压等级，各元件阻抗（导纳）值不需要进行折算。

2. 不含理想变压器的等效电路

（1）变压器采用Γ形等效电路

这类等效电路中只有一个电压等级，而实际系统中含有多个电压等级，因此绘制电力系统等效电路时，首先必须选定某一个电压等级作为归算的基本级，再将其他不同电压等级元件的阻抗（导纳）归算至该基本级，在阻抗（导纳）参数归算过程中需乘以变比 k_{T1}^2 或除以变比 k_{T2}^2。与图 3-21 对应的有名制表示的同一个电压等级的等效电路如图 3-23 所示。

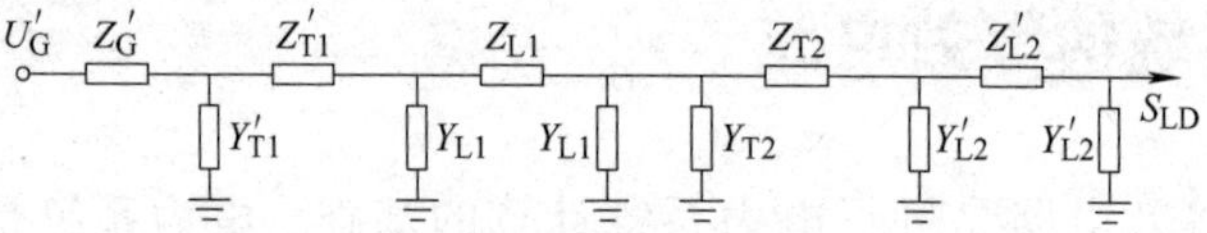

图 3-23 有名制表示的同一个电压等级的等效电路

该等效电路选取的是系统中最高电压等级（线路 L_1 的电压等级）为基准级。

（2）变压器采用Π形等效电路

当变压器采用Π形等效电路时，尽管等效电路中不含理想变压器，但变压器两侧的电压也不是同一个电压等级，此时的等效电路如图 3-24 所示。图中虽然不含理想变压器，但电路中仍然有三个电压等级。

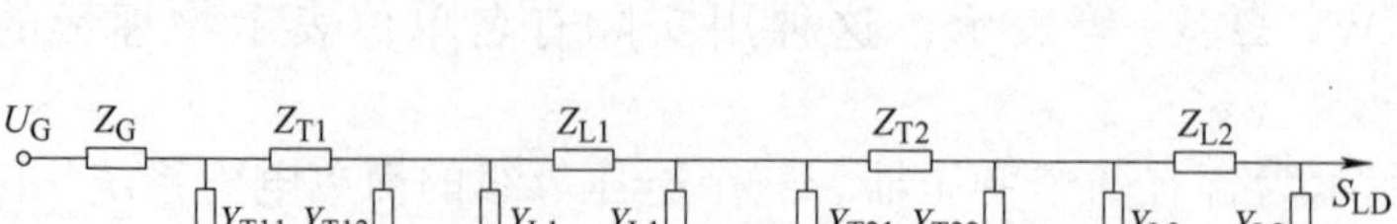

图 3-24 有名制表示的含有三个电压等级的等效电路

3.5.2 标幺制表示的等效电路

电力系统计算除了采用有名制表示之外，也可以采用不含单位的物理量的相对值表示，即用标幺制表示。

1. 标幺制的定义

标幺值定义为物理量的实际值（有名值）与其基准值之比，即

$$标幺值=\frac{有名值}{基准值} \tag{3-37}$$

计算标幺值时，有名值与基准值应为相同单位。例如，某发电机端电压为10.5kV，若选定10.5kV为基准值，则标幺值为1，若选定10kV为基准值，则标幺值为1.05。由此可见，由于相比的两个数值单位相同，因此标幺值没有单位。另外，对于同一个有名值，由于选取的基准值不同，其标幺值也不同。使用标幺值时，一定要同时说明它的基准值，否则就没有明确的意义。

三相电路中每个元件的工作状态都可以用它的电压、电流、功率、阻抗表示，也可用以该元件额定参数为基准的标幺值表示，如选定 U_B、I_B、S_B、Z_B 为各量的基准值，则其标幺值分别为

$$\begin{cases} Z_* = \dfrac{Z}{Z_B} = \dfrac{R+jX}{Z_B} = R_* + jX_* \\ U_* = \dfrac{U}{U_B} \\ I_* = \dfrac{I}{I_B} \\ S_* = \dfrac{S}{S_B} = \dfrac{P+jQ}{S_B} = P_* + jQ_* \end{cases} \tag{3-38}$$

式中，下标为“*”，表示标幺值；下标为“B”，表示基准值；无标注量为有名值。

2. 基准值的选取

选取基准值时原则上只要满足基准值与有名值同单位外，可以任意选定。但为了简化计算和便于对计算结果做出分析评价，基准值不可任意选取。

在三相电路中，经常取线电压 U、线电流 I、三相功率 S 和单相等效阻抗 Z 这四个电气量来计算。这四个电气量之间满足以下等式：

$$\begin{cases} S = \sqrt{3}UI \\ U = \sqrt{3}ZI \end{cases} \tag{3-39}$$

如果四个电气量选取的基准值也满足以下等式：

$$\begin{cases} S_B = \sqrt{3}U_B I_B \\ U_B = \sqrt{3}Z_B I_B \end{cases} \tag{3-40}$$

那么其标幺值间的关系为

$$\begin{cases} S_* = U_* I_* \\ U_* = Z_* I_* \end{cases} \tag{3-41}$$

可见，用标幺值表示电气量有以下特点。

1）线电压标幺值 U_* 与相电压标幺值 U_{p*} 相等。

2）三相功率标幺值 S_* 与单相功率标幺值 S_{p*} 相等。

3）三相电路和单相电路的计算公式完全相同。

因此，有名制单相电路的计算公式可直接用于三相电路的标幺值运算，使得三相电路的计算公式得到了简化。

由于四个电气量间有式（3-39）所示的关系，因此选取基准值时有两个物理量可以任意选取。习惯上选定功率基准值 S_B 和电压基准值 U_B，而通过功率关系和欧姆定律得到电流基准值 I_B 和阻抗基准值 Z_B，即

$$\begin{cases} I_B = \dfrac{S_B}{\sqrt{3}U_B} \\ Z_B = \dfrac{U_B}{\sqrt{3}I_B} = \dfrac{U_B^2}{S_B} \end{cases} \tag{3-42}$$

3. 不同基准值的标幺值间的换算

在电力系统计算中，对于有直接电气联系的网络，绘制标幺值表示的等效电路时，各元件（如发电机、变压器、线路、电抗器等）的参数必须归算到统一的基准值下。然而在手册或铭牌上查得的参数值，一般是以元件各自的额定容量（或额定电流）和额定电压为基准值的标幺值。由于各元件的额定值可能不同，而基准值不同的标幺值之间是不能直接进行计算的，因此在绘制等效电路进行计算之前，必须把不同基准值的标幺值换算成统一基准值的标幺值。

换算过程如下：先将以额定值为基准值的标幺值还原为有名值，选定电压基准值 U_B 和功率基准值 S_B 后，再将有名值转换为以此 U_B 和 S_B 为基准值的标幺值。下面以电抗为例说明不同基准值的标幺值间的换算过程。

1）将以额定值为基准值的电抗标幺值 $x_{(N)*}$ 还原为有名值 $x_{(\text{有名值})}$，即

$$x_{(\text{有名值})} = x_{(N)*}\frac{U_N}{\sqrt{3}I_N} = x_{(N)*}\frac{U_N^2}{S_N} \tag{3-43}$$

式中，S_N、U_N 和 I_N 分别为设备的额定容量、额定电压和额定电流。

2）将 $x_{(\text{有名值})}$ 换算为以 S_B、U_B 为基准值的标幺值 $x_{(B)*}$，即

$$x_{(B)*} = x_{(\text{有名值})}\frac{S_B}{U_B^2} = x_{(N)*}\frac{U_N^2}{S_N}\frac{S_B}{U_B^2} \tag{3-44}$$

式（3-44）就是将 $x_{(N)*}$ 转换为 $x_{(B)*}$ 的统一公式。本书中在进行标幺值计算时，若无特殊说明，则用 x_* 表示以 S_B、U_B 为基准值的标幺值 $x_{(B)*}$。

发电机铭牌参数一般给出其额定电压 U_{GN}、额定功率 S_{GN} 和以 U_{GN}、S_{GN} 为基准值的电抗百分数。

变压器一般给出其额定电压 U_{TN}、额定功率 S_{TN} 及短路电压百分数 $U_k\%$ 等。$U_k\%$ 与以 U_{TN}、S_{TN} 为基准值的电抗标幺值 $x_{T(N)*}$ 的关系为

$$x_{T(N)*}=\frac{U_k\%}{100} \tag{3-45}$$

这样可以根据式（3-44）计算发电机和变压器统一基准值的电抗标幺值。

电抗器也是电力系统中常用的电气元件，其主要作用是限制短路电流。对电抗器一般给出额定电压 U_N、额定电流 I_N 和电抗百分数 $x_R\%$。$x_R\%$ 与以其额定值为基准值的标幺值之间的关系为

$$x_{R(N)*}=\frac{x_R\%}{100} \tag{3-46}$$

电抗器在统一基准值下的电抗标幺值为

$$x_{R*}=\frac{x_R\%}{100}\frac{U_N}{\sqrt{3}I_N}\frac{S_B}{U_B^2}=\frac{x_R\%}{100}\frac{U_N}{U_B}\frac{I_B}{I_N} \tag{3-47}$$

对于输电线路，通常给出每 km 的电抗值，则统一基准值下的电抗标幺值计算公式为

$$x_{L*}=x_L\frac{S_B}{U_B^2} \tag{3-48}$$

例题 3-6　图 3-25 所示的电力系统，发电机和电抗器的参数已在图中给出，它们是以各自额定值为基准值的标幺值。试计算在 U_B=10.5kV、S_B=100MVA 下的电抗标幺值，并计算各自的有名值。

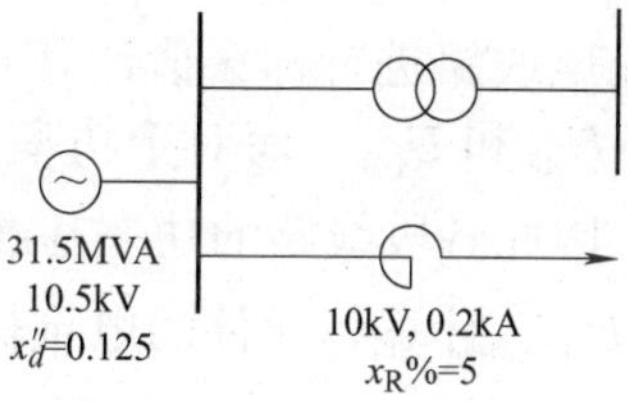

图 3-25　例题 3-6 图

解：基准值为 U_B=10.5kV、S_B=100MVA 时发电机的电抗标幺值为

$$x_{G*}=x_{G(N)*}\frac{S_B}{S_{GN}}\left(\frac{U_{GN}}{U_B}\right)^2=0.125\times\frac{100}{31.5}\times\left(\frac{10.5}{10.5}\right)^2=0.397$$

发电机的电抗有名值为

$$x_G=x_d''\frac{U_{GN}^2}{S_{GN}}=0.125\times\frac{10.5^2}{31.5}\Omega=0.438\Omega$$

电抗器的电抗标幺值为

$$x_{R*}=\frac{x_{R*}\%}{100}\frac{U_N}{\sqrt{3}I_N}\cdot\frac{S_B}{U_B^2}=\frac{5}{100}\times\frac{10}{\sqrt{3}\times0.2}\times\frac{100}{10.5^2}=1.309$$

电抗器的电抗有名值为

$$x_R=\frac{x_R\%}{100}\times\frac{U_N}{\sqrt{3}I_N}=\frac{5}{100}\times\frac{10}{\sqrt{3}\times0.2}\Omega=1.434\Omega$$

4. 多个电压等级的电网中元件标幺值的计算

实际的电力系统是由多个电压等级的线路通过升、降变压器连接而成。图 3-26a 所示为由两台变压器连接形成的含三个电压等级的输电系统。在只考虑元件电抗，并将变压器参数折算到一次侧的情况下，得到如图 3-26b 所示的各元件电抗用有名值表示的等效电路。

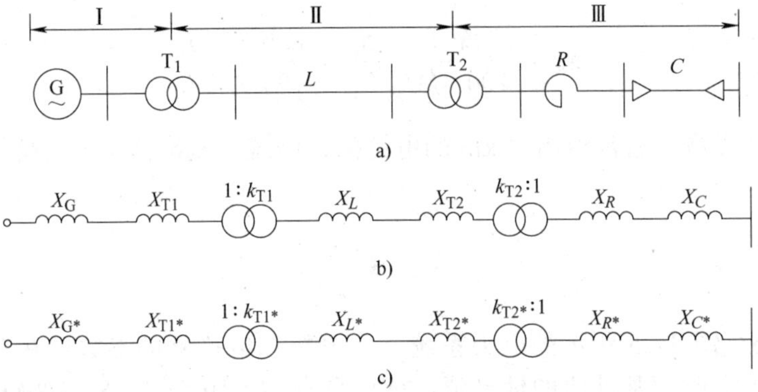

图 3-26　含三个电压等级的输电系统

图 3-26 中，k_{Ti} 为各变压器的电压比（变压器高压侧与低压侧额定电压的比值）。

当对含多个电压等级的输电线路进行标幺值计算时，可对不同电压等级的各段线路分别取电压基准值 U_{BI}、U_{BII} 和 U_{BIII}。而对于功率，尽管各段的电压等级不同，但系统输送的功率是统一的，因此各段线路的功率基准值都是 S_B。根据选定功率基准值 S_B 和各段的电压基准值 U_{Bi}，计算各元件的电抗标幺值。用标幺制表示的等效电路如图 3-26c 所示，图中理想变压器的电压比也用标幺制表示，其标幺值为

$$k_{T*}=\frac{k_T}{k_B}=\frac{U_{TN(高压侧)}/U_{TN(低压侧)}}{U_{B(高压侧)}/U_{B(低压侧)}} \tag{3-49}$$

式中，k_B 为变压器的基准电压比，或称为标准电压比。

由于电压基准值确定原则的不同，标幺值计算分为精确计算法和近似计算法。

（1）精确计算法

1）$k_{T*}=1$ 法。该法电压基准值确定原则如下：先选定基准级的电压基准值，然后根据变压器的实际电压比，确定出其他各段的电压基准值。如在图 3-26 所示系统中，选定第 I 段为基准级，选其电压基准值 U_{BI}，在保证 $k_{T*}=1$ 的前提下，得到第 II 段和第 III 段的电压基准值 U_{BII} 和 U_{BIII} 分别为

$$\begin{cases} U_{\text{B}\mathrm{II}} = U_{\text{B}\mathrm{I}} k_{\text{T1}} \\ U_{\text{B}\mathrm{III}} = \dfrac{U_{\text{B}\mathrm{II}}}{k_{\text{T2}}} \end{cases} \tag{3-50}$$

由于理想变压器的 $k_{\text{T*}}=1$，因此等效电路中可不含理想变压器，这样计算简单。实际计算中，常将电压基准值选得等于或接近于该线路电压等级的额定电压。这样，如果第Ⅰ段电压基准值为该线路额定电压，那第Ⅱ段和第Ⅲ段所取的电压基准值会偏离所属电压等级的额定电压，这样不易从计算结果直接看到实际电压偏离额定值的程度。

另外，如果为了满足 $k_{\text{T*}}=1$，按照变压器电压比来选择相邻两段的电压基准值，那在环网系统中会存在一些困扰，出现同一个电压等级，而电压基准值不同的现象。例如，图 3-27 所示的含多台变压器的环网系统，选择 $U_{\text{B}\mathrm{I}}=10.5\text{kV}$，在满足 $k_{\text{T*}}=1$ 条件下，$U_{\text{B}\mathrm{II}}=121\text{kV}$，$U_{\text{B}\mathrm{III}}=242\text{kV}$，$U_{\text{B}\mathrm{IV}}=12.1\text{kV}$，$U_{\text{B}\mathrm{V}}=133.1\text{kV}$。第Ⅰ段、第Ⅳ段同属于 10kV 电压等级，但电压基准值不同，分别为 10.5kV 和 12.1kV；同样，第Ⅱ段、第Ⅴ段同属于 110kV 电压等级，它们的电压基准值也不同。

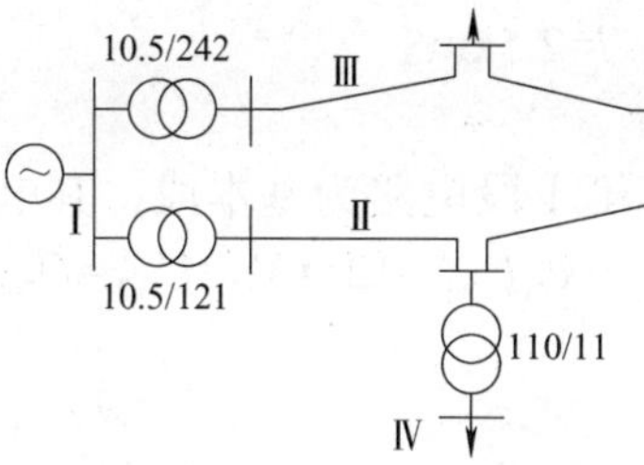

图 3-27　含多台变压器的环网系统

2） $k_{\text{T*}}\neq1$ 法。为了更清晰地分析计算结果，该法将各段线路的电压基准值取为线路的额定电压，于是 $k_{\text{T*}}\neq1$，等效电路中将含有理想变压器。这样不便于电流、电压的计算。

（2）近似计算法

上述两种精确计算法是按照变压器实际电压比计算的，其计算较精确，但计算过程烦琐、计算量大。针对实际工程中对计算精度要求不是很高的情况，为了方便计算，多采用近似计算法。近似计算法同时兼顾了标幺值参数等效电路中不含理想变压器和电压基准值与额定电压相接近的特点。

在近似计算中，各个电压等级以平均额定电压 U_{av} 为电压基准值，同时假定变压器电压比为各电压等级的平均额定电压之比。

根据我国现有的电压等级，电网额定电压和平均额定电压见表 3-2。

表 3-2　电网额定电压和平均额定电压

电网额定电压 U_{N}/kV	3	6	10	35	110	220	330	500
平均额定电压 U_{av}/kV	3.15	6.3	10.5	37	115	230	345	525

由于近似计算中，取电网的平均额定电压为各段的电压基准值，因此简化了发电机、变压器的电抗标幺值计算公式，即

$$\begin{cases} x_{G(B)*} = x_{G(N)*}\dfrac{S_B}{S_{GN}} \\ x_{T(B)*} = \dfrac{U_k\%}{100}\dfrac{S_B}{S_N} \end{cases} \tag{3-51}$$

需要注意的是，采用近似计算法时，仍按式（3-47）和式（3-48）对电抗器和输电线路的电抗标幺值进行计算。

例题 3-7 对图 3-26a 所示的输电系统，分别用精确计算法和近似计算法计算等效电路中各元件参数的标幺值。已知各元件参数如下。

1）发电机：S_N=30MVA，U_N=10.5kV，x'_d =0.26，E=11kV。

2）变压器 T_1：S_N=31.5MVA，U_k%=10.5，k_T=10.5/121。

3）变压器 T_2：S_N=15MVA，U_k%=10.5，k_T=110/6.6。

4）电抗器：U_N=6kV，x_R%=5，I_N=0.3kA。

5）架空线路：x_0=0.4Ω/km，l=80km。

6）电缆线路：x_0=0.08Ω/km，l=2.5km。

解：（1）精确计算法

取功率基准值 S_B=100MVA，第Ⅰ段电路为基本段，其电压基准值 $U_{B\text{I}}$ =10.5kV，其余两段的电压基准值分别为 $U_{B\text{II}} = k_{T1}U_{B\text{I}}$ =121kV，$U_{B\text{III}} = U_{B\text{II}}/k_{T2}$=7.26kV。各元件的电抗标幺值如下。

1）发电机：

$$x_{1*} = x_{G(N)}\frac{U_N^2}{S_N}\frac{S_B}{U_{B\text{I}}^2} = 0.26\times\frac{10.5^2}{30}\times\frac{100}{10.5^2} = 0.87$$

2）变压器 T_1：

$$x_{2*} = \frac{U_k\%}{100}\frac{U_N^2}{S_N}\frac{S_B}{U_{B\text{I}}^2} = \frac{10.5}{100}\times\frac{10.5^2}{31.5}\times\frac{100}{10.5^2} = 0.33$$

3）架空线路：

$$x_{3*} = x_0 l\frac{S_B}{U_{B\text{II}}^2} = 0.4\times80\times\frac{100}{121^2} = 0.22$$

4）变压器 T_2：

$$x_{4*} = \frac{U_k\%}{100}\frac{U_N^2}{S_N}\frac{S_B}{U_{B\text{II}}^2} = \frac{10.5}{100}\times\frac{110^2}{15}\times\frac{100}{121^2} = 0.58$$

5）电抗器：

$$x_{5*} = \frac{x_R\%}{100}\frac{U_N}{\sqrt{3}I_N}\frac{S_B}{U_{B\text{III}}^2} = \frac{5}{100}\times\frac{6}{\sqrt{3}\times0.3}\times\frac{100}{7.26^2} = 1.09$$

6）电缆线路：

$$x_{6*}=x_0 l\frac{S_B}{U_{B\mathrm{III}}^2}=0.08\times2.5\times\frac{100}{7.26^2}=0.38$$

发电机电动势的标幺值为 $E_*=E/U_{B\mathrm{I}}=11/10.5=1.05$。

系统各元件用标幺制表示的等效电路如图 3-28 所示。图中每个电抗用两个数字表示，横线上方的数字代表电抗的标号，横线下方的数字代表该电抗的标幺值。

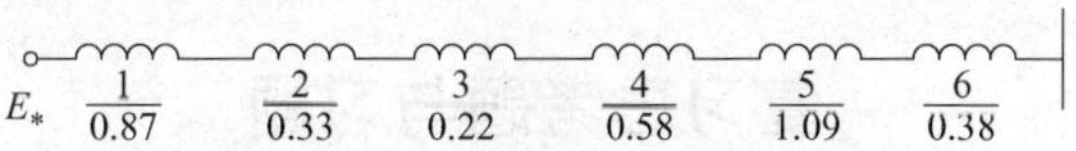

图 3-28　例题 3-7 的等效电路

（2）近似计算法

取功率基准值 S_B=100MVA，各段的电压基准值为各段的平均额定电压 (U_B=U_{av})，即 $U_{B\mathrm{I}}$=10.5kV，$U_{B\mathrm{II}}$=115kV，$U_{B\mathrm{III}}$=6.3kV。各元件的电抗标幺值如下。

1）发电机：

$$x_{1*}=x_{G(N)}\frac{S_B}{S_N}=0.26\times\frac{100}{30}=0.87$$

2）变压器 T_1：

$$x_{2*}=\frac{U_k\%}{100}\frac{S_B}{S_N}=\frac{10.5}{100}\times\frac{100}{31.5}=0.33$$

3）架空线路：

$$x_{3*}=x_0 l\frac{S_B}{U_{B\mathrm{II}}^2}=0.4\times80\times\frac{100}{115^2}=0.24$$

4）变压器 T_2：

$$x_{4*}=\frac{U_k\%}{100}\frac{S_B}{S_N}=\frac{10.5}{100}\times\frac{100}{15}=0.7$$

5）电抗器：

$$x_{5*}=\frac{x_R\%}{100}\frac{U_N}{\sqrt{3}I_N}\frac{S_B}{U_{B\mathrm{III}}^2}=\frac{5}{100}\times\frac{6}{\sqrt{3}\times0.3}\times\frac{100}{6.3^2}=1.45$$

6）电缆线路：

$$x_{6*}=x_0 l\frac{S_B}{U_{B\mathrm{III}}^2}=0.08\times2.5\times\frac{100}{6.3^2}=0.504$$

本章小结

本章详细阐述了电力系统各元件的参数计算和等效电路，并在此基础上讨论分析了如何建立电力系统等效电路，最后简单介绍了各元件负荷模型的建立。

3.1 节在不计定子绕组电阻条件下确定了同步发电机的参数和等效电路。

3.2 节从输电线路在能量传送过程中的能量损耗出发，获取了输电线路的参数计算公式，并针对不同架空线路的长度，使用不同的等效电路。

3.3 节确定了双绕组变压器的等效电路，并依据制造厂提供的铭牌数据确定了变压器的参数。针对三绕组变压器和自耦变压器的参数计算，既要注意到它们与双绕组变压器参数计算方法的相同点，又要考虑到它们各自的特点，特别是三个绕组容量比不同造成的影响。

3.4 节明确了功率的概念，分析了负荷特性和各种情况下适用的负荷模型。

3.5 节论述了建立电力系统等效电路的方法和标幺制。

复习思考题与习题

3-1　请说明凸极同步发电机稳态运行时电动势 E_Q 的意义。

3-2　架空线路的电阻和电导是什么意义？这二者有无直接的关系？

3-3　同样截面积的导线，如 LGJ–240 型导线，用于不同的电压等级，如 110kV 和 220kV，其电抗是否相同？为什么？

3-4　与架空线路相比，同截面积同电压等级的电缆线路的电抗是大还是小？电纳是大还是小？为什么？

3-5　试述分裂导线的优、缺点。为什么 220kV 及以上的超高压输电线路必须采用分裂导线？

3-6　什么是短距离输电线路？什么是中距离输电线路？什么是长距离输电线路？它们的等效电路如何？

3-7　变压器的参数与变压器的哪些铭牌值有关？如何确定变压器的实际电压比？

3-8　在电力系统计算中，广泛应用变压器的哪种等效电路？其优点是什么？

3-9　同容量同电压等级的升压变压器和降压变压器的参数是否相同？为什么？

3-10　自耦变压器与普通变压器相比有什么优点？为什么要有一个三角形联结的绕组？

3-11　普通三绕组变压器的三个绕组排列应遵循什么原则？升压变压器的三个绕组应如何排列？降压变压器的三个绕组应如何排列？其等效电路中哪一个绕组的等效电抗最小？为什么？

3-12　阐述实际变压器和理想变压器的区别。

3-13　对电力系统进行稳态分析时，发电机和负荷通常分别采用哪种数学模型？

3-14　以近似计算法得到的等效电路中不含有理想变压器，是不是说明电力系统就只有一个电压等级？

3-15　有一回 110kV 的架空线路，导线型号为 LGJ–120，导线水平排列并经过完全换位，相间距离为 4m。试计算该线路的单位参数。

3-16　某 330kV 输电线路，长 120km，采用 LGJQ–300 × 2 的双分裂导线，导线水平排列并经过完全换位，相间距离为 9m，分裂导线间距为 400mm。试计算该线路的参数并画出等效电路。

3-17　一台 SFL1–31500/35 型双绕组三相变压器，额定电压比为 35/11，实验数据为 $\Delta P_0 = 30\text{kW}$，$I_0\% = 1.2$，$\Delta P_k = 177.2\text{kW}$，$U_k\% = 8$。试分别求归算到高、低压侧的变压器参数的有名值。

3-18　一台 SSPSOL 型三相三绕组自耦变压器，其容量比为 30000/30000/15000，

$U_{1N}=242\text{kV}$，$U_{2N}=121\text{kV}$，$U_{3N}=13.8\text{kV}$；$\Delta P'_{k(1-2)}=950\text{kW}$，$\Delta P'_{k(1-3)}=500\text{kW}$，$\Delta P'_{k(2-3)}=620\text{kW}$；$U'_{k(1-2)}\%=13.73$，$U'_{k(1-3)}\%=11.9$，$U'_{k(2-3)}\%=18.64$；$\Delta P_0=123\text{kW}$，$I_0\%=0.5$。试求归算到高压侧的变压器参数的有名值，并画出该变压器的等效电路。

3-19　图 3-26 所示的系统，利用近似计算法计算各元件的电抗标幺值，并绘制相应的等效电路。各元件参数如下。

1）发电机：S_N=30MVA，U_N=10.5kV，x'_d =0.26，E=11kV。

2）变压器 T_1：S_N=30MVA，$U_k\%$=10.5，k_T=10.5/121。

3）变压器 T_2：S_N=30MVA，$U_k\%$=10.5，k_T=110/38.5。

4）输电线路：x_0=0.4Ω/km，l_1=100km，l_2=50km。

第4章 电力系统潮流计算

电力系统的潮流分布是描述电力系统运行状态的技术术语，它表明电力系统在某一确定的运行方式和接线方式下，系统从电源到负荷各点的电压和功率分布情况。对电力系统在各种运行方式下进行潮流计算，可以让我们全面、准确地掌握电力系统中各元件的运行状态，正确地选择电气设备和导线截面积，确定合理的供电方案，合理地调整负荷。通过潮流计算，还可以发现系统中的薄弱环节，检查设备、元件是否过负荷，各节点电压是否满足供电要求，从中发现问题，提出必要的改进措施，采取相应的调压、调频措施，保证电力系统运行时各节点维持正常的电压水平，保证电力系统运行时频率，并使整个电力系统获得最大的运行经济性。

4.1 基本概念

4.1.1 电压降落

当电网传输功率时，电流流过网络元件，由于元件存在阻抗，会使元件首末两端的电压发生变化。电压变化程度是衡量电能质量的重要指标之一，所以研究电网的电压变化规律很必要。

元件的电压降落是指元件首末两端电压的相量差 $\dot{U}_1-\dot{U}_2$，用 $\Delta\dot{U}$ 表示。

为了简便起见，先来讨论单相网络元件阻抗首末两端的电压降落，等效电路如图 4-1a 所示，其中 $\dot{U}$、$\dot{I}$ 和 S 分别为相电压、相电流和单相复功率。

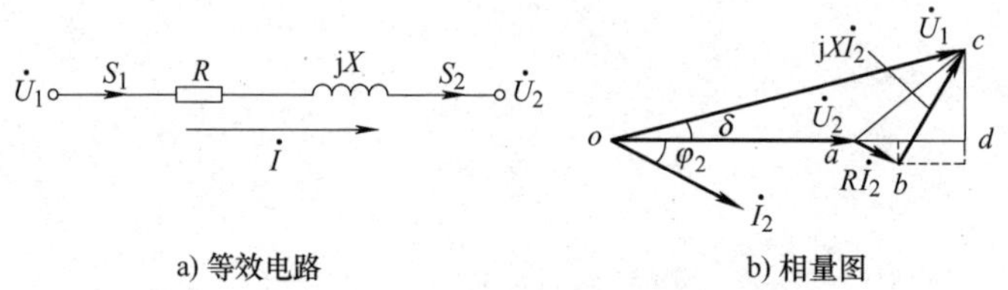

a) 等效电路　　b) 相量图

图 4-1　单相网络元件的等效电路和相量图

由图 4-1a 依据电路理论，得

$$\dot{U}_1=\dot{U}_2+\dot{I}(R+\mathrm{j}X) \tag{4-1}$$

可见，电压降落实质上就是电流在元件阻抗上的电压降，在图 4-1b 所示的相量图中，$\triangle abc$ 就是阻抗压降三角形，$\overline{ac}$ 为总的电压降落，$\overline{ab}$ 为电阻压降（电压降落的有功分量），$\overline{bc}$ 为电抗压降（电压降落的无功分量）。

但是进行电网潮流计算时，常采取另一种方法来将电压降落相量加以分解，即

取 $\Delta\dot{U}$ 在参考相量 $\dot{U}_1$（或 $\dot{U}_2$）方向上的投影称为电压降落的纵向分量 ΔU_1（或 ΔU_2），而取 $\Delta\dot{U}$ 在参考相量 $\dot{U}_1$（或 $\dot{U}_2$）垂直方向上的投影称为电压降落的横向分量 δU_1（或 δU_2）。

1. *以末端相电压 $\dot{U}_2$ 为参考相量*

由图 4-1b 可知，当以末端相电压 $\dot{U}_2$ 为参考相量时，电压降落的纵向分量 ΔU_2 和横向分量 δU_2 分别为

$$\begin{cases}\Delta U_2 = I_2(R\cos\varphi_2 + X\sin\varphi_2)\\ \delta U_2 = I_2(X\cos\varphi_2 - R\sin\varphi_2)\end{cases} \tag{4-2}$$

在电力系统分析中，习惯用功率进行运算。与末端相电压 $\dot{U}_2$ 和末端相电流 $\dot{I}_2$ 相对应的末端单相复功率 S_2 为

$$S_2 = \dot{U}_2\overset{*}{I}_2 = P_2 + \mathrm{j}Q_2 = U_2 I_2\cos\varphi_2 + \mathrm{j}U_2 I_2\sin\varphi_2 \tag{4-3}$$

将式（4-3）带入式（4-2），有

$$\begin{cases}\Delta U_2 = \dfrac{P_2 R + Q_2 X}{U_2}\\ \delta U_2 = \dfrac{P_2 X - Q_2 R}{U_2}\end{cases} \tag{4-4}$$

于是，阻抗元件首端相电压 $\dot{U}_1$ 为

$$\dot{U}_1 = \dot{U}_2 + \Delta\dot{U}_2 + \delta\dot{U}_2 = U_2 + \frac{P_2 R + Q_2 X}{U_2} + \mathrm{j}\frac{P_2 X - Q_2 R}{U_2} = U_1\mathrm{e}^{\mathrm{j}\delta} \tag{4-5}$$

$$\begin{cases}U_1 = \sqrt{(U_2 + \Delta U_2)^2 + (\delta U_2)^2}\\ \delta = \arctan\dfrac{\delta U_2}{U_2 + \Delta U_2}\end{cases} \tag{4-6}$$

式中，δ 为阻抗元件首末两端电压的相位差。

2. *以首端相电压 $\dot{U}_1$ 为参考相量*

用首端相电压 $\dot{U}_1$ 和相电流 $\dot{I}_1$ 表示的电压降落，并将其分解为与 $\dot{U}_1$ 同方向和垂直方向的两个分量，如图 4-2 所示，于是有

$$\dot{U}_1 - \dot{U}_2 = \dot{I}_1(R + \mathrm{j}X) = \Delta\dot{U}_1 + \delta\dot{U}_1 \tag{4-7}$$

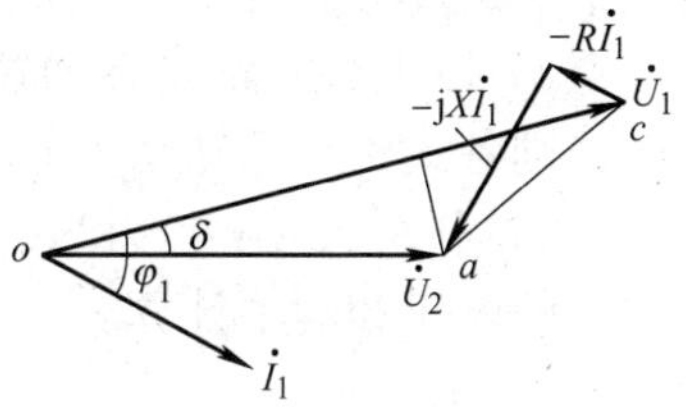

图 4-2 以 $\dot{U}_1$ 为参考相量表示的电压降落相量图

同样，首端相电压 $\dot{U}_1$ 和首端相电流 $\dot{I}_1$ 表示的首端单相复功率 S_1 为

$$S_1 = \dot{U}_1\overset{*}{I}_1 = P_1 + \mathrm{j}Q_1 = U_1 I_1\cos\varphi_1 + \mathrm{j}U_1 I_1\sin\varphi_1 \tag{4-8}$$

从而，电压降落纵向分量 $\Delta\dot{U}_1$ 和横向分量 $\delta\dot{U}_1$ 为

$$\begin{cases}\Delta U_1 = \dfrac{P_1R + Q_1X}{U_1} \\ \delta U_1 = \dfrac{P_1X - Q_1R}{U_1}\end{cases} \tag{4-9}$$

于是，末端相电压 $\dot{U}_2$ 为

$$\dot{U}_2 = U_1 - \Delta\dot{U}_1 - \delta\dot{U}_1 = U_2\mathrm{e}^{-\mathrm{j}\delta} \tag{4-10}$$

$$\begin{cases}U_2 = \sqrt{(U_1 - \Delta U_1)^2 + (\delta U_1)^2} \\ \delta = \arctan\dfrac{\delta U_1}{U_1 - \Delta U_1}\end{cases} \tag{4-11}$$

应当注意的是，当已知元件末端功率、末端电压，求首端电压时，取末端电压为参考相量；当已知元件首端功率、首端电压，求末端电压时，取首端电压为参考相量。如图 4-3 所示，$\Delta U_1 \neq \Delta U_2$、$\delta U_1 \neq \delta U_2$。因此，在实际计算时应当注意所取功率和电压必须是同一侧的。

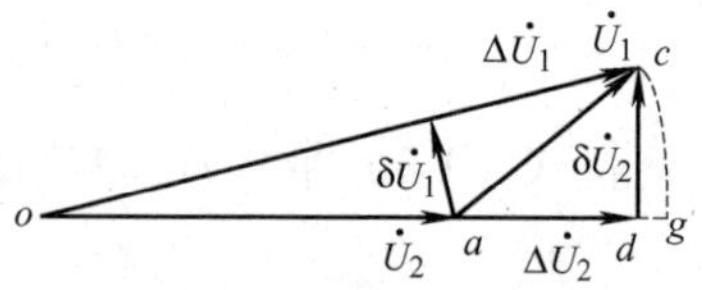

图 4-3 电压降落相量的两种表示方法

这里需要特别指出以下三点。

1）以上公式是按照单相电路推导出的，各式中的电压和功率指的是相电压和单相复功率。而在电力系统运算中，对于三相系统的等效电路仍采用单相的，电压降落也可利用式（4-4）～式（4-6）、式（4-9）～式（4-11）进行计算，但是其中的电压用线电压、功率用三相功率。本书在后面的计算中如无特殊说明，电压指线电压（单位为 kV）、电流指线电流（单位为 kA）、功率（包括视在功率、有功功率、无功功率）指三相功率（视在功率、有功功率、无功功率单位分别为 MVA 、MW、MVar）、阻抗指单相阻抗（单位为 Ω）、导纳指单相导纳（单位为 S），其中三相视在功率 S 与线电压 $\dot{U}$、线电流 $\dot{I}$ 的关系为

$$S = \sqrt{3}\dot{U}\overset{*}{I} = P + \mathrm{j}Q = \sqrt{3}UI\cos\varphi + \mathrm{j}\sqrt{3}UI\sin\varphi \tag{4-12}$$

式中，φ 为功率因数角。

2）以上各式都是在通过的无功功率为感性的情况下推出的；若通过容性无功功率，则各式中与无功功率 Q 有关的项都必须相应改变符号。

3）利用式（4-4）和式（4-9）计算阻抗元件首末两端的电压降落时，必须用同一端的电压和功率计算。

4.1.2 电压损耗

在实际中，为了简便起见，常常只需要计算电压损耗就已满足运行的需要了。电压损耗就是指元件首末两端电压的数值差。例如，当首端电压为 113kV、末端电压为 109kV 时，电压损耗即为 4kV。

在图 4-3 中，$\overline{ab}$ 为电压降落的大小，以 o 为圆心、$\overline{ob}$ 为半径作圆弧与 $\dot{U}_2$ 的延长线交于 g，$\overline{ag}$ 即为电压损耗。由图 4-3 可见，当元件首末两点电压之间的相位差 δ 不大时，$\overline{ad}$ 与 $\overline{ag}$ 也相差不大，可近似认为电压降落纵向分量的大小等于电压损耗。在式（4-6）和式（4-11）已经给出的首端电压 U_1 和末端电压 U_2 绝对值计算公式中的横向分量可略去不计，于是该两式可简化为

$$\begin{cases} U_1 = U_2 + \Delta U_2 \\ U_2 = U_1 - \Delta U_1 \end{cases} \tag{4-13}$$

也可写成

$$\begin{cases} U_1 = U_2 + \dfrac{P_2R + Q_2X}{U_2} \\ U_2 = U_1 - \dfrac{P_1R + Q_1X}{U_1} \end{cases} \tag{4-14}$$

由式（4-13）和式（4-14）可知，电压损耗由两部分组成，即

$$\Delta U = \frac{PR}{U} + \frac{QX}{U} \tag{4-15}$$

式（4-15）中的第一部分与有功功率和电阻有关，第二部分与无功功率和电抗有关，但这些因素对电压损耗的影响程度归根到底与电网特性有关。一般说来，在超高压电网中，X 远大于 R，所以 QX 项对电压损耗影响较大，即无功功率 Q 的数值对电压影响较大；反之，在电压等级不太高的地区性电网中，由于输电线路的电阻 R 值较大，这时 PR 项的影响将不可忽略。

电压损耗有时以百分值表示，即

$$电压损耗 = \frac{U_1 - U_2}{U_{\mathrm{N}}} \times 100\% \tag{4-16}$$

式中，U_{N} 为对应的额定电压。

电压损耗百分值直接反映供电电压的质量，根据电网电压质量的要求，当线路通过最大负荷时，一条输电线路的电压损耗百分值一般不应超过 10%。

4.1.3 电压偏移

电压偏移是指网络中某节点的实际电压与额定电压的数值之差。电压偏移也仅有数值，且常用百分值表示，即

$$电压偏移 = \frac{U - U_{\mathrm{N}}}{U_{\mathrm{N}}} \times 100\% \tag{4-17}$$

电压偏移是衡量电压质量的重要指标。进行电压计算的目的就在于确定电网的电压损耗和各负荷点的电压偏移，分析其原因并采取适当的调压措施，使各负荷点电压在允许的变化范围内。

4.1.4 功率损耗和输电效率

当电网传输功率时，会在输电线路和变压器内产生功率损耗。

1. 线路的功率损耗

图 4-4 所示为具有集中参数和集中负荷的三相输电线路的 Π 形等效电路，$\dot{U}_1$、$\dot{U}_2$ 分别为线路首末两端的线电压；S_1、S_2 分别为线路首末两端的三相视在功率；S_{11} 为流入阻抗支路的三相视在功率，S_{12} 为阻抗支路流出的三相视在功率；$\dot{I}$ 为线路阻抗中的线电流。

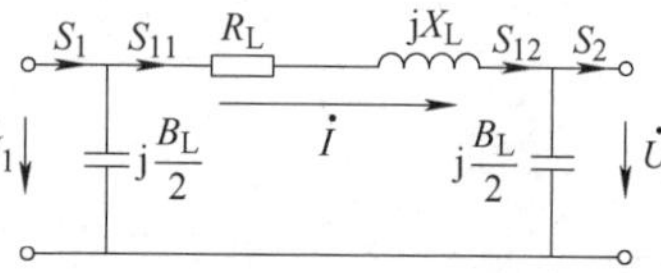

图 4-4　三相输电线路的 Π 形等效电路

线路的功率损耗有以下四方面。

（1）线路电阻上的功率损耗

线路电阻消耗有功功率，用 ΔP_L（单位为 MW）表示，由图 4-4 得

$$\Delta P_L = 3I^2R_L \tag{4-18}$$

若电流 $\dot{I}$（单位为 kA）用首端电压计算，对应功率为流入阻抗支路的功率 S_{11}，则

$$I = \frac{S_{11}}{\sqrt{3}U_1} \tag{4-19}$$

代入式（4-18）有

$$\Delta P_L = 3\frac{S_{11}^2}{3U_1^2}R_L = \frac{S_{11}^2}{U_1^2}R_L = \frac{P_{11}^2+Q_{11}^2}{U_1^2}R_L \tag{4-20}$$

若电流 $\dot{I}$ 用末端电压计算，对应功率为阻抗支路流出的功率 S_{12}，则

$$I = \frac{S_{12}}{\sqrt{3}U_2} \tag{4-21}$$

代入式（4-18）有

$$\Delta P_L = 3\frac{S_{12}^2}{3U_2^2}R_L = \frac{S_{12}^2}{U_2^2}R_L = \frac{P_{12}^2+Q_{12}^2}{U_2^2}R_L \tag{4-22}$$

（2）线路电抗上的功率损耗

线路电抗消耗感性无功功率，用 ΔQ_L 表示。由图 4-4，仿照式（4-18）～式（4-22）可得

$$\Delta Q_L = \frac{P_{11}^2+Q_{11}^2}{U_1^2}X_L = \frac{P_{12}^2+Q_{12}^2}{U_2^2}X_L \tag{4-23}$$

若阻抗支路产生的功率损耗用复功率 ΔS_L 表示，则有

$$\Delta S_L = \Delta P_L + j\Delta Q_L = \frac{S_{11}^2}{U_1^2}(R_L+jX_L) = \frac{S_{12}^2}{U_2^2}(R_L+jX_L) \tag{4-24}$$

由上可见，阻抗产生的功率损耗有两种计算方式，即可用线路首端电压 U_1 和流入阻抗支路的首端功率 S_{11} 计算；也可用线路末端电压 U_2 和流出阻抗支路的末端功率 S_{12} 计算。两种方式所得计算结果是一样的，但要注意的是电压、功率必须用同一点的值，同时功率必须是流经阻抗的功率。

需要注意的是，此处 S_{11}^2 和 S_{12}^2 均指视在功率的二次方。

（3）线路电纳上的功率损耗

图 4-4 中线路首末两端电纳所消耗的功率可分别用 ΔQ_{B1}、ΔQ_{B2}（单位均为 MVar）表示，则

$$\Delta Q_{B1}=-3\frac{B_L}{2}U_{1\varphi}^2=-3\frac{B_L}{2}\left(\frac{U_1}{\sqrt{3}}\right)^2=-\frac{B_L}{2}U_1^2 \tag{4-25}$$

式中，$U_{1\varphi}$ 为首端的相电压，单位为 kV。

式（4-25）中的“–”号表示线路对地电容消耗的是容性无功功率，也可以说对地电容向电网发出了一个正的感性无功功率，通常将这一功率称为对地电容向线路发出的充电功率。

同理

$$\Delta Q_{B2}=-\frac{B_L}{2}U_2^2 \tag{4-26}$$

由于电网运行时要求负荷点电压不能偏离相应的线路额定电压太多，所以在近似计算中，可认为 ΔQ_{B1}、ΔQ_{B2} 相等，即

$$\Delta Q_{B1}=\Delta Q_{B2}=-\frac{B_L}{2}U_N^2 \tag{4-27}$$

（4）线路电导上的功率损耗

线路电导上的功率损耗就是电晕损耗，为有功功率损耗。因为高压输电线路常采用分裂导线或扩径导线来避免电晕损耗的产生，而低压输电线路因运行电压低不可能产生电晕损耗，所以通常情况下线路电导上的功率损耗忽略不计。

可见，线路总的功率损耗包括有功功率损耗和无功功率损耗。有功功率损耗为线路电阻产生的功率损耗，无功功率损耗包括线路电抗消耗的感性无功功率和线路电纳消耗的容性无功功率。线路电纳消耗的容性无功功率与线路传输功率无关，一般认为是不变的；而线路电抗消耗的感性无功功率与传输功率的二次方成正比。当线路轻载时，线路电抗消耗的感性无功功率可能小于线路电纳消耗的容性无功功率，导致线路总体是消耗容性无功功率，也就相当于线路发出感性无功功率，从而使得线路末端输出的无功功率大于线路首端输入的无功功率；当线路重载时，线路电抗消耗的感性无功功率大于线路电纳消耗的容性无功功率，线路总体是消耗感性无功功率，于是线路末端输出的无功功率小于线路首端输入的无功功率。

2. 变压器的功率损耗

图 4-5a 所示为三相双绕组变压器的等效电路，$\dot{U}_1$、$\dot{U}_2$ 分别为变压器一次侧、二次侧的线电压；S_1、S_2 分别为变压器的流入、流出的功率；S_{11} 为流入变压器阻抗

支路的功率，S_{12}为变压器阻抗支路流出的功率。

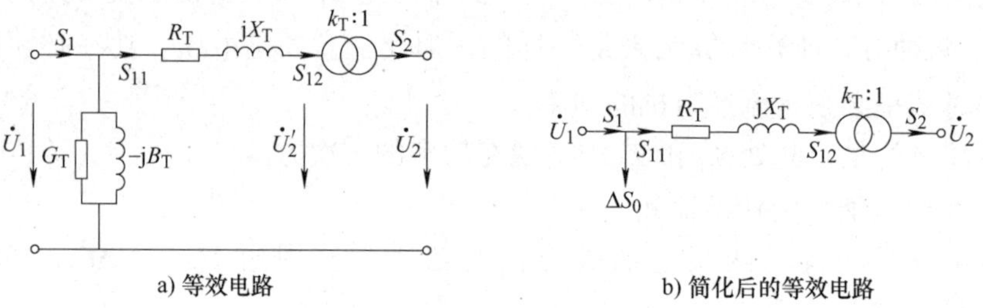

图 4-5　三相双绕组变压器的等效电路

功率通过变压器时，在阻抗 Z_T 和导纳 Y_T 上产生功率损耗，计算如下。

（1）变压器绕组阻抗产生的功率损耗

变压器绕组电阻消耗有功功率，用 ΔP_T 表示；电抗消耗感性无功功率，用 ΔQ_T 表示。有

$$\Delta S_T = \Delta P_T + j\Delta Q_T = \frac{S_{11}^2}{U_1^2}(R_T + jX_T) \tag{4-28}$$

或

$$\Delta S_T = \frac{S_{12}^2}{U_2'^2}(R_T + jX_T) = \frac{S_2^2}{U_2'^2}(R_T + jX_T) \tag{4-29}$$

式中，ΔS_T 的单位为 MVA。

工程上常用变压器的短路实验数据来计算变压器的损耗。把式（3-16）、式（3-18）R_T、X_T 的计算公式代入式（4-29），再考虑 U_2' 近似等于 U_{1N}，可得

$$\Delta S_T = \Delta P_k \frac{S_2^2}{S_N^2} + j\frac{U_k\%}{100} \cdot \frac{S_2^2}{S_N} \tag{4-30}$$

在设计时变压器传输功率 S_2 接近于额定功率 S_N，于是由式（4-30）可见，变压器绕组阻抗上的功率损耗与变压器传输功率的二次方成正比，是变压器的可变损耗。

（2）变压器励磁回路中导纳产生的功率损耗

变压器励磁回路的功率损耗即变压器导纳支路消耗的功率。其中，电导是变压器铁心损耗所对应的等效参数，消耗有功功率，用 ΔP_0 表示；电纳是变压器铁心磁化性能对应的等效参数，消耗感性无功功率，用 ΔQ_0 表示。于是变压器励磁回路的功率损耗为

$$\Delta S_0 = \Delta P_0 + j\Delta Q_0 = \Delta P_0 + j\frac{I_0\%}{100} \cdot S_N \tag{4-31}$$

从式（4-31）可看出，变压器的 ΔS_0 与变压器的运行状态无关，称为变压器的不变损耗，也称固定损耗。

此外，电力系统中还常用三绕组变压器和三绕组自耦变压器，它们进行功率计算时，ΔS_0 与双绕组变压器相同，ΔS_T 不同，为

$$\Delta S_{\mathrm{T}} = \Delta P_{\mathrm{k1}} \frac{S_1^2}{S_{\mathrm{N}}^2} + \Delta P_{\mathrm{k2}} \frac{S_2^2}{S_{\mathrm{N}}^2} + \Delta P_{\mathrm{k3}} \frac{S_3^2}{S_{\mathrm{N}}^2} + \mathrm{j}\left(U_{\mathrm{k1}}\% \frac{S_1^2}{S_{\mathrm{N}}} + U_{\mathrm{k2}}\% \frac{S_2^2}{S_{\mathrm{N}}} + U_{\mathrm{k3}}\% \frac{S_3^2}{S_{\mathrm{N}}} \right) \tag{4-32}$$

式中，S_1、S_2、S_3分别为通过变压器各侧绕组的三相视在功率，单位为MVA。

若系统中有n台型号相同的变压器并列运行，则其励磁回路的损耗为单台变压器损耗的n倍；其阻抗支路的损耗为单台变压器损耗的$\frac{1}{n}$。

3. 输电效率

电力网的输电效率η是指电网输出的有功功率P_2与电网输入的有功功率P_1的比值，常以百分值表示，即

$$\eta = \frac{P_2}{P_1} \times 100\% \tag{4-33}$$

电网输出的有功功率P_2指电网所带负荷的有功功率之和。由于电网元件有功损耗的存在，输电效率恒小于1。

4.2 开式网的潮流计算

开式网的潮流计算的一般步骤如下。

1）由已知的电网电气接线作出等效电路。

2）化简等效电路。

3）根据已知条件采用不同的方法逐段推算潮流分布。

根据已知条件的不同，开式网潮流计算问题可归为两类，即已知同一节点的电压和功率的潮流计算和已知不同节点的电压和功率的潮流计算，两种情况的潮流计算方法不同。

4.2.1 已知末端电压和各负荷点功率的潮流计算

1. 无分支同电压等级开式网

为不失一般性，以由三段线路、三个负荷组成的无分支同电压等级开式网为例说明计算过程，开式网电气接线图如图4-6a所示。在线路参数、各负荷点负荷功率和末端电压已知的情况下，该电网潮流计算的过程如下。

1）计算各段线路参数，对每段线路用一个Π形等效电路表示，并通过负荷点连接成一个等效电路，如图4-6c所示。

2）整合各负荷点的运算负荷（也称计算负荷），化简等效电路如图4-6d所示。所谓运算负荷就是指把某一节点的所有功率（含线路电纳支路的功率损耗）合成一个负荷功率。图4-6所示开式网的各节点运算负荷分别为

$$S_{\mathrm{d}} = S_{\mathrm{LDd}} + \mathrm{j}\Delta Q_{\mathrm{B32}} = S_{\mathrm{LDd}} - \mathrm{j}\frac{B_{\mathrm{L3}}}{2}U_{\mathrm{d}}^2 \tag{4-34}$$

$$S_{\mathrm{c}} = S_{\mathrm{LDc}} + \mathrm{j}\Delta Q_{\mathrm{B31}} + \mathrm{j}\Delta Q_{\mathrm{B22}} = S_{\mathrm{LDc}} - \mathrm{j}\frac{B_{\mathrm{L3}}}{2}U_{\mathrm{c}}^2 - \mathrm{j}\frac{B_{\mathrm{L2}}}{2}U_{\mathrm{c}}^2 \tag{4-35}$$

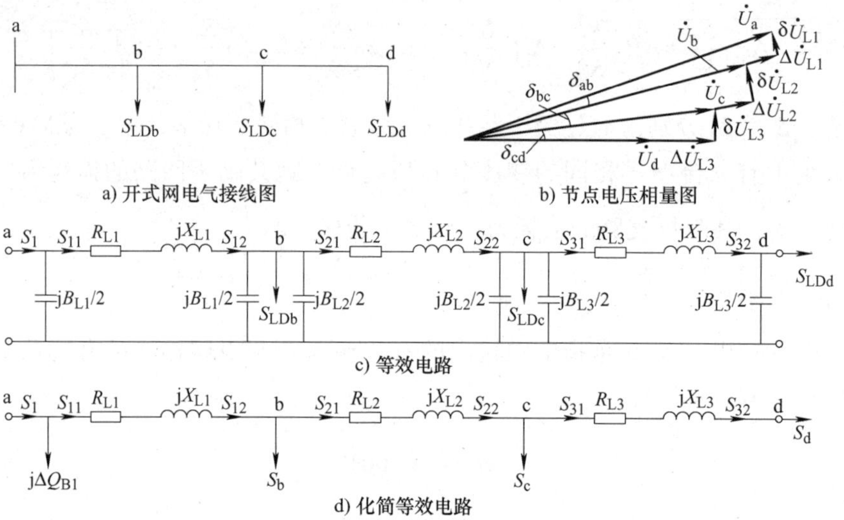

图 4-6　无分支同电压等级开式网

$$S_b = S_{LDb} + j\Delta Q_{B21} + j\Delta Q_{B12} = S_{LDb} - j\frac{B_{L2}}{2}U_b^2 - j\frac{B_{L1}}{2}U_b^2 \tag{4-36}$$

3）把每段线路看作一个元件，因为已知末端电压，所以从最末段线路开始，依据已知该段线路末端电压和末端流出功率的情况，按式（4-4）、式（4-6）和式（4-24）可推出该段线路首端电压和功率分布。结合图 4-6d 可推出上一段线路的末端流出功率。依次逐段向前推算就可完成整个电网的电压、功率分布计算。具体步骤如下。

① cd 段线路的支路功率分布计算如下。

d 点运算负荷：$S_d = S_{LDd} - j\frac{B_{L3}}{2}U_d^2$

阻抗支路末端流出功率：$S_{32} = S_d$

阻抗支路产生的功率损耗：$\Delta S_{L3} = \frac{S_{32}^2}{U_d^2}(R_{L3} + jX_{L3})$

阻抗支路首端流入功率：$S_{31} = S_{32} + \Delta S_{L3}$

② 以末端电压 $\dot{U}_d$ 为参考相量，计算电压如下。

阻抗支路电压降落的纵向分量：$\Delta U_{L3} = \frac{P_{32}R_{L3} + Q_{32}X_{L3}}{U_d}$

阻抗支路电压降落的横向分量：$\delta U_{L3} = \frac{P_{32}X_{L3} - Q_{32}R_{L3}}{U_d}$

线路首端节点 c 的电压：$U_c = \sqrt{(U_d + \Delta U_{L3})^2 + (\delta U_{L3})^2}$

cd 线路首末两端电压的相位差：$\delta_{cd} = \text{acrtan}\frac{\delta U_{L3}}{U_d + \Delta U_{L3}}$

重复上述过程可以得到 bc 段线路、ab 段线路的功率分布和 b、a 节点的电压。图 4-6b 所示为该开式网的节点电压相量图，可见，各段线路电压降落的纵向分量相位不同，电压降落的横向分量相位也不同。

需要注意的是，虽然这是同级电网，但不能把整条输电线路看作一个元件进行潮流计算，一定要按负荷点把它分成若干段，再将每段看作一个元件。因为负荷功率的存在使每段流入阻抗支路的功率不仅是线路首端流入功率减去前一段线路的功率损耗。

上述的计算是严格而精确的，但在实际工程计算中考虑到b、c两点电压虽未知，但近似等于线路额定电压 U_N，所以有

$$S_c \approx S_{LDc} - j\frac{U_N^2}{2}(B_{L2}+B_{L3}) \tag{4-37}$$

$$S_b \approx S_{LDb} - j\frac{U_N^2}{2}(B_{L1}+B_{L2}) \tag{4-38}$$

因此工程上也可用式（4-37）、式（4-38）来计算c、b点的运算负荷。另外，为简化计算，往往忽略电压降落的横向分量，只考虑电压降落的纵向分量，即利用电压损耗的概念推算电网的电压分布，这样就将复杂的复数运算转换为了简单的代数运算。

2. 有分支同电压等级开式网

以上计算方法可以推广到有 n 段线路和 n 个集中负荷的开式网。对于图4-7所示的有分支同电压等级开式网，同样可以根据现有的已知条件从电压和功率同时已知的节点开始，逐段进行电压和功率的计算。如果已知图4-7中线路末端节点d和f的电压和各节点负荷功率，进行潮流计算的过程如下。

① 分支cd线路的潮流计算。

② 分支cef线路的潮流计算。

③ bc段线路的潮流计算。注意bc段末端流出功率包含四部分：c点的负荷功率、bc段末端电纳消耗的功率、送入分支cd的功率和送入分支ce的功率。

④ ab段线路的潮流计算。

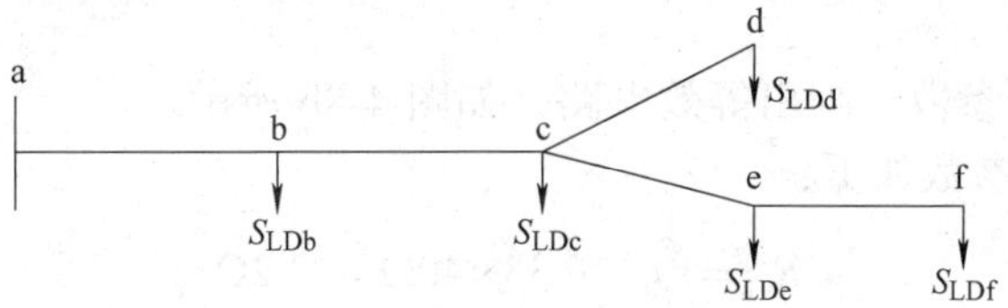

图4-7　有分支同电压等级开式网

4.2.2　已知首端电压和各负荷点功率的潮流计算

对实际电力系统，通常情况是已知各负荷点的负荷功率和首端电源点的电压。此时系统内任意负荷点都不满足电压和功率同时已知的条件，也就无法采用电压降落和功率损耗的计算公式。考虑到电能质量的要求，电网中各个节点的电压偏移小于或等于线路额定电压的 ±5%。因此，可设定电压未知节点的电压为线路额定电压。对于这类情况，潮流计算的过程如下。

1）计算各元件参数，画出等效电路。

2）针对所有电压未知的节点，设定其电压为线路额定电压。

3）计算出各负荷点的运算负荷，化简等效电路。

4）从末端向首端逐个元件推算功率分布。

多级开式网潮流计算

5）利用已知的首端电压和上一步计算出的功率，从首端向末端逐个元件推算各负荷点电压。

由于该方法是基于设定的额定电压而非实际电压进行的功率分布和电压分布的计算，因此最后所得的结果有一定的误差，但在实际应用中，该误差能够满足工程精度的要求。如果计算误差过大，可将计算得到的电压值作为已知值，重新从步骤 3）开始进行迭代计算，直到满足精度要求为止。

例题 4-1 两级开式网的电气接线图如图 4-8a 所示，变压器参数为 $S_N = 16000\text{kVA}$，$\Delta P_0 = 21\text{kW}$，$I_0\% = 0.85$，$\Delta P_k = 85\text{kW}$，$U_k\% = 10.5$，$k_T = 110/11$；110kV 线路参数为 $r_0 = 0.33\Omega/\text{km}$，$x_0 = 0.417\Omega/\text{km}$，$b_0 = 2.75\times10^{-6}\text{S/km}$；10kV 线路参数为 $r_0 = 0.65\Omega/\text{km}$，$x_0 = 0.33\Omega/\text{km}$。电网首端电压为 117kV，各负荷点功率为 $S_{LDc} = (11 + \text{j}4.8)\text{MVA}$，$S_{LDd} = (0.7 + \text{j}0.5)\text{MVA}$。试求运行中全电网的潮流分布。

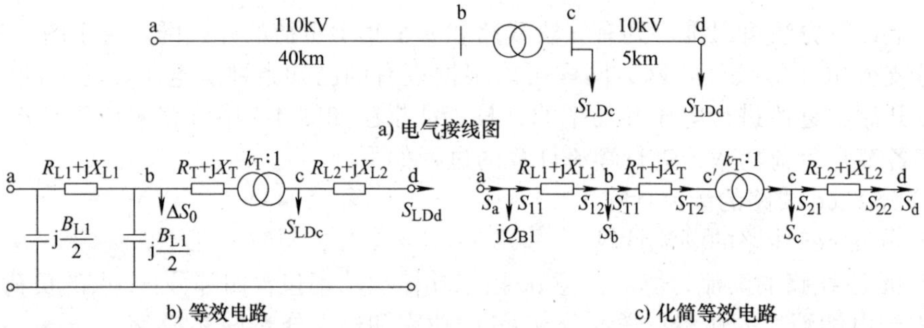

图 4-8 例题 4-1 的两级开式网

解：

1）计算各元件参数，画出等效电路，如图 4-8b 所示。

① 110kV 线路参数如下：

$$R_{L1} = r_0 l_1 = 0.33\times40\Omega = 13.2\Omega$$

$$X_{L1} = x_0 l_1 = 0.417\times40\Omega = 16.68\Omega$$

$$B_{L1} = b_0 l_1 = 2.75\times10^{-6}\times40\text{S} = 1.1\times10^{-4}\text{S}$$

② 10kV 线路参数如下：

$$R_{L2} = r_0 l_2 = 0.65\times5\Omega = 3.25\Omega$$

$$X_{L2} = r_0 l_2 = 0.33\times5\Omega = 1.65\Omega$$

③ 变压器参数用归算至一次侧的值，为

$$R_{\mathrm{T}}=\frac{\Delta P_{\mathrm{k}}U_{1\mathrm{N}}^2}{S_{\mathrm{N}}^2}\times10^3=\frac{85\times110^2}{16000^2}\times10^3\Omega=4.02\Omega$$

$$X_{\mathrm{T}}=\frac{U_{\mathrm{k}}\%U_{1\mathrm{N}}^2}{100\times S_{\mathrm{N}}}\times10^3=\frac{10.5\times110^2}{100\times16000}\times10^3\Omega=79.41\Omega$$

$$\Delta S_0=\Delta P_0+\mathrm{j}\frac{I_0\%}{100}S_{\mathrm{N}}=0.021+\mathrm{j}\frac{0.86}{100}\times16\mathrm{MVA}=0.021+\mathrm{j}0.138\mathrm{MVA}$$

2）设 $U_{\mathrm{b}}=U_{\mathrm{c'}}=U_{1\mathrm{N}}=110\mathrm{kV}$，$U_{\mathrm{c}}=U_{\mathrm{d}}=U_{2\mathrm{N}}=10\mathrm{kV}$，计算各节点的运算负荷，分别为

$$S_{\mathrm{b}}=\Delta S_0-\mathrm{j}\frac{B_{\mathrm{L1}}}{2}U_{1\mathrm{N}}^2=\left(0.021+\mathrm{j}0.138-\mathrm{j}\frac{1.1}{2}\times10^{-4}\times110^2\right)\mathrm{MVA}=(0.021-\mathrm{j}0.53)\mathrm{MVA}$$

$$S_{\mathrm{c}}=S_{\mathrm{LDc}}=(11+\mathrm{j}4.8)\mathrm{MVA}$$

$$S_{\mathrm{d}}=S_{\mathrm{LDd}}=(0.7+\mathrm{j}0.5)\mathrm{MVA}$$

3）化简等效电路，如图 4-8c 所示。

4）从末端向首端计算功率分布。

① 10kV 线路阻抗支路的功率计算如下：

$$S_{22}=S_{\mathrm{d}}=(0.7+\mathrm{j}0.5)\mathrm{MVA}$$

$$\Delta S_{\mathrm{L2}}=\frac{S_{22}^2}{U_{\mathrm{d}}^2}(R_{\mathrm{L2}}+\mathrm{j}X_{\mathrm{L2}})=\frac{0.7^2+0.5^2}{10^2}\times(3.25+\mathrm{j}1.65)\mathrm{MVA}=(0.024+\mathrm{j}0.012)\mathrm{MVA}$$

$$S_{21}=S_{22}+\Delta S_{\mathrm{L2}}=(0.7+\mathrm{j}0.5+0.024+\mathrm{j}0.012)\mathrm{MVA}=(0.724+\mathrm{j}0.512)\mathrm{MVA}$$

② 变压器阻抗支路：因为理想变压器的流入功率等于流出功率，所以变压器阻抗支路的流出功率为

$$S_{\mathrm{T2}}=S_{\mathrm{c}}+S_{21}=(11+\mathrm{j}4.8+0.724+\mathrm{j}0.512)\mathrm{MVA}=(11.724+\mathrm{j}5.312)\mathrm{MVA}$$

$$\Delta S_{\mathrm{T}}=\frac{S_{\mathrm{T2}}^2}{U_{\mathrm{c'}}^2}(R_{\mathrm{T}}+\mathrm{j}X_{\mathrm{T}})=\frac{11.724^2+5.312^2}{110^2}\times(4.02+\mathrm{j}79.41)\mathrm{MVA}=(0.055+\mathrm{j}1.087)\mathrm{MVA}$$

$$S_{\mathrm{T1}}=S_{\mathrm{T2}}+\Delta S_{\mathrm{T}}=(11.724+\mathrm{j}5.312+0.055+\mathrm{j}1.087)\mathrm{MVA}=(11.779+\mathrm{j}6.399)\mathrm{MVA}$$

③ 110kV 线路阻抗支路的功率计算如下：

$$S_{12}=S_{\mathrm{b}}+S_{\mathrm{T1}}=(0.021-\mathrm{j}0.53+11.779+\mathrm{j}6.399)\mathrm{MVA}=(11.8+\mathrm{j}5.87)\mathrm{MVA}$$

$$\Delta S_{\mathrm{L1}}=\frac{S_{12}^2}{U_{1\mathrm{N}}^2}(R_{\mathrm{L1}}+\mathrm{j}X_{\mathrm{L1}})=\frac{11.8^2+5.87^2}{110^2}\times(13.2+\mathrm{j}16.68)\mathrm{MVA}=(0.189+\mathrm{j}0.239)\mathrm{MVA}$$

$$S_{11}=S_{12}+\Delta S_{\mathrm{L1}}=(11.8+\mathrm{j}5.87+0.189+\mathrm{j}0.239)\mathrm{MVA}=(11.989+\mathrm{j}6.109)\mathrm{MVA}$$

$$S_a = S_{11} - j\frac{B_{L1}}{2}U_a^2 = \left(11.989 + j6.109 - j\frac{1.1}{2}\times10^{-4}\times117^2\right)MVA = (11.989 + j5.563)MVA$$

5）从首端向末端计算电压分布，计算过程如下：

$$\Delta U_{L1} = \frac{P_{11}R_{L1} + Q_{11}X_{L1}}{U_a} = \frac{11.989\times13.2 + 6.109\times16.68}{117}kV = 2.22kV$$

$$U_b \approx U_a - \Delta U_{L1} = (117 - 2.22)kV = 114.78kV$$

$$\Delta U_T = \frac{P_{T1}R_T + Q_{T1}X_T}{U_b} = \frac{11.779\times4.02 + 6.399\times79.41}{114.78}kV = 4.84kV$$

$$U_{c'} \approx U_b - \Delta U_T = (114.78 - 4.84)kV = 109.94kV$$

$$U_c \approx \frac{U_{c'}}{k_T} = \frac{109.94}{110/11}kV = 10.994kV$$

$$\Delta U_{L2} = \frac{P_{21}R_{L2} + Q_{21}X_{L2}}{U_c} = \frac{0.724\times3.25 + 0.512\times1.65}{10.994}kV = 0.291kV$$

$$U_d \approx U_c - \Delta U_{L2} = (10.994 - 0.291)kV = 10.703kV$$

6）线路末端的电压偏移和电网的输电效率计算如下：

$$电压偏移 = \frac{U_d - U_{2N}}{U_{2N}}\times100\% = \frac{10.7 - 10}{10}\times100\% = 7\%$$

$$输电效率 = \frac{P_2}{P_a}\times100\% = \frac{P_{LDc} + P_{LDd}}{P_a}\times100\% = \frac{11 + 0.7}{11.989}\times100\% = 97.6\%$$

由例题 4-1 的计算结果可知：传输功率越大，元件的功率损耗和电压损耗越大；元件参数值大，元件的功率损耗和电压损耗也越大；电压越高，元件的功率损耗和电压损耗越小。

例题 4-2 开式网的电气接线图如图 4-9a 所示，单台变压器的参数为 $S_N = 31500kVA$，$\Delta P_0 = 86kW$，$I_0\% = 2.7$，$\Delta P_k = 200kW$，$U_k\% = 10.5$，$k_{TN} = 110/11$；110kV 线路的型号为 LGJ–185。已知变压器在 –2.5% 的分接头运行，变电所的最大负荷为 40MW，最小负荷为 20MW，功率因数均为 0.8；电网首端电压最大负荷时维持 118kV，最小负荷时维持 113kV。试求最大、最小运行方式的潮流分布。

解： 由图 4-9a 可知，该电网是双回输电线路并列运行，可按元件并联的关系算出输电线路、变压器的等效电路参数。

1. 最大运行方式

最大运行方式是指电力系统负荷最大时的运行状态。

1）计算各元件参数，画出等效电路，如图 4-9b 所示。

① 110kV 线路：由《电力工程电气设计手册》导线型号表查得 $r_0 = 0.17\Omega/km$，

$x_0 = 0.41\Omega/\text{km}$， $b_0 = 2.82\times10^{-6}\,\text{S/km}$， 则

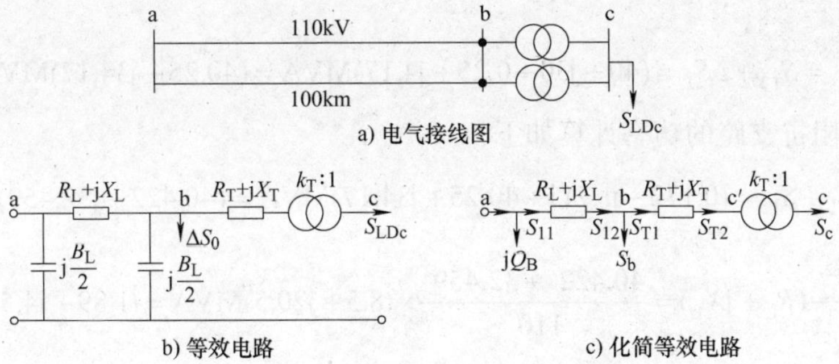

图 4-9 例题 4-2 的开式网

$$R_L = \frac{1}{2}r_0 l_1 = \frac{1}{2}\times0.17\times100\Omega = 8.5\Omega$$

$$X_L = \frac{1}{2}x_0 l_1 = \frac{1}{2}\times0.41\times100\Omega = 20.5\Omega$$

$$B_L = 2b_0 l_1 = 2\times2.82\times10^{-6}\times100\text{S} = 5.64\times10^{-4}\text{S}$$

② 变压器参数用归算到一次侧的值，为

$$R_T = \frac{1}{2}\frac{\Delta P_k U_{1N}^2}{S_N^2}\times10^3 = \frac{1}{2}\times\frac{200\times110^2}{31500^2}\times10^3\Omega = 1.22\Omega$$

$$X_T = \frac{1}{2}\frac{U_k\% U_{1N}^2}{100\times S_N}\times10^3 = \frac{1}{2}\times\frac{10.5\times110^2}{100\times31500}\times10^3\Omega = 20.2\Omega$$

$$\Delta S_0 = 2\left(\Delta P_0 + j\frac{I_0\%}{100}S_N\right) = 2\times\left(0.086 + j\frac{2.7}{100}\times31.5\right)\text{MVA} = (0.172 + j1.701)\text{MVA}$$

因为变压器在 −2.5% 的分接头运行，所以实际电压比 $k_T = \dfrac{110\times(1-2.5)\%}{11} = 9.75$

2）设 $U_b = U_{c'} = U_{1N} = 110\text{kV}$，计算各节点的运算负荷，化简等效电路，如图 4-9c 所示。

$$S_b = \Delta S_0 - j\frac{B_L}{2}U_{1N}^2 = \left(0.172 + j1.701 - j\frac{5.64}{2}\times10^{-4}\times110^2\right)\text{MVA} = (0.172 - j1.711)\text{MVA}$$

$$S_c = S_{\text{LDc}} = P_{\text{LDc}} + jQ_{\text{LDc}} = P_{\text{LDc}} + j\frac{P_{\text{LDc}}}{\cos\varphi}\sin\varphi = \left(40 + j\frac{40}{0.8}\times0.6\right)\text{MVA} = (40 + j30)\text{MVA}$$

3）从末端向首端计算功率分布。

① 变压器阻抗支路的功率计算如下：

$$S_{T2} = S_c = (40 + j30)\text{MVA}$$

$$\Delta S_{\mathrm{T}}=\frac{S_{\mathrm{T2}}^2}{U_{\mathrm{c'}}^2}(R_{\mathrm{T}}+\mathrm{j}X_{\mathrm{T}})=\frac{40^2+30^2}{110^2}\times(1.22+\mathrm{j}20.2)\mathrm{MVA}=(0.25+\mathrm{j}4.17)\mathrm{MVA}$$

$$S_{\mathrm{T1}}=S_{\mathrm{T2}}+\Delta S_{\mathrm{T}}=(40+\mathrm{j}30+0.25+\mathrm{j}4.17)\mathrm{MVA}=(40.25+\mathrm{j}34.17)\mathrm{MVA}$$

② 线路阻抗支路的功率计算如下：

$$S_{12}=S_{\mathrm{b}}+S_{\mathrm{T1}}=(0.172-\mathrm{j}1.711+40.25+\mathrm{j}34.17)\mathrm{MVA}=(40.422+\mathrm{j}32.459)\mathrm{MVA}$$

$$\Delta S_{\mathrm{L}}=\frac{S_{12}^2}{U_{1\mathrm{N}}^2}(R_{\mathrm{L}}+\mathrm{j}X_{\mathrm{L}})=\frac{40.422^2+32.459^2}{110^2}\times(8.5+\mathrm{j}20.5)\mathrm{MVA}=(1.89+\mathrm{j}4.55)\mathrm{MVA}$$

$$S_{11}=S_{12}+\Delta S_{\mathrm{L}}=(40.422+\mathrm{j}32.459+1.89+\mathrm{j}4.55)\mathrm{MVA}=(42.312+\mathrm{j}37.009)\mathrm{MVA}$$

$$S_{\mathrm{a}}=S_{11}-\mathrm{j}\frac{B_{\mathrm{L}}}{2}U_{\mathrm{a}}^2=\left(42.312+\mathrm{j}37.009-\mathrm{j}\frac{5.64}{2}\times10^{-4}\times118^2\right)\mathrm{MVA}=(42.312+\mathrm{j}33.082)\mathrm{MVA}$$

4）从首端向末端计算电压分布：

$$\Delta U_{\mathrm{L}}=\frac{P_{11}R_{\mathrm{L}}+Q_{11}X_{\mathrm{L}}}{U_{\mathrm{a}}}=\frac{42.312\times8.5+37.009\times20.5}{118}\mathrm{kV}=9.5\mathrm{kV}$$

$$U_{\mathrm{b}}\approx U_{\mathrm{a}}-\Delta U_{\mathrm{L}}=(118-9.5)\mathrm{kV}=108.5\mathrm{kV}$$

$$\Delta U_{\mathrm{T}}=\frac{P_{\mathrm{T1}}R_{\mathrm{T}}+Q_{\mathrm{T1}}X_{\mathrm{T}}}{U_{\mathrm{b}}}=\frac{40.25\times1.12+34.17\times20.2}{108.5}\mathrm{kV}=6.78\mathrm{kV}$$

$$U_{\mathrm{c}}\approx\frac{U_{\mathrm{b}}-\Delta U_{\mathrm{T}}}{k_{\mathrm{T}}}=\frac{108.5-6.78}{9.75}\mathrm{kV}=10.4\mathrm{kV}$$

2. 最小运行方式

最小运行方式是指电力系统负荷最小时的运行状态。参数和等效电路与最大运行方式相同。

1）计算节点的运算负荷：

$$S_{\mathrm{c}}=S_{\mathrm{LDc}}=P_{\mathrm{LDc}}+\mathrm{j}Q_{\mathrm{LDc}}=P_{\mathrm{LDc}}+\mathrm{j}\frac{P_{\mathrm{LDc}}}{\cos\varphi}\sin\varphi=20+\mathrm{j}\frac{20}{0.8}\times0.6\mathrm{MVA}=(20+\mathrm{j}15)\mathrm{MVA}$$

2）计算功率分布。

① 变压器阻抗支路的功率计算如下：

$$\Delta S_{\mathrm{T}}=\frac{S_{\mathrm{T2}}^2}{U_{\mathrm{c'}}^2}(R_{\mathrm{T}}+\mathrm{j}X_{\mathrm{T}})=\frac{S_{\mathrm{c}}^2}{U_{\mathrm{c'}}^2}(R_{\mathrm{T}}+\mathrm{j}X_{\mathrm{T}})=\frac{20^2+15^2}{110^2}\times(1.22+\mathrm{j}20.2)\mathrm{MVA}=(0.06+\mathrm{j}1.04)\mathrm{MVA}$$

$$S_{\mathrm{T1}}=S_{\mathrm{T2}}+\Delta S_{\mathrm{T}}=(20+\mathrm{j}15+0.06+\mathrm{j}1.04)\mathrm{MVA}=(20.06+\mathrm{j}16.04)\mathrm{MVA}$$

② 线路阻抗支路的功率计算如下：

$$S_{12}=S_{\mathrm{b}}+S_{\mathrm{T1}}=(0.172-\mathrm{j}1.711+20.06+\mathrm{j}16.04)\mathrm{MVA}=(20.232+\mathrm{j}14.329)\mathrm{MVA}$$

$$\Delta S_{\rm L}=\frac{S_{12}^2}{U_{1\rm N}^2}(R_{\rm L}+{\rm j}X_{\rm L})=\frac{20.232^2+14.329^2}{110^2}\times(8.5+{\rm j}20.5){\rm MVA}=(0.43+{\rm j}1.04){\rm MVA}$$

$$S_{11}=S_{12}+\Delta S_{\rm L}=(20.232+{\rm j}14.329+0.43+{\rm j}1.04){\rm MVA}=(20.672+{\rm j}15.382){\rm MVA}$$

$$S_{\rm a}=S_{11}-{\rm j}\frac{B_{\rm L}}{2}U_{\rm a}^2=\left(20.672+{\rm j}15.382-{\rm j}\frac{5.64}{2}\times10^{-4}\times113^2\right){\rm MVA}=(20.672+{\rm j}11.781){\rm MVA}$$

3）计算电压分布：

$$\Delta U_{\rm L}=\frac{P_{11}R_{\rm L}+Q_{11}X_{\rm L}}{U_{\rm a}}=\frac{20.672\times8.5+15.382\times20.5}{113}{\rm kV}=4.35{\rm kV}$$

$$U_{\rm b}\approx U_{\rm a}-\Delta U_{\rm L}=(113-4.35){\rm kV}=108.65{\rm kV}$$

$$\Delta U_{\rm T}=\frac{P_{\rm T1}R_{\rm T}+Q_{\rm T1}X_{\rm T}}{U_{\rm b}}=\frac{20.06\times1.12+16.04\times20.2}{108.65}{\rm kV}=3.19{\rm kV}$$

$$U_{\rm c}\approx\frac{U_{\rm b}-\Delta U_{\rm T}}{k_{\rm T}}=\frac{108.65-3.19}{9.75}{\rm kV}=10.8{\rm kV}$$

显然，最大运行方式下，负荷点电压低；最小运行方式下，负荷点电压高，此时已超出电压偏移范围，应采取适当措施进行调压。

4.3 简单闭式网的潮流计算

闭式网中每个负荷都可以从两个或两个以上电源处获得电能，任一元件发生故障，仍可持续得到供电，供电可靠性高，因此电网常常采用该接线方式运行。闭式网包括环网和双侧电源供电网络两种形式。

4.3.1 双侧电源供电网络的功率分布

闭式网与开式网相比，潮流计算的主要困难在于闭式网的功率分布，甚至某些支路的功率方向是不确定的。例如，对于图 4-10a 所示带两个负荷的双侧电源供电网络，虽然两个负荷功率给定，但第 2 段线路中的功率分布，甚至该段线路的功率方向都不能直接确定，因此精确求出其功率分布十分困难，一般实用计算中都采用近似的计算方法，具体过程如下。

① 忽略网络元件的功率损耗，确定功率分点。

② 将双侧电源供电网络在功率分点处拆为两个开式网，计及网络元件功率损耗按照开式网进行潮流计算。

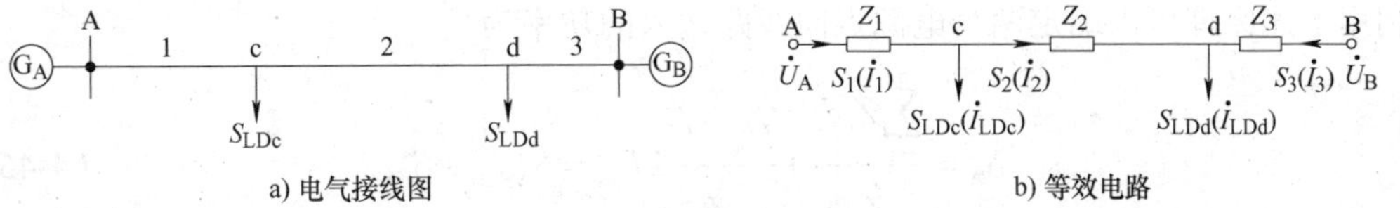

图 4-10 双侧电源供电网络

1. 不计功率损耗时的功率分布

忽略电网的功率损耗，认为电网中各点电压都等于额定电压，在此条件下计算出各段线路功率的大小和方向。

图 4-10a 所示为双侧电源供电网络的电气接线图，为了便于分析，略去线路的导纳支路，得到如图 4-10b 所示的等效电路。c、d 节点的集中负荷以电流 $\dot{I}_{\text{LDc}}$、$\dot{I}_{\text{LDd}}$ 表示，各线路中的电流分别以电流 $\dot{I}_1$、$\dot{I}_2$ 和 $\dot{I}_3$ 表示。在图 4-10b 中所假定的电流方向下，由基尔霍夫电流定律可得

$$\begin{cases}\dot{I}_{\text{LDc}}=\dot{I}_1-\dot{I}_2\\ \dot{I}_{\text{LDd}}=\dot{I}_2+\dot{I}_3\end{cases} \tag{4-39}$$

由基尔霍夫电压定律可得

$$\dot{U}_{\text{A}}-\dot{U}_{\text{B}}=\sqrt{3}(\dot{I}_1Z_1+\dot{I}_2Z_2-\dot{I}_3Z_3) \tag{4-40}$$

于是，由式（4-39）和式（4-40）可得

$$\begin{cases}\dot{I}_1=\dfrac{(Z_2+Z_3)\dot{I}_{\text{LDc}}+Z_3\dot{I}_{\text{LDd}}}{Z_1+Z_2+Z_3}+\dfrac{\dot{U}_{\text{A}}-\dot{U}_{\text{B}}}{\sqrt{3}(Z_1+Z_2+Z_3)}\\ \dot{I}_3=\dfrac{Z_1\dot{I}_{\text{LDc}}+(Z_1+Z_2)\dot{I}_{\text{LDd}}}{Z_1+Z_2+Z_3}-\dfrac{\dot{U}_{\text{A}}-\dot{U}_{\text{B}}}{\sqrt{3}(Z_1+Z_2+Z_3)}\end{cases} \tag{4-41}$$

将式（4-41）中的电流用功率代替，考虑到三相复功率的表达式为 $S=\sqrt{3}\dot{U}\overset{*}{I}$，假定各点电压均为额定电压，并取为参考相量，于是可得到两个电源点分别向线路输送的功率 S_1 和 S_3 为

$$S_1=\frac{\left(\overset{*}{Z}_2+\overset{*}{Z}_3\right)S_{\text{LDc}}+\overset{*}{Z}_3S_{\text{LDd}}}{\overset{*}{Z}_1+\overset{*}{Z}_2+\overset{*}{Z}_3}+\frac{\overset{*}{U}_{\text{A}}-\overset{*}{U}_{\text{B}}}{\overset{*}{Z}_1+\overset{*}{Z}_2+\overset{*}{Z}_3}U_{\text{N}} \tag{4-42}$$

$$S_3=\frac{\overset{*}{Z}_1S_{\text{LDc}}+\left(\overset{*}{Z}_1+\overset{*}{Z}_2\right)S_{\text{LDd}}}{\overset{*}{Z}_1+\overset{*}{Z}_1+\overset{*}{Z}_3}-\frac{\overset{*}{U}_{\text{A}}-\overset{*}{U}_{\text{B}}}{\overset{*}{Z}_1+\overset{*}{Z}_1+\overset{*}{Z}_3}U_{\text{N}} \tag{4-43}$$

在求出电源点输出的功率 S_1 和 S_3 之后，即可在各节点按线路功率和负荷功率相平衡的关系求出整个电网不计功率损耗情况下的功率分布，对于图 4-10 所示网络，按节点 c 的功率平衡条件可得第 2 段线路中流过的功率 S_2 为

$$S_2=S_1-S_{\text{LDc}} \tag{4-44}$$

一般，当双侧电源供电网络中含有 n 个负荷点时（见图 4-11），不计功率损耗时利用上述原理可以确定两个电源点向线路送入的功率为

$$S_{\text{A}}=\frac{\sum\limits_{i=1}^{n}\overset{*}{Z}_iS_i}{\overset{*}{Z}_{\Sigma}}+\frac{\overset{*}{U}_{\text{A}}-\overset{*}{U}_{\text{B}}}{\overset{*}{Z}_{\Sigma}}U_{\text{N}}=S_{\text{A}\cdot\text{LD}}+S_{\text{cir}} \tag{4-45}$$

$$S_{\mathrm{B}}=\frac{\sum_{i=1}^{n}\overset{*}{Z}'_i S_i}{\overset{*}{Z}_{\Sigma}}-\frac{\overset{*}{U}_{\mathrm{A}}-\overset{*}{U}_{\mathrm{B}}}{\overset{*}{Z}_{\Sigma}}U_{\mathrm{N}}=S_{\mathrm{B.LD}}-S_{\mathrm{cir}} \tag{4-46}$$

式中，S_i 为第 i 个节点的负荷功率，Z_Σ 为两个电源之间的总阻抗，Z_i 为第 i 个负荷点到电源 B 之间的阻抗，Z'_i 为第 i 个负荷点到电源 A 之间的阻抗。

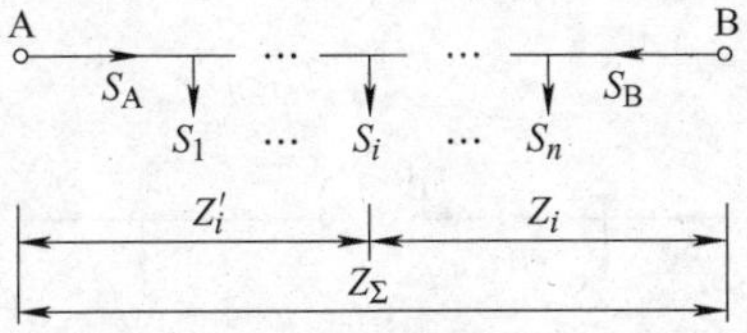

图 4-11　含有 n 个负荷点的双侧电源供电网络

由式（4-45）和式（4-46）可知，每个电源发出的功率由两个分量组成，第一个分量所含的项数与负荷个数相等，其中的每一项可看作各负荷单独存在时，两电源间的功率按阻抗共轭成反比分配，分别记为 $S_{\mathrm{A.LD}}$ 和 $S_{\mathrm{B.LD}}$；第二个分量与负荷无关，其值取决于两个电源的电压相量差，且与网络总阻抗成反比，称为循环功率，计为 S_{cir}，当两个电源的电压相同时，循环功率为 0。

如果电网中各段线路的电抗和电阻之比相等，即 $X_i / R_i =$ 常数，那么这种电网称为均一电网。特别的，对于各段线路单位长度阻抗均相等的均一电网，$S_{\mathrm{A.LD}}$ 和 $S_{\mathrm{B.LD}}$ 可进一步简化为

$$S_{\mathrm{A.LD}}=\frac{\sum_{i=1}^{n}\overset{*}{Z}_i S_i}{\overset{*}{Z}_{\Sigma}}=\frac{\sum_{i=1}^{n}\overset{*}{z}_0 l_i S_i}{\overset{*}{z}_0 l_{\Sigma}}=\frac{\sum_{i=1}^{n} l_i S_i}{l_{\Sigma}} \tag{4-47}$$

$$S_{\mathrm{B.LD}}=\frac{\sum_{i=1}^{n} l'_i S_i}{l_{\Sigma}} \tag{4-48}$$

式中，l_Σ 为两个电源之间的线路总长，l_i 为第 i 个与电源 B 之间的线路总长，l'_i 为第 i 个负荷点与电源 A 之间的线路总长。这时电源间各负荷功率按线路长度成反比分配，潮流计算大为简化。

实际在电力系统中，从经济性的角度考虑，均一电网采用得并不多。但在电压等级较高的电网中，线路导线截面积较大，为了运行、检修的灵活性，各段线路导线截面积差别不超过国标额定截面积的 2 ～ 3 个等级；又由于在同一电压等级下，导线材料相同，线间几何均距接近相等，在简化计算中可将这种电网看作均一电网。

2. 功率分点的确定

在上一步中，各支路的实际功率流向都已确定，可以看出，若某一节点的功率由两侧支路流入供给负荷，则将该节点称为功率分点，并用符号“▼”标出。有时有功功率分点和无功功率分点出现在电网的不同节点，通常用“▼”和“▽”分别表示有功功率分点和无功功率分点。

针对双侧电源供电网络在不计功率损耗的条件下确定功率分布后，根据各支路的实际功率方向，找到网络的功率分点，显然，功率分点就是网络电压最低点。在功率分点处将双侧电源供电网络拆成两个开式网。功率分点处的负荷也被拆成两部分，分别为两个开式网的终端负荷，其余节点的负荷功率保持不变。如图 4-12 所示，原来的一个双侧电源供电网络在功率分点处拆成两个独立的开式网，且这是两个给定首端电压和末端功率的开式网。最后，在计及网络功率损耗的条件下，按已知不同点功率和电压的开式网的计算方法，分别对这两个开式网的功率和电压进行计算。

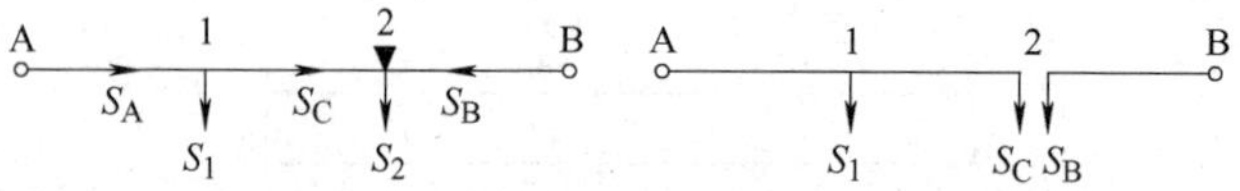

图 4-12　在功率分点处拆成两个独立的开式网

需要指出的是，当有功功率分点和无功功率分点不在同一点时，应分别按每一个功率分点拆成两个开式网，各自计算出每个节点的实际电压，确定网络电压最低点，网络电压最低点就是真正的功率分点。

4.3.2　简单环网的潮流计算

环网是闭式网的另一种典型接线方式。对于单电源环网，可以在电源点处把它拆成双侧电源供电网络，然后采用双侧电源供电网络的计算公式，此时循环功率为 0。而对于多电源环网，可在电压已知的电源点处将环网拆成若干个双侧电源供电网络，此时循环功率不一定为 0。

循环功率的产生是由于双侧供电电源的电压相量差所致，若环网中并列运行的两台变压器电压比不同，则网络中也会出现循环功率。图 4-13 所示为含变压器的环形网，如果变压器的电压比不匹配，或取用的分接头不同，当网络空载且开环运行时，开口两侧将有电压差 $\Delta\dot{E}'$，称为环路电动势；当闭环运行时，网络中将出现循环功率 S_{cir}。$\Delta\dot{E}'$ 和 S_{cir} 的计算公式如下：

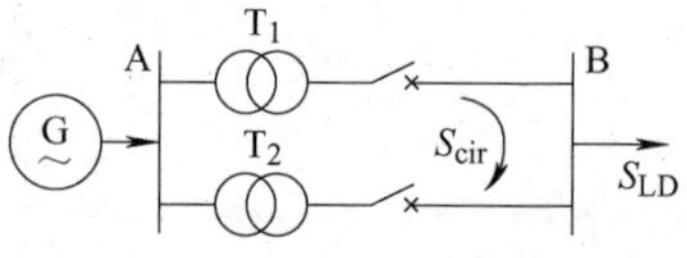

图 4-13　含变压器的环形网

$$\Delta\dot{E}' = \dot{U}_A(k_{T1} - k_{T2}) \tag{4-49}$$

$$S_{cir} = \frac{\Delta\dot{E}' U_N}{\overset{*}{Z}_{T1} + \overset{*}{Z}_{T2}} \tag{4-50}$$

显然，S_{cir} 的大小取决于 $\Delta\dot{E}'$ 和环网的总阻抗。循环功率由环路电动势产生，所以循环功率的方向与环路电动势的方向一致。若并联运行的变压器电压比相等，环路电动势为 0，则循环功率不存在。

例题 4-3　某 110kV 闭式网的电气接线图如图 4-14a 所示，A 为发电厂的高压母线，其运行电压为 117kV。已知网络元件的参数如下：第Ⅰ、Ⅱ段线路的参数为 $r_0 = 0.27\Omega/\text{km}$，$x_0 = 0.423\Omega/\text{km}$，$b_0 = 2.69\times10^{-6}\text{S}/\text{km}$；第Ⅲ段线路的参数为 $r_0 = 0.45\Omega/\text{km}$，$x_0 = 0.44\Omega/\text{km}$，$b_0 = 2.58\times10^{-6}\text{S}/\text{km}$；变电所 b 中每台变压器的参

数为 $S_N = 20\text{MVA}$， $\Delta S_0 = (0.05 + \text{j}0.6)\text{MVA}$， $Z_T = (4.84 + \text{j}63.5)\Omega$；变电所 c 中每台变压器的参数为 $S_N = 10\text{MVA}$， $\Delta S_0 = (0.03 + \text{j}0.35)\text{MVA}$， $Z_T = (11.4 + \text{j}127)\Omega$；负荷功率为 $S_{LDb} = (24 + \text{j}18)\text{MVA}$， $S_{LDc} = (12 + \text{j}9)\text{MVA}$。试求网络中的功率分布和最大电压损耗。

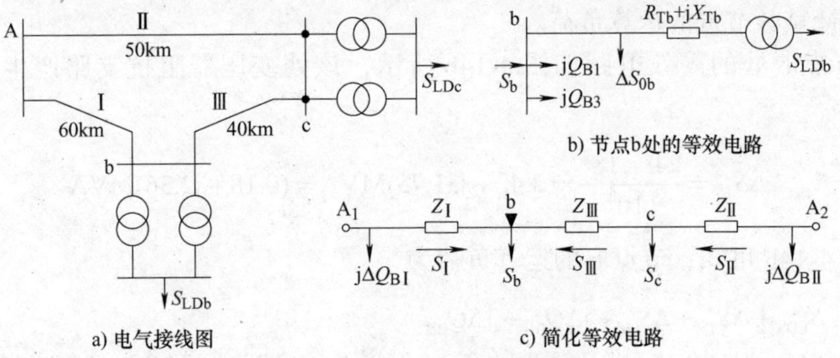

图 4-14 例题 4-3 10kV 闭式网

解：1）计算各元件的参数。

① 第Ⅰ段线路的参数如下：

$$Z_Ⅰ = (0.27 + \text{j}0.423) \times 60\Omega = (16.2 + \text{j}25.38)\Omega$$

$$B_Ⅰ = 2.69 \times 10^{-6} \times 60\text{S} = 1.61 \times 10^{-4}\text{S}$$

$$\Delta Q_{BⅠ} = -\frac{1}{2} \times 1.61 \times 10^{-4} \times 110^2\ \text{MVar} = -0.974\text{MVar}$$

② 第Ⅱ段线路的参数如下：

$$Z_Ⅱ = (0.27 + \text{j}0.423) \times 50\Omega = (13.5 + \text{j}21.15)\Omega$$

$$B_Ⅱ = 2.69 \times 10^{-6} \times 50\text{S} = 1.35 \times 10^{-4}\text{S}$$

$$\Delta Q_{BⅡ} = -\frac{1}{2} \times 1.35 \times 10^{-4} \times 110^2\text{MVar} = -0.817\text{MVar}$$

③ 第Ⅲ段线路的参数如下：

$$Z_Ⅲ = (0.45 + \text{j}0.44) \times 40\Omega = (18 + \text{j}17.6)\Omega$$

$$B_Ⅲ = 2.58 \times 10^{-6} \times 40\text{S} = 1.03 \times 10^{-4}\text{S}$$

$$\Delta Q_{BⅢ} = -\frac{1}{2} \times 1.03 \times 10^{-4} \times 110^2\text{MVar} = -0.623\text{MVar}$$

④ 节点 b 处变压器的参数如下：

$$Z_{Tb} = \frac{1}{2} \times (4.84 + \text{j}63.5)\Omega = (2.42 + \text{j}31.75)\Omega$$

$$\Delta S_{0b} = (0.05 + \text{j}0.6) \times 2\text{MVA} = (0.1 + \text{j}1.2)\text{MVA}$$

⑤ 节点 c 处变压器的参数如下：

$$Z_{Tc}=\frac{1}{2}\times(11.4+j127)\Omega=(5.7+j63.5)\Omega$$

$$\Delta S_{0c}=(0.03+j0.35)\times2\text{MVA}=(0.06+j0.7)\text{MVA}$$

2）画出在电源点 A 处拆开后的双侧电源供电网络的简化等效电路，如图 4-14c 所示。并计算各节点的运算负荷。

① 节点 b 处的等效电路如图 4-14b 所示，该处变压器阻抗支路产生的功率损耗为

$$\Delta S_{Tb}=\frac{24^2+18^2}{110^2}\times(2.42+j31.75)\text{MVA}=(0.18+j2.36)\text{MVA}$$

由图 4-14b 可知，节点 b 的运算负荷为

$$\begin{aligned}S_b&=S_{LDb}+\Delta S_{Tb}+\Delta S_{0b}+j\Delta Q_{B\text{I}}+j\Delta Q_{B\text{III}}\\&=(24+j18+0.18+j2.36+0.1+j1.2-j0.974-j0.623)=(24.28+j19.96)\text{MVA}\end{aligned}$$

② 节点 c 处变压器阻抗支路产生的功率损耗为

$$\Delta S_{Tc}=\frac{12^2+9^2}{110^2}\times(5.7+j63.5)\text{MVA}=(0.106+j1.181)\text{MVA}$$

同理，节点 c 的运算负荷为

$$\begin{aligned}S_c&=S_{LDc}+\Delta S_{Tc}+\Delta S_{0c}+j\Delta Q_{B\text{II}}+j\Delta Q_{B\text{III}}\\&=(12+j9+0.106+j1.181+0.06+j0.7-j0.817-j0.623)=(12.17+j9.44)\text{MVA}\end{aligned}$$

3）不计功率损耗，针对图 4-14c 计算双侧电源供电网络的功率分布如下：

$$\begin{aligned}S_\text{I}&=\frac{(\overset{*}{Z}_\text{II}+\overset{*}{Z}_\text{III})S_b+\overset{*}{Z}_\text{II}S_c}{\overset{*}{Z}_\text{I}+\overset{*}{Z}_\text{II}+\overset{*}{Z}_\text{III}}\\&=\frac{(31.5-j38.75)(24.28+j19.96)+(13.5-j21.15)(12.17+j9.44)}{47.7-j64.13}\text{MVA}=(18.64+j15.79)\text{MVA}\end{aligned}$$

$$\begin{aligned}S_\text{II}&=\frac{\overset{*}{Z}_\text{I}S_b+(\overset{*}{Z}_\text{I}+\overset{*}{Z}_\text{III})S_c}{\overset{*}{Z}_\text{I}+\overset{*}{Z}_\text{II}+\overset{*}{Z}_\text{III}}\\&=\frac{(16.2-j25.38)(24.28+j19.96)+(34.2-j42.98)(12.17+j9.44)}{47.7-j64.13}=(17.8+j13.6)\text{MVA}\end{aligned}$$

验算如下：

$$S_\text{I}+S_\text{II}=(18.64+j15.79+17.8+j13.6)\text{MVA}=(36.44+j29.39)\text{MVA}$$

$$S_b+S_c=(24.28+j19.96+12.17+j9.44)\text{MVA}=(36.45+j29.40)\text{MVA}$$

可见，$S_\text{I}+S_\text{II}=S_b+S_c$，以上计算正确。由 $S_\text{I}=(18.65+j15.80)\text{MVA}$ 可得，节点 b 处有 $S_\text{III}=S_b-S_\text{I}=(24.28+j19.96-18.65-j15.80)\text{MVA}=(5.63+j4.16)\text{MVA}$

4）计算电压损耗。从上面的计算可见，第Ⅰ段线路和第Ⅲ段线路的功率都流向节点b，因此节点b是功率分点，这点的电压最低。最大的电压损耗就是第Ⅰ段线路上的电压损耗。

为了计算阻抗 Z_{I} 的电压损耗，需要先计算流入该阻抗的功率 S_{AI}。阻抗 Z_{I} 的功率损耗为

$$\Delta S_{\mathrm{I}}=\frac{S_{\mathrm{I}}^2}{U_{\mathrm{N}}^2}(R_{\mathrm{I}}+\mathrm{j}X_{\mathrm{I}})=\frac{18.65^2+15.8^2}{110^2}\times(16.2+\mathrm{j}25.38)\mathrm{MVA}=(0.8+\mathrm{j}1.25)\mathrm{MVA}$$

流入阻抗 Z_{I} 的功率 S_{AI} 为

$$S_{\mathrm{AI}}=S_{\mathrm{I}}+\Delta S_{\mathrm{I}}=(18.65+\mathrm{j}15.8+0.8+\mathrm{j}1.25)\mathrm{MVA}=(19.45+\mathrm{j}17.05)\mathrm{MVA}$$

阻抗 Z_{I} 的电压损耗 ΔU_{I} 为

$$\Delta U_{\mathrm{I}}=\frac{P_{\mathrm{AI}}R_{\mathrm{I}}+Q_{\mathrm{AI}}X_{\mathrm{I}}}{U_{\mathrm{A}}}=\frac{19.45\times16.2+17.05\times25.38}{117}\mathrm{kV}=6.39\mathrm{kV}$$

变电所b高压母线的实际电压为

$$U_{\mathrm{b}}=U_{\mathrm{A}}-\Delta U_{\mathrm{I}}=(117-6.39)\mathrm{kV}=110.61\mathrm{kV}$$

4.4　复杂电力系统的潮流计算

实际电力系统的接线很复杂，节点数量多，某些节点可能从三个以上的方向获得电能，潮流计算工作量非常大，这时只能借助于计算机来完成潮流计算。应用计算机完成潮流计算，首先要建立电力网络的数学模型，再采用合适的算法，考虑电力系统实际运行条件，推导出计算机潮流计算的基本方程组，再编程求解。计算中可以采用有名制，也可采用标幺制。

4.4.1　电力网络的数学模型

电力网络的数学模型是对电力系统运行状态的一种数学描述。电力系统最主要的运行方式是稳态运行方式，这时，所有发电机（包括大型同步电动机）可以用等效电源表示，负荷可以用恒定功率或等效阻抗表示。这样，整个电力系统就可以看作由母线、变压器和线路构成的有源电网。它的数学模型是计算分析电力系统潮流分布、短路和稳定性问题的基础。

电力网络的运行状态可用节点电压方程或回路电流方程来描述。节点电压方程中表示网络状态的变量是各节点的电压，回路电流方程中表示网络状态的变量是各回路的电流。一般电力网络的支路数多于节点数，所以节点电压方程比回路电流方程少。另外，知道了各节点的电压，很容易算出网络的功率分布，所以节点电压方程常用来描述电力网络。

1. 节点电压方程

简单电力系统的接线图如图4-15a所示，除零电位点外有4个节点。将发电机、

负荷都用电流源表示，各元件用导纳形式的等效电路表示，可得如图 4-15b 所示的等效网络。

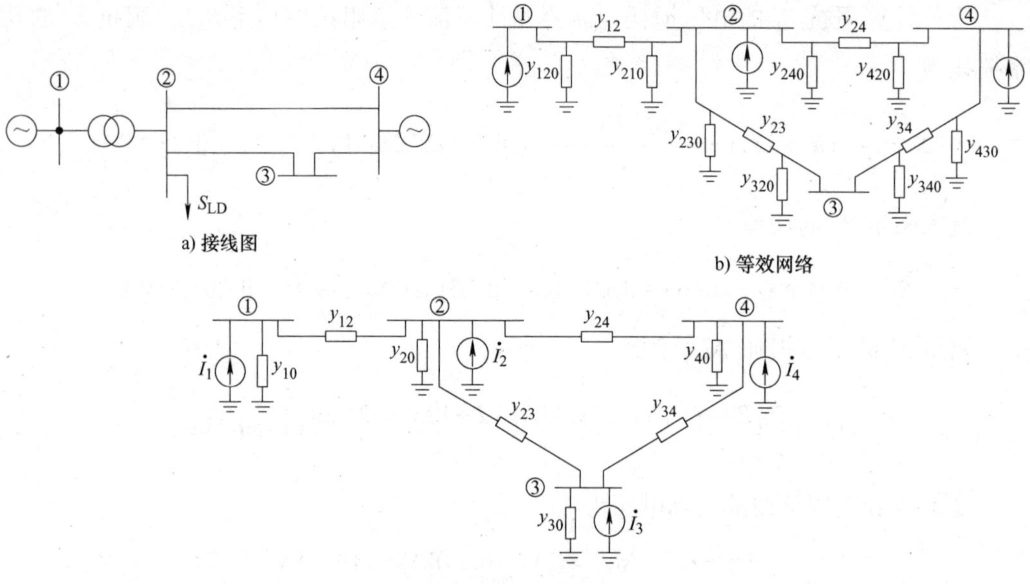

a) 接线图

b) 等效网络

c) 简化后的等效网络

图 4-15　简单电力系统

由图 4-15a 可知，节点 1、4 为电源节点，节点 2 为负荷节点，节点 3 为联络节点（也称浮游节点），所以各节点的注入电流为

$$\begin{cases}\dot{I}_1=\dot{I}_{G1}\\ \dot{I}_2=-\dot{I}_{LD}\\ \dot{I}_3=0\\ \dot{I}_4=\dot{I}_{G2}\end{cases} \tag{4-51}$$

化简等效网络，如图 4-15c 所示，有

$$\begin{cases}y_{10}=y_{120}\\ y_{20}=y_{210}+y_{230}+y_{240}\\ y_{30}=y_{320}+y_{340}\\ y_{40}=y_{420}+y_{430}\end{cases} \tag{4-52}$$

根据基尔霍夫电流定律可得以下 4 个电流平衡方程：

$$\begin{cases}\dot{I}_1=y_{10}\dot{U}_1+y_{12}(\dot{U}_1-\dot{U}_2)\\ \dot{I}_2=y_{20}\dot{U}_2+y_{12}(\dot{U}_2-\dot{U}_1)+y_{23}(\dot{U}_2-\dot{U}_3)+y_{24}(\dot{U}_2-\dot{U}_4)\\ \dot{I}_3=y_{30}\dot{U}_3+y_{23}(\dot{U}_3-\dot{U}_2)+y_{34}(\dot{U}_3-\dot{U}_4)\\ \dot{I}_4=y_{40}\dot{U}_4+y_{24}(\dot{U}_4-\dot{U}_2)+y_{43}(\dot{U}_4-\dot{U}_3)\end{cases} \tag{4-53}$$

矩阵形式为

$$\begin{bmatrix}\dot{I}_1\\\dot{I}_2\\\dot{I}_3\\\dot{I}_4\end{bmatrix}=\begin{bmatrix}y_{10}+y_{12} & -y_{12} & 0 & 0\\-y_{12} & y_{20}+y_{12}+y_{23}+y_{24} & -y_{23} & -y_{24}\\0 & -y_{23} & y_{30}+y_{23}+y_{34} & -y_{34}\\0 & -y_{24} & -y_{34} & y_{40}+y_{24}+y_{34}\end{bmatrix}\begin{bmatrix}\dot{U}_1\\\dot{U}_2\\\dot{U}_3\\\dot{U}_4\end{bmatrix} \tag{4-54}$$

系数矩阵为

$$\boldsymbol{Y}=\begin{bmatrix}y_{10}+y_{12} & -y_{12} & 0 & 0\\-y_{12} & y_{20}+y_{12}+y_{23}+y_{24} & -y_{23} & -y_{24}\\0 & -y_{23} & y_{30}+y_{23}+y_{34} & -y_{34}\\0 & -y_{24} & -y_{34} & y_{40}+y_{24}+y_{34}\end{bmatrix} \tag{4-55}$$

同理，对有 n 个独立节点的电力系统，可以写出 n 个节点电流方程：

$$\begin{cases}\dot{I}_1=Y_{11}\dot{U}_1+Y_{12}\dot{U}_2+\cdots+Y_{1n}\dot{U}_n\\\dot{I}_2=Y_{21}\dot{U}_1+Y_{22}\dot{U}_2+\cdots+Y_{2n}\dot{U}_n\\\quad\vdots\\\dot{I}_n=Y_{n1}\dot{U}_1+Y_{n2}\dot{U}_2+\cdots+Y_{nn}\dot{U}_n\end{cases} \tag{4-56}$$

通式为

$$\dot{I}_i=\sum_{j=1}^{n}Y_{ij}\dot{U}_j\text{，}\ i=1\text{，}2\text{，}3\text{，}\cdots\text{，}n \tag{4-57}$$

矩阵形式为

$$\begin{bmatrix}\dot{I}_1\\\dot{I}_2\\\vdots\\\dot{I}_n\end{bmatrix}=\begin{bmatrix}Y_{11} & Y_{12} & \cdots & Y_{1n}\\Y_{21} & Y_{22} & \cdots & Y_{2n}\\\vdots & \vdots & & \vdots\\Y_{n1} & Y_{n2} & Y_{n3} & Y_{nn}\end{bmatrix}\begin{bmatrix}\dot{U}_1\\\dot{U}_2\\\vdots\\\dot{U}_n\end{bmatrix} \tag{4-58}$$

可简写为

$$\dot{\boldsymbol{I}}=\boldsymbol{Y}\dot{\boldsymbol{U}} \tag{4-59}$$

式中，$\dot{\boldsymbol{I}}=\begin{bmatrix}\dot{I}_1\\\dot{I}_2\\\vdots\\\dot{I}_n\end{bmatrix}$，$\dot{\boldsymbol{U}}=\begin{bmatrix}\dot{U}_1\\\dot{U}_2\\\vdots\\\dot{U}_n\end{bmatrix}$，$\boldsymbol{Y}=\left\{\begin{matrix}Y_{11} & Y_{12} & \cdots & Y_{1n}\\Y_{21} & Y_{22} & \cdots & Y_{2n}\\\vdots & \vdots & & \vdots\\Y_{n1} & Y_{n2} & \cdots & Y_{nn}\end{matrix}\right]$

$\dot{\boldsymbol{I}}$ 为节点注入电流列相量，节点注入电流可理解为各节点电源电流与负荷电流之和，规定电源流入网络的注入电流为正，所以仅有负荷的节点注入电流为负值，联络节点的注入电流为0。$\dot{\boldsymbol{U}}$ 为节点电压列相量，电力系统通常以大地为参考节点，其编号为0，所以当系统中有接地支路时，节点电压为该节点的对地电压；当系统中没有接地支路时，各节点电压指各节点与某一个被选定的参考节点之间的电压差。$\boldsymbol{Y}$ 称为节点导纳矩阵，是一个 $n\times n$ 阶方阵，n 是电力系统中除参考节点以外的节点数。对于确定的系统，节点导纳矩阵各元素是常数。

式（4-59）也可转化为回路电流方程：

$$\dot{\boldsymbol{U}}=\boldsymbol{Z}\dot{\boldsymbol{I}} \tag{4-60}$$

式中，$\boldsymbol{Z}=\boldsymbol{Y}^{-1}$，称为节点阻抗矩阵。

2. 节点导纳矩阵的形成

节点导纳矩阵的各元素可由电力系统结构和元件参数得出。

（1）自导纳

节点导纳矩阵中主对角线上的元素 Y_{ii} 称为节点 i 的自导纳，也称输入导纳。自导纳的物理意义是当除节点 i 以外的各节点全部接地时，由节点 i 向整个网络产生的导纳，即

$$Y_{ii}=\left.\frac{\dot{I}_i}{\dot{U}_i}\right|_{\dot{U}_j=0,j\neq i} \tag{4-61}$$

节点 i 的自导纳 Y_{ii} 等于节点 i 连接的所有支路导纳的和，即

$$Y_{ii}=y_{i0}+\sum_{\substack{j=1\\j\neq i}}^{n}y_{ij}\text{，}i=1,2,\cdots,n \tag{4-62}$$

式中，y_{i0} 为节点 i 的对地导纳；y_{ij} 为节点 i 与节点 j 之间的支路导纳，$y_{ij}=\dfrac{1}{z_{ij}}$，z_{ij} 为节点 i 与节点 j 之间的支路阻抗。

系统的节点总是有线路与其他节点相连接，所以自导纳 $Y_{ii}\neq 0$。

（2）互导纳

节点导纳矩阵中的非对角元素 Y_{ij} 称为互导纳，其物理意义是当除节点 j 以外的各节点全部接地，节点 j 加单位电压时，节点 i 流向节点 j 的电流的负值，即

$$Y_{ij}=\left.\frac{\dot{I}_i}{\dot{U}_j}\right|_{\dot{U}_k=0,k\neq j} \tag{4-63}$$

节点 i 与节点 j 的互导纳 Y_{ij} 等于节点 j 与节点 i 的互导纳 Y_{ji}，等于节点 i 与节点 j 之间支路导纳 y_{ij} 的负值，即

$$Y_{ij}=Y_{ji}=-y_{ij}=-\frac{1}{z_{ij}} \tag{4-64}$$

若节点 i 与节点 j 之间没有直接支路，则 $Y_{ij}=0$。

对于确定的系统建立的节点导纳矩阵具有对称性和稀疏性，各元素和电网的结构、元件参数有关，与节点电压无关，是常数矩阵。

例题 4-4 求图 4-16a 所示电力系统的节点导纳矩阵。图 4-16a 中，接地支路标注的是导纳标幺值，非接地支路标注的是阻抗标幺值。

解： 变压器支路的等效电路如图 4-16b 所示。

① 自导纳的计算

由图 4-16a 可知，节点 1 连一条对地导纳支路，与节点 2 连一条支路。由式（4-62）得节点 1 的自导纳为

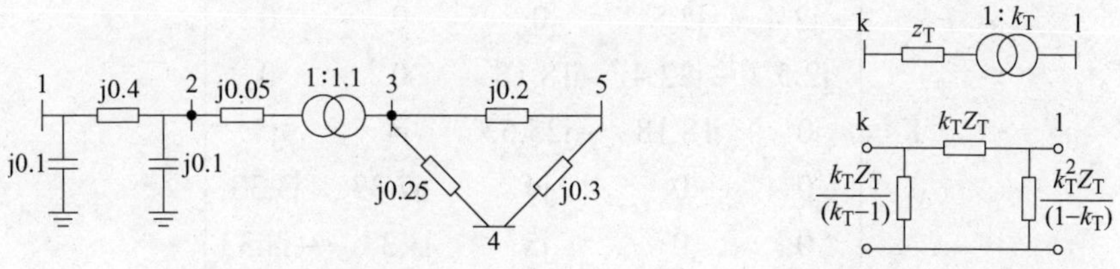

a) 电力系统等效网络　　　　b) 变压器支路的等效电路

图 4-16　例题 4-4 电力系统

$$Y_{11}=y_{10}+y_{12}=y_{10}+\frac{1}{z_{12}}=\mathrm{j}0.1+\frac{1}{\mathrm{j}0.4}=-\mathrm{j}2.4$$

节点 2 左侧连一条对地导纳支路，与节点 1 连一条支路，右侧连变压器支路的节点 k，所以节点 2 的自导纳为

$$Y_{22}=y_{20}+\frac{k_{\mathrm{T}}-1}{k_{\mathrm{T}}z_{23}}+y_{21}+\frac{1}{k_{\mathrm{T}}z_{23}}=\mathrm{j}0.1+\frac{1.1-1}{1.1\times\mathrm{j}0.05}+\frac{1}{\mathrm{j}0.4}+\frac{1}{1.1\times\mathrm{j}0.05}=-\mathrm{j}22.4$$

节点 3 左侧连变压器支路的节点 1，右侧分别与节点 4、5 连一条支路，所以节点 3 的自导纳为

$$Y_{33}=\frac{1}{k_{\mathrm{T}}z_{23}}+\frac{1-k_{\mathrm{T}}}{k_{\mathrm{T}}^{2}z_{23}}+y_{34}+y_{35}=\frac{1}{1.1\times\mathrm{j}0.05}+\frac{1-1.1}{1.1^{2}\times\mathrm{j}0.05}+\frac{1}{\mathrm{j}0.25}+\frac{1}{\mathrm{j}0.2}=-\mathrm{j}25.53$$

同理节点 4、5 的自导纳分别为

$$Y_{44}=y_{43}+y_{45}=\frac{1}{z_{43}}+\frac{1}{z_{45}}=\frac{1}{\mathrm{j}0.25}+\frac{1}{\mathrm{j}0.3}=-\mathrm{j}7.33$$

$$Y_{55}=y_{53}+y_{54}=\frac{1}{z_{53}}+\frac{1}{z_{54}}=\frac{1}{\mathrm{j}0.2}+\frac{1}{\mathrm{j}0.3}=-\mathrm{j}8.33$$

② 互导纳的计算

由式（4-64）得

$$Y_{12}=Y_{21}=-y_{12}=-\frac{1}{z_{12}}=-\frac{1}{\mathrm{j}0.4}=\mathrm{j}2.5$$

$$Y_{23}=Y_{32}=-y_{12}=-\frac{1}{k_{\mathrm{T}}z_{\mathrm{T}}}=-\frac{1}{1.1\times\mathrm{j}0.05}=\mathrm{j}18.18$$

$$Y_{34}=Y_{43}=-y_{34}=-\frac{1}{z_{34}}=-\frac{1}{\mathrm{j}0.25}=\mathrm{j}4$$

$$Y_{35}=Y_{53}=-y_{3}=-\frac{1}{z_{35}}=-\frac{1}{\mathrm{j}0.2}=\mathrm{j}5$$

$$Y_{45}=Y_{54}=-y_{45}=-\frac{1}{z_{45}}=-\frac{1}{\mathrm{j}0.3}=\mathrm{j}3.33$$

其余节点间没有支路，互导纳为 0。

因此，节点导纳矩阵为

$$
\boldsymbol{Y}=\begin{bmatrix} -\mathrm{j}2.4 & \mathrm{j}2.5 & 0 & 0 & 0 \\ \mathrm{j}2.5 & -\mathrm{j}22.4 & \mathrm{j}18.18 & 0 & 0 \\ 0 & \mathrm{j}18.18 & -\mathrm{j}25.53 & \mathrm{j}4 & \mathrm{j}5 \\ 0 & 0 & \mathrm{j}4 & -\mathrm{j}7.33 & \mathrm{j}3.33 \\ 0 & 0 & \mathrm{j}5 & \mathrm{j}3.33 & -\mathrm{j}8.33 \end{bmatrix}
$$

（3）系统结构和元件参数变化时节点导纳矩阵的修改

当系统的结构和元件参数变化时，节点导纳矩阵不用重新建立，可在原来的基础上进行修正，以节省时间。五种变化情况及其处理方法如下。

1）从原有网络的节点 i 上引出新支路（增加输电线路或变压器），此时支路的另一端必然增加新的节点，如图 4-17 所示。

设新增节点编号为 j，新加支路的阻抗为 z，因新增一个节点，节点导纳矩阵的阶次增加一阶，由 n 阶变为 n+1 阶。节点导纳矩阵做如下修改：新增节点 j 的自导纳 $Y_{jj}=1/z$；网络原有节点 i 的自导纳在原值的基础上加 $1/z$，即变为 $Y_{ii}+1/z$；增加节点 i、j 之间的互导纳 $Y_{ij}=-1/z$；增加的其他元素为 0。

2）在两个原有节点 i、j 之间增加新支路，如图 4-18 所示。

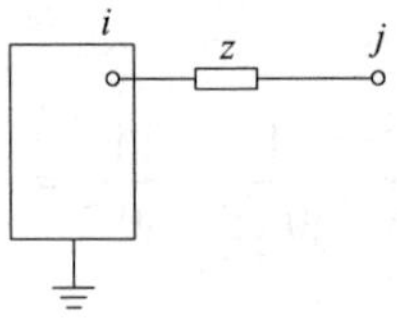

图 4-17　从节点 i 引出新支路

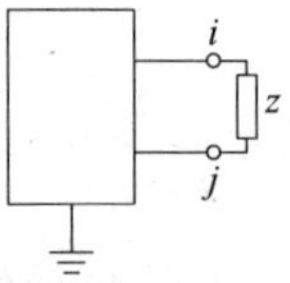

图 4-18　在节点 i、j 之间增加新支路

若新支路的阻抗为 z，无新增节点，则节点导纳矩阵的阶次不变，节点 i、j 的自导纳、互导纳发生变化：自导纳加 $1/z$，即 $\Delta Y_{ii}=\Delta Y_{jj}=1/z$；互导纳减 $1/z$，即 $\Delta Y_{ij}=\Delta Y_{ji}=-1/z$。

3）在原有网络的支路上并联新的支路，处理方法与第 2）种情况相同。

4）在原有网络节点之间切除一条支路，可看作在节点 i、j 之间增加一条阻抗为 $-z$ 的支路，所以节点导纳矩阵中有关元素的修改如下：自导纳减 $1/z$，即 $\Delta Y_{ii}=\Delta Y_{ij}=-1/z$；互导纳加 $1/z$，即 $\Delta Y_{ij}=\Delta Y_{ji}=1/z$。

5）当变压器的电压比由原来的 k_{T} 变为 k_{T}' 时，可以看作先去掉电压比为 k_{T}、阻抗为 z 的变压器支路，再增加电压比为 k_{T}'、阻抗为 z 的变压器支路，即

$$
\begin{cases} Y_{ii}\to Y_{ii}+(k_{\mathrm{T}}'^2-k_{\mathrm{T}}^2)\dfrac{1}{z} \\ Y_{jj}\to Y_{jj} \\ Y_{ij}\to Y_{ij}+(k_{\mathrm{T}}'-k_{\mathrm{T}})\dfrac{1}{z} \end{cases} \tag{4-65}
$$

4.4.2　潮流计算的数学模型

1. 节点功率方程

电力系统的负荷习惯用功率表示，对于具有 n 个节点的电力系统，系统中各节

点注入功率 $S_i = S_{Gi} + S_{LDi}$，与节点注入电流的关系为 $S_i = \dot{U}_i \overset{*}{I}_i$，可得节点注入电流为

$$\dot{I}_i = \frac{\overset{*}{S}_i}{\overset{*}{U}_i} = \frac{P_i - jQ_i}{\overset{*}{U}_i}，i=1，2，\cdots，n \tag{4-66}$$

代入节点电压方程，可得

$$\frac{P_i - jQ_i}{\overset{*}{U}_i} = \sum_{j=1}^{n} Y_{ij} \dot{U}_j \tag{4-67}$$

整理得

$$P_i + jQ_i - \dot{U}_i \sum_{j=1}^{n} \overset{*}{Y}_{ij} \overset{*}{U}_j = 0，i=1，2，\cdots，n \tag{4-68}$$

功率和电压的非线性方程组，通常称为功率方程组，是潮流计算的基本方程组。系统有 n 个节点可得到 n 个复数方程，按实部和虚部展开可得 $2n$ 个实数方程。但每个节点都有节点注入功率 P_i、Q_i 和节点电压 e_i、f_i（或 U_i、δ_i）4 个变量，即系统共有 $4n$ 个运行参数。$2n$ 个实数方程只能解出 $2n$ 个运行参数，其余 $2n$ 个参数应作为原始数据事先给定。

2. 节点分类

一般进行电力系统潮流计算时，对每个节点给出两个运行参数作为已知条件，另外两个作为待求量。根据原始数据给出的方式，电力系统的节点一般分为以下三种类型。

（1）*PQ* 节点

这类节点给出的运行参数是该节点的有功功率 P 和无功功率 Q，待求量为该节点电压的 e、f 或 U、δ。通常将变电所母线作为 *PQ* 节点。当某些发电厂的出力 P、Q 给定时，也作为 *PQ* 节点。在潮流计算中，系统中大部分节点都属于这类节点。网络中还有一些既不接发电机，也没有负荷的联络节点可看作 *PQ* 节点，此时 P、Q 的值为 0。电力系统中，大多数节点为 *PQ* 节点。

（2）*PU* 节点

这类节点给出的运行参数为该节点的有功功率 P 和电压幅值 U，待求量是该节点的无功功率 Q 和电压相量的相位差 δ。这类节点在运行中往往要有一定可调节的无功电源，用于维持给定的电压值。因此，这类节点是系统中可以调节电压的母线。通常选择有一定无功功率储备的发电厂母线作为 *PU* 节点。当变电所有无功补偿设备时，也可以作为 *PU* 节点处理。电力系统中，*PU* 节点的数目很少。

（3）平衡节点

在潮流计算中，平衡节点一般在系统中只设一个。该节点的电压幅值给定，可取电压相量为参考相量。因此，对这个节点给定的运行参数是 U 和 δ，所以也可作为 $U\delta$ 节点。对平衡节点来说，待求量为该节点的有功功率 P 和无功功率 Q，整个系统的功率平衡由这一节点完成。平衡节点一般选择主调频厂的母线比较合理，但计算时也可能按其他原则来选择。例如，为了提高节点导纳法潮流计算程序的收敛性，有时选择出线最多的发电厂母线作为平衡节点。

以上三种节点的给定量和待求量不同，在潮流计算中处理的方法也不同。

3. 潮流计算的约束条件

实际运行的电力系统都有电能质量和稳定运行等技术要求，因此潮流计算中必须满足电力系统的实际运行条件，即如下潮流计算的约束条件。

1）发电机的输出功率应满足

$$\begin{cases} P_{\mathrm{G}i\min} \leqslant P_{\mathrm{G}i} \leqslant P_{\mathrm{G}i\max} \\ Q_{\mathrm{G}i\min} \leqslant Q_{\mathrm{G}i} \leqslant Q_{\mathrm{G}i\max} \end{cases} \tag{4-69}$$

这个约束条件不仅受发电设备出力的限制，也受系统诸多技术、经济条件的影响。

2）各节点电压应满足

$$U_{i\min} \leqslant U_i \leqslant U_{i\max} \tag{4-70}$$

这是系统电能质量的要求，各节点电压大小必须限制在一定的范围内。

3）某些节点间的电压相位差应满足

$$|\delta_i - \delta_j| \leqslant |\delta_i - \delta_j|_{\max} \tag{4-71}$$

这是系统稳定运行的要求。为了保证系统运行的稳定性，要求某些输电线路两端的电压相位差不超过一定值。

对上述约束条件，无论是在计算前给定，还是计算得出的结果，都应得到满足。若计算结果不满足某些约束条件，则应对有关变量进行修正，重新计算，直到求得的结果能够满足约束条件为止，这样才能使确定的运行方式具有实际意义。

4.4.3 基于牛顿－拉夫逊法的潮流计算

1. 牛顿－拉夫逊法的基本原理

牛顿－拉夫逊法可以通过迭代对非线性方程组进行求解，是当前广泛采用的潮流计算方法。

（1）单变量的牛顿－拉夫逊法

设单变量非线性方程为

$$f(x) = 0 \tag{4-72}$$

求解此方程，先给出近似解 $x^{(0)}$，它与真解的误差为 $\Delta x^{(0)}$，则 $x = x^{(0)} + \Delta x^{(0)}$ 也满足方程式（4-72），即

$$f(x^{(0)} + \Delta x^{(0)}) = 0 \tag{4-73}$$

将式（4-73）左边的函数在 $x^{(0)}$ 附近展成泰勒级数，因为 $\Delta x^{(0)}$ 很小，$\Delta x^{(0)}$ 的二阶及以上阶次的各项均可以略去，得

$$f(x^{(0)} + \Delta x^{(0)}) = f(x^{(0)}) + f'(x^{(0)})\Delta x^{(0)} = 0 \tag{4-74}$$

这是关于变量的修正量 $\Delta x^{(0)}$ 的线性方程式，又称修正方程式。解此方程可得修正量 $\Delta x^{(0)}$，修正近似解，得

$$x^{(1)} = x^{(0)} + \Delta x^{(0)} = x^{(0)} - \frac{f(x^{(0)})}{f'(x^{(0)})} \tag{4-75}$$

修正后的近似解 $x^{(1)}$ 与真解仍然有误差。为了进一步逼近真解，可反复迭代计算，迭代计算的通式是

$$x^{(k+1)} = x^{(k)} - \frac{f(x^{(k)})}{f'(x^{(k)})} \tag{4-76}$$

迭代过程的收敛判据是

$$\left|f(x^{(k)})\right| < \varepsilon_1 \tag{4-77}$$

$$\left|\Delta x^{(k)}\right| < \varepsilon_2 \tag{4-78}$$

式中，ε_1 和 ε_2 为预先给定的小正数。

（2）多变量的牛顿 - 拉夫逊法

牛顿 - 拉夫逊法不仅用于求解单变量非线性方程，也是求解多变量非线性方程的有效方法。

对于如下 n 个变量的非线性方程组：

$$\begin{cases} f_1(x_1, x_2, \cdots, x_n) = 0 \\ f_2(x_1, x_2, \cdots, x_n) = 0 \\ \vdots \\ f_n(x_1, x_2, \cdots, x_n) = 0 \end{cases} \tag{4-79}$$

设方程组的近似解为 $x_1^{(0)}, x_2^{(0)}, \cdots, x_n^{(0)}$，近似解与真解之间的误差为 $\Delta x_1^{(0)}, \Delta x_2^{(0)}, \cdots, \Delta x_n^{(0)}$，一般误差值非常小，非线性方程组的真解可表示为

$$\begin{cases} x_1 = x_1^{(0)} + \Delta x_1^{(0)} \\ x_2 = x_2^{(0)} + \Delta x_2^{(0)} \\ \vdots \\ x_n = x_n^{(0)} + \Delta x_n^{(0)} \end{cases} \tag{4-80}$$

代入非线性方程组，有

$$\begin{cases} f_1(x_1^{(0)} + \Delta x_1^{(0)}, x_2^{(0)} + \Delta x_2^{(0)}, \cdots, x_n^{(0)} + \Delta x_n^{(0)}) = 0 \\ f_2(x_1^{(0)} + \Delta x_1^{(0)}, x_2^{(0)} + \Delta x_2^{(0)}, \cdots, x_n^{(0)} + \Delta x_n^{(0)}) = 0 \\ \vdots \\ f_n(x_1^{(0)} + \Delta x_1^{(0)}, x_2^{(0)} + \Delta x_2^{(0)}, \cdots, x_n^{(0)} + \Delta x_n^{(0)}) = 0 \end{cases} \tag{4-81}$$

将式（4-81）在所选的近似解 $x_1^{(0)}, x_2^{(0)}, \cdots, x_n^{(0)}$ 处进行泰勒级数展开，忽略二阶项及高阶项，得

$$\begin{cases} f_1(x_1^{(0)}, x_2^{(0)}, \cdots, x_n^{(0)}) + \left.\frac{\partial f_1}{\partial x_1}\right|_0 \Delta x_1^{(0)} + \left.\frac{\partial f_1}{\partial x_2}\right|_0 \Delta x_2^{(0)} + \cdots + \left.\frac{\partial f_1}{\partial x_n}\right|_0 \Delta x_n^{(0)} = 0 \\ f_2(x_1^{(0)}, x_2^{(0)}, \cdots, x_n^{(0)}) + \left.\frac{\partial f_2}{\partial x_1}\right|_0 \Delta x_1^{(0)} + \left.\frac{\partial f_2}{\partial x_2}\right|_0 \Delta x_2^{(0)} + \cdots + \left.\frac{\partial f_2}{\partial x_n}\right|_0 \Delta x_n^{(0)} = 0 \\ \vdots \\ f_n(x_1^{(0)}, x_2^{(0)}, \cdots, x_n^{(0)}) + \left.\frac{\partial f_n}{\partial x_1}\right|_0 \Delta x_1^{(0)} + \left.\frac{\partial f_n}{\partial x_2}\right|_0 \Delta x_2^{(0)} + \cdots + \left.\frac{\partial f_n}{\partial x_n}\right|_0 \Delta x_n^{(0)} = 0 \end{cases} \tag{4-82}$$

式中，$\left.\frac{\partial f_i}{\partial x_1}\right|_0,\left.\frac{\partial f_i}{\partial x_2}\right|_0,\cdots,\left.\frac{\partial f_i}{\partial x_n}\right|_0$ 为将 $x_1^{(0)},x_2^{(0)},\cdots,x_n^{(0)}$ 代入所求得的偏导数的值。

式（4-82）表示为矩阵形式为

$$\begin{bmatrix} f_1(x_1^{(0)},x_2^{(0)},\cdots,x_n^{(0)}) \\ f_2(x_1^{(0)},x_2^{(0)},\cdots,x_n^{(0)}) \\ \vdots \\ f_n(x_1^{(0)},x_2^{(0)},\cdots,x_n^{(0)}) \end{bmatrix} = -\begin{bmatrix} \left.\frac{\partial f_1}{\partial x_1}\right|_0 & \left.\frac{\partial f_1}{\partial x_2}\right|_0 & \cdots & \left.\frac{\partial f_1}{\partial x_n}\right|_0 \\ \left.\frac{\partial f_2}{\partial x_1}\right|_0 & \left.\frac{\partial f_2}{\partial x_2}\right|_0 & \cdots & \left.\frac{\partial f_2}{\partial x_n}\right|_0 \\ \vdots & \vdots & & \vdots \\ \left.\frac{\partial f_n}{\partial x_1}\right|_0 & \left.\frac{\partial f_n}{\partial x_2}\right|_0 & \cdots & \left.\frac{\partial f_n}{\partial x_n}\right|_0 \end{bmatrix} \begin{bmatrix} \Delta x_1^{(0)} \\ \Delta x_2^{(0)} \\ \vdots \\ \Delta x_n^{(0)} \end{bmatrix} \tag{4-83}$$

求解线性方程组式（4-83），可得各个节点的 $\Delta x_1^{(0)},\Delta x_2^{(0)},\cdots,\Delta x_n^{(0)}$，代入式（4-80）求得真解，记为 $x_1^{(1)},x_2^{(1)},\cdots,x_n^{(1)}$，即

$$\begin{cases} x_1^{(1)} = x_1^{(0)} + \Delta x_1^{(0)} \\ x_2^{(1)} = x_2^{(0)} + \Delta x_2^{(0)} \\ \quad\vdots \\ x_n^{(1)} = x_n^{(0)} + \Delta x_n^{(0)} \end{cases} \tag{4-84}$$

再将 $x_1^{(1)},x_2^{(1)},\cdots,x_n^{(1)}$ 作为近似解重复迭代，直至误差量（修正量）的绝对值满足如下收敛条件：

$$\left|\Delta \boldsymbol{X}^{(k)}\right| \leqslant \varepsilon \tag{4-85}$$

则 $X^{(k+1)}$ 作为最终解。

第 k 次迭代的矩阵形式为

$$\begin{bmatrix} f_1(x_1^{(k)},x_2^{(k)},\cdots,x_n^{(k)}) \\ f_2(x_1^{(k)},x_2^{(k)},\cdots,x_n^{(k)}) \\ \vdots \\ f_n(x_1^{(k)},x_2^{(k)},\cdots,x_n^{(k)}) \end{bmatrix} = -\begin{bmatrix} \left.\frac{\partial f_1}{\partial x_1}\right|_k & \left.\frac{\partial f_1}{\partial x_2}\right|_k & \cdots & \left.\frac{\partial f_n}{\partial x_n}\right|_k \\ \left.\frac{\partial f_2}{\partial x_1}\right|_k & \left.\frac{\partial f_2}{\partial x_2}\right|_k & \cdots & \left.\frac{\partial f_2}{\partial x_n}\right|_k \\ \vdots & \vdots & & \vdots \\ \left.\frac{\partial f_n}{\partial x_1}\right|_k & \left.\frac{\partial f_n}{\partial x_2}\right|_k & \cdots & \left.\frac{\partial f_n}{\partial x_n}\right|_k \end{bmatrix} \begin{bmatrix} \Delta x_1^{(k)} \\ \Delta x_2^{(k)} \\ \vdots \\ \Delta x_n^{(k)} \end{bmatrix} \tag{4-86}$$

简写为

$$\boldsymbol{F}(\boldsymbol{X}^{(k)}) = \boldsymbol{J}^{(k)} \Delta \boldsymbol{X}^{(k)} \tag{4-87}$$

式中，$\boldsymbol{F}$、$\Delta\boldsymbol{X}^{(k)}$ 均为列向量；$\boldsymbol{J}^{(k)}$ 为函数 $\boldsymbol{F}$ 的雅可比矩阵。

2. 节点电压用直角坐标表示的牛顿－拉夫逊法潮流计算

（1）修正方程

采用直角坐标时，节电电压和节点导纳矩阵元素可表示为

$$\begin{cases} \dot{U}_i = e_i + \mathrm{j}f_i \\ Y_{ij} = G_{ij} + \mathrm{j}B_{ij} \end{cases} \tag{4-88}$$

代入式（4-67），得到节点功率方程为

$$\begin{cases} P_i = e_i \sum_{j=1}^{n} (G_{ij}e_j - B_{ij}f_j) + f_i \sum_{j=1}^{n} (G_{ij}f_j + B_{ij}e_j) \\ Q_i = f_i \sum_{j=1}^{n} (G_{ij}e_j - B_{ij}f_j) - e_i \sum_{j=1}^{n} (G_{ij}f_j + B_{ij}e_j) \end{cases} \tag{4-89}$$

1）假定系统中的节点 1，2，…，m 为 PQ 节点，节点 i 的注入功率为 P_{is} 和 Q_{is}，对节点 i 列方程，有

$$\begin{cases} \Delta P_i = P_{is} - P_i = P_{is} - e_i \sum_{j=1}^{n} (G_{ij}e_j - B_{ij}f_j) - f_i \sum_{j=1}^{n} (G_{ij}f_j + B_{ij}e_j) = 0 \\ \Delta Q_i = Q_{is} - Q_i = Q_{is} - f_i \sum_{j=1}^{n} (G_{ij}e_j - B_{ij}f_j) + e_i \sum_{j=1}^{n} (G_{ij}f_j + B_{ij}e_j) = 0 \end{cases}, \ i = 1,2,\cdots,m \tag{4-90}$$

2）假定系统中的节点 m+1，m+2，…，n−1 为 PU 节点，节点 i 的注入功率为 P_{is}，电压幅值为 U_{is}，对节点 i 列方程，有

$$\begin{cases} \Delta P_i = P_{is} - P_i = P_{is} - e_i \sum_{j=1}^{n} (G_{ij}e_j - B_{ij}f_j) - f_i \sum_{j=1}^{n} (G_{ij}f_j + B_{ij}e_j) = 0 \\ \Delta U_i^2 = U_{is}^2 - U_i^2 = U_{is}^2 - (e_i^2 + f_i^2) = 0 \end{cases}, \ i = m+1, m+2, \cdots, n-1 \tag{4-91}$$

3）节点 n 为平衡节点，其电压 $\dot{U}_n = e_n + \mathrm{j}f_n$ 给定，不参加迭代。

式（4-90）和式（4-91）总共有 $2(n-1)$ 个方程，待求的变量为 e_1, f_1，e_2, f_2，…，e_{n-1}, f_{n-1}，也是 $2(n-1)$ 个。可得修正方程为

$$\Delta \boldsymbol{W} = -\boldsymbol{J} \Delta \boldsymbol{U} \tag{4-92}$$

展开形式为

$$\begin{bmatrix} \Delta P_1 \\ \Delta Q_1 \\ \vdots \\ \Delta P_m \\ \Delta Q_m \\ \Delta P_{m+1} \\ \Delta U_{m+1}^2 \\ \vdots \\ \Delta P_{n-1} \\ \Delta U_{n-1}^2 \end{bmatrix} = - \begin{bmatrix} H_{11} & N_{11} & \cdots & H_{1m} & N_{1m} & H_{1(m+1)} & N_{1(m+1)} & \cdots & H_{1(n-1)} & N_{1(n-1)} \\ J_{11} & L_{11} & \cdots & J_{1m} & L_{1m} & J_{1(m+1)} & L_{1(m+1)} & \cdots & J_{1(n-1)} & L_{1(n-1)} \\ \vdots & \vdots & & \vdots & \vdots & \vdots & \vdots & & \vdots & \vdots \\ H_{m1} & N_{m1} & \cdots & H_{mm} & N_{mm} & H_{m(m+1)} & N_{m(m+1)} & \cdots & H_{m(n-1)} & N_{m(n-1)} \\ J_{m1} & L_{m1} & \cdots & J_{mm} & L_{mm} & J_{m(m+1)} & L_{m(m+1)} & \cdots & J_{m(n-1)} & L_{m(n-1)} \\ H_{(m+1)1} & N_{(m+1)1} & \cdots & H_{(m+1)m} & N_{(m+1)m} & H_{(m+1)(m+1)} & N_{(m+1)(m+1)} & \cdots & H_{(m+1)(n-1)} & N_{(m+1)(n-1)} \\ R_{(m+1)1} & S_{(m+1)1} & \cdots & R_{(m+1)m} & S_{(m+1)m} & R_{(m+1)(m+1)} & S_{(m+1)(m+1)} & \cdots & R_{(m+1)(n-1)} & S_{(m+1)(n-1)} \\ \vdots & \vdots & & \vdots & \vdots & \vdots & \vdots & & \vdots & \vdots \\ H_{(n-1)1} & N_{(n-1)1} & & H_{(n-1)m} & N_{(n-1)m} & H_{(n-1)(m+1)} & N_{(n-1)(m+1)} & \cdots & H_{(n-1)(n-1)} & N_{(n-1)(n-1)} \\ R_{(n-1)1} & S_{(n-1)1} & & R_{(n-1)m} & S_{(n-1)m} & R_{(n-1)(m+1)} & S_{(n-1)(m+1)} & \cdots & R_{(n-1)(n-1)} & S_{(n-1)(n-1)} \end{bmatrix} \begin{bmatrix} \Delta e_1 \\ \Delta f_1 \\ \vdots \\ \Delta e_m \\ \Delta f_m \\ \Delta e_{m+1} \\ \Delta f_{m+1} \\ \vdots \\ \Delta e_{n-1} \\ \Delta f_{n-1} \end{bmatrix} \tag{4-93}$$

矩阵也可写成分块形式，即

$$\begin{bmatrix} \Delta \boldsymbol{W}_1 \\ \Delta \boldsymbol{W}_2 \\ \vdots \\ \Delta \boldsymbol{W}_{n-1} \end{bmatrix} = -\begin{bmatrix} \boldsymbol{J}_{11} & \boldsymbol{J}_{12} & \cdots & \boldsymbol{J}_{1(n-1)} \\ \boldsymbol{J}_{21} & \boldsymbol{J}_{22} & \cdots & \boldsymbol{J}_{2(n-1)} \\ \vdots & \vdots & & \vdots \\ \boldsymbol{J}_{(n-1)1} & \boldsymbol{J}_{(n-1)2} & \cdots & \boldsymbol{J}_{(n-1)(n-1)} \end{bmatrix} \begin{bmatrix} \Delta \boldsymbol{U}_1 \\ \Delta \boldsymbol{U}_2 \\ \vdots \\ \Delta \boldsymbol{U}_{n-1} \end{bmatrix} \tag{4-94}$$

式中，$\Delta \boldsymbol{W}_i$ 和 $\Delta \boldsymbol{U}_i$ 都是二维列向量，$\Delta \boldsymbol{U}_i = \begin{bmatrix} \Delta e_i & \Delta f_i \end{bmatrix}^{\mathrm{T}}$；$\boldsymbol{J}_{ij}$ 是 2×2 阶方阵。

对于 PQ 节点，有

$$\Delta \boldsymbol{W}_i = \begin{bmatrix} \Delta P_i & \Delta Q_i \end{bmatrix}^{\mathrm{T}} \tag{4-95}$$

$$\boldsymbol{J}_{ij} = \begin{bmatrix} H_{ij} & N_{ij} \\ J_{ij} & L_{ij} \end{bmatrix} = \begin{bmatrix} \dfrac{\partial \Delta P_i}{\partial e_j} & \dfrac{\partial \Delta P_i}{\partial f_j} \\ \dfrac{\partial \Delta Q_i}{\partial e_j} & \dfrac{\partial \Delta Q_i}{\partial f_j} \end{bmatrix} \tag{4-96}$$

对于 PU 节点，有

$$\Delta \boldsymbol{W}_i = \begin{bmatrix} \Delta P_i & \Delta U_i^2 \end{bmatrix}^{\mathrm{T}} \tag{4-97}$$

$$\boldsymbol{J}_{ij} = \begin{bmatrix} H_{ij} & N_{ij} \\ R_{ij} & S_{ij} \end{bmatrix} = \begin{bmatrix} \dfrac{\partial \Delta P_i}{\partial e_j} & \dfrac{\partial \Delta P_i}{\partial f_j} \\ \dfrac{\partial \Delta U_i^2}{\partial e_j} & \dfrac{\partial \Delta U_i^2}{\partial f_j} \end{bmatrix} \tag{4-98}$$

雅可比矩阵元素与节点导纳矩阵元素、节点电压的关系式可通过对式（4-90）和式（4-91）求偏导得到，具体如下。

当 $j = i$ 时，有

$$\begin{cases} H_{ii} = \dfrac{\partial \Delta P_i}{\partial e_i} = -\sum\limits_{j=1}^{n} (G_{ij} e_j - B_{ij} f_j) - G_{ii} e_i - B_{ii} f_i \\ N_{ii} = \dfrac{\partial \Delta P_i}{\partial f_i} = -\sum\limits_{j=1}^{n} (G_{ij} f_j + B_{ij} e_j) + B_{ii} e_i - G_{ii} f_i \\ J_{ii} = \dfrac{\partial \Delta Q_i}{\partial e_i} = \sum\limits_{j=1}^{n} (G_{ij} f_j + B_{ij} e_j) + B_{ii} e_i - G_{ii} f_i \\ L_{ii} = \dfrac{\partial \Delta Q_i}{\partial f_i} = -\sum\limits_{j=1}^{n} (G_{ij} e_j - B_{ij} f_j) + G_{ii} e_i + B_{ii} f_i \\ R_{ii} = \dfrac{\partial \Delta U_i^2}{\partial e_i} = -2 e_i \\ S_{ii} = \dfrac{\partial \Delta U_i^2}{\partial f_i} = -2 f_i \end{cases} \tag{4-99}$$

当 $j \neq i$ 时，有

$$\begin{cases} H_{ij} = \dfrac{\partial \Delta P_i}{\partial e_j} = -\dfrac{\partial \Delta Q_i}{\partial f_j} = -(G_{ij}e_i + B_{ij}f_i) \\ N_{ij} = \dfrac{\partial \Delta P_i}{\partial f_j} = \dfrac{\partial \Delta Q_i}{\partial e_j} = B_{ij}e_i - G_{ij}f_i \\ R_{ij} = \dfrac{\partial \Delta U_i^2}{\partial e_j} = 0 \\ S_{ij} = \dfrac{\partial \Delta U_i^2}{\partial f_j} = 0 \end{cases} \tag{4-100}$$

分析式（4-99）和式（4-100）可知，雅可比矩阵具有以下特点。

1）雅可比矩阵的各元素是各节点电压的函数，迭代过程中每迭代一次，各节点电压都要变化，因而各元素每次也变化。

2）雅可比矩阵是不对称矩阵。

3）若节点导纳矩阵中的互导纳 $Y_{ij}=0$，则与之对应的雅可比矩阵的非对角元素 $\partial \Delta U_i^2 / \partial e_j = \partial \Delta U_i^2 / \partial f_j = 0$，故雅可比矩阵是稀疏的，修正方程的求解可以应用稀疏矩阵的求解技巧。

（2）计算步骤

1）形成节点导纳矩阵。

2）设置各节点的电压初始值 $e_i^{(0)}$、$f_i^{(0)}$。

3）计算各节点功率和电压偏移量 $\Delta P_i^{(0)}$、$\Delta Q_i^{(0)}$、$\Delta U_i^{(0)2}$。

4）求雅可比矩阵各元素。

5）解修正方程式，求出各节点电压的修正量 $\Delta e_i^{(0)}$、$\Delta f_i^{(0)}$。

6）求解电压实际值。

7）计算新的各节点功率和电压偏移量 $\Delta P_i^{(1)}$、$\Delta Q_i^{(1)}$、$\Delta U_i^{(1)2}$。

8）检查计算是否已收敛，若电压趋于真解，则功率偏移量将趋于0。因而其收敛检验可以通过如下公式进行：

$$\left| f(x_i^{(k)}) \right|_{\max} = \max\{|\Delta P^{(k)}|, |\Delta Q^{(k)}|\} < \varepsilon$$

式中，ε 为预先给定的小正数。若不收敛则返回第4）步重新迭代，若收敛则进行下一步。

9）计算各支路中的功率分布和平衡节点功率。系统任意两节点 i、j 间的等效电路如图4-19所示。

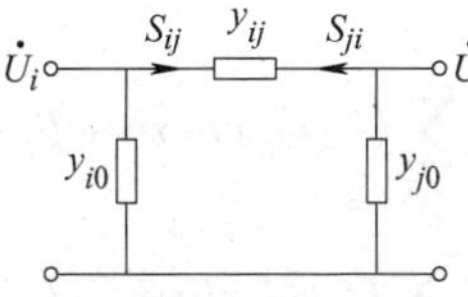

图4-19　i、j 节点间的等效电路

支路的传输功率为

$$S_{ij}=\dot{U}_i^2\overset{*}{y}_{i0}+\dot{U}_i(\overset{*}{U}_i-\overset{*}{U}_j)\overset{*}{y}_{ij} \tag{4-101}$$

元件的功率损耗为

$$\Delta S=S_{ij}+S_{ji} \tag{4-102}$$

由式（4-68）可得平衡节点的功率为

$$P_n+\mathrm{j}Q_n=\dot{U}_n\sum_{j=1}^{n}\overset{*}{Y}_{nj}\overset{*}{U}_j \tag{4-103}$$

（3）程序流程图

节点电压用直角坐标表示的牛顿－拉夫逊法潮流计算程序流程图如图 4-20 所示。

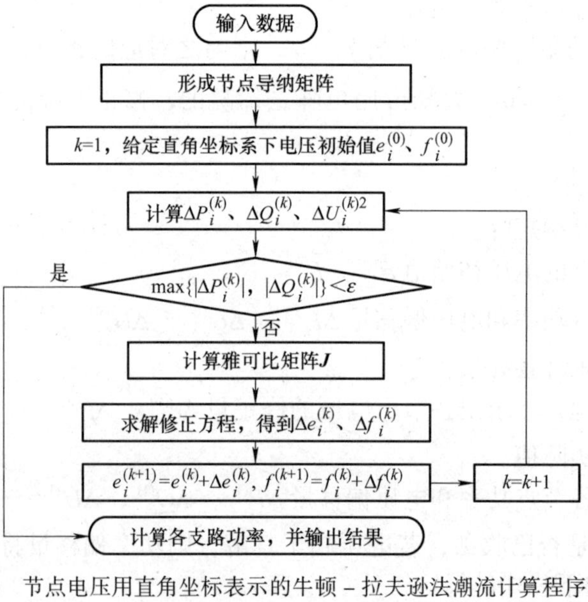

图 4-20　节点电压用直角坐标表示的牛顿－拉夫逊法潮流计算程序流程图

3. 节点电压用极坐标表示的牛顿－拉夫逊法潮流计算

采用极坐标时，节点电压和导纳表示为

$$\begin{cases}\dot{U}_i=U_i\angle\delta_i=U_i(\cos\delta_i+\mathrm{j}\sin\delta_i)\\ Y_{ij}=G_{ij}+\mathrm{j}B_{ij}\end{cases} \tag{4-104}$$

代入式（4-67），进一步整理，得

$$\begin{cases}P_i=U_i\sum\limits_{j=1}^{n}U_j(G_{ij}\cos\delta_{ij}+B_{ij}\sin\delta_{ij})\\ Q_i=U_i\sum\limits_{j=1}^{n}U_j(G_{ij}\sin\delta_{ij}-B_{ij}\cos\delta_{ij})\end{cases} \tag{4-105}$$

式中，δ_{ij}是节点电压$\dot{U}_i$和$\dot{U}_j$间的相位差。

对于有n个节点的电网，其中节点1，2，…，m为PQ节点，节点$m+1$，$m+2$，…，$n-1$为PU节点。因为PU节点的电压幅值为已知量，不是待求量，所以不需要对其建立方程，于是仿照式（4-90）和式（4-91）列写节点功率平衡方程，有

$$\begin{cases}\Delta P_i = P_{is} - U_i\sum_{j=1}^{n}U_j(G_{ij}\cos\delta_{ij} + B_{ij}\sin\delta_{ij}) = 0,\ i=1,\ 2,\ \cdots,\ n-1\\ \Delta Q_i = Q_{is} - U_i\sum_{j=1}^{n}U_j(G_{ij}\sin\delta_{ij} - B_{ij}\cos\delta_{ij}) = 0,\ i=1,\ 2,\ \cdots,\ m\end{cases} \tag{4-106}$$

式（4-106）共有$n-1+m$个方程，待求量为δ_1，δ_2，…，δ_{n-1}和U_1，U_2，…，U_m，可得修正方程为

$$\begin{bmatrix}\Delta P_1\\ \vdots\\ \Delta P_{n-1}\\ \Delta Q_1\\ \vdots\\ \Delta Q_m\end{bmatrix} = -\begin{bmatrix}\left[\dfrac{\partial \Delta P_i}{\partial \delta_j}\right] & \left[U_j\dfrac{\partial \Delta P_i}{\partial U_j}\right]\\ \left[\dfrac{\partial \Delta Q_i}{\partial \delta_j}\right] & \left[U_j\dfrac{\partial \Delta Q_i}{\partial U_j}\right]\end{bmatrix}\begin{bmatrix}\Delta\delta_1\\ \vdots\\ \Delta\delta_{n-1}\\ \Delta U_1/U_1\\ \vdots\\ \Delta U_m/U_m\end{bmatrix} \tag{4-107}$$

为使雅可比矩阵各元素有相似的表达式，电压幅值修正量采用$\Delta U_i/U_i$的形式。

式（4-107）也可写为

$$\begin{bmatrix}\Delta \boldsymbol{P}\\ \Delta \boldsymbol{Q}\end{bmatrix} = -\begin{bmatrix}\boldsymbol{H} & \boldsymbol{N}\\ \boldsymbol{J} & \boldsymbol{L}\end{bmatrix}\begin{bmatrix}\Delta\boldsymbol{\delta}\\ \boldsymbol{U}_{D2}^{-1}\Delta\boldsymbol{U}\end{bmatrix} \tag{4-108}$$

式中，$\Delta\boldsymbol{P}=[\Delta P_1\ \Delta P_2\ \cdots\ \Delta P_{n-1}]^{T}$；$\Delta\boldsymbol{Q}=[\Delta Q_1\ \Delta Q_2\ \cdots\ \Delta Q_m]^{T}$；$\Delta\boldsymbol{\delta}=[\Delta\delta_1\ \Delta\delta_2\cdots\ \Delta\delta_{n-1}]^{T}$；$\Delta\boldsymbol{U}=[\Delta U_1\ \Delta U_2\cdots\ \Delta U_m]^{T}$；$\boldsymbol{U}_{D2}=\mathrm{diag}\{U_1\ U_2\ \cdots\ U_m\}$；$\boldsymbol{H}$、$\boldsymbol{N}$、$\boldsymbol{J}$、$\boldsymbol{L}$是雅可比矩阵$\boldsymbol{J}$的子阵。

需要注意的是，雅可比矩阵中各子阵的阶数不同，$\boldsymbol{H}$是$(n-1)\times(n-1)$阶方阵，其元素为$H_{ij}=\partial\Delta P_i/\partial\delta_j$；$\boldsymbol{N}$是$(n-1)\times m$阶矩阵，其元素为$N_{ij}=U_j\partial\Delta P_i/\partial U_j$；$\boldsymbol{J}$是$m\times(n-1)$阶矩阵，其元素为$J_{ij}=\partial\Delta Q_i/\partial\delta_j$；$\boldsymbol{L}$是$m$阶方阵，其元素为$L_{ij}=U_j\partial\Delta Q_i/\partial U_j$。

整理可得雅可比矩阵元素如下。

当$j\neq i$时，有

$$\begin{cases}H_{ij} = -U_iU_j(G_{ij}\sin\delta_{ij} - B_{ij}\cos\delta_{ij})\\ J_{ij} = U_iU_j(G_{ij}\cos\delta_{ij} + B_{ij}\sin\delta_{ij})\\ N_{ij} = -U_iU_j(G_{ij}\cos\delta_{ij} + B_{ij}\sin\delta_{ij})\\ L_{ij} = -U_iU_j(G_{ij}\sin\delta_{ij} - B_{ij}\cos\delta_{ij})\end{cases} \tag{4-109}$$

当$j=i$时，有

$$\begin{cases} H_{ii} = U_i \sum\limits_{j=1, j\neq i}^{n} U_j (G_{ij}\sin\delta_{ij} - B_{ij}\cos\delta_{ij}) = U_i^2 B_{ii} + Q_i \\ J_{ii} = -U_i \sum\limits_{j=1, j\neq i}^{n} U_j (G_{ij}\cos\delta_{ij} + B_{ij}\sin\delta_{ij}) = U_i^2 G_{ii} - P_i \\ N_{ii} = -U_i \sum\limits_{j=1, j\neq i}^{n} U_j (G_{ij}\cos\delta_{ij} + B_{ij}\sin\delta_{ij}) - 2U_i^2 G_{ii} = -U_i^2 G_{ii} - P_i \\ L_{ii} = -U_i \sum\limits_{j=1, j\neq i}^{n} U_j (G_{ij}\sin\delta_{ij} - B_{ij}\cos\delta_{ij}) + 2U_i^2 B_{ii} = U_i^2 B_{ii} - Q_i \end{cases} \tag{4-110}$$

节点电压用极坐标表示的牛顿－拉夫逊法潮流计算的程序流程图与节点电压用直角坐标表式时基本相同，但需注意，PU 节点的无功功率为

$$Q_i = \mathrm{Im}\left(\dot{U}_i \sum_{j=1}^{n} \overset{*}{Y}_{ij} \overset{*}{U}_j\right), \quad i=m+1, \ m+2, \ \cdots, \ n-1 \tag{4-111}$$

4.4.4 基于 *PQ* 分解法的潮流计算

20 世纪 60 年代以来，牛顿－拉夫逊法曾是电力系统潮流计算中应用较为广泛的方法，但是随着电力系统规模的不断扩大，节点数越来越多，并且计算正从离线向在线发展，牛顿－拉夫逊法在计算内存和计算速度上都越来越不适应当前的要求。在此之后出现的快速分解法较为成功地解决了以上问题，使得电力系统潮流计算成功向前迈进了一大步，取代了牛顿－拉夫逊法。快速分解法又称 PQ 分解法，是从节点电压用极坐标表式的牛顿－拉夫逊法潮流计算程序的基础上简化出来的。

1. *PQ* 分解法的基本方程

根据电力系统运行的基本特点，确立 PQ 分解法的基本思想：在网络中，通常电抗 X 远大于电阻 R，因此当 ΔU 有微小变化时，对 ΔP 不会有很大的影响；同样，当 $\Delta\delta$ 有微小变化时，对 ΔQ 也不会有明显的影响。因此，极坐标下的节点功率修正方程式可简化为

$$\begin{bmatrix} \Delta \boldsymbol{P} \\ \Delta \boldsymbol{Q} \end{bmatrix} = -\begin{bmatrix} \boldsymbol{H} & \boldsymbol{0} \\ \boldsymbol{0} & \boldsymbol{L} \end{bmatrix} \begin{bmatrix} \Delta \boldsymbol{\delta} \\ \boldsymbol{U}_{\mathrm{D}}^{-1} \Delta \boldsymbol{U} \end{bmatrix} \tag{4-112}$$

从而有

$$\begin{cases} \Delta \boldsymbol{P} = -\boldsymbol{H} \Delta \boldsymbol{\delta} \\ \Delta \boldsymbol{Q} = -\boldsymbol{L} \boldsymbol{U}_{\mathrm{D}}^{-1} \Delta \boldsymbol{U} \end{cases} \tag{4-113}$$

这样，雅可比矩阵由 $n+m-1$ 阶变为 $n-1$ 阶和 m 阶，大大地减少了计算工作量。

考虑到一般情况下，线路两端电压的相位差 δ_{ij} 很小，同时计及线路参数 $G_{ij} \ll B_{ij}$，有 $\cos\delta_{ij} \approx 1$，$G_{ij}\sin\delta_{ij} \ll B_{ij}$。

于是，当 $j \neq i$ 时，由式（4-109）得

$$H_{ij} = L_{ij} = U_i U_j B_{ij} \tag{4-114}$$

另外，在 $G_{ij} \ll B_{ij}$ 的条件下，$B_{ii}U_i^2$ 相当于与节点 i 相连的所有节点 j 都接地时注入节点 i 的无功功率，而 Q_i 为正常运行状态下节点 i 注入的无功功率，因此有

$$Q_i \ll U_i^2 B_{ii} \tag{4-115}$$

当 $j=i$ 时，由式（4-110）得

$$H_{ii} = L_{ii} = U_i^2 B_{ii} \tag{4-116}$$

因此，系数矩阵 $\boldsymbol{H}$、$\boldsymbol{L}$ 为

$$\boldsymbol{H}=\begin{bmatrix} U_1 & & & \\ & U_2 & & \\ & & \ddots & \\ & & & U_{n-1} \end{bmatrix}\begin{bmatrix} B_{11} & B_{12} & \cdots & B_{1(n-1)} \\ B_{21} & B_{22} & \cdots & B_{2(n-1)} \\ \vdots & \vdots & & \vdots \\ B_{(n-1)1} & B_{(n-1)2} & \cdots & B_{(n-1)(n-1)} \end{bmatrix}\begin{bmatrix} U_1 & & & \\ & U_2 & & \\ & & \ddots & \\ & & & U_{n-1} \end{bmatrix}=\boldsymbol{U}_{\mathrm{D1}}\boldsymbol{B}'\boldsymbol{U}_{\mathrm{D1}} \tag{4-117}$$

$$\boldsymbol{L}=\begin{bmatrix} U_1 & & & \\ & U_2 & & \\ & & \ddots & \\ & & & U_m \end{bmatrix}\begin{bmatrix} B_{11} & B_{12} & \cdots & B_{1m} \\ B_{21} & B_{22} & \cdots & B_{2m} \\ \vdots & \vdots & & \vdots \\ B_{m1} & B_{m2} & \cdots & B_{mm} \end{bmatrix}\begin{bmatrix} U_1 & & & \\ & U_2 & & \\ & & \ddots & \\ & & & U_m \end{bmatrix}=\boldsymbol{U}_{\mathrm{D2}}\boldsymbol{B}''\boldsymbol{U}_{\mathrm{D2}} \tag{4-118}$$

式中，$\boldsymbol{B}'$ 和 $\boldsymbol{B}''$ 分别为 $n-1$ 阶和 m 阶的方阵；$\boldsymbol{U}_{\mathrm{D1}}=\mathrm{diag}\{U_1\ U_2 \cdots U_{n-1}\}$；$\boldsymbol{U}_{\mathrm{D2}}=\mathrm{diag}\{U_1\ U_2 \cdots U_m\}$。

将式（4-117）和式（4-118）代入式（4-113）中，经过整理可得

$$\begin{bmatrix} \Delta P_1/U_1 \\ \Delta P_2/U_2 \\ \vdots \\ \Delta P_{n-1}/U_{n-1} \end{bmatrix}=\begin{bmatrix} B_{11} & B_{12} & \cdots & B_{1(n-1)} \\ B_{21} & B_{22} & \cdots & B_{2(n-1)} \\ \vdots & \vdots & & \vdots \\ B_{(n-1)1} & B_{(n-1)2} & \cdots & B_{(n-1)(n-1)} \end{bmatrix}\begin{bmatrix} U_1\Delta\delta_1 \\ U_2\Delta\delta_2 \\ \vdots \\ U_{n-1}\Delta\delta_{n-1} \end{bmatrix} \tag{4-119}$$

$$\begin{bmatrix} \Delta Q_1/U_1 \\ \Delta Q_2/U_2 \\ \vdots \\ \Delta Q_m/U_m \end{bmatrix}=\begin{bmatrix} B_{11} & B_{12} & \cdots & B_{1m} \\ B_{21} & B_{22} & \cdots & B_{2m} \\ \vdots & \vdots & & \vdots \\ B_{m1} & B_{m2} & \cdots & B_{mm} \end{bmatrix}\begin{bmatrix} \Delta U_1 \\ \Delta U_2 \\ \vdots \\ \Delta U_m \end{bmatrix} \tag{4-120}$$

在这两个修正方程中，系数矩阵为导纳矩阵的虚部，并且是一个对称矩阵，计算时大大减少了工作量。

2. 程序流程图

基于 PQ 分解法的潮流计算程序流程图如图 4-21 所示。

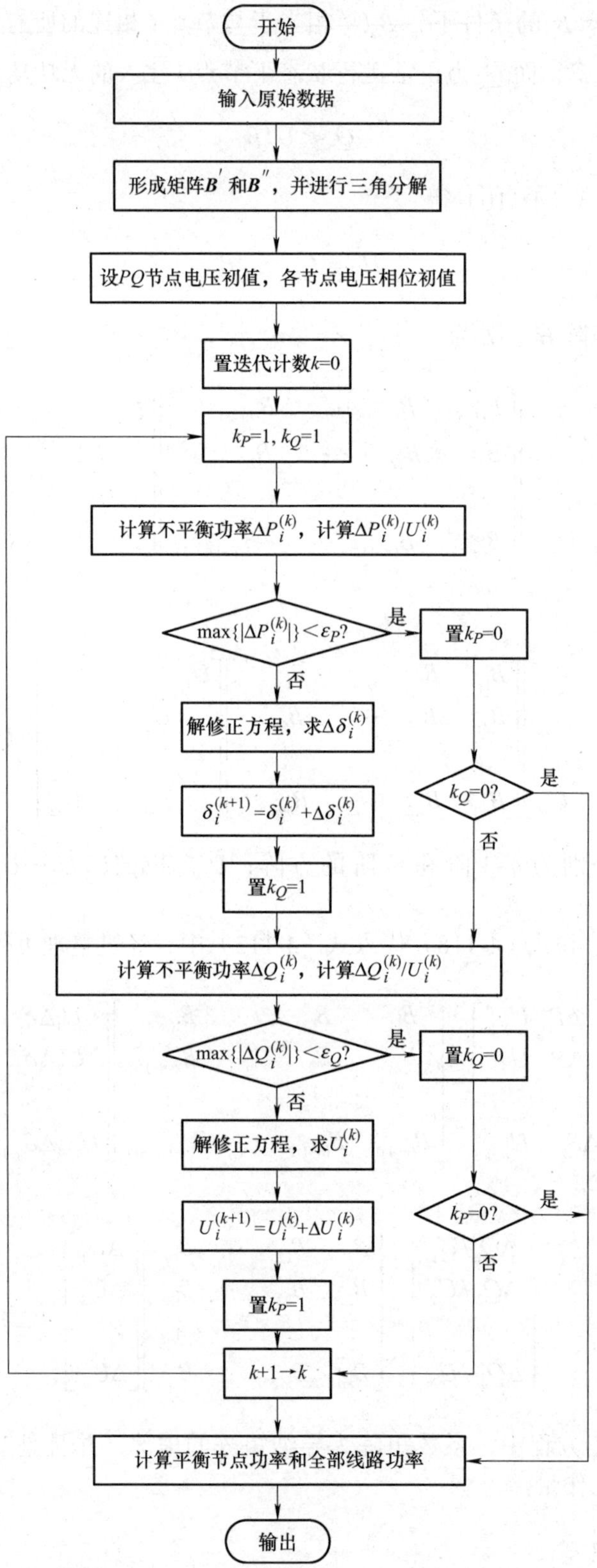

图 4-21　基于 PQ 分解法的潮流计算程序流程图

4.4.5 基于 MATLAB 的潮流计算

例题 4-5 电力系统接线图如图 4-22 所示，求解节点电压用直角坐标表示时的潮流分布。

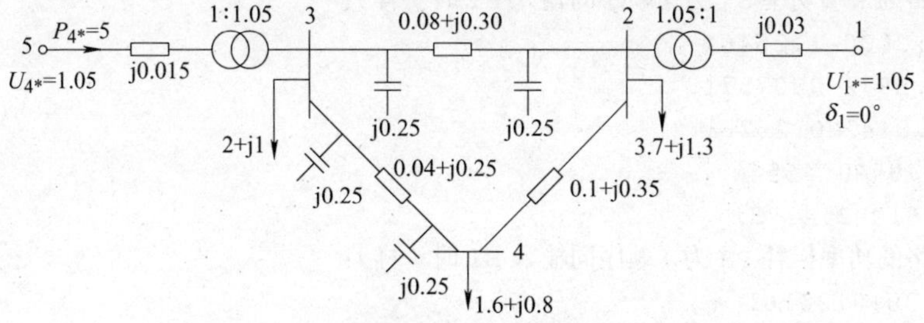

图 4-22 例题 4-5 电力系统接线图

解：由图 4-22 中的已知条件确定节点类型：节点 1 为平衡节点，节点 2、3、4 为 *PQ* 节点，节点 5 为 *PU* 节点。支路共 5 条，误差精度选 10^{-5}。

调用牛顿－拉夫逊法潮流计算程序（请扫二维码获取），输入数据如下：

请输入节点数：n=5
请输入支路数：nl=5
请输入平衡母线节点号：isb=1
请输入误差精度：pr=0.00001
请输入有支路参数形成的矩阵 B1=[1 2 0.03i 0 1.05 0; 2 3 0.08+0.3i 0.5i 1 0; 2 4 0.1+0.35i 0 1 0; 3 4 0.04+0.25i 0.5i 1 0; 3 5 0.015i 0 1.05 1]
请输入有节点参数形成的矩阵 B2=[0 0 1.05 1.05 0 1; 0 3.7+1.3i 1 0 0 2; 0 2+1i 1 0 0 2; 0 1.6+0.8i 1 0 0 2; 5 0 1.05 1.05 0 3]
请输入节点号及其对地阻抗形成的矩阵 X=[1 0; 2 0; 3 0; 4 0; 5 0]

输出的结果如下：

迭代次数
5
没有达到精度要求的个数为：
  7 8 8 6 0
各节点的实际电压标幺值 E 为（节点号从小到大排列）：
  1.0500 +0.0000i 1.0588-0.0690i 1.1054+0.3607i 0.9664-0.0335i 1.0500+0.4575i
各节点的电压大小 U 为（节点号从小到大排列）：
  1.0500 1.0611 1.1627 0.9670 1.1453
各节点的电压相位 δ 为（节点号从小到大排列）：
  0 -3.7285 18.0724 -1.9842 23.5430
各节点的功率 S 为（节点号从小到大排列）：
  2.3000+1.4562i -3.7490-0.9286i -4.7753-1.9180i -1.5653-0.7280i 8.0610+3.2836i
各条支路的首端功率 Si 为（顺序同输入 B1 时一样）：

```
2.3000+1.4562i
-1.4422+0.0376i
-0.0068+0.2884i
1.6885+0.5750i
8.0610+3.2836i
```

各条之路的末端功率 Sj 为（顺序同输入 B1 时一样）：

```
-2.3000-1.2546i
 1.5972-0.0757i
 0.0142-0.2626i
-1.5795-0.4654i
-8.0610-2.4173i
```

各条支路的功率损耗 DS 为（顺序同输入 B1 时一样）：

```
0.0000+0.2016i
0.1550-0.0381i
0.0074+0.0259i
0.1090+0.1095i
-0.0000+0.8663i
```

例题 4-6 用 *PQ* 分解法计算图 4-22 所示电力系统的潮流分布。

解： 调用 *PQ* 分解法潮流计算程序（请扫二维码获取），输入数据与例题 4-5 相同，另外还需输入 *PQ* 节点数 na=3。

输出结果如下：

迭代次数

```
10
```

每次没有达到精度要求的有功功率个数为：

```
4  4  4  4  4  4  4  4  3  0
```

每次没有达到精度要求的无功功率个数为：

```
3  3  3  3  3  3  3  3  1  0
```

各节点电压标幺值 E 为（节点号从小到大排列）：

```
1.0500+0.0000i  1.0335-0.0774i  1.0260+0.3305i  0.8592-0.0718i
0.9746+0.3907i
```

各节点的电压 U 大小为（节点号从小到大排列）：

```
1.0500  1.0364  1.0779  0.8622  1.0500
```

各节点的电压相位 δ 为（节点号从小到大排列）：

```
0  -4.2819  17.8535  -4.7785  21.8433
```

各节点的功率 S 为（节点号从小到大排列）：

```
2.5794+2.2994i
-3.7000-1.3000i
-2.0000-1.0000i
-1.6000-0.8000i
5.0000  +1.8131i
```

各条支路的首端功率 Si 为（顺序同输入 B1 时一样）：

```
2.5794+2.2994i
-1.2774+0.2032i
0.1568+0.4713i
1.5845+0.6725i
5.0000+1.8131i
```

各条支路的末端功率 Sj 为（顺序同输入 B1 时一样）：

```
-2.5794-1.9745i
1.4155-0.2443i
-0.1338-0.3909i
-1.4662-0.4091i
-5.0000-1.4282i
```

各条支路的功率损耗 DS 为（顺序同输入 B1 时一样）：

```
0.0000+0.3249i
0.1381-0.0412i
0.0230+0.0804i
0.1184+0.2635i
0.0000+0.3849i
```

通过图 4-23 对比例题 4-5 和例题 4-6 两种计算方法，可知：两种方法的计算结果完全一致，牛顿－拉夫逊法收敛速度比 *PQ* 分解法快，但每次迭代 *PQ* 分解法耗费的时间比牛顿－拉夫逊法少得多。总体看来，*PQ* 分解法的程序执行时间比牛顿－拉夫逊法短。

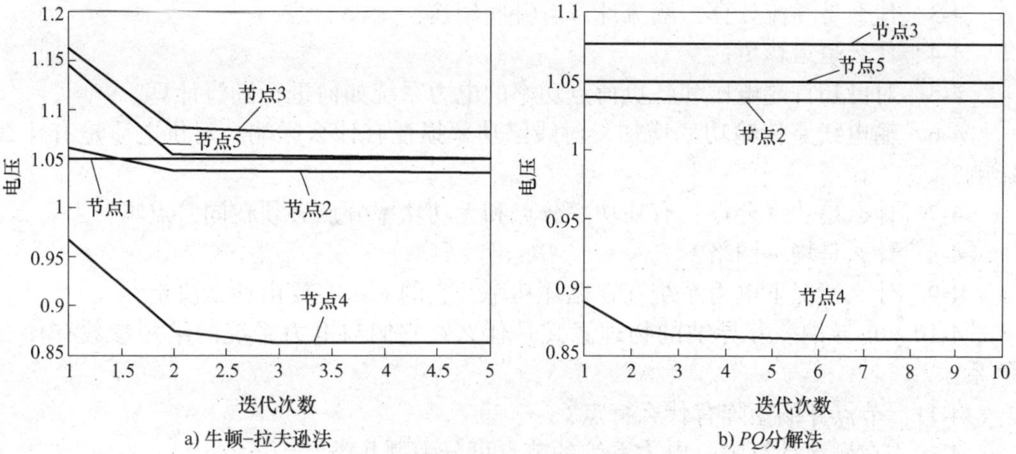

a) 牛顿-拉夫逊法　　b) *PQ*分解法

图 4-23　各节点电压与迭代次数的关系

本章小结

4.1 节给出了电压降落、电压损耗、电压偏移、功率损耗、输电效率的基本概念及相应的表达式。

4.2 节和 4.3 节阐述了简单电力系统开式网和闭式网潮流计算的计算方法，给出了变压器在工程计算中适用的模型。对于已知同一个节点电压和功率的开式网，可以依据已知节点电压和负荷功率逐个计算其他节点的电压和支路功率；对于已知电源点电压和负荷点功率的开式网，计算时先设定未知节点电压为线路额定电压，然后从末端负荷点向电源点计算各支路功率，再结合计算出的功率由电源点向负荷点计算各节点电压。对于双侧电源供电网络，首先在不计功率损耗的条件下确立功率分点，将双侧电源供电网络拆成两个开式网，再分别对两个开式网进行电压和功率分布的计算；对于环网，先在电压已知的电源点处将环网拆成若干个双侧电源供电网络，再进行计算。

4.4 节研究了复杂电力系统潮流计算问题，着重介绍了潮流计算中电力网络的数学模型、节点分类、电力系统运行的约束条件、节点导纳矩阵的形成及修改原理、牛顿－拉夫逊法的原理和潮流计算的流程。其中，节点导纳矩阵的参数可由电网的结构参数直接导出；牛顿－拉夫逊法的核心在于建立雅可比矩阵并对修正方程进行迭代计算，逐渐向最优解逼近。在处理电力网络功率方程的问题中，平衡节点不需要列写功率方程，而 PU 节点、PQ 节点需列写不同变量的功率方程。从雅可比矩阵和节点导纳矩阵的元素来看，当节点导纳矩阵中某个元素为 0 时，雅可比矩阵中的一个分块矩阵也为 0。最后对牛顿－拉夫逊法潮流计算的基本步骤进行了介绍，给出了节点电压用直角坐标表示的牛顿－拉夫逊和基于 PQ 分解法的潮流计算程序流程图。

复习思考题与习题

4-1　什么是电压降落、电压损耗和电压偏移？

4-2　线路和变压器的功率损耗各有哪些方面？什么是输电效率？

4-3　什么是潮流计算？潮流计算有哪些用途？

4-4　什么是运算负荷？

4-5　对已知首端电压和各负荷点功率的电力系统如何进行潮流计算？

4-6　输电线路传输功率增加，对线路功率损耗有什么影响？对供电质量有什么影响？

4-7　什么是功率分点？有功功率分点和无功功率分点必须在同一点吗？

4-8　什么是均一网络？

4-9　什么情况下电力系统存在循环功率？它的大小主要由什么决定？

4-10　自导纳、互导纳的物理意义是什么？它们与电力系统的结构参数有什么关系？

4-11　节点导纳矩阵有什么特点？

4-12　在潮流计算中，电力系统的节点可分为哪几类？

4-13　雅可比矩阵有什么特点？

4-14　牛顿－拉夫逊法潮流计算中的修正方程是什么？

4-15　牛顿－拉夫逊法潮流计算中节点电压用直角坐标表示和用极坐标表示有什么区别？

4-16　确立 PQ 分解法的基本思想是什么？

4-17　110kV 双回输电线路长度为 120km，导线型号为 LGJ–120，导线外径为 15.2mm，三相导线几何均距为 5m。已知线路末端负荷为 (30＋j22)MVA 时，末端电压为 108kV。试求线路首端电压、功率，并作出电压相量图。

4-18　220kV 单回输电线路长度为 180km，导线型号为 LGJ–400，单位线路的参数为 r_0=0.08Ω/km，x_0=0.418Ω/km，$b_0=2.74\times10^{-6}$S/km。送端升压变压器的型号为 SFL–100000，两台并联运行，U_{1N}/U_{2N}=242/13.8，ΔP_0=96kW，$I_0\%$=1.9，ΔP_k=700kW，$U_k\%$=12，联结组别为 YNd11。电气接线图如图 4-24 所示，线路上输送的功率为 15MW，负荷功率因数为 0.8 时负荷点电压为 215kV。试求线路送端电压

和变压器低压侧电压。

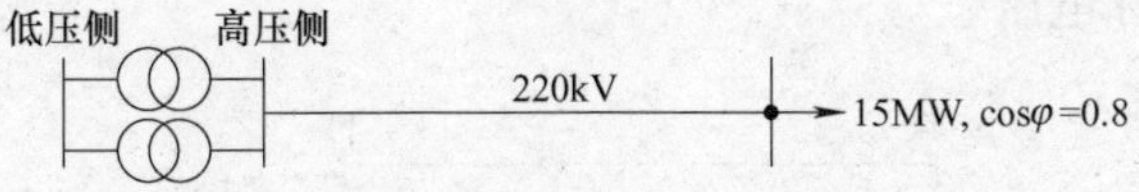

图 4-24　题 4-18 的电气接线图

4-19　110kV 双回输电线路如图 4-25 所示，长度为 80km，单位线路的参数为 r_0=0.17Ω/km，x_0=0.409Ω/km，b_0=2.82×10^{-6}S/km。如果要维持线路末端电压为 U_2=118kV，试求：

1）线路首端电压 U_1 和线路上的电压降落、电压损耗及线路末端的电压偏移。

2）如果负荷的有功功率增加 5MW，那么线路首端电压如何变化？

3）如果负荷的无功功率增加 5MVar，那么线路首端电压如何变化？

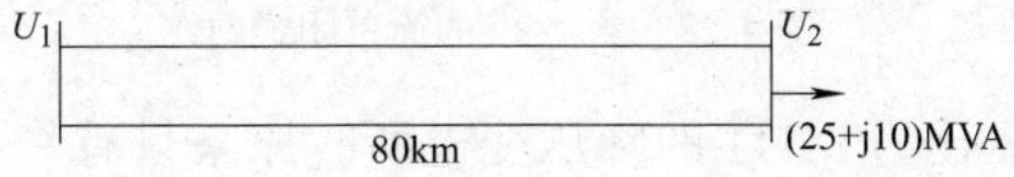

图 4-25　题 4-19 的 110kV 双回输电线路

4-20　如图 4-26 所示的简单电力系统中，已知变压器的参数为 U_{1N}/U_{2N}=110/11，S_N=31500kVA，ΔP_0=31kW，I_0%=0.7，ΔP_k=190kW，U_k%=10.5；单位线路的参数为 r_0=0.21Ω/km，x_0=0.416Ω/km，b_0=2.74×10^{-6} S/km。当线路首端电压为 U_A =120kV 时，试求：

1）线路和变压器的电压损耗。

2）变压器运行在额定电压比时的低压侧电压和电压偏移。

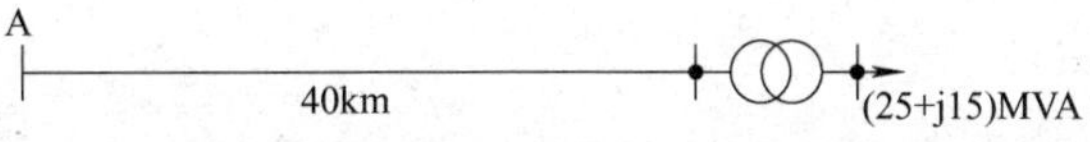

图 4-26　题 4-20 的简单电力系统

4-21　如图 4-27 所示的简单均一闭式网中，各线路长度和负荷功率标于图中，求该网络的功率分点。

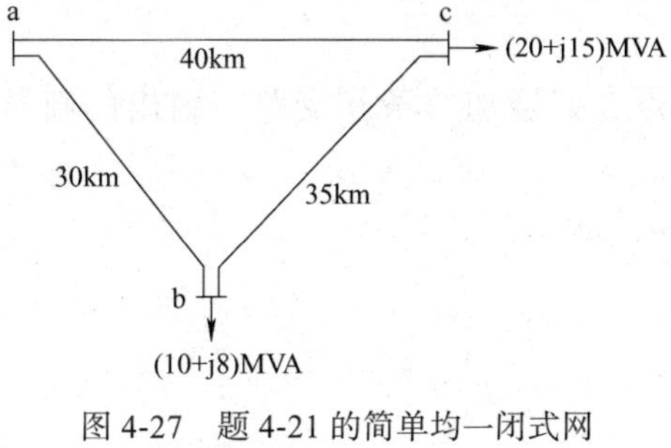

图 4-27　题 4-21 的简单均一闭式网

4-22　如图 4-28 所示的简单闭式网中，a 为某发电厂高压母线，运行电压为 117kV；各元件参数为 $Z_1 = \text{j}16\Omega$，$Z_2 = \text{j}14\Omega$，$Z_3 = \text{j}18\Omega$，忽略导纳；变电所 c 中每台变压器的励磁功率为 $\Delta S_0 = (0.1 + \text{j}1.2)\text{MVA}$，归算到高压侧的阻抗 $Z_{Tc} = (2 + \text{j}30)\Omega$；

负荷功率为 $S_{\mathrm{LDb}}=(22+\mathrm{j}17)\mathrm{MVA}$，$S_{\mathrm{LDd}}=(15+\mathrm{j}11)\mathrm{MVA}$。试求电网的功率分布和变电所高压母线 c 的实际电压。

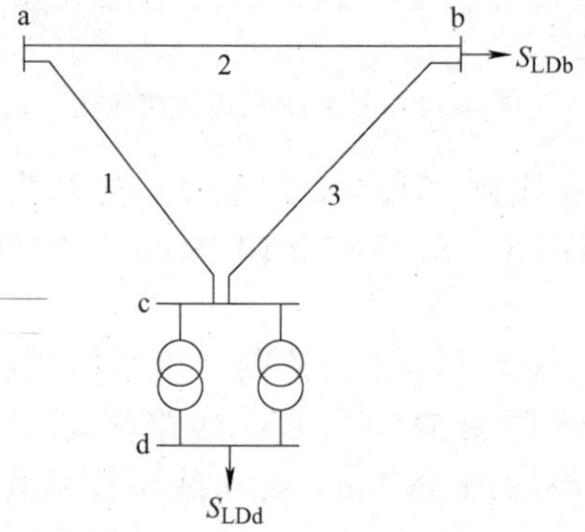

图 4-28　题 4-22 的简单闭式网

4-23　某额定电压比为 35/11 的降压变电所，原来只有一台 5600kVA 的变压器 T_1，因为低压负荷的增长，扩建了一台 2400kVA 的变压器 T_2，电气接线图如图 4-29 所示。归算到变压器高压侧的阻抗分别为 $Z_{\mathrm{T1}}=(6.5+\mathrm{j}33.2)\Omega$，$Z_{\mathrm{T2}}=(2.12+\mathrm{j}16.2)\Omega$。试求：

1）当两台变压器的电压比均为额定电压比时，各变压器输出的视在功率。

2）当变压器 T_1 的电压比为 33.25/11、变压器 T_2 的电压比为额定电压比时，各变压器输出的视在功率。

4-24　如图 4-30 所示的简单电力系统，各支路阻抗标幺值标于图中，求该系统的节点导纳矩阵。

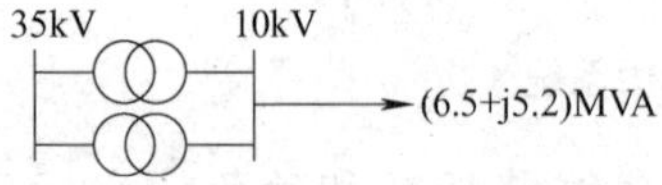

图 4-29　题 4-23 的电气接线图

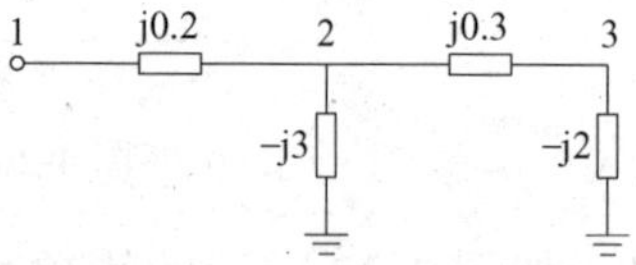

图 4-30　题 4-24 的简单电力系统

4-25　如图 4-31 所示的电力系统，原有 3 个节点，节点导纳矩阵为 $\begin{bmatrix} Y_{11} & Y_{12} & Y_{13} \\ Y_{21} & Y_{23} & Y_{23} \\ Y_{31} & Y_{32} & Y_{33} \end{bmatrix}$，现在节点 3 处增加一条新支路，引出的新节点编号为 4，支路阻抗为 z。试求新的节点导纳矩阵。

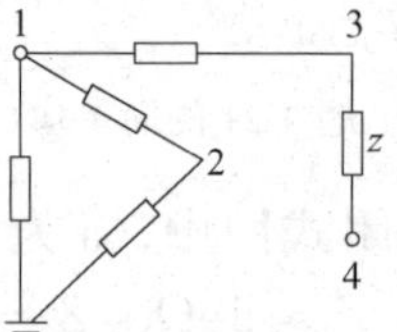

图 4-31　题 4-25 的电力系统

4-26　电力系统等效电路如图 4-32 所示，图中参数均为阻抗标幺值。试求：

1）变压器的电压比为标准电压比时的节点导纳矩阵。

2）变压器的电压比为非标准电压比 $k_T = 1.1$ 时的节点导纳矩阵。

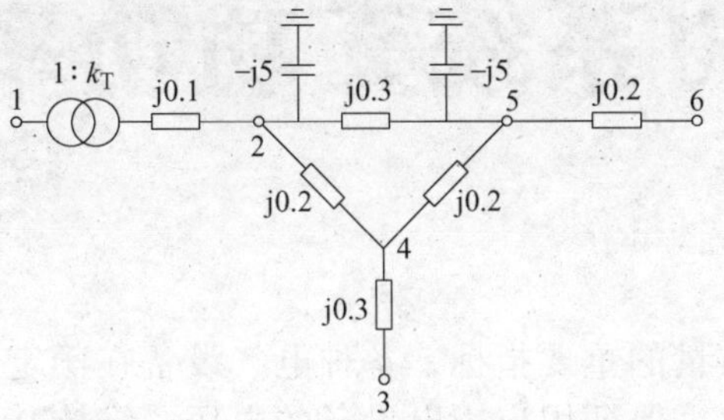

图 4-32　题 4-26 的电力系统等效电路

4-27　如图 4-33 所示的电力系统，各支路阻抗标幺值标于图中，试求该系统的节点导纳矩阵。

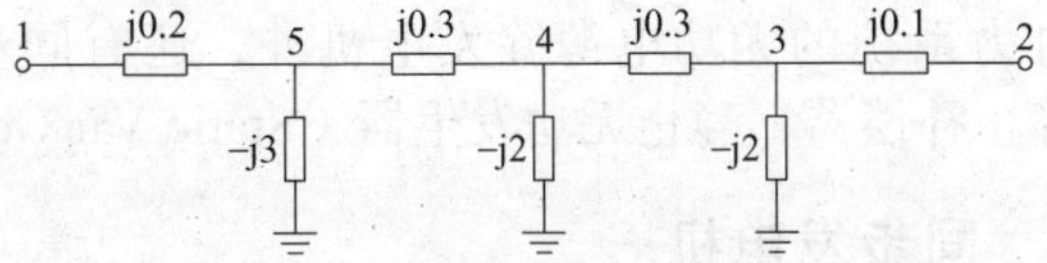

图 4-33　题 4-27 的电力系统

4-28　如图 4-32 所示的电力系统，各元件阻抗标幺值标于图中，给定 $\dot{U}_{1*} = 1.05\angle 0°$，$S_{LD2} = (0.55 + j0.15)\text{MVA}$，$S_{LD3} = (0.4 + j0.2)\text{MVA}$，$S_{LD5} = (0.3 + j0.15)\text{MVA}$，$P_{6*} = 5.6$，$U_{6*} = 1.1$；变压器的电压比为非标准电压比 $k_T = 1.1$。试用牛顿－拉夫逊法编程计算系统的潮流分布。

4-29　简单电力系统如图 4-34 所示，各段线路阻抗为 $Z_{12} = (8 + j15)\Omega$，$Z_{13} = (12 + j20)\Omega$，$Z_{23} = (24 + j22)\Omega$；节点功率为 $S_{LD2} = (25 + j20)\text{MVA}$，$S_{LD3} = (20 + j15)\text{MVA}$；若节点 1 的电压为 $\dot{U}_1 = 115\angle 0°\text{kV}$，试用牛顿－拉夫逊法编程计算系统的潮流分布。

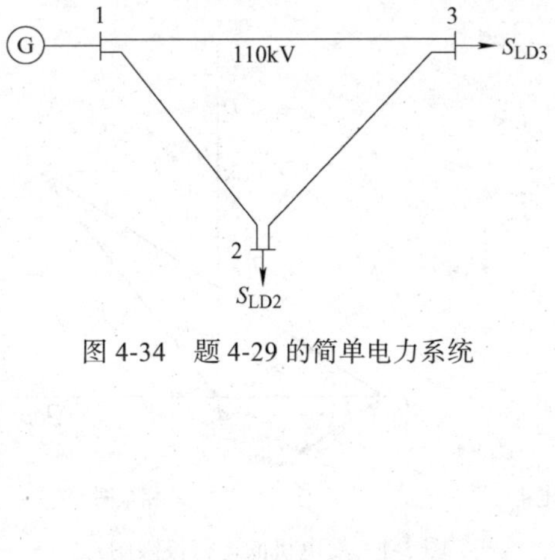

图 4-34　题 4-29 的简单电力系统

第5章 电力系统无功功率平衡与电压调整

电压是衡量电能质量的重要指标，各种电气设备在额定电压下运行时，其效率最高，也最安全。因此，保证用户用电设备的电压，维持其为额定值，是电力系统运行的基本任务之一。

5.1 无功电源

电力系统的无功电源

电力系统的无功电源除发电机外，还有同步调相机、静电电容器、静止补偿器、静止无功发生器（Static Var Generator，SVG）等。

5.1.1 同步发电机

同步发电机既是电力系统唯一的有功电源，又是最基本的无功电源。它工作时既可发出有功功率，又可发出无功功率。同步发电机发出的无功功率一般为有功功率的 40% ～ 60%。

同步发电机在额定状态下运行时，发出的无功功率为

$$Q_{GN} = S_{GN}\sin\varphi_N = P_{GN}\tan\varphi_N \tag{5-1}$$

式中，S_{GN}、P_{GN} 和 Q_{GN} 分别为发电机的额定视在功率、额定有功功率和额定无功功率；φ_N 为发电机的额定功率因数角。

同步发电机在非额定状态下运行时，有功功率、无功功率的出力可用发电机的运行极限图来分析，如图 5-1 所示。

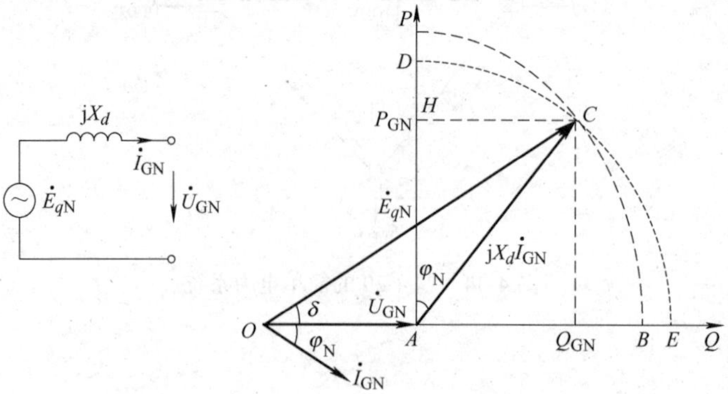

a) 等效电路　　b) 相量图

图 5-1　发电机的运行极限图

图5-1a为隐极发电机的等效电路。图5-1b为其额定运行时的相量图。图5-1b中，$\overline{OA}$代表发电机的额定电压$\dot{U}_{GN}$，$\dot{I}_{GN}$代表发电机定子的额定电流，滞后于$\dot{U}_{GN}$额定功率因数角φ_N；$\overline{AC}$代表$\dot{I}_{GN}$在发电机电抗X_d上产生的电压降，正比于定子额定电流，也正比于发电机的额定视在功率S_{GN}，这样，C点就代表了发电机的额定运行点，于是$\overline{AC}$在纵轴和横轴上的投影分别正比于发电机的额定有功功率P_{GN}和额定无功功率Q_{GN}；$\overline{OC}$代表发电机的交轴电动势$\dot{E}_{qN}$，它正比于发电机的额定励磁电流。

当发电机改变功率因数运行时，发电机输出的有功功率P和无功功率Q将受到下列条件的限制。

1）受转子额定励磁电流的限制，因为转子电流超过额定值将使转子绕组发热，所以发电机运行不能超过以O为圆心、$\overline{OC}$为半径的圆弧$\overset{\frown}{BC}$。

2）受定子额定电流（也就是额定视在功率）的限制，因为定子电流超过额定值将使定子绕组发热，所以发电机运行不能超过以A为圆心、$\overline{AC}$为半径的圆弧$\overset{\frown}{ED}$。

3）受原动机出力（即额定有功功率）的限制，发电机输出的有功功率不能超过水平线$\overline{HC}$。

发电机在非额定状态下运行的范围是图中$\overline{HC}$和$\overset{\frown}{BC}$与坐标系围成的区域。可见，当发电机提高功率因数运行时，发出的有功功率受到原动机额定功率限制，只能运行于$\overline{HC}$段，此时发电机发出的无功功率小于额定无功功率；当发电机降低功率因数运行时，由于受到转子电流的限制，发电机将运行于$\overset{\frown}{BC}$段，增加了发电机输出的无功功率，但输出的有功功率减小的更多。因此，只有在额定电压、额定电流和额定功率因数的额定状态下运行，发电机的视在功率才能达到额定值，其容量利用才最充分。

当系统中有功功率备用容量较充裕时，可使靠近负荷中心的发电机在减少有功功率出力的条件下运行，从而可多发无功功率来改善系统的电压质量。远离负荷中心的发电机在调节负荷点电压方面作用不大，因为发电机发出的功率要经电网传输，会增加电网的功率损耗和电压损耗。

分析图5-1b所示相量图，有

$$E_q\sin\delta = IX_d\cos\varphi, E_q\cos\delta = U + IX_d\sin\varphi$$

于是有

$$P = UI\cos\varphi = \frac{E_qU}{X_d}\sin\delta,\quad Q = UI\sin\varphi = \frac{E_qU}{X_d}\cos\delta - \frac{U^2}{X_d}$$

最后得到

$$Q = \sqrt{\left(\frac{E_qU}{X_d}\right)^2 - P^2} - \frac{U^2}{X_d} \tag{5-2}$$

由式（5-2）可见，当电动势E_q一定时，Q与U的关系可用一条开口向下的抛物线表示，如图5-2中曲线1所示。

5.1.2 同步调相机

同步调相机是专门用来发出无功功率的同步电机，其工作原理相当于空载运行的同步电动机。过励磁运行时，同步调相机可作为无功电源向系统输送无功功率；欠励磁运行时，同步调相机可作为无功负荷从系统吸收无功功率。所以，通过调节同步调相机的励磁，可以平滑地调节其发出的无功功率大小和方向。同步调相机的无功功率和运行电压的关系与发电机类似。

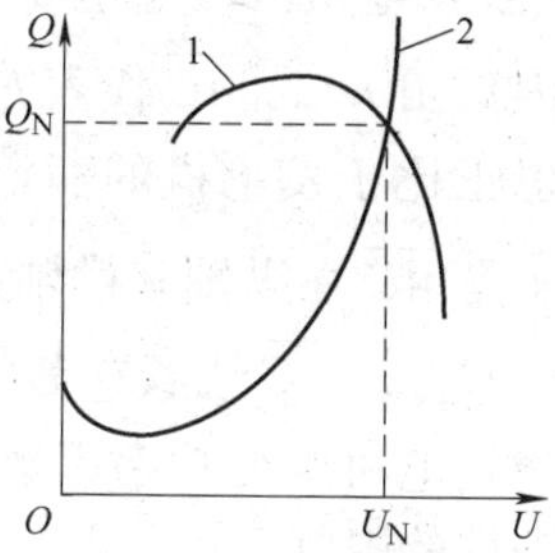

图 5-2 无功功率与电压的静态特性曲线

1—发电机 2—异步电动机

由于同步调相机主要用于发出无功功率，因此它在欠励磁运行时的容量仅设计为过励磁运行时容量的 50% ~ 65%。一般同步调相机装设在接近负荷中心处，直接供给负荷无功功率，以减少传输无功功率所引起的电能损耗和电压损耗。但由于它是旋转电机，故有功功率损耗较大，运行维护比较复杂，运行噪声大，所以目前同步调相机已逐渐被性能更优越的静止补偿器所代替。

5.1.3 静电电容器

静电电容器并接于电网，只能向电网输送无功功率，是静止的电气设备，最适合用于补偿系统的感性无功负荷。静电电容器运行时发出的感性无功功率的计算公式为

$$Q_C = \frac{U^2}{X_C} \tag{5-3}$$

式中，U 为电容器所在节点的电压；X_C 为电容器的电抗，$X_C=1/(\omega C)$。

一般单台静电电容器容量不大，多成组使用；它既可集中使用，又可分散使用，具有较大的灵活性。由于电容器组的价格便宜、损耗较小、维护方便，还可以提高负荷的功率因数，因此目前是系统中使用最广泛的无功电源（或无功补偿装置）之一。但是，静电电容器发出的无功功率与运行电压的二次方成正比，当节点电压下降时，系统需要无功功率补偿，而由式（5-3）可知，它供给系统的无功功率会因电压下降而减少，这将导致电网电压进一步下降，这是静电电容器的主要缺点。此外，由于静电电容器依靠投入或切除来调节其输出的无功功率，因此它不能平滑地调压，且调压范围也较小。

5.1.4 静止补偿器

静止补偿器由电容器组和可调电抗器并联组成，是一类动态的静止无功补偿装置（Static Var Compensator，SVC）。“静止”是指无机械旋转结构，“动态”是指可随运行状况的变化自动调节发出的无功功率。静止补偿器利用晶闸管元件所组成的电力电子开关分别控制电容器组与电抗器的投切，这样既可发出无功功率，又可吸收无功功率，并能依靠自动装置实现快速调节，对稳定电压、提高系统的暂态稳定性及减弱动态电压闪变等均能起到较大的作用，因而在电力系统中得到越来越广泛

的应用。但使用电力电子开关投切电容器组与电抗器，将使电力系统产生一些附加的高次谐波，这是静止补偿器使用中存在的问题之一。

静止补偿器既可接在低压侧，又可直接接在高压或超高压线路上，这对远距离输电线路运行性能的改善有较大作用。目前，电力系统中应用的静止补偿器有饱和电抗器（SR）型、晶闸管投切电容器（TSC）型和晶闸管控制电抗器（TCR）型三种，如图 5-3 所示。TCR 又可分为固定连接电容器加晶闸管控制电抗器（FC–TCR）和晶闸管投切电容器加晶闸管控制电抗器（TSC–TCR）。

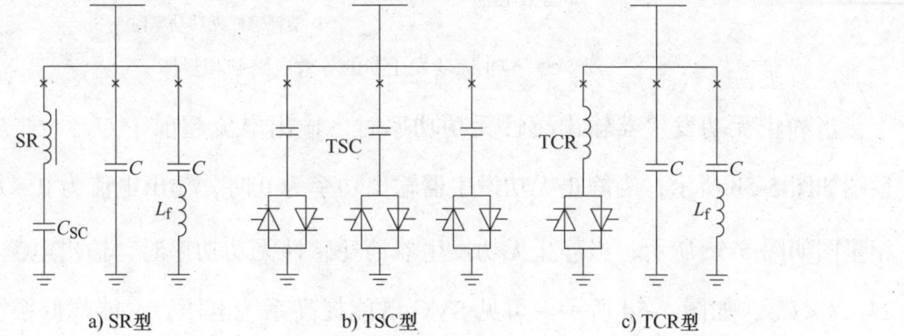

图 5-3　静止补偿器

5.1.5　静止无功发生器

20 世纪 80 年代以来出现了一种采用门极关断晶闸管（GTO）的新型静止无功补偿装置，这就是静止无功发生器（Static Var Generator，SVG）。静止无功发生器又称为静止同步补偿器（STATCOM）或静止调相机（STATCON）。静止无功发生器一般经变压器或电抗器接入系统，其原理图如图 5-4 所示，以电压型逆变器为基础，通过控制 GTO 的触发相位，改变电容器的直流电压，从而改变 SVG 输出交流电压的幅值，达到调节 SVG 吸收或发出无功功率的目的。

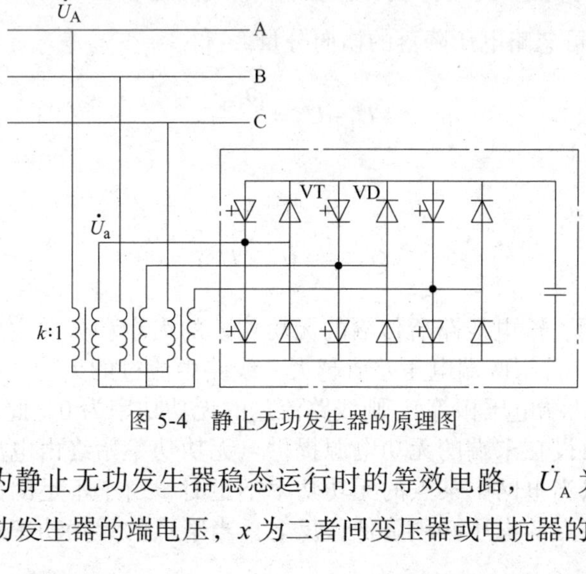

图 5-4　静止无功发生器的原理图

图 5-5a 所示为静止无功发生器稳态运行时的等效电路，$\dot{U}_A$ 为系统接入点的电压，$\dot{U}_S$ 为静止无功发生器的端电压，x 为二者间变压器或电抗器的电抗。

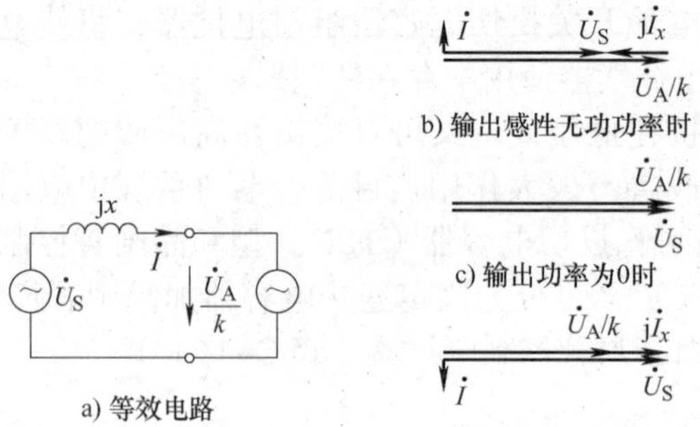

图 5-5　静止无功发生器的等效电路和相量图

当静止无功发生器输出感性无功功率时，输出电流超前于 $\dot{U}_S$，$U_A/k>U_S$，相量图如图 5-5b 所示；当静止无功发生器输出功率为 0 时，输出电流为 0，$U_A/k=U_S$，相量图如图 5-5c 所示；当静止无功发生器消耗感性无功功率时，输出电流滞后于 $\dot{U}_S$，$U_A/k<U_S$，如图 5-5d 所示。可见 SVG 既能提高系统电压，又能降低系统电压。

与 SVC 相比，SVG 响应速度更快，运行范围更宽，谐波电流含量更少，尤其重要的是，电压较低时仍可向系统注入较大的无功电流，SVG 中电容器容量比同容量的 SVC 中并联的电容器容量小，其主要缺点是，只能在三相基本平衡的电力系统中运行，同时 GTO 在 SVG 作容性负荷运行时关断较困难。

5.2　无功功率平衡与系统电压的关系

5.2.1　系统功率对电压的影响

在 4.1 节中，以简单线路为例得到了元件首末两端电压 $\dot{U}_1$、$\dot{U}_2$ 与流过该元件的功率 P_2、Q_2 之间的关系式。对一般的高压输电线路而言 $R\ll X$，考虑到首末两端电压相位差 δ 很小（可忽略电压降落的横向分量），得

$$U_1-U_2=\frac{Q_2X}{U_2} \tag{5-4}$$

即

$$Q_2=\frac{U_2}{X}(U_1-U_2) \tag{5-5}$$

式（5-5）表明，输电线路所传输的无功功率的大小和方向主要取决首末两端电压 U_1、U_2 的大小。首末两端电压差值越大，线路中流过的无功功率也越大。若两端电压差为 0（首末两端电压相等），则线路流过的无功功率为 0，此时，末端负荷所需的无功功率必须由设在末端的无功电源提供。无功功率始终由电压高的一端流向电压低的一端，所以当电网中某点的无功功率不足时，由于不足的部分必须通过联络线来供给，因此该点的电压必须降低；反之，当某点的无功功率过剩时，该点的电

压必将上升。因而，电压的控制与无功功率的传输情况密切相关。

上面分析了电压与无功功率传输的关系，下面再来讨论电压对无功负荷的影响。电力系统的负荷由各种类型的用电设备组成，一般以异步电动机为主体，统称为综合负荷。图 5-6 所示为综合负荷的电压静态特性曲线，该曲线描述了负荷取用的有功功率和无功功率与电压的关系。分析负荷的电压静态特性曲线可见，在额定电压附近，对于同样的电压变化量，引起的无功功率改变量大于有功功率改变量，换句话说，电压对无功功率的影响比电压对有功功率的影响更大。分析无功负荷的电压静态特性曲线还会发现，负荷的无功功率随电压的降低而减少。当无功负荷由原来的 Q_0 增大到 Q_1 时，无功负荷的电压静态特性曲线平行上移（见图 5-6 中的虚线），如果系统无功电源不提供相应的无功增量，负荷的电压将会由原来的 U_N 下降为 U_1。因此，要维持负荷的电压水平，就需要向负荷提供它所需要的无功功率，若系统不能向负荷供应所需要的无功功率，负荷的端电压就会被迫降低。由此可见，保证电压质量应从无功功率平衡入手。系统的无功功率平衡影响各节点的电压水平，这是系统运行的一个重要问题。

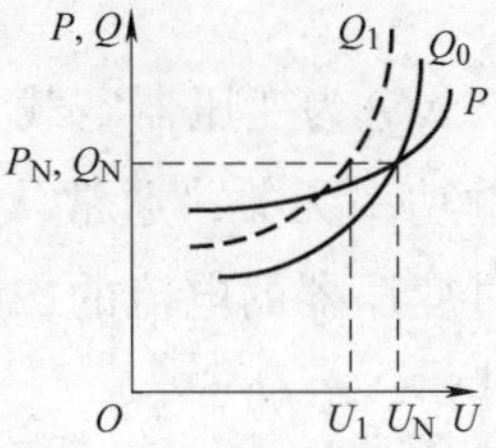

图 5-6　综合负荷的电压静态特性曲线

5.2.2　电力系统的无功功率平衡

1. 无功负荷

系统的无功负荷是指以滞后的功率因数运行的用电设备所吸收的无功功率，其中主要是异步电动机吸收的无功功率，特别是异步电动机轻载运行时所吸收的无功功率较多。因而可以用异步电动机的无功消耗和电压的静态特性代表系统无功负荷和电压的静态特性。一般情况下，系统综合负荷的功率因数大致为 0.6 ~ 0.9，异步电动机的比例越大，则综合负荷的功率因数越低，负荷所吸收的无功功率也越多。

异步电动机的无功消耗为

$$Q_M = Q_m + Q_\sigma = \frac{U^2}{X_m} + I^2 X_\sigma \tag{5-6}$$

式中，Q_m 为异步电动机励磁回路消耗的无功功率，它正比于异步电动机端电压的二次方；Q_σ 为异步电动机漏电抗消耗的无功功率，它正比于负荷电流的二次方。

综合这两部分无功功率的特点，可得如图 5-6 所示的无功功率与电压的关系曲线。由图 5-6 可见，在额定电压附近，电动机取用的无功功率随电压的升降而增减。当电压明显低于额定值时，电动机取用的无功功率主要由漏电抗消耗的无功功率决定，此时，随着电压的下降，曲线反而有上升趋势。

2. 无功损耗

无功损耗是指电网中变压器和输电线路产生的无功损耗。从变压器等效电路和参数计算分析可知，变压器的无功损耗为

$$Q_{\mathrm{T}}=\Delta Q_0+\Delta Q_{\mathrm{T}}=U^2B_{\mathrm{T}}+I^2X_{\mathrm{T}}=\frac{I_0\%}{100}S_{\mathrm{N}}+\frac{U_{\mathrm{k}}\%}{100}\frac{S^2}{S_{\mathrm{N}}} \tag{5-7}$$

式中，ΔQ_0 为变压器空载无功损耗，与变压器运行电压的二次方成正比，与变压器的传输功率无关，通常认为是不变损耗；ΔQ_{T} 为变压器绕组漏电抗中的无功损耗，与通过变压器的电流的二次方成正比，即与变压器传输功率的二次方成正比，是可变损耗。

变压器的无功损耗在系统的无功需求中占相当大的比重。若一台变压器的 $I_0\%=2.5$，$U_{\mathrm{k}}\%=10.5$，则额定功率下运行时，变压器的无功损耗为变压器额定容量的 13%。一般电力系统从电源到用户需要经过几级变压器，因此消耗在变压器中的无功功率相当可观，可达用户总无功负荷的 50% ～ 75%。因此，如何进一步降低变压器的无功损耗是值得重视的。

输电线路的无功损耗也包括两部分：线路电抗消耗的无功功率和线路电纳发出的无功功率。

线路电抗消耗的感性无功功率与线路电流的二次方成正比，即与线路传输功率的二次方成正比，它远大于线路电阻消耗的有功损耗，导线截面积越大，电抗的无功损耗越大。线路电纳发出的无功功率与线路运行电压的二次方成正比，与线路传输功率无关，它的存在将引起长线的电容效应从而导致工频电压升高，即由于线路容性无功损耗大于感性无功损耗，线路总体表现为消耗容性无功功率，相当于无功电源，这使得线路末端电压高于线路首端电压。这种情况又称弗兰缇效应。为了减弱这种工频电压升高现象，常在远距离输电线路中途或末端装设并联电抗器。

3. 无功功率平衡

系统的无功功率平衡就是指在系统运行的每一时刻，系统中所有无功电源发出的无功功率要与系统的无功负荷和无功损耗相平衡，即

$$Q_{\mathrm{GC}}(t)=Q_{\mathrm{LD}}(t)+\Delta Q_{\Sigma}(t) \tag{5-8}$$

式中，$Q_{\mathrm{GC}}(t)$ 为系统中所有无功电源，即发电机、同步调相机、静止补偿器等发出的无功功率；$Q_{\mathrm{LD}}(t)$ 为系统中所有无功负荷消耗的无功功率；$\Delta Q_{\Sigma}(t)$ 为系统中所有变压器、输电线路等网络元件的无功损耗。

图 5-7 所示为无功功率平衡与电压的关系。曲线 1 表示系统等效无功电源的无功电压静态特性，曲线 2 表示系统等效无功负荷（也包括系统中的无功损耗）的无功电压静态特性。曲线 1 和曲线 2 的交点 a 为系统无功功率平衡点，此时对应的运行电压为 U_a。

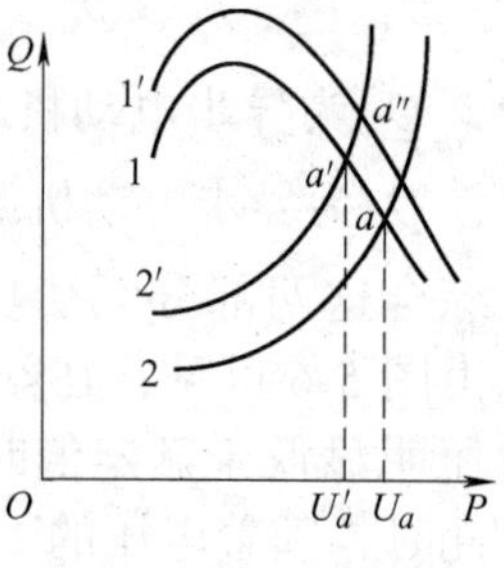

图 5-7　无功功率平衡与电压的关系

当系统无功负荷增加时，其无功电压静态曲线变为 2′。这时，如果系统的无功电源出力没有相应增加，即电源的无功电压静态特性曲线 1 维持不变，曲线 1 与曲线 2′ 的交点 a' 就是新的无功功率平衡点，对应的运行电压为 U_a'。显然 $U_a'<U_a$，这说明无功负荷增加后，若系统的无功电源不能满足在电压 U_a 下无功功率平衡的需求，则系统会降低电压水平，以取得在较低

电压水平下的无功功率平衡。如果系统的无功电源有充足的备用容量，可以多发无功功率，那么无功电源的无功电压静态特性曲线上移至曲线 1′，从而使曲线 1′ 和 2′ 的交点 a'' 所确定的运行电压达到或接近 U_a。由此可见，要保持节点的电压水平就必须维持无功功率平衡，因而保持无功电源的备用容量充足是维持系统电压质量的关键。为保证系统的电压质量，进行规划设计和运行时需制定无功功率的供需平衡关系，并保证系统有一定的备用容量。无功备用容量一般为无功负荷的 7% ～ 8%。负荷的综合功率因数一般在 0.6 ～ 0.9 之间，多数在 0.7 ～ 0.8 之间，加上电网的无功损耗最多可达总无功负荷的 100%。因而需要由系统中各类无功电源供给的无功功率最多可达总无功负荷的两倍左右，而从数量级上看甚至与有功负荷的两倍也相差不多。因此维持系统的无功功率平衡并保证有一定的无功备用容量不是一件轻而易举的事。实践表明，绝大多数电力系统都必须采取专门的无功功率补偿措施，才能达到维持运行电压水平的目的。无功补偿装置应尽可能装在负荷中心，以做到无功功率就地平衡，减少无功功率在电网中传输引起的网络功率损耗和电压损耗。

5.3　电力系统中枢点电压管理

5.3.1　电压偏移对系统设备的影响

电力系统常见的用电设备是异步电动机和各种电热设备、照明电器及日渐增多的家用电器等。

异步电动机的转矩与端电压的二次方成正比。如果以额定电压运行时的转矩为 100% 来表示，那么当端电压降低 10% 时，转矩将降低 19% 左右。如果电压降低过多，一方面带额定负载的电动机可能停转，带有重载（如起动机、碎石机、磨煤机等）起动的电动机可能将无法起动；另一方面，电压过低会导致电动机电流显著增大，绕组温度上升，绝缘加速老化，严重时甚至烧毁电动机。

照明电器的发光效率、光通量和使用寿命均与电压有关。当端电压较额定电压降低 5% 时，其光通量约减少 15%，发光效率约降低 10%；当电压降低 10% 时，光通量减少 30%，发光效率降低 20%。而当电压较额定电压升高 5% 时，发光效率增加 10%，但使用寿命缩短一半。

电炉等电热设备的出力大致与电压的二次方成正比，电压降低会延长电炉的冶炼时间，从而降低生产效率。

现代电子设备中的电子管和晶体管对电压质量的要求更高。电压高于额定电压会严重降低器件的使用寿命；电压低于额定电压时器件的工作点不稳定，甚至不能工作。

电压偏移额定值过大，除了影响用户的用电设备正常工作外，对电力系统本身运行也有不利影响。例如，对变压器来说，如果电压偏低，在功率不变的条件下，输出电流会增加，使绕组过热；如果电压偏高，那么励磁电流会增大，铁心损耗增加，温升增高，严重情况下会出现高次谐波共振现象。

因此，为了保证电力系统正常运行，应力求保持系统中各节点电压为额定值。但由于系统中用电负荷的变化和系统运行方式的改变，电网中的电压损耗也随之变化，要使所有节点电压都保持额定值是不可能的，总会出现电压偏移。实际上大多数设备在稍许偏离额定电压值下运行，仍具有良好的技术性能，因此从技术和经济上综合考虑，合理地规定各类负荷的允许电压偏移是完全必要的。电力系统在运行过程中需要经常调整节点电压，以使其在允许范围内偏移。

5.3.2 中枢点电压管理

电力系统结构复杂，负荷多，不可能对每个负荷点的电压都进行监视和调整，一般选定少数有代表性的节点作为电压监视的中枢点。所谓中枢点是指那些能反映系统电压水平的主要发电厂或区域变电所的母线，系统中大部分负荷由这些节点供电。中枢点的电压满足要求，才能保证系统其他各节点的电压满足要求。因此，应根据负荷对电压的要求，确定中枢点的电压变化范围。

设简单电网的接线图如图 5-8a 所示，中枢点 O 向负荷点 A 和 B 供电，而负荷点的电压变化范围是 $(0.95\sim1.05)U_N$，两处的日负荷曲线如图 5-8b 所示。当线路参数一定时，线路上的电压损耗 ΔU_A 和 ΔU_B 的曲线如图 5-8c 所示。

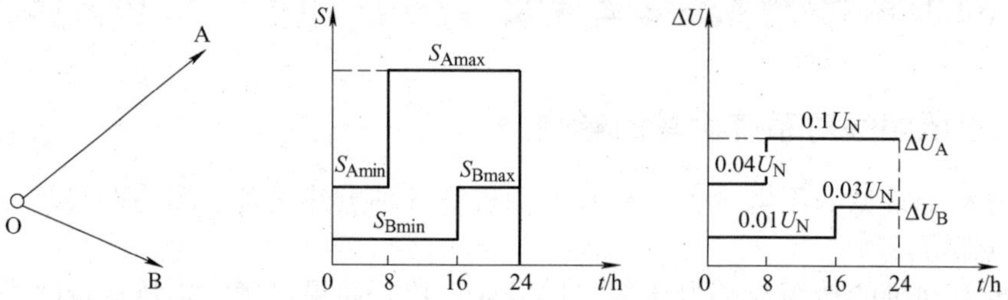

a) 接线图　b) 日负荷曲线　c) 电压损耗曲线

图 5-8　简单电网电压损耗

为满足负荷点 A 的供电电压要求，中枢点 O 的电压应在图 5-9 所示区间内变化，即在 0 ～ 8h，U_A 为 $(0.95\sim1.05)U_N$，ΔU_A 为 $0.04U_N$，由 $U_{AO}=U_A+\Delta U_A$ 得 U_{AO} 为 $(0.99\sim1.09)U_N$；在 8 ～ 24h，U_A 为 $(0.95\sim1.05)U_N$，ΔU_A 为 $0.1U_N$，由 $U_{AO}=U_A+\Delta U_A$ 得 U_{AO} 为 $(1.05\sim1.15)U_N$。

同理，为满足负荷点 B 的供电电压要求，中枢点 O 的电压应在图 5-9 所示区间内变化，即在 0 ～ 16h，U_B 为 $(0.95\sim1.05)U_N$，ΔU_B 为 $0.01U_N$，由 $U_{BO}=U_B+\Delta U_B$ 得 U_{BO} 为 $(0.96\sim1.06)U_N$；在 16 ～ 24h，U_B 为 $(0.95\sim1.05)U_N$，ΔU_B 为 $0.03U_N$，由 $U_{BO}=U_B+\Delta U_B$ 得 U_{BO} 为 $(0.98\sim1.08)U_N$。

因此中枢点 O 的电压变化范围应同时满足 A、B 两个负荷点电压对中枢点 O 的要求，即图 5-9 中的阴影部分。

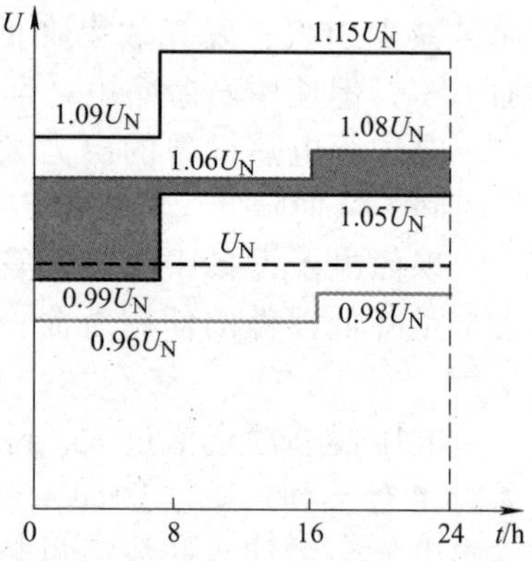

图 5-9　中枢点允许的电压变化范围

尽管负荷点允许电压偏移 ±5%，即电压变化范围为 $10\%U_N$，但由于负荷的变化规律不同，从而使线路电压损耗的大小和变化规律差别较大，导致中枢点的电压变化范围较小。可以想象，若由同一中枢点供电的各负荷差别很大，则负荷点对中枢点要求的电压变化范围差别大，就可能导致在某些时间段内中枢点电压没有能同时满足所有负荷点电压要求的工作范围。在这种情况下，仅靠控制中枢点电压不能满足所有负荷点的供电电压要求，必须采取其他调压措施。

若中枢点所带负荷多，则一般对最大负荷和最小负荷两点用上述方法分析，找出中枢点的电压变化范围，就能满足所有负荷点的供电电压要求。

进行电力系统规划设计时，由于网络还没有建成，各负荷点对电压的要求还不明确，电网的损耗也无法计算，因此无法按照上述方法作出中枢点的电压曲线。工程实践中往往根据电网的性质，采用下述方法实现对中枢点电压的调整。

（1）逆调压

大负荷时由中枢点供电的线路电压损耗大，将中枢点电压适当升高（比线路额定电压高 5%），以抵偿电压损耗的增大；小负荷时供电线路上的电压损耗小，将中枢点电压适当降低（取线路的额定电压），以抵偿电压损耗的减小。这种大负荷时升高电压、小负荷时降低电压的中枢点调压方式，与系统自然的潮流分布相反，所以称为逆调压。这种调压方式适合于供电线路较长、负荷变动较大的中枢点，是比较理想的调压方式。逆调压需要在中枢点装设较贵重的调压设备（如同步调相机、静止补偿器、有载调压变压器等）。

（2）顺调压

由于从发电厂到中枢点也存在电压损耗，若发电机端电压一定，则大负荷时中枢点电压会低一些，小负荷时中枢点电压会高一些，这时可以采用顺调压，即大负荷时允许中枢点电压不低于线路额定电压的 102.5%，小负荷时不高于线路额定电压的 107.5%，与自然的潮流分布一致。这种调压方式适用于供电线路不长、负荷变动不大的中枢点。顺调压是一种要求较低的调压方式，一般不需要加设特殊的调压设备，而通过选择普通变压器的分接头来实现。

（3）常调压

介于上述两种调压方式之间的称为常调压，即在任何负荷下都保持中枢点电压为线路额定电压的 102% ～ 105%。常调压比逆调压的要求低，一般可以不装设贵重的调压设备，通过选择普通变压器的分接头或装设静电电容器就可达到调压要求。

以上讨论的是电力系统正常运行时的调压要求，如果系统发生故障，电压损耗比正常运行时大，对电压质量的要求可适当降低，通常允许故障时的电压偏移较正常情况再增加 5%。

5.4　电力系统的调压措施

5.4.1　调压原理

电力系统具有较充足的无功功率电源，是保证电力系统拥有良好电压质量的必要条件，但不是唯一的条件。要保证所有用户的电压质量都符合标准，必须根据实际情况，在不同的节点采取不同的调压措施。

以图 5-10 所示的简单电力系统为例，说明常用调压措施所依据的基本原理。

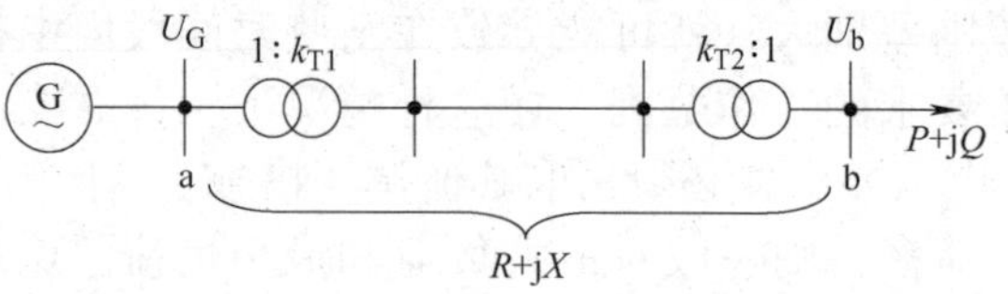

图 5-10　简单电力系统

图 5-10 中发电机通过升压变压器、输电线路和降压变压器向用户供电。为分析方便，忽略了线路电容的充电功率和变压器的励磁功率，并且变压器的参数都归算到高压侧，则负荷点 b 的电压为

$$U_b = \frac{U_G k_{T1} - \Delta U}{k_{T2}} = \frac{U_G k_{T1} - \dfrac{PR + QX}{U_N}}{k_{T2}} \tag{5-9}$$

由式（5-9）可知，调整负荷点 b 的端电压 U_b 可采取的措施有：改变发电机的端电压 U_G；改变变压器的电压比 k_T；增设无功补偿装置，以减少电力网传输的无功功率 Q；改变输电线路的参数。

5.4.2　改变发电机端电压

改变发电机的励磁电流就可以调节它的端电压，一般情况下发电机端电压的调节范围为 ±5%。这种调压措施不需要增加设备，是一种最经济的调压方式，所以应优先考虑。这种调压方式的实质是使发电机的端电压随负荷的变化而调节。当负荷大时，网络的电压损耗大，这时增大发电机的励磁电流，调高发电机的端电压，以维持网络的电压水平；当负荷小时，网络的电压损耗小，这时减小发电机的励磁电流，调低发电机的端电压，即对发电机实行逆调压，以满足用户的电压要求。

电网的类型不同，发电机调压所起的作用也不同。对于发电机直接供电的小型电力系统，因供电线路不长，电压损耗不大，发电机采用逆调压方式，就能使负荷点电压质量满足要求。

对于发电机经多级变压器向负荷供电的大中型电力系统，由于供电范围大，从发电厂到各负荷点的距离不同，电压损耗也不相同，单靠发电机调压不能完全满足所有负荷点对电压质量的要求。但是，发电机采取逆调压方式可以使近距离负荷点的电压质量满足要求，减轻远距离负荷采用其他调压设备的负担，从而使整个系统的调压问题易于解决。

对于具有多个发电厂并列运行的大型电力系统，发电机调压不一定适用。因为提高发电机电压时，发电机要多输出无功功率，这就要求发电机有充足的无功备用才能担当调压任务。另外，在系统内并列运行的各个发电厂之间调整个别发电厂的母线电压，会引起系统中无功功率的重新分配，这可能会与系统无功功率的经济分配发生矛盾。因此，在大型电力系统中，发电机调压一般只作为辅助的调压措施。

5.4.3　改变变压器的电压比

改变变压器的分接头，即改变变压器的电压比，就可以改变变压器二次侧的输出电压。这种调压方式适用于任何电压等级，是目前广泛采用的调压方式。

通常，改变变压器分接头的方式有两种。一种是在停电的情况下改变分接头，称为无励磁调压。容量在 6300kVA 及以下的无励磁调压变压器一般在高压侧有三个调压分接头，分别于 $1.05U_N$、U_N、$0.95U_N$ 处引出，其调压范围为 ±5%。其中，U_N 处引出的分接头称为主接头。容量在 8000kVA 及以上的无励磁调压变压器，一般在高压侧有五个调压分接头，分别于 $1.05U_N$、$1.025U_N$、U_N、$0.975U_N$、$0.95U_N$ 处引出，其调压范围为 $\pm2\times2.5\%$。另一种是在不停电的情况下改变分接头，使调压变得更方便，称为有载调压。有载调压变压器的关键部件是有载调压的分接开关。一般的变压器只要配有有载分接开关，就可以做成有载调压变压器。对于 110kV 及以上电压等级的有载调压变压器，还配有专门的调压绕组，来增大调压范围，可达到额定电压的 15% 以上。例如，国产 110kV 级变压器的调压范围为 $\pm3\times2.5\%$，共 7 级分接开关；220kV 级变压器的调压范围为 $\pm4\times2\%$，共 9 级分接开关。

由于无励磁调压变压器不能在运行中改变分接头，而变压器通过的负荷功率随时变化，所以必须事先选择好一个合适的分接头，使变压器运行在最大负荷和最小负荷时，其电压偏移均不超过允许范围。下面以双绕组降压变压器为例说明分接头的确定。降压变压器如图 5-11 所示。

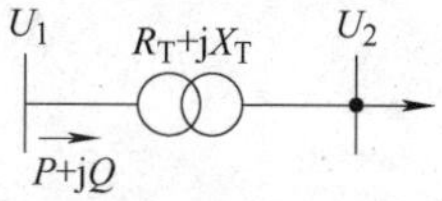

图 5-11　降压变压器

若流入变压器的功率为 $P+\mathrm{j}Q$，高压侧母线的实际电压给定为 U_1，变压器归算到高压侧的阻抗参数为 $R_T+\mathrm{j}X_T$，则归算到高压侧的变压器电压损耗为

$$\Delta U_T=\frac{PR_T+QX_T}{U_1} \tag{5-10}$$

若低压侧要求的电压为 U_2，则有

$$U_2=\frac{U_1-\Delta U_T}{k_T} \tag{5-11}$$

式中，$k_T=U_{1t}/U_{2N}$ 为变压器的电压比；U_{1t} 为待选择的变压器高压绕组的分接头电压；U_{2N} 为变压器低压绕组的额定电压。因此有

$$U_{1t}=\frac{U_1-\Delta U_T}{U_2}U_{2N} \tag{5-12}$$

于是得到变压器通过最大负荷、最小负荷时对分接头电压的要求分别为

$$U_{1t\max}=\frac{U_{1\max}-\Delta U_{T\max}}{U_{2\max}}U_{2N} \tag{5-13}$$

$$U_{1t\min}=\frac{U_{1\min}-\Delta U_{T\min}}{U_{2\min}}U_{2N} \tag{5-14}$$

式中，$U_{1\max}$、$U_{1\min}$ 为变压器通过最大负荷、最小负荷时高压侧的电压，可由潮流计算得出或给定；$\Delta U_{T\max}$、$\Delta U_{T\min}$ 为变压器通过最大负荷、最小负荷时阻抗中的电压损耗；$U_{2\max}$、$U_{2\min}$ 为变压器通过最大负荷、最小负荷时低压侧要求的电压值。

考虑到最大负荷和最小负荷时变压器用同一个分接头，因此取 $U_{1t\max}$ 和 $U_{1t\min}$ 的

平均值，即

$$U_{1tav}=\frac{U_{1tmax}+U_{1tmin}}{2} \tag{5-15}$$

再根据 U_{1tav} 的值选择一个与它最接近的变压器标准分接头电压。选定变压器分接头后，应校验所选的分接头在最大负荷和最小负荷时变压器低压侧母线上的实际电压是否符合调压要求。如果不满足要求，还要考虑其他调压措施。

例题 5-1 某降压变电所有一台电压比 $k_T=110\times(1\pm2\times2.5\%)/11$ 的变压器，归算到高压侧的变压器阻抗为 $Z_T=(2.44+j40)\Omega$，最大负荷时流入变压器的功率为 $S_{max}=(28+j14)MVA$，最小负荷时为 $S_{min}=(10+j6)MVA$。最大负荷时，高压侧母线电压为 113kV，最小负荷时为 115kV，低压侧母线电压的允许变化范围为 10 ~ 11kV，试选择变压器分接头。

解： 最大负荷和最小负荷时变压器的电压损耗分别为

$$\Delta U_{max}=\frac{P_{max}R_T+Q_{max}X_T}{U_{1max}}=\frac{28\times2.44+14\times40}{113}kV=5.56kV$$

$$\Delta U_{min}=\frac{P_{min}R_T+Q_{min}X_T}{U_{1min}}=\frac{10\times2.44+6\times40}{115}kV=2.3kV$$

按最大负荷和最小负荷情况选变压器的分接头电压分别为

$$U_{1tmax}=\frac{U_{1max}-\Delta U_{max}}{U_{2max}}U_{2N}=\frac{113-5.56}{10}\times11kV=118.2kV$$

$$U_{1tmin}=\frac{U_{1min}-\Delta U_{min}}{U_{2min}}U_{2N}=\frac{115-2.3}{11}\times11kV=112.7kV$$

取平均值为

$$U_{1tav}=\frac{1}{2}(U_{1tmax}+U_{1tmin})=\frac{1}{2}\times(118.2+112.7)kV=115.45kV$$

选择最接近平均值的分接头电压 115.5kV，即 5% 的分接头。按所选分接头校验低压侧母线的实际电压为

$$U_{2max}=\frac{113-5.56}{115.5}\times11kV=10.23kV>10kV$$

$$U_{2min}=\frac{115-2.3}{115.5}\times11kV=10.73kV<11kV$$

计算后发现，均未超出电压允许变化范围 10 ~ 11kV，可见所选分接头能满足调压要求。

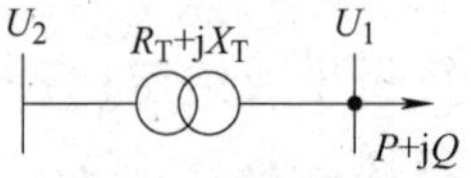

图 5-12 升压变压器

升压变压器分接头的选择方法与降压变压器的选择方法基本相同。但要注意的是，升压变压器的功率方向是从低压侧流向各高压侧，如图 5-12 所示。因此式（5-12）中电压损耗 ΔU_T

前的符号应为正，即应将电压损耗和高压侧电压相加，即

$$U_{1t}=\frac{U_1+\Delta U_T}{U_2}U_{2N} \tag{5-16}$$

式中，U_2为升压变压器低压侧的实际电压或给定电压；U_1为升压变压器高压侧要求的电压。

5.4.4 利用无功功率补偿调压

以上提到的两种调压措施只有在电力系统无功电源充足的情况下才行之有效。当系统无功电源不足时，为了防止发电机因输出过多的无功功率而严重过负荷，不得不降低整个电力系统的电压水平，以减少无功功率的消耗量。这时即使采取调节变压器分接头的方法可使系统中局部的某些点电压水平提高，但这样做的结果反而增加了无功功率的损耗，迫使发电机不得不进一步降压运行，以限制系统中总的无功功率消耗，从而导致整个系统的电压水平更低，形成了电压水平低和无功功率供应不足的恶性循环，甚至有可能导致电压崩溃。因此，当电力系统的无功电源不足时，必须在适当的地点装设新的无功电源来补偿所缺的无功功率，只有这样才能调压。为此而装设的无功电源又称为无功补偿装置。此时系统的功率分布也会改变。

前面讲过的无功补偿装置有同步调相机、静电电容器和静止补偿器。并联静电电容器具有投资少、电能损耗小、维护简单、建设工期短等优点，在一般情况下应优先采用。在技术需要、经济许可的情况下，可采用同步调相机或静止补偿器，具体情况如下。

1）远距离输电线路中间需要电压支持以提高系统稳定性时。

2）母线电压受负荷影响而变化频繁，幅值较大，且影响其他用户的供电质量时。

3）带有冲击负荷（如轧钢负荷）的母线，其无功负荷变化幅值大、速率高，需维持供电电压并防止电压闪变时。

4）维持受端系统稳定的需要时。

一般来说，在负荷点适当地并联无功补偿装置，可以使无功功率就地供给，减少了线路上传输的无功功率，从而降低了线路上的功率损耗和电压损耗，相应地提高了负荷点的电压水平。只要合理地在电力系统中布置无功补偿电源，就既可改善电压水平，又可使电网的功率损耗降低。因此，采用无功功率补偿装置调压是目前应用极广的一种调压方式。

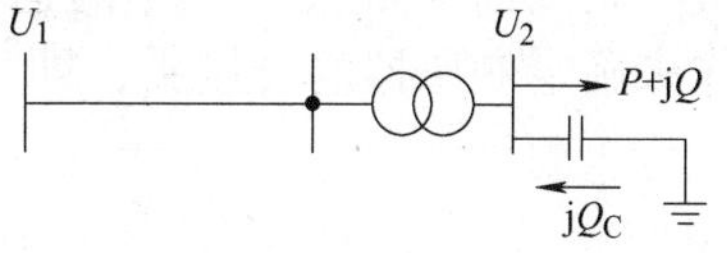

图 5-13 简单电力系统的无功功率补偿

下面介绍如何确定无功补偿容量。简单电力系统的无功功率补偿如图 5-13 所示。

供电点电压U_1和负荷点功率$P+\mathrm{j}Q$已给定，线路电容和变压器的励磁功率略去不计，线路和变压器的总阻抗为$R+\mathrm{j}X$，并忽略电压降落的横向分量。在未装设无功补偿装置前，电网首端电压可表示为

$$U_1=U_2'+\frac{PR+QX}{U_2'} \tag{5-17}$$

式中，U_2'为补偿前变压器低压侧归算到高压侧的电压。

在负荷侧装设容量为Q_C的无功补偿装置后，电网首端电压可表示为

$$U_1 = U_{2C}' + \frac{PR + (Q - Q_C)X}{U_{2C}'} \tag{5-18}$$

式中，U_{2C}'为装设无功补偿装置后变压器低压侧归算到高压侧的电压。

若补偿前后首端电压保持不变，则有

$$U_2' + \frac{PR + QX}{U_2'} = U_{2C}' + \frac{PR + (Q - Q_C)X}{U_{2C}'} \tag{5-19}$$

由此可得无功补偿容量为

$$Q_C = \frac{U_{2C}'}{X}\left(U_{2C}' - U_2' + \frac{PR + QX}{U_{2C}'} - \frac{PR + QX}{U_2'}\right) \tag{5-20}$$

由于U_{2C}'与U_2'差别不大，因此式（5-20）后两项可略去不计，得简化形式为

$$Q_C = \frac{U_{2C}'}{X}(U_{2C}' - U_2') \tag{5-21}$$

考虑变压器的电压比为k_T，则有

$$Q_C = \frac{k_T^2 U_{2C}}{X}\left(U_{2C} - \frac{U_2'}{k_T}\right) \tag{5-22}$$

由式（5-22）可看出，补偿容量Q_C的大小不仅取决于调压的要求，也取决于变压器的电压比，因此在确定Q_C之前，先确定电压比k_T，k_T选择的原则是：在满足调压的条件下，无功补偿容量为最小。由于不同的无功补偿装置性能不同，因此选择电压比的条件也不相同，下面分别进行介绍。

1. 无功补偿装置为静电电容器

对于大负荷时降压变电所低压侧电压偏低、小负荷时电压偏高的情况，选择静电电容器作为无功补偿装置时，由于静电电容器只能发出感性无功功率以提高电压，不能吸收感性无功功率降低电压，所以应考虑静电电容器最小负荷时不投入工作、最大负荷时全部投入工作的运行方式。因此，可按静电电容器最小负荷时不投入工作来确定变压器的分接头，即

$$U_{1t} = \frac{U_{2\min}'}{U_{2\min}} U_{2N} \tag{5-23}$$

式中，$U_{2\min}'$为最小负荷时计算出的变压器低压侧母线归算到高压侧的电压；$U_{2\min}$为最小负荷时变压器低压侧母线要求的电压。

选定与U_{1t}最接近的分接头后，确定变压器的电压比，再按最大负荷的调压要求计算无功补偿容量，即

$$Q_{\mathrm{C}}=\frac{k_{\mathrm{T}}^{2}U_{2\mathrm{Cmax}}}{X}\left(U_{2\mathrm{Cmax}}-\frac{U'_{2\max}}{k_{\mathrm{T}}}\right) \tag{5-24}$$

式中，$U'_{2\max}$ 为最大负荷时算出的变压器低压侧母线归算到高压侧的电压；$U_{2\mathrm{Cmax}}$ 为最大负荷时变压器低压侧母线要求的电压。

2. 无功补偿装置为同步调相机

当选用同步调相机作为无功补偿装置时，由于同步调相机既可发出无功功率以提高电压，又可吸收无功功率以降低电压，因此，最大负荷时同步调相机发无功功率，为了充分利用同步调相机的容量，发出的无功功率即为其额定容量 Q_{CN}，于是有

$$Q_{\mathrm{CN}}=\frac{k_{\mathrm{T}}^{2}U_{2\mathrm{Cmax}}}{X}\left(U_{2\mathrm{Cmax}}-\frac{U'_{2\max}}{k_{\mathrm{T}}}\right) \tag{5-25}$$

最小负荷时同步调相机吸收无功功率，并且只能吸收大小为 αQ_{CN} 的无功功率，α=0.5 ～ 0.65，即

$$-\alpha Q_{\mathrm{CN}}=\frac{k_{\mathrm{T}}^{2}U_{2\mathrm{Cmin}}}{X}\left(U_{2\mathrm{Cmin}}-\frac{U'_{2\min}}{k_{\mathrm{T}}}\right) \tag{5-26}$$

联合式（5-25）和式（5-26）解出 k_{T}，为

$$k_{\mathrm{T}}=\frac{\alpha U_{2\mathrm{Cmax}}U'_{2\max}+U_{2\mathrm{Cmin}}U'_{2\min}}{\alpha U_{2\mathrm{Cmax}}^{2}+U_{2\mathrm{Cmin}}^{2}} \tag{5-27}$$

计算出 k_{T} 后，选择与 k_{T} 值最接近的变压器高压绕组分接头电压 $U_{1\mathrm{t}}$，即确定变压器的电压比 $U_{1\mathrm{t}}/U_{2\mathrm{N}}$，再代入式（5-25）或式（5-26）即可求得为满足调压要求所需的同步调相机的容量 Q_{CN}。

例题 5-2　某简单电网接线如图 5-13 所示，归算到高压侧的线路和变压器阻抗之和为 $Z=(26.4+\mathrm{j}129.6)\Omega$，供电点提供的最大负荷为 $S_{\max}=(20+\mathrm{j}15)\mathrm{MVA}$，最小负荷为 $S_{\min}=(10+\mathrm{j}7.5)\mathrm{MVA}$，低压侧母线电压要求保持 10.5kV，高压侧 U_1 保持为 118kV 不变。无功补偿装置分别采用静电电容器和同步调相机，试配合变压器分接头的选择，确定无功补偿容量。

解：未装设无功补偿装置前，最大负荷和最小负荷时变电所低压侧母线归算到高压侧的电压分别为

$$U'_{2\max}=U_1-\frac{P_{1\max}R+Q_{1\max}X}{U_1}=\left(118-\frac{20\times 26.4+15\times 129.6}{118}\right)\mathrm{kV}=97.1\mathrm{kV}$$

$$U'_{2\min}=U_1-\frac{P_{1\min}R+Q_{1\min}X}{U_1}=\left(118-\frac{10\times 26.4+7.5\times 129.6}{118}\right)\mathrm{kV}=107.5\mathrm{kV}$$

（1）采用静电电容器作为无功补偿装置

1）确定变压器分接头。最小负荷时，静电电容器全部退出运行，此时应选用的分接头电压为

$$U_{1t}=\frac{U'_{2\min}}{U_{2\min}}U_{2N}=\frac{107.5}{10.5}\times 11\text{kV}=112.62\text{kV}$$

选用 2.5% 分接头，即分接头电压为 112.75kV。于是电压比为

$$k_T=\frac{U_{1t}}{U_{2N}}=\frac{112.75}{11}=10.25$$

2）确定静电电容器容量。最大负荷时静电电容器全部投入，此时静电电容器容量为

$$Q_C=\frac{k_T^2U_{2C\max}}{X}\left(U_{2C\max}-\frac{U'_{2\max}}{k_T}\right)=\frac{10.25^2\times 10.5}{129.6}\times\left(10.5-\frac{97.1}{10.25}\right)\text{Mvar}=8.74\text{Mvar}$$

取无功补偿容量 Q_C=9Mvar。

3）校验。最大负荷时静电电容器全部投入，低压侧母线的实际电压为

$$U'_{2C\max}=U_1-\frac{P_{1C\max}R+(Q_{1\max}-Q_C)X}{U_1}=118-\frac{20\times 26.4+(15-9)\times 129.6}{118}\text{kV}=106.94\text{kV}$$

$$U_{2C\max}=\frac{U'_{2C\max}}{k_T}=\frac{106.94}{10.25}\text{kV}=10.43\text{kV}$$

最小负荷时静电电容器全部退出，低压侧母线的实际电压为

$$U_{2\min}=\frac{U'_{2\min}}{k_T}=\frac{107.5}{10.25}\text{kV}=10.49\text{kV}$$

最大负荷和最小负荷时，低压侧母线的实际电压与要求的电压 10.5kV 之间的电压偏移分别为

$$\text{最大负荷电压偏移}=\frac{10.5-10.43}{10.5}\times 100\%=0.67\%$$

$$\text{最小负荷电压偏移}=\frac{10.5-10.49}{10.5}\times 100\%=0.1\%$$

可见，选择的静电电容器容量能满足调压要求。

（2）采用同步调相机作为无功补偿装置

1）确定电压比和无功补偿容量，按式（5-27）确定变压器的电压比，取 α=0.5，有

$$k_T=\frac{\alpha U_{2C\max}U'_{2\max}+U_{2C\min}U'_{2\min}}{\alpha U_{2C\max}^2+U_{2C\min}^2}=\frac{0.5\times 10.5\times 97.1+10.5\times 107.5}{0.5\times 10.5^2+10.5^2}=9.91$$

则 U_t=9.91 × 11kV=109.01kV，选用主接头 U_t=110kV，实际电压比为 k_T=110/11=10，按最大负荷时的调压要求确定无功补偿容量为

$$Q_{CN}=\frac{k_T^2U_{2C\max}}{X}\left(U_{2C\max}-\frac{U'_{2\max}}{k_T}\right)=\frac{10^2\times 10.5}{129.6}\times\left(10.5-\frac{97.1}{10}\right)\text{Mvar}=6.4\text{Mvar}$$

选用容量为 7.5Mvar 的同步调相机。

2）校验。最大负荷时同步调相机过励磁满载运行，输出 7.5Mvar 的无功功率，低压侧母线的实际电压为

$$U'_{2C\max}=U_1-\frac{P_{1\max}R+(Q_{1\max}-Q_{CN})X}{U_1}=\left(118-\frac{20\times26.4+(15-7.5)\times129.6}{118}\right)kV=105.3kV$$

$$U_{2C\max}=\frac{U'_{2C\max}}{k_T}=\frac{105.3}{10}kV=10.53kV$$

最小负荷时同步调相机欠励磁运行，吸收 7.5 × 0.5Mvar=3.75Mvar 的无功功率，此时低压侧母线的实际电压为

$$U'_{2C\min}=U_1-\frac{P_{1\min}R+(Q_{1\min}+\alpha Q_{CN})X}{U_1}=\left(118-\frac{10\times26.4+(7.5+0.5\times7.5)\times129.6}{118}\right)kV=103.4kV$$

$$U_{2C\min}=\frac{U'_{2C\min}}{k_T}=\frac{103.4}{10}kV=10.34kV$$

最大负荷和最小负荷时低压侧母线的实际电压与要求的电压 10.5kV 之间的电压偏移分别为

$$最大负荷电压偏移=\frac{10.5-10.53}{10.5}\times100\%=-0.29\%$$

$$最小负荷电压偏移=\frac{10.5-10.34}{10.5}\times100\%=1.52\%$$

可见，选用的同步调相机容量满足调压要求。最小负荷时同步调相机适当减少吸收的无功功率可使低压侧母线电压为 10.5kV，即选用的同步调相机容量在最小负荷时还有一定的裕度。

5.4.5　改变输电线路参数

从电压损耗的计算公式可知，改变网络元件的电阻和电抗都可以改变网络的电压损耗，从而达到调压的目的。由于电网中变压器的电阻和电抗已由变压器的结构决定，一般不宜改变，因此进行电网设计或改建时，可考虑通过改变输电线路的电阻和电抗参数来调压。减小线路电阻意味着增大导线截面积，会多消耗有色金属；并且对于高压电网，电抗通常远大于电阻，这使电抗上的电压降占的比重较大，所以目前一般都着眼于减小线路电抗以降低电压损耗。只有对于 10kV 及以下电压等级的电网，线路电阻比较大，当采用其他调压措施不适宜时，才考虑增大导线截面积以减小电阻的方式来调压。

减小线路电抗的有力措施是采用线路串联电容器补偿方式。串联电容补偿原理如图 5-14 所示。

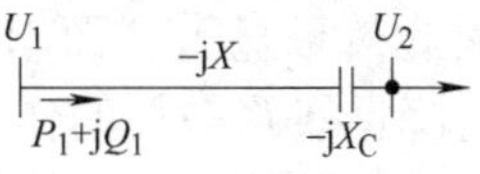

图 5-14　串联电容补偿原理

输电线路未装设串联电容器时，线路的电压损耗为

$$\Delta U_L=\frac{P_1R_L+Q_1X_L}{U_1} \tag{5-28}$$

式中，U_1 为线路首端电压；P_1、Q_1 分别为线路首端流入的有功功率和无功功率；R_L、X_L 分别为线路的总电阻和总电抗。

在线路末端串联电容 X_C 后，线路的电压损耗为

$$\Delta U_L' = \frac{P_1 R_L + Q_1 (X_L - X_C)}{U_1} \tag{5-29}$$

因此，串联电容器后末端电压升高的值为

$$\Delta U_L - \Delta U_L' = \frac{Q_1 X_C}{U_1} \tag{5-30}$$

若首端电压保持一定，只要确定末端需要升高的电压值，就可以得出所需串联电容器的容抗为

$$X_C = \frac{U_1 (\Delta U_L - \Delta U_L')}{Q_1} \tag{5-31}$$

线路上的串联电容器实际上是由若干个单个的电容器通过串联或并联组成的一个电容器组，相应的电容器组的容量为

$$Q_C = 3I^2 X_C = \frac{P_1^2 + Q_1^2}{U_1^2} X_C \tag{5-32}$$

式中，I 为通过电容器组的最大负荷电流。

通常把串联容抗 X_C 与线路电抗 X_L 的比值称为串联电容补偿的补偿度，用 k_C 表示，k_C 一般在 1 ～ 4 之间。

串联电容器组安装地点与负荷、电源的分布有关。选择安装地点的原则是：使线路上电压尽可能均匀分布，并且各负荷点电压均在允许的偏移范围内。

比较串联电容补偿和并联电容补偿的调压特性，可得以下结论。

1）当负荷功率因数很高，即线路上所传输的无功功率很小时，串联电容补偿在调压方面作用不大。

2）串联电容补偿不能使流过线路的电流减小，反之，由于总电抗减少，还将增大短路电流，因此当线路的导线受到热容量的限制时，应当采用并联电容补偿。

3）串联电容补偿由于响应时间很短，对减轻由冲击负荷引起的电压急剧波动（闪变）最有效。

4）当线路的电抗值相对较大时，串联电容补偿调压的效果显著。此外，对于长距离线路，采用串联电容补偿对提高系统稳定性有好处。

5）从降低线路的功率损耗来看，并联电容补偿由于能做到就近供应无功功率，因此效果显著；而串联电容补偿方式则由于没有改变线路所输送的无功功率，因此对降低线路损耗的作用不大。

6）串联电容补偿的容抗中所补偿的电压，与通过其中的线路电流成正比。当线路电流增大时，线路上的感抗电压降增大，与此同时，电容器上的容性电压升高也相应增大，二者恰好互相补偿。因此，串联电容补偿有自行按需要调整末端电压的优点，这是其他调压方式难以做到的。

7）当线路发生短路时，短路电流将流经串联电容器组，并在电容器上产生危险

的过电压，为此需要设置专门的过电压保护装置。

总的说来，单从调压来看，串联电容补偿的应用范围小于并联电容补偿的应用范围，它主要用于110kV及以下单端供电的分支线路上或短线路上。

例题 5-3 有一条额定电压为35kV的电力线路，线路阻抗为$Z=(10+j18)\Omega$，线路首端电压$U_1=36kV$保持不变，首端功率为$S_1=(12+j8)MVA$。为使线路末端电压达到$U_{2C}=35kV$，试确定串联电容补偿的实际容量。

解：进行串联电容补偿前，线路末端电压为

$$U_2 = U_1 - \frac{P_1R + Q_1X}{U_1} = \left(36 - \frac{12\times10 + 8\times18}{36}\right)\text{kV} = 28.67\text{kV}$$

进行串联电容补偿后要求升高的电压为

$$\Delta U = U_{2C} - U_2 = (35 - 28.67)\text{kV} = 6.33\text{kV}$$

$$X_C = \frac{U_1\Delta U}{Q_1} = \frac{36\times6.33}{8}\Omega = 28.49\Omega$$

现有额定电压为$U_{NC}=1kV$、容量为$Q_{NC}=50kVar$的电容器，则单个电容器的额定电流为

$$I_{NC} = \frac{Q_{NC}}{U_{NC}} = \frac{50}{1}\text{A} = 50\text{A}$$

单个电抗器的容抗为

$$X_{NC} = \frac{U_{NC}}{I_{NC}} = \frac{1000}{50}\Omega = 20\Omega$$

线路通过的最大电流为

$$I_{max} = \frac{\sqrt{P_1^2 + Q_1^2}}{\sqrt{3}U_1} = \frac{\sqrt{12^2 + 8^2}}{\sqrt{3}\times36}\text{kA} = 0.23\text{kA} = 230\text{kA}$$

线路中所串联的电容器是由多个单个电容器串并联构成的一个电容器组，该电容器组所通过的最大电流应小于m个单个电容器并联后的额定电流，因此需要并联的单个电容器个数为

$$m \geqslant \frac{I_{max}}{I_{NC}} = \frac{230}{50} = 4.6$$

取$m=5$。

电容器组所承载的电压应小于n个单个电容器串联后的额定电压，因此需要串联的单个电容器个数为

$$n \geqslant \frac{I_{max}X_C}{U_{NC}} = \frac{230\times28.49}{1000} = 6.55$$

取$n=7$。

总的补偿容量为

$$Q_C = 3mnQ_{NC} = 3\times5\times7\times50\text{kVar} = 5250\text{kVar} = 5.25\text{MVar}$$

实际补偿容抗为

$$X_C = \frac{nX_{NC}}{m} = \frac{7\times20}{5}\Omega = 28\Omega$$

补偿后线路末端电压为

$$U_{2C} = U_1 - \frac{P_1R + Q_1(X - X_C)}{U_1} = \left(36 - \frac{12\times10 + 8\times(18-28)}{36}\right)\text{kV} = 34.9\text{kV}$$

可见，选取的串联电容补偿的容量基本能满足调压要求。

综上所述，电力系统的电压调整是一个涉及面很广的复杂问题。一般说来，改变发电机端电压调压适用于地方性电网，对于区域性电网仅作为辅助调压措施。当系统无功功率充足时，首先应考虑采用改变变压器的电压比调压。对于无励磁调压变压器，一般只适用于季节性负荷变化的情况。当系统无功功率不足时，不宜采用改变变压器的电压比来提高电压，因为当某一地区的电压由于变压器的电压比改变而升高后，该地区的无功功率需求也会增大，这就扩大了系统的无功功率缺额，从而导致整个系统的电压水平进一步下降，这时必须增设无功补偿装置以弥补系统的无功功率缺额。无功功率的就地补偿虽需增加投资，但无功功率补偿不仅能提高系统的运行电压水平，还能通过减少无功功率在电网中的传输而降低网络的功率损耗，从而降低电网的电能损耗，对系统的经济性也有好处。串联电容补偿可用于配电网的调压，但串联电容补偿用于超高压输电线路所带来的对潮流的控制、系统稳定性的提高等方面的综合效益已逐渐引起人们的关注。

本章小结

本章阐述了电力系统无功功率平衡与运行电压水平的关系，无功电源、无功损耗和无功负荷的特性，中枢点电压管理的原理，电力系统调压原理及措施。

电压是衡量电能质量的重要指标，电力系统的运行电压与电力系统无功功率平衡密切相关，为确保满足电压质量要求，系统必须有一定的无功备用容量。从改善电压质量和减少功率损耗的角度考虑，尽量做到无功功率的就地平衡，以减少无功功率长距离传送。负荷的变化将引起电压的改变，通过对中枢点电压进行管理，再辅以相应适合的调压措施（改变发电机端电压、改变变压器电压比、利用无功功率补偿调压以及改变输电线路参数），可以保证系统内各个负荷点电压保持在允许的偏移范围内。

复习思考题与习题

5-1　什么是中枢点？如何选择电力系统中枢点？

5-2　什么是逆调压、顺调压和常调压？各适用于什么情况？

5-3　为什么电力系统无功功率不足会导致电压下降？如何进行电压调整？

5-4　无功电源有哪些？试比较它们的优缺点。

5-5　电力系统的调压措施有哪些？

5-6　在无功功率不足的系统中为什么不宜通过改变变压器的分接头来调压？

5-7　电力系统的串联电容补偿与并联电容补偿各有哪些优缺点？

5-8　当电力系统无功功率不足时，采用有载调压变压器进行调压是否可行？为什么？

5-9　图 5-15 所示的供电网，单位输电线路的阻抗为 $z_0=(0.33+j0.385)\Omega/km$，变压器归算到高压侧的阻抗为 $Z_T=(1.63+j12.2)\Omega$；最大负荷为 $S_{max}=(4.3+j3.6)MVA$，最小负荷为 $S_{min}=(2.4+j1.8)MVA$。10kV 母线要求为顺调压，变压器分接头为 $\pm2\times2.5\%$。当供电点 A 电压保持为 36kV 时，试选变压器分接头。

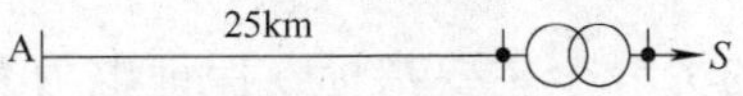

图 5-15　题 5-9 的供电网

5-10　简单电力系统如图 5-16 所示。线路和变压器归算到高压侧的阻抗分别为 $Z_L=(17+j40)\Omega$ 和 $Z_T=(2.32+j40)\Omega$；最大负荷为 $S_{max}=(30+j18)MVA$，最小负荷为 $S_{min}=(12+j9)MVA$，降压变电所低压侧母线电压要求保持 10.4kV。若供电点电压保持 117kV 恒定，试配合变压器分接头（$\pm2\times2.5\%$）的选择，确定采用静电电容器或同步调相机两种方案的无功补偿容量。

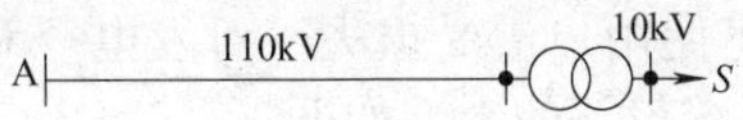

图 5-16　题 5-10 的简单电力系统

第6章 电力系统有功功率平衡与频率调整

频率是衡量电能质量的另一个主要指标，保证电力系统的频率符合标准也是系统运行的一项基本任务。

6.1 电力系统频率调整的定义

6.1.1 频率偏移对系统设备的影响

我国工频交流电采用的额定频率是50Hz，允许偏移范围是 ±（0.2 ～ 0.5）Hz。频率偏移超出允许的范围将使用户遭受损失，对发电厂和电力系统本身的运行也有不利的影响。频率偏移对系统设备的影响如下。

1）频率的变化会引起交流电动机转速的改变，这将影响工业用户的产品质量。例如，纺织及造纸行业可能产生次品甚至是废品。

2）频率的降低将引起异步电动机输出功率的降低，影响异步电动机拖动的生产设备正常运行。例如，发电厂本身有许多由异步电动机拖动的重要设备，如水泵和风机等，频率的降低将使它们的出力降低，导致水压、风力的不足，从而使发电机组的发电能力下降，这会进一步造成频率下降，如果不采取相应措施，系统的频率将不能维持。

3）近代工业、国防和科学技术都已广泛使用电子设备，频率不稳定将会影响电子设备的工作，雷达、电子计算机等重要设施会因频率过低而无法运行。

4）低频运行时，汽轮机处于低于额定转速的运行状态，会使汽轮机叶片因共振而产生裂纹，严重时甚至会使叶片断裂，造成严重事故。

5）频率降低时，系统中的无功负荷将增大，而无功负荷的增大又将引起系统电压水平的下降。

总之，所有设备都是按照额定频率设计的，频率的变化不仅影响用户的用电质量，对电力系统本身也有很大影响，严重时可导致系统崩溃。因此，要保证系统频率在规定的范围内，就需要对频率进行调整。

6.1.2 电力系统的有功功率平衡

1. 有功负荷的变化与频率调整

正常情况下，电力系统各点的频率在任一瞬间都是相同的。系统的频率取决于发电机组的转速，而发电机组的转速由作用在转子转轴上的转矩所决定，作用在转轴上的转矩包括原动机的机械转矩和发电机的电磁转矩，前者是驱动转矩，后者是制动转矩。正常运行时转轴上的转矩相平衡，转子以同步转速旋转，此时系统的频率就是额定频率。因为转矩与功率成正比，所以机械转矩和电磁转矩的平衡，就是原动机输入的机械功率与发电机输出的电磁功率相平衡，也是电力系统有功功率的平衡。而电力系统有功负荷是时刻变化的，有功负荷的变化引起发电机输出电磁功率的改变，使得发电机的有功功率平衡被打破，于是发电机转子的转速发生变化，系统的频率也随之变化。因此，电力系统频率的变化是由有功负荷的改变引起的。

系统实际有功负荷的变化曲线如图 6-1 所示。有功负荷 P_Σ 可以看作由三种具有不同变化规律的负荷组成：第一种是变化幅度很小、变化周期短、变化有很大偶然性的负荷 P_1；第二种是变化幅度较大、变化周期较长的负荷 P_2，如电炉、压延机械、电力机车等，它们的起停对电网具有一定的冲击性；第三种是变化缓慢的持续变化负荷 P_3，如因生产、生活、气候等变化引起的变动负荷。

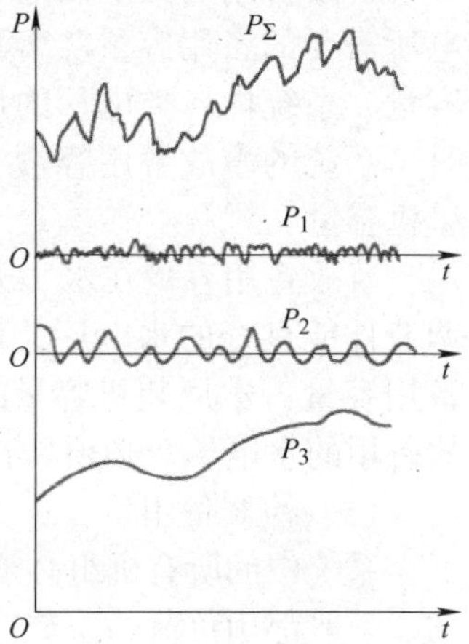

图 6-1　系统实际有功负荷的变化曲线

为保证频率在允许的偏移范围内，必须根据负荷的变化进行电力系统的频率调整，可分为频率的一次调整、二次调整和三次调整。频率的一次调整（又称一次调频）是针对系统第一种有功负荷变化引起的频率偏移所做的调整，由发电机的调速器实现；频率的二次调整（又称二次调频）是针对系统第二种有功负荷变化引起的频率偏移所做的调整，由调频厂发电机的调频器完成；频率的三次调整（又称三次调频）是针对系统第三种有功负荷变化引起的频率偏移所做的调整，是在有功功率平衡的基础上，按照最优化的原则在系统中各发电厂之间进行负荷的经济分配，实际上是系统经济运行的问题。

2. 有功功率平衡

由于电能不能大量储存，所以电力系统运行时，任何时刻系统中所有发电厂发出的有功功率总和都必须与系统的总有功负荷、电网的总有功损耗及发电厂厂用电消耗的有功功率总和相平衡，可表示为

$$P_{\Sigma G}(t)=P_{\Sigma LD}(t)+\Delta P_{\Sigma}(t)+P_{\Sigma C}(t) \tag{6-1}$$

式中，$P_{\Sigma G}(t)$ 为系统中所有发电厂发出的有功功率总和；$P_{\Sigma LD}(t)$ 为系统中的总有功负荷；$\Delta P_{\Sigma}(t)$ 为电网中的总有功损耗；$P_{\Sigma C}(t)$ 为系统中各发电厂厂用电消耗的有功功率总和。

此外，设计系统时，为了保证可靠供电和电能质量良好，电力系统除必须在额定运行情况下达到功率平衡外，还要有一定的备用容量，即电力系统装设的发电机的额定容量一定大于系统最大负荷。系统备用容量一般有以下四种。

（1）负荷备用（调频备用）

系统的负荷备用是为了适应短时间内的负荷波动以稳定系统频率，以及担负一天内计划外负荷增加的容量。负荷备用容量的大小应根据电力系统容量和系统内电

力用户的组成情况确定。在规划设计中，一般取为系统最大负荷的 3% ～ 5%。

负荷备用可以在一年中不同的季节内和一昼夜中不同的时间内由不同的发电厂担任，可以由火电厂担任，也可以由水电厂担任。由于水电厂的应变能力较强，能迅速适应负荷的变动，且运行效率高，因此由水电厂担任系统的负荷备用较好。担任负荷备用的水电厂，其装机容量不得小于系统最大负荷的 15%，并且还需要有一定的调节容量。

（2）事故备用

事故备用是为了当电力系统中的发电设备发生偶然事故时，保证系统的正常供电所需要的备用容量。事故备用容量的大小与系统总容量、发电机组的台数、单机容量、系统内各类电厂的比重以及系统对供电可靠性的要求等方面有关。规划设计时，系统的事故备用容量一般取为系统最大负荷的 10%，并且不小于系统中最大的单机容量。

事故备用容量在水、火电厂间的分配一般可按水、火电厂工作容量的比例分配。调节性能良好的水电厂，可担任较大的事故备用容量。但当水电厂设置的系统事故备用容量占本厂装机容量的比重较大时，应做全面的技术经济论证。另外，担任事故备用的水电厂，必须具有事故备用的调节容量。

（3）检修备用

系统中的所有机组必须周期性地进行停机检修（即大修），这种修理是按计划进行的，一般都用负荷的季节性低落所空出的容量安排机组轮流进行停机检修，只有当季节性低落所空出的容量不满足全部机组周期性检修的需要时，才需设置检修备用。

（4）国民经济备用

国民经济备用是考虑国民经济各部分在今后的发展中，其用电量逐月、逐年上升而增加的备用。

上述备用有的处于运行状态，称为热备用或旋转备用，此时机组不满载运转；有的处于停机待命状态，称为冷备用。国民经济备用、事故备用可以是冷备用，系统的负荷备用必须是热备用。这是因为，动用冷备用需要一定的时间，汽轮机从启动到满载，对于 25 ～ 50MW 的机组，需要 1 ～ 2h；对于 100MW 的机组需要 4h；而水轮机从启动到满载只需要几分钟。

6.2 电力系统有功功率－频率的静态特性

6.2.1 负荷的有功功率－频率的静态特性

电力系统的频率特性

当电力系统稳态运行时，系统中负荷的有功功率随频率变化的特性称为负荷的有功功率－频率的静态特性。根据电力系统负荷的有功功率与频率的关系，可将负荷分为以下五种：与频率变化无关的负荷，如照明、电炉、整流负荷等；与频率成正比的负荷，如机床、往复式水泵、压缩机、球磨机等；与频率的二次方成正比的负荷，如变压器的涡流损耗；与频率的三次方成正比的负荷，如通风机、循环水泵等离心式机械；与频率的更高次次方成正比的负荷，如静水头很大的给水泵等。因此，系统综合负荷的有功功率－频率静态特性的数学表达式为

$$P_{LD}=a_0P_{LDN}+a_1P_{LDN}\frac{f}{f_N}+a_2P_{LDN}\left(\frac{f}{f_N}\right)^2+a_3P_{LDN}\left(\frac{f}{f_N}\right)^3+\cdots,\ a_0+a_1+a_2+\cdots=1 \tag{6-2}$$

式中，P_{LD} 为系统频率为 f 时整个系统的有功负荷；P_{LDN} 为系统频率为 f_N 时整个系统的有功负荷；a_0，a_1，a_2，…为各项有功负荷占 P_{LDN} 的份额。

式（6-2）表明，当电力系统频率降低时，电力系统负荷的有功功率也将随之降低。一般情况下，因为与频率的更高次方成正比的有功负荷所占比重很小，可以忽略，所以式（6-2）多项式写至三次方项。这种关系式称为负荷的有功功率－频率静态特性（负荷功频静特性）方程。当频率偏离额定值不多时，该特性常用一条直线近似描述，如图 6-2 所示。也就是说，在额定频率附近，负荷的有功功率与频率呈线性关系。

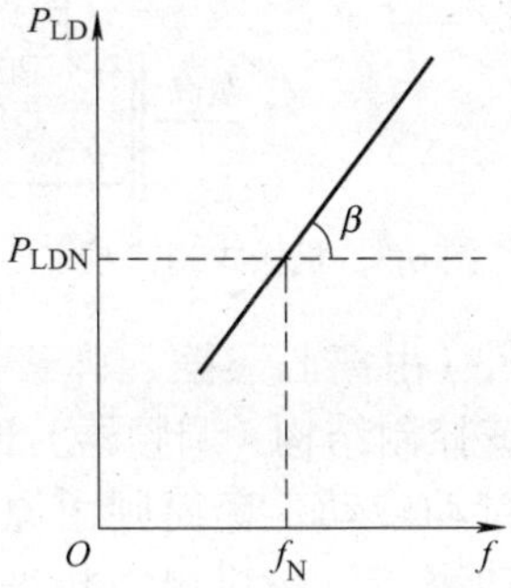

图 6-2 负荷的有功功率－频率静态特性

图 6-2 中直线的斜率为

$$K_{LD}=\tan\beta=\frac{\Delta P_{LD}}{\Delta f} \tag{6-3}$$

式中，K_{LD} 为系统有功负荷的频率调节效应系数，单位为 MW/Hz。它表示系统有功负荷的自动调节效应。若频率下降，则有功负荷自动减小。式（6-3）用标幺值表示为

$$K_{LD*}=\frac{\Delta P_{LD}/P_{LDN}}{\Delta f/f_N}=\frac{\Delta P_{LD*}}{\Delta f_*} \tag{6-4}$$

一般电力系统的 K_{LD*} =1 ～ 3，即频率变化 1% 时，负荷的有功功率相应变化 1% ～ 3%。

6.2.2 发电机组的有功功率－频率的静态特性

当发电机所带的负荷变化时，发电机转轴上的转矩不再保持平衡（有功功率平衡被打破），发电机的转速发生改变，于是频率也随之改变。为了保持系统频率在允许的范围内，就要进行转速控制。发电机的转速调节由原动机附带的调速器实现，调速器分为机械式和液压式两大类，早期发电机组上安装的基本是机械式的。下面以图 6-3 所示的机械式调速系统为例，来分析其工作原理。

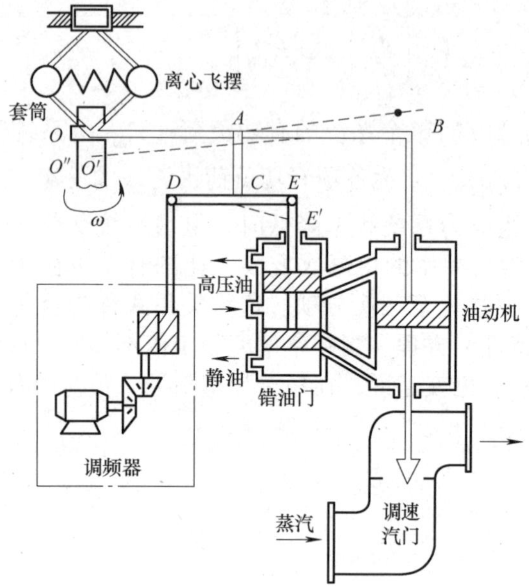

图 6-3　机械式调速系统

该调速系统由转速测量元件（由离心飞摆、弹簧和套筒组成）、放大元件（错油门）、执行机构（油动机）和转速控制结构（调频器）四部分构成。

调速器的离心飞摆由套筒带动转动，套筒则由原动机的主轴带动。在单机运行时的初始状态下，发电机输出功率与汽轮机出力相平衡，发电机转速不变，离心飞摆的转速也不变，此时错油门活塞静止不动保持在中间位置，油动机也将汽门的开度保持在一定位置上。当发电机负荷突然增加时，发电机的电磁功率增大，原动机输入功率不变，作用在转轴上的驱动转矩小于制动的电磁转矩，原动机转速下降，反映原动机转速的套筒转速下降，由套筒带动的离心飞摆转速也下降，离心力减小，离心飞摆在弹簧的作用下相互靠拢，使 O 点向下移动到 O' 点。此时，油动机活塞两侧油压相等，B 点不动，使杠杆 OB 绕 B 点逆时针转动，带动 A 点下降。在调频器不动的情况下，D 点也不动，因而当 O 点下降到 O' 时，杠杆 DE 绕 D 点顺时针转动，E 点向下移动到 E'。错油门的活塞向下移动，错油门被打开，高压力油经下油管进入油动机活塞下部，而活塞上部的油则由上油管经错油门上部小孔溢出。在油压的作用下，油动机活塞向上移动，使汽轮机的调节汽门或水轮机的导向叶片开度增大，进汽量或进水量增加。

在油动机活塞上升的同时，杠杆 OB 绕 O' 点逆时针转动，通过连接点 C，从而提升错油门活塞，又使错油门关闭。这时油动机活塞又处于上下相等的油压下，停止移动。由于进汽量或进水量增加，机组转速上升，O 点从 O' 回升到 O''，但恢复不到 O 点，调节过程结束。这时杠杆 OB 的位置为 $O''AB''$。分析杠杆 OB 的位置可见，杠杆上 C 点的位置和原来相同，B'' 点的位置较 B 点高，O'' 点的位置较 O 点略低。这说明，相应地进汽量或进水量较原来多，但机组转速却较原来略低。这就是频率的一次调整作用。

由上述过程可见，当增大有功负荷时，调速器调整使得发电机组发出的有功功率增加，频率较初始频率要低。反之，若有功负荷减小，则调整后频率较初始频率要高。以机组频率为横坐标、以发出有功功率为纵坐标作其关系曲线，将得到一条倾斜的直线，如图 6-4 所示，这就是发电机组的有功功率 – 频率静态特性曲线，又称为发电机组功频静特性。图 6-4 中 b 点是满载运行的临界点，发电机组在 b 点运行时，如果频率进一步下降，由于发电机已经满载运行，发电机的输出功率不能随频率下降而增加，因此输出功率保持不变。

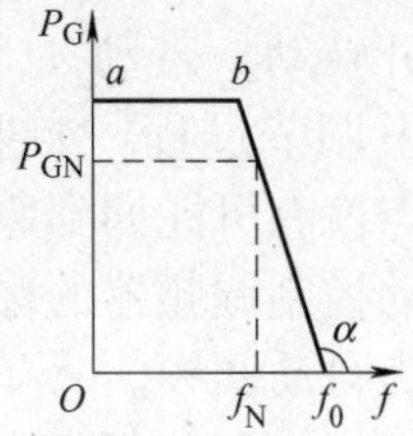

图 6-4　发电机组功频静特性曲线

发电机组功频静特性曲线的斜率为

$$K_G = -\tan\alpha = -\frac{\Delta P_G}{\Delta f} \tag{6-5}$$

式中，K_G 为发电机组的单位调节功率，单位为 MW/Hz；负号表示发电机输出有功功率的变化与频率变化的方向相反，即当发电机输出有功功率增加时，频率下降。

K_G 用标幺值表示为

$$K_{G*} = -\frac{\Delta P_G / P_{GN}}{\Delta f / f_N} = -\frac{\Delta P_{G*}}{\Delta f_*} = K_G \frac{f_N}{P_{GN}} \tag{6-6}$$

发电机组的功率变化单位值引起的频率变化量的负值为发电机组的调差系数 σ，这样保证了调差系数为正值。调差系数与 K_G 互为倒数，即

$$\sigma = -\frac{\Delta f}{\Delta P_G} = -\frac{f_N - f_0}{\Delta P_{GN} - 0} = -\frac{f_N - f_0}{\Delta P_{GN}} \tag{6-7}$$

式中，f_0 是发电机组空载运行时的频率。

σ 用标幺值表示为

$$\sigma_* = -\frac{\Delta f / f_N}{\Delta P_G / \Delta P_{GN}} = -\frac{f_0 - f_N}{f_N}$$

由式（6-5）知

$$K_G = -\frac{\Delta P_G}{\Delta f} = -\frac{\Delta P_{GN} - 0}{f_N - f_0} = -\frac{\Delta P_{GN}}{f_N - f_0}$$

即

$$K_G = \frac{1}{\sigma} = \frac{\Delta P_{GN}}{f_N \sigma_*}$$

或

$$K_{G*} = \frac{1}{\sigma_*} \tag{6-8}$$

与负荷的频率调节效应系数 K_{LD*} 不同，发电机组的单位调节功率 K_{G*} 可以整定。调速器不同，K_{G*} 也不相同。对于汽轮发电机组，K_{G*} 为 33.5 ～ 20，σ_* 为 3 ～ 5；对于水轮发电机组，K_{G*} 为 50 ～ 25，σ_* 为 2 ～ 4。对于满载运行的发电机组，其单位调节功率 K_{G*}=0 。

为使负荷增加后机组转速仍能维持原始转速，在人工手动操作或自动装置控制下，调频器转动蜗轮、蜗杆，将 D 点抬高，杠杆 DE 绕 C 点顺时针转动，错油门再

次向下移动，进一步增加进汽量或进水量。机组转速上升，离心飞摆使 O 点由 O'' 点向上升。而当油动机活塞向上移动时，杠杆 OB 又绕 O'' 点逆时针转动，带动 A、C、E 点向上移动，再次堵住错油门小孔，结束调节过程。如果调频器操作得当，使 D 点位置控制得当，O 点就有可能回到原来的位置。这就是频率的二次调整作用。由手动控制调频器的称为人工调频，由自动调频装置控制调频器的称为自动调频。

由调频器调节使 D 点上下移动，其效果是改变发电机组的功频静特性曲线，使其上下平行移动，如图 6-5 所示。

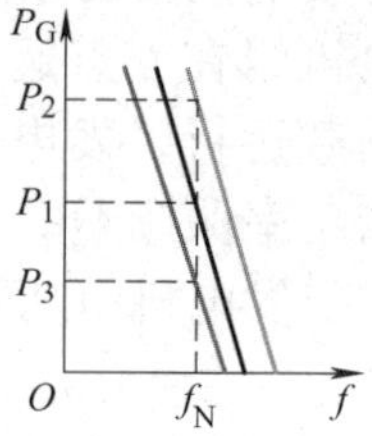

图 6-5　发电机组功频静特性曲线的变化

6.3　电力系统的频率调整

如前所述，由于电力系统的负荷随时都在变化，因此系统的频率也随之变化，欲使系统的频率变化不超过允许的范围，就必须对频率进行调整，这是电力系统调度部门的主要职责之一。

在电力系统中，各发电厂机组所带负荷的多少是系统调度员按系统的经济运行方式事先编制决定的，当系统的频率因系统负荷变化而变化时，一般发电厂不能随意通过增减负荷来调频，因为这样做不仅不能使系统迅速平稳地恢复到额定频率，反而破坏了系统的经济运行。因此，调整频率时，必须同时考虑各发电厂间或发电厂内各机组间有功功率的合理分配以及全系统的经济运行。

为了避免在频率调整过程中出现过调或频率长时间不能稳定的现象，频率的调整工作需在各发电厂间进行分工，实行分级调整。系统中有调整能力的发电机组都参加一次调频，只有少数厂（或机组）承担二次调频任务。于是将所有发电厂按是否承担二次调频任务分为主调频厂、辅助调频厂和非调频厂三类。主调频厂承担全系统的频率调整（即二次调频）工作，一般由一个发电厂担任。辅助调频厂是当主调频厂经过调整后，系统频率仍超过某一规定的偏移范围时才参加二次调频的发电厂，一般由少数几个发电厂担任。非调频厂是指在电力系统正常运行情况下均按所规定的负荷曲线运行、不参加二次调频的发电厂，又称为基荷厂（即带基本负荷的发电厂）。

6.3.1　一次调频

1. 单台发电机组的一次调频

一次调频过程如图 6-6 所示。系统中负荷的功频静特性曲线 1 与发电机组的功频静特性曲线 2 相交于 a 点，此时系统在初始状态下运行，有功负荷（包括有功损耗）与发电机出力平衡，频率为 f_a（f_a=f_N）。若有功负荷突然增加 ΔP_{LD0}，负荷功频静特性曲线上升为曲线 1′，若原动机调速系统不动作（发电机组在 a 点运行时满载），则频率下降到 f_b。原动机调速系统工作，开大调速汽门或水门的开度，使发电机出力增大到 P_c，负荷功频静特性曲

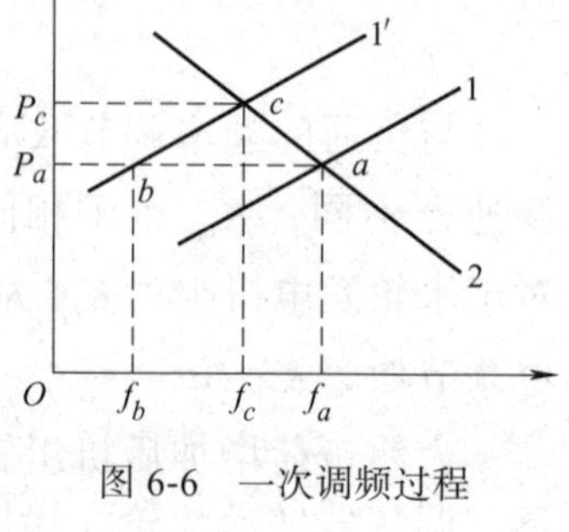

图 6-6　一次调频过程

线 1′与发电机组功频静特性曲线 2 相交于 c 点，此时频率为 f_c，这个过程就是一次调频。通过图 6-6 可以看到，一次调频在很大程度上改善了频率，但没有将频率调整到原来的值。一次调频是有差调频，这是由调速系统的有差特性决定的。

发电机出力增加量用 ΔP_G 表示，负荷因为频率调节效应消耗的有功功率减少量用 ΔP_{LD} 表示，则有功负荷的实际增量为

$$\Delta P_{LD0}+\Delta P_{LD}=\Delta P_{LD0}+K_{LD}\Delta f=\Delta P_G \tag{6-9}$$

因此有
$$\Delta P_{LD0}=\Delta P_G-\Delta P_{LD}=-K_G\Delta f-K_{LD}\Delta f=-(K_G+K_{LD})\Delta f=-K\Delta f \tag{6-10}$$

式中，K 为系统的功频特性系数，也称为系统的单位调节功率，计算公式为

$$K=K_G+K_{LD}=-\frac{\Delta P_{LD0}}{\Delta f} \tag{6-11}$$

表示考虑发电机组和负荷的调节效应时，引起频率变化 1Hz 时的负荷变化量。显然，系统的 K 值越大，负荷增减引起的频率变化越小，频率也就越稳定。因此，可以根据系统的 K 值求取系统在允许的频率偏移范围内能承受多大的负荷变化量。

式（6-11）用标幺值表示为

$$K_{G*}\frac{P_{GN}}{f_N}+K_{LD*}\frac{P_{LDN}}{f_N}=-\frac{\Delta P_{LD0}}{\Delta f}$$

两侧同除 $\dfrac{P_{LDN}}{f_N}$，得

$$K_{G*}\frac{P_{GN}}{P_{LDN}}+K_{LD*}=-\frac{\Delta P_{LD0}/P_{LDN}}{\Delta f/f_N}=-\frac{\Delta P_{LD0*}}{\Delta f_*}$$

即
$$K_*=-\frac{\Delta P_{LD0*}}{\Delta f_*}=k_r K_{G*}+K_{LD*} \tag{6-12}$$

式中，$k_r=P_{GN}/P_{LDN}$ 称为系统的备用系数，表示系统中发电机组的额定容量与系统额定频率下的总有功负荷（包括电网有功损耗和厂用电）之比。因为系统中常有一定的备用容量，所以一般 $k_r>1$ 。

由式（6-11）知，系统的单位调节功率取决于两个方面：发电机组的单位调节功率和负荷的单位调节功率。负荷的单位调节功率不可调，所以要控制、调节系统的单位调节功率，只能从控制、调节发电机组的单位调节功率或调速器的调差系数入手，但调差系数太小会导致系统运行不稳定。

2. n 台装有调速器的发电机组并联时的一次调频

可以根据各机组的单位调节功率算出等效单位调节功率 K_G（或 K_{G*}）。当系统频率变化 Δf 时，第 i 台发电机组的输出功率增量为

$$\Delta P_{Gi}=-K_{Gi}\Delta f,\ i=1,\ 2,\ 3,\ \cdots,\ n \tag{6-13}$$

n 台发电机组的输出功率总增量为

$$\Delta P_G=\sum_{i=1}^{n}\Delta P_{Gi}=-\sum_{i=1}^{n}K_{Gi}\Delta f=-K_G\Delta f \tag{6-14}$$

等效为单台发电机组的单位调节功率为

$$K_G=\sum_{i=1}^{n}K_{Gi}=\sum_{i=1}^{n}\left(K_{Gi*}\frac{P_{GiN}}{f_N}\right) \tag{6-15}$$

用标幺值表示为

$$K_{G*}=\frac{\sum_{i=1}^{n}\left(K_{Gi*}\frac{P_{GiN}}{f_N}\right)}{P_{GN}} \tag{6-16}$$

可见，n 台发电机组并联时的等效单位调节功率远大于单台发电机组的单位调节功率。在输出功率增量相同的情况下，多台机组并联运行的频率变化比单台机组运行时要小得多。

若运行中有 m 台机组满载，则这 m 台机组的调差系数为无穷大，单位调节功率为 0，不能参加调频。系统的单位调节功率为

$$K_G=\sum_{i=m+1}^{n}K_{Gi}=\sum_{i=m+1}^{n}\left(K_{Gi*}\frac{P_{GiN}}{f_N}\right) \tag{6-17}$$

例题 6-1 某电力系统多台发电机组的容量和单位调节功率如下：5 台 100MW 水轮发电机组，$K_{G*}=25$；2 台 300MW 汽轮发电机组，$K_{G*}=16$。负荷的频率调节效应系数 $K_{LD*}=1.5$，系统总负荷为 1000MW。试计算如下条件下，系统频率下降 0.2Hz 时，系统所能承担的负荷增量：

1）全部机组都参加调频。

2）汽轮发电机组已经满载。

解： 水轮发电机组的单位调节功率为

$$K_{G\cdot H}=5K_{G*}\frac{P_{GN}}{f_N}=5\times25\times\frac{100}{50}\text{MW/Hz}=250\text{MW/Hz}$$

汽轮发电机组的单位调节功率为

$$K_{G\cdot T}=2K_{G*}\frac{P_{GN}}{f_N}=2\times16\times\frac{300}{50}\text{MW/Hz}=192\text{MW/Hz}$$

负荷的频率调节效应系数为

$$K_{LD}=K_{LD*}\frac{P_{LDN}}{f_N}=1.5\times\frac{1000}{50}\text{MW/Hz}=30\text{MW/Hz}$$

（1）全部机组都参加调频

系统的单位调节功率为

$$K=K_{LD}+K_{G\cdot H}+K_{G\cdot T}=(30+250+192)\text{MW/Hz}=472\text{MW/Hz}$$

当频率变化 $\Delta f=-0.2$Hz 时，系统承担的负荷增量为

$$\Delta P_{\text{LD0}} = -K\Delta f = -472 \times (-0.2)\text{MW} = 94.4\text{MW}$$

（2）汽轮发电机组已经满载

系统的单位调节功率变为

$$K = K_{\text{LD}} + K_{\text{G}\cdot\text{H}} = (30+250)\text{MW/Hz} = 280\text{MW/Hz}$$

当频率变化 Δf=–0.2Hz 时，系统承担的负荷增量为

$$\Delta P_{\text{LD0}} = -K\Delta f = -280 \times (-0.2)\text{MW} = 56\text{MW}$$

例题 6-2 某电力系统额定频率运行时，50% 机组的容量完全利用；25% 为火电厂，有 10% 备用容量，其单位调节功率为 16.6；25% 为水电厂，有 20% 备用容量，其单位调节功率为 25。系统有功负荷的频率调节效应系数 $K_{\text{LD*}}$=1.5。试计算：

1）系统的单位调节功率 K_*。

2）负荷功率增加 5% 时的稳态频率 f。

3）频率降低 0.2Hz 时，系统所能承担的负荷增量。

解： 设系统中发电机组的总额定功率 P_{GN}=1，于是，机组的等效单位调节功率为

$$K_{\text{G*}} = 0.5 \times 0 + 0.25 \times 16.6 + 0.25 \times 25 = 10.4$$

系统负荷功率为

$$P_{\text{LDN}} = 0.5 + 0.25 \times (1-0.1) + 0.25 \times (1-0.2) = 0.925$$

备用系数为

$$k_{\text{r}} = P_{\text{GN}} / P_{\text{LDN}} = 1/0.925 = 1.081$$

1）系统的单位调节功率为

$$K_* = k_{\text{r}} K_{\text{G*}} + K_{\text{LD*}} = 1.081 \times 10.4 + 1.5 = 12.742$$

2）负荷功率增加 5% 时的频率变化为

$$\Delta f_* = -\frac{\Delta P_*}{K_*} = -\frac{0.05}{12.742} = -3.924 \times 10^{-3}$$

一次调频后的稳态频率为

$$f = (50 - 3.924 \times 10^{-3} \times 50)\text{Hz} = 49.804\text{Hz}$$

3）频率降低 0.2Hz，即 $\Delta f_* = -0.2/50 = -0.004$，系统承担的负荷增量为

$$\Delta P_{\text{LD*}} = -K_* \Delta f_* = -12.742 \times (-0.004) = 0.05097$$

即
$$\Delta P_{\text{LD}} = 5.097\%$$

负荷增量小于备用容量，因此系统能在该频率下运行。

6.3.2 二次调频

二次调频过程如图 6-7 所示。若系统有足够的备用容量，值班人员就可以通过调频器改变调速系统的特性，进一步使发电机有功功率增加到 P_d，图 6-7 中的发电机

组功频静特性曲线 2 平滑上移变为曲线 2′，此时，运行点过渡到 d 点，频率有可能恢复到原来的 f_a。

二次调频时的功率平衡关系为

$$\Delta P_{\mathrm{LD0}} - \Delta P_{\mathrm{G0}} = -(K_{\mathrm{G}} + K_{\mathrm{LD}})\Delta f = -K\Delta f \qquad (6\text{-}18)$$

也可表示为

$$\Delta f = -\frac{\Delta P_{\mathrm{LD0}} - \Delta P_{\mathrm{G0}}}{K} \qquad (6\text{-}19)$$

式中，ΔP_{G0} 为调频器作用使发电机组增发的功率。

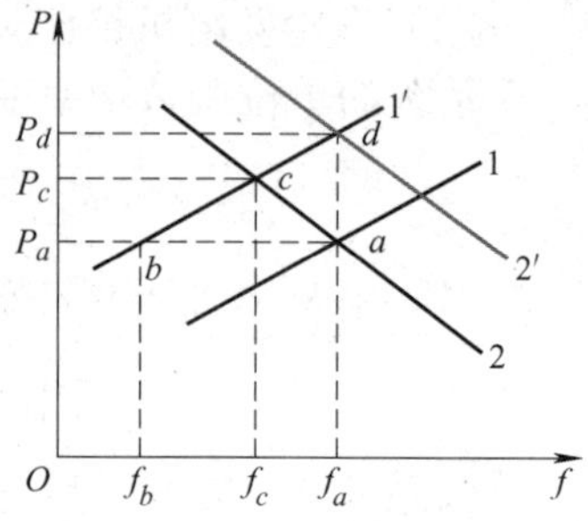

图 6-7　二次调频过程

式（6-19）说明二次调频不能改变系统的单位调节功率 K，但增加了发电机的有功功率，在同样的频率偏移下，系统能承受的负荷变化量增加；或者说，在相同的负荷变化量下，系统频率的偏移量减小。

由式（6-19）知，若 $\Delta P_{\mathrm{LD0}}=\Delta P_{\mathrm{G0}}$，则 $\Delta f=0$，可实现无差调频；若 $\Delta P_{\mathrm{LD0}} \neq \Delta P_{\mathrm{G0}}$，则缺额部分必须由系统调节效应所产生的功率增量来抵偿，因此 $\Delta f \neq 0$，为有差调频。

若系统中有 n 台发电机组，且第 n 台发电机组装有调频器，担负二次调频的任务。这相当于 1 台发电机组进行二次调频，n 台发电机组进行一次调频，即

$$-\frac{\Delta P_{\mathrm{LD0}} - \Delta P_{\mathrm{G0}}}{\Delta f} = -\left(\sum_{i=1}^{n} K_{\mathrm{G}i} + K_{\mathrm{LD}}\right) = -K \qquad (6\text{-}20)$$

实际电力系统运行中，当有功负荷变化时，配置调速器的发电机组只要不满载，还有可调的容量，都按功频静特性的关系参加一次调频，而二次调频一般只由 1 台或少数几台发电机组（或发电厂）承担，这些发电机组（或发电厂）称为主调频机组（或主调频厂）。

因此，当负荷变化时，如果所有主调频机组二次调频所得的总发电功率增量足够平衡负荷功率的初始增量，即 $\Delta P_{\mathrm{LD0}}=\Delta P_{\mathrm{G0}}$，那么系统的频率能恢复到原值；否则频率不能恢复到原值，所出现的功率缺额根据一次调频原理，部分由所有配置了调速器的发电机组按功频静特性的关系承担，部分由负荷的调节效应所产生的功率增量来补偿。

在多台发电机组参加调频的情况下，为了提高系统运行的经济性，还要求按等微增率准则在各主调频机组之间分配负荷增量，综合考虑频率调整和负荷的经济分配。

6.3.3　主调频厂与基负荷厂在调频过程中的负荷转移

假设电力系统内有两个发电厂，一个是主调频厂，一个是基负荷厂，它们的功频静特性曲线如图 6-8 所示。当电力系统以频率 f_a（$f_a=f_{\mathrm{N}}$）运行时，基负荷厂发电机组有功功率为 $P_{a'}$，主调频厂的有功功率为 P_a。如果负荷增加，系统频率下降，电力系统各原动机调速系统动作使频率变为 f_c。这时，主调频厂增加的有功功率为 P_c-P_a，基负荷厂增加的有功功率为 $P_{c'}-P_{a'}$。若基荷厂仍要求按原来分配的经济功率 $P_{a'}$ 运

行，则可通过主调频厂调速系统的调频器将功频静特性曲线平行上移，使系统频率恢复为 f_a，将基负荷厂增加的有功功率 $P_{c'}-P_{a'}$ 转移给主调频厂，而主调频厂总共增加的有功功率为 P_d–P_a。

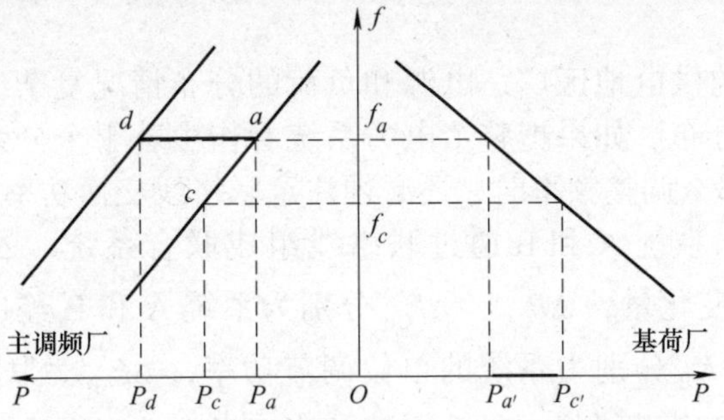

图 6-8　主调频厂和基负荷厂的功频静特性曲线

6.3.4　主调频厂的选择

由于系统频率主要由主调频厂负责调整，因此主调频厂选择的好坏直接关系到系统的频率质量。选择主调频厂时一般应考虑以下问题。

1）具有足够的调频容量和调整范围。

2）能比较迅速地调整出力。

3）调整出力时符合安全和经济运行原则。

除了以上要求外，还应考虑电源联络线上的交换功率是否会因调频引起过负荷跳闸或失去稳定性，以及调频引起的电压波动是否在允许的范围之内。

在水电厂、火电厂并列运行的电力系统中，一般选择大容量的水电厂作为主调频厂，大型火电厂中高效率的机组带基本负荷，效率较低的机组可作为辅助调频机组。因为水电厂调频不仅速度快、操作简便，而且调整的范围大（只受发电机容量的限制），基本上不影响水电厂的安全运行。火电厂调频不仅受到暖机和锅炉出力增减速度的限制，还受到锅炉最小出力的限制。汽轮机增减负荷的速度主要受汽轮机各部分热膨胀的限制，特别是高温高压机组在这方面的要求更严。锅炉出力增减速度通常比汽轮机要快一些，但与燃料质量关系很大。供热机组的出力受抽汽量的限制，更不适宜调频。

在丰水季节，为了多发水电，一般由大容量的水电厂带基本负荷，而由火电厂负责调频。水电厂无论是带基本负荷还是调频，都必须考虑防洪、航运、灌溉、渔业、工业、人民生活用水等综合利用的要求。

6.3.5　事故调频

当系统发生电源事故（包括发电厂内部和电源线路事故）或系统解列事故时，系统内电源和负荷不再保持平衡，从而使得电力系统频率突然大幅度下降。为避免频率大幅度下降，系统内部布置有一定容量的热备用和低频减负荷装置。发生事故时，运行人员在调度的统一指挥下通过迅速启用旋转备用容量（热备用）、迅速起动备用发电机组、切除负荷或将系统分割、分离厂用电等措施来防止频率下降。一般从频率开始下降至电源与负荷重新恢复平衡，直至频率稳定于新的数值的全过程，不超过几秒至几十秒的短暂时间。

6.4 联合系统的频率调整

大型电力系统的供电地区广，电源和负荷的分布情况复杂，频率调整难免引起网络中潮流的重新分布。如果把整个电力系统看作由若干个分系统通过联络线连接而成的联合系统，那么调整频率时，还必须注意联络线交换功率的控制问题。

如图 6-9 所示，系统 A 和 B 通过联络线组成联合系统，ΔP_{LDA}、ΔP_{LDB} 分别为系统 A 和 B 的负荷变化量，ΔP_{GA}、ΔP_{GB} 分别为系统 A 和 B 经过二次调频得到的发电功率增量，K_A、K_B 分别为系统的单位调节功率，ΔP_{AB} 为联络线交换功率增量。ΔP_{AB} 对系统 A 相当于负荷增量，对系统 B 相当于发电功率增量。

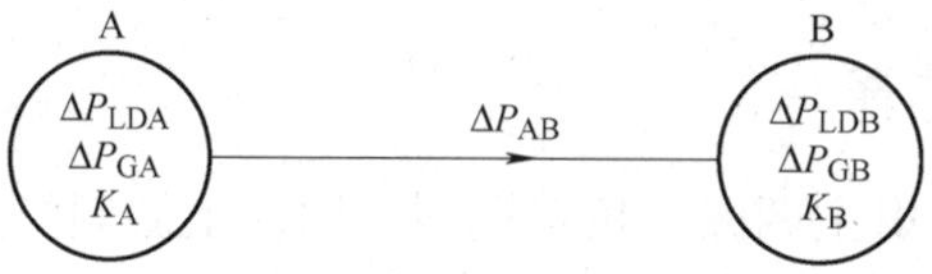

图 6-9　联合系统

因此，对系统 A 有

$$\Delta P_{LDA} + \Delta P_{AB} - \Delta P_{GA} = -K_A \Delta f_A \tag{6-21}$$

对系统 B 有

$$\Delta P_{LDB} - \Delta P_{AB} - \Delta P_{GB} = -K_B \Delta f_B \tag{6-22}$$

联合系统应有相同的频率，即 $\Delta f_A=\Delta f_B=\Delta f$，可得

$$\Delta f = -\frac{(\Delta P_{LDA} + \Delta P_{LDB}) - (\Delta P_{GA} + \Delta P_{GB})}{K_A + K_B} = -\frac{\Delta P_{LD} - \Delta P_G}{K} \tag{6-23}$$

$$\Delta P_{AB} = \frac{K_A(\Delta P_{LDB} - \Delta P_{GB}) - K_B(\Delta P_{LDA} - \Delta P_{GA})}{K_A + K_B} \tag{6-24}$$

这说明只要联合系统发电功率的二次调频增量 ΔP_G 等于全系统负荷增量 ΔP_{LD}，就可以实现无差调频，即 $\Delta f=0$，否则就会出现频率偏移。

联络线交换功率增量有如下两种情况。

1）当 A、B 两系统都进行二次调频时，若两系统的功率缺额恰好与其单位调节功率成比例，即满足如下条件：

$$\frac{\Delta P_{LDA} - \Delta P_{GA}}{K_A} = \frac{\Delta P_{LDB} - \Delta P_{GB}}{K_B}$$

则联络线交换功率增量 $\Delta P_{AB}=0$；若没有功率缺额，则 $\Delta f=0$。

2）当其中一个系统（如系统 B）不进行二次调频时，$\Delta P_{GB}=0$，系统 B 的负荷变

化量 ΔP_{LDB} 将由系统 A 的二次调频承担，这时联络线交换功率增量为

$$\Delta P_{AB}=\frac{K_A\Delta P_{LDB}-K_B(\Delta P_{LDA}-\Delta P_{GA})}{K_A+K_B}=\Delta P_{LDB}-\frac{K_B(\Delta P_{LD}-\Delta P_{GA})}{K_A+K_B}$$

当系统 A 二次调频得到的发电功率增量 ΔP_{GA} 能平衡联合系统的负荷增量 ΔP_{LD} 即 $\Delta P_{GA}=\Delta P_{LD}$ 时，$\Delta P_{AB}=\Delta P_{LDB}$，系统 B 的负荷增量全由联络线交换功率增量平衡，这时联络线交换功率增量最大。

其他情况下的联络线交换功率增量介于上述两种情况中间。

例题 6-3 A、B 两系统由联络线连接。A 系统参数为：$K_{GA}=700\text{MW/Hz}$，$K_{LDA}=40\text{MW/Hz}$，$\Delta P_{LDA}=100\text{MW}$。B 系统参数为：$K_{GB}=800\text{MW/Hz}$，$K_{LDB}=50\text{MW/Hz}$，$\Delta P_{LDB}=50\text{MW}$。试求下列情况下系统频率变化量 Δf 和联络线交换功率增量 ΔP_{AB}：

1）负荷变化时，两系统都参加一次调频。

2）负荷变化时，只有系统 A 参加一次调频，系统 B 不参加一次调频。

解： 因为两系统都不参加二次调频，因此有

$$\Delta P_{GA}=\Delta P_{GB}=0$$

1）两系统都参加一次调频，系统的频率调节效应系数分别为

$$K_A=K_{GA}+K_{LDA}=(700+40)\text{MW/Hz}=740\text{MW/Hz}$$

$$K_B=K_{GB}+K_{LDB}=(800+50)\text{MW/Hz}=850\text{MW/Hz}$$

因此 Δf 和 ΔP_{AB} 分别为

$$\Delta f=-\frac{(\Delta P_{LDA}+\Delta P_{LDB})-(\Delta P_{GA}+\Delta P_{GB})}{K_A+K_B}=-\frac{(100+50)-0}{740+850}\text{Hz}=0.094\text{Hz}$$

$$\Delta P_{AB}=\frac{K_A(\Delta P_{LDB}-\Delta P_{GB})-K_B(\Delta P_{LDA}-\Delta P_{GA})}{K_A+K_B}=\frac{740\times(50-0)-850\times(100-0)}{740+850}\text{MW}=-30.189\text{MW}$$

通过联络线的功率由系统 B 向系统 A 输送。

2）系统 A 参加一次调频，系统 B 不参加一次调频，有 $K_{GB}=0$，得

$$K_A=K_{GA}+K_{LDA}=(700+40)\text{MW/Hz}=740\text{MW/Hz}$$

$$K_B=K_{GB}+K_{LDB}=(0+50)\text{MW/Hz}=50\text{MW/Hz}$$

因此 Δf 和 ΔP_{AB} 分别为

$$\Delta f = -\frac{(\Delta P_{\text{LDA}} + \Delta P_{\text{LDB}}) - (\Delta P_{\text{GA}} + \Delta P_{\text{GB}})}{K_{\text{A}} + K_{\text{B}}}$$

$$= -\frac{(100+50)-0}{740+50}\text{Hz} = 0.190\text{Hz}$$

$$\Delta P_{\text{AB}} = \frac{K_{\text{A}}(\Delta P_{\text{LDB}} - \Delta P_{\text{GB}}) - K_{\text{B}}(\Delta P_{\text{LDA}} - \Delta P_{\text{GA}})}{K_{\text{A}} + K_{\text{B}}}$$

$$= \frac{740\times(50-0) - 50\times(100-0)}{740+50}\text{MW} = 40.506\text{MW}$$

通过联络线的功率由系统 A 向系统 B 输送。

6.5 频率调整与电压调整的关系

电力系统的有功功率和无功功率既与频率有关，又与电压有关。频率或电压的变化都将通过系统的负荷特性同时影响有功功率和无功功率。

1. 频率变化对系统的影响

当系统频率下降时，发电机的电动势下降，发电机发出的无功功率要减少，变压器和异步电动机励磁所需的无功功率要增加，绕组漏电抗的无功损耗要减少；线路电容的充电功率和电抗的无功损耗都要减少。总体来说，当系统频率下降时，系统的无功需求略有增加，若系统的无功电源不足，则很难维持电压的正常水平。通常频率下降 1%，电压将下降 0.8% ～ 2%。若系统无功电源充足，则当系统频率下降时，为维持电压不下降，发电机要输出更多的无功功率。

当系统频率上升时，发电机的电动势升高，系统的无功需求略有减少，系统的电压要上升。为维持电压的正常水平，发电机输出的无功功率可以略微减少。

2. 电压变化对系统的影响

当电网的电压水平升高时，负荷所需的有功功率要增加，电网中的损耗略有减少，系统总的有功需求有所增加。若有功电源不是很充足，则会引起频率下降。

当电网的电压水平下降时，系统总的有功需求要减少，从而导致频率上升。这对事故后电力系统的运行有利，因为在事故后的运行方式下，某些发电机或发电厂退出运行，当系统的有功电源和无功电源都不足时，电压下降将减少有功功率的缺额，在一定程度上可以阻止频率急剧下降。

实际系统当电压、频率都不满足要求时，应先对系统进行频率调整，再对系统进行电压调整。因为频率的升高能减少无功功率缺额，有利于电压调整。若先调整电压，则电压的上升会扩大有功功率缺额，导致频率下降。

最后，由于电力系统在额定频率、额定电压附近运行，电压变化对有功功率的影响和频率变化对无功功率的影响都很小，因此才有可能分别处理电压调整和频率调整的问题。而且，系统的频率是统一的，频率调整涉及整个系统，而无功功率和电压调整则可以按地区就地解决。当线路有功潮流不超出允许范围时，有功电源的任意分布不会妨碍频率调整；而无功功率平衡和电压调整与无功电源的合理分布有密切关系。

本章小结

本章阐述了频率调整的意义、系统有功功率平衡与系统频率的关系、发电机组和负荷的功频静特性以及频率调整的原理。

频率是衡量电能质量的另一个重要指标，保证频率符合标准要求系统必须保持有功功率平衡，并具有一定的有功备用容量。系统负荷的变化将引起频率的偏移，系统中装有调速器且有一定备用容量的发电机组都自动参与一次调频，一次调频是有差调频；二次调频只由系统中装有调频器的调频机组承担，二次调频可做到无差调频。联合系统的频率调整与联络线的传输功率密切相关。

当电力系统频率、电压指标都不满足质量要求时，因为系统有功功率的变化也影响电压的大小，而无功功率的变化对频率无影响，所以要先调频、再调压。

复习思考题与习题

6-1 为什么必须进行频率调整？频率调整的目标是什么？

6-2 为什么电力系统有功电源不足会导致频率下降？

6-3 按波动性质可将电力系统的有功负荷分为几类？各类负荷引起的频率变化如何进行调整？

6-4 什么是负荷的频率调节效应系数？其物理意义是什么？

6-5 什么是发电机组的单位调节功率？其物理意义是什么？

6-6 什么是发电机组的调差系数？其物理意义是什么？

6-7 什么是一次调频、二次调频？各有何特点？

6-8 什么是主调频厂？如何选择主调频厂？

6-9 当电力系统由于事故导致频率和电压均下降时，应先调频还是先调压？为什么？

6-10 某电力系统中，与频率无关的负荷占 30%，与频率成正比的负荷占 40%，与频率的二次方成正比的负荷占 25%，与频率的三次方成正比的负荷占 5%。求系统频率由 50Hz 降到 49.2Hz 时，相应的负荷变化百分值。

6-11 某电力系统额定频率运行时，30% 的机组容量完全利用；40% 为火电厂，有 10% 备用容量，其单位调节功率为 16.5；30% 为水电厂，有 15% 备用容量，其单位调节功率为 25。系统有功负荷的频率调节效应系数为 1.5。试求：

1）系统的单位调节功率。

2）负荷功率增加 10% 时，系统的稳态频率。

3）频率降低 0.4Hz 时，系统所承担的负荷增量。

6-12 某电力系统有 3 台额定容量为 100MW 的发电机组并联运行，机组的调差系数分别为 2%、6%、4%，系统有功负荷的频率调节效应系数为 1.4，运行情况如下：f=50Hz，P_{G1}=50MW，P_{G2}=80MW，P_{G3}=100MW。试求：当系统负荷增加 60MW 时，系统的频率下降多少？此时 3 台发电机组承担的负荷是多少？

6-13 系统的额定频率为 50Hz，总装机容量为 1800MW，调差系数为 5%，总负荷的频率调节效应系数 K_{LD}=45MW / Hz。若系统负荷为 1500MW 时频率为额定频率，现负荷增加 200MW，试计算下列两种情况的频率变化，并说明原因：

1）所有发电机组仅参加一次调频。

2）所有发电机组均参加二次调频。

6-14　联合系统如图 6-10 所示，系统 A、B 各自的单位调节功率分别为 K_{LDA}=45MW / Hz， K_{GA}=750MW / Hz， K_{LDB}=30MW / Hz， K_{GB}=500MW / Hz。当系统 A 的负荷增加 150MW 时，试计算下列条件下的系统频率变化量和联络线交换功率增量：

1）A、B 两系统都参加一次调频，系统 A 参加二次调频并增发 50MW。

2）系统 A 有一半机组参加一次调频，系统 B 全部机组参加一次调频，系统 B 参加二次调频并增发 40MW。

3）A、B 两系统都参加一、二次调频，都增发 50MW。

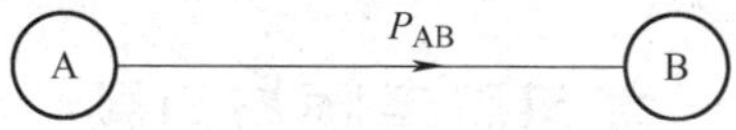

图 6-10　题 6-14 的联合系统

第 7 章 电力系统的经济运行

2020 年 9 月 22 日，中国在第七十五届联合国大会上正式提出：2030 年实现碳达峰、2060 年实现碳中和的目标。碳达峰是我国承诺，2030 年之前，二氧化碳排放量不再增加，达到峰值后再缓慢减少。到 2060 年，所有的二氧化碳排放将通过植树、节能减排来抵消，这就是所谓的碳中和。实现碳达峰、碳中和是一场广泛而深刻的经济社会系统性变革。双碳目标的提出是对电力系统经济运行的重大挑战。

电力系统经济运行的基本要求是，在保证系统向用户不间断地提供安全、可靠、充足、优质电能的前提下，努力提高电能生产和传输的效率，以期最大限度地降低电能生产的燃料消耗（发电成本）和传输的电能损耗（供电成本）。

电力系统的经济性必须从规划设计和运行两个方面来保证。在规划设计中要通过技术经济分析，采用高效率的发电设备，合理选择输电和配电网络的电压等级与接线方式等；在运行中要合理分配各发电厂的负荷，降低燃料消耗，同时合理配置无功电源，以降低电网的电能损耗等。

电网是如何工作的

7.1 电网的电能损耗

电网运行时，由于电流或功率通过输电线和变压器从而产生电能损耗。从输电线和变压器的等效电路看，电能损耗由两部分组成：一部分是在导线和变压器绕组的电阻上的损耗，这部分损耗与通过元件的电流或功率有关，输送的功率越大，损耗也越大，该损耗称为可变损耗；另一部分是输电线和变压器等效电路中并联电导的有功损耗，如输电线的电晕损耗、变压器的铁心损耗等，这部分损耗与施加在元件上的电压有关，而与通过元件的功率几乎无关，根据电网对电压质量的要求，元件运行电压一般不允许偏离额定值太大，因此这部分损耗基本不变，称为不变损耗。

据统计，电力系统的有功功率损耗最多可达总发电量的 20% ～ 30%，也就是说大约 1/4 的发电容量都将用来抵消输配电过程中的功率损耗。这不仅大大增加了发电厂和变电所的设备容量，而且是对极其宝贵的动力资源的巨大额外消费。电能损耗的大小还密切影响电能成本，进而影响整个国民经济。再者，为供给这部分功率及电能损耗，系统中的火电厂必须多发电，从而使向大气中排放的二氧化碳等温室效应气体增加，这样对环境保护也造成不利影响。因此，电网的功率损耗和电能损耗是电网运行中的一个重要经济指标，尽量降低电网的功率损耗和电能损耗是电网设计与运行中的主要任务。

在给定的时间（日、月、季或年）内，系统中所有发电厂的总发电量与厂用电之差称为供电量；所有输电、变电和配电环节所消耗的电量称为电网的损耗电量或损耗能量。在同一时间内，电网损耗电量占供电量的百分比称为电网的损耗率，简称网损率或线损率。网损率是衡量供电企业管理水平的一项重要的综合性经济技术指标，网损率越小说明电力系统的运行经济性越好。

7.1.1 输电线的电能损耗

电力系统正常运行时，一般尽量避免输电线产生电晕。因此，输电线的电晕损耗可以略去不计。对于给定的运行时间 T（单位为 h），考虑负荷功率随时间变化，输电线的电能损耗（单位为 kW•h）为

$$\Delta A_{\mathrm{L}}=3\int_0^T I^2R_{\mathrm{L}}\times10^{-3}\mathrm{d}t=\int_0^T\frac{S^2}{U^2}R_{\mathrm{L}}\times10^{-3}\mathrm{d}t \tag{7-1}$$

式中，S 的单位为 kW。

由于负荷功率随时间变化，所以式（7-1）中的损耗用积分形式表示。而负荷的变化规律一般不易用解析式表示，这将给计算电能损耗带来很大的困难，因此通常采用近似算法。近似算法常以统计资料及相应的经验公式或曲线为基础。下面介绍一种工程计算中常用的简化近似算法，即最大负荷损耗时间法。

1. 最大负荷损耗时间法

若电网的输送功率始终保持为最大负荷功率 $S_{\max}$，经过时间 τ（单位为 h）后，电网中损耗的电能恰好等于电网按实际负荷曲线运行时全年实际损耗的电能，则称 τ 为最大负荷损耗时间。

根据 τ 的定义，输电线路全年的电能损耗（单位为 kW•h）为

$$\Delta A_{\mathrm{L}}=\int_0^{8760}\frac{S^2}{U^2}R_{\mathrm{L}}\times10^{-3}\mathrm{d}t=\frac{S_{\max}^2}{U^2}R_{\mathrm{L}}\tau\times10^{-3} \tag{7-2}$$

若认为运行电压接近于维持恒定，则

$$\tau=\frac{\int_0^{8760}S^2\mathrm{d}t}{S_{\max}^2} \tag{7-3}$$

由此可见，最大负荷损耗时间 τ 与视在功率 S 表示的负荷曲线有关。视在功率可以由相应的有功功率和功率因数决定，而最大负荷利用小时数 $T_{\max}$ 反映了有功功率负荷曲线。可以设想，对于给定的功率因数 $\cos\varphi$，τ 与 $T_{\max}$ 之间存在一定的关系。通过对一些典型负荷曲线的分析，得到 τ 与 $T_{\max}$ 的关系见表 7-1。因此，在无法确知负荷变化曲线的场合（如进行电力系统规划设计时），可根据用户的性质，查出最大负荷利用小时数 $T_{\max}$，再根据 $T_{\max}$ 和用户的功率因数 $\cos\varphi$，由表 7-1 查出与之对应的 τ 值，即可根据式（7-2）计算出输电线路全年的电能损耗。

表 7-1 最大负荷损耗时间 τ 与最大负荷利用小时数 $T_{\max}$ 的关系 （单位：h）

$T_{\max}$	$\cos\varphi$				
	0.80	0.85	0.90	0.95	1.00
2000	1500	1200	1000	800	700
2500	1700	1500	1250	1100	950

（续）

T_{max}	$\cos\varphi$				
	0.80	0.85	0.90	0.95	1.00
3000	2000	1800	1600	1400	1250
3500	2350	2150	2000	1800	1600
4000	2750	2600	2400	2200	2000
4500	3150	3000	2900	2700	2500
5000	3600	3500	3400	3200	3000
5500	4100	4000	3950	3750	3600
6000	4650	4600	4500	4350	4200
6500	5250	5200	5100	5000	4850
7000	5950	5900	5800	5700	5600
7500	6650	6600	6550	6500	6400
8000	7400	—	7350	—	7250

因为传输无功功率会在电网元件的阻抗上产生有功功率损耗，所以最大负荷损耗时间 τ 与负荷的功率因数 $\cos\varphi$ 有关，如果传输的有功功率保持不变（对应 T_{max} 值不变），当 $\cos\varphi$ 降低时，由于输送的无功功率增大，相应的 τ 值也将增大。

有多个负荷的简单供电网络如图 7-1 所示，三个负荷把同级输电线路分成三段，计算电能损耗时须对每段线路分别进行电能损耗计算，再求和。

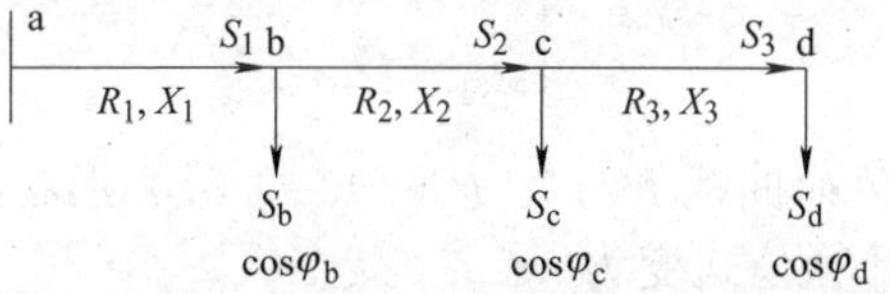

图 7-1　有多个负荷的简单供电网络

为了确定各段线路的 τ，需要先算出各段线路的 $\cos\varphi$ 和 T_{max}。若已知各负荷点的最大负荷利用小时数 T_{maxb}、T_{maxc}、T_{maxd}，设各负荷点的最大负荷同时出现，分别为 S_b、S_c、S_d，则有

$$\cos\varphi_3 = \cos\varphi_d$$

$$\cos\varphi_2 = \frac{S_c\cos\varphi_c + S_d\cos\varphi_d}{S_c + S_d}$$

$$\cos\varphi_1 = \frac{S_b\cos\varphi_b + S_c\cos\varphi_c + S_c\cos\varphi_d}{S_b + S_c + S_d}$$

$$T_{max3} = T_{maxd}$$

$$T_{max2} = \frac{P_c T_{maxc} + P_d T_{maxd}}{P_c + P_d}$$

$$T_{\max 1}=\frac{P_{\mathrm{b}}T_{\mathrm{maxb}}+P_{\mathrm{c}}T_{\mathrm{maxc}}+P_{\mathrm{d}}T_{\mathrm{maxd}}}{P_{\mathrm{b}}+P_{\mathrm{c}}+P_{\mathrm{d}}}$$

然后从表 7-1 中查得各段线路的 τ 值，得输电线路的总电能损耗为

$$\Delta A=\left(\frac{S_1}{U_{\mathrm{b}}}\right)^2R_1\tau_1+\left(\frac{S_2}{U_{\mathrm{c}}}\right)^2R_2\tau_2+\left(\frac{S_3}{U_{\mathrm{d}}}\right)^2R_3\tau_3$$

需要注意的是，计算总电能损耗时，功率要用输电线路传输的功率，而不是各点的负荷功率。

最大负荷损耗时间法计算电能损耗准确度不高，还不可能对误差做出有根据的分析，只适用于电网规划设计中的计算。对已运行的电网，最大负荷损耗时间法不适用，可采用等效功率法计算。

2. 等效功率法

输电线路在给定时间内的电能损耗为

$$\Delta A_{\mathrm{L}}=3\int_0^T I^2R_{\mathrm{L}}\times10^{-3}\mathrm{d}t=3I_{\mathrm{eq}}^2R_{\mathrm{L}}T\times10^{-3}=\frac{P_{\mathrm{eq}}^2+Q_{\mathrm{eq}}^2}{U^2}R_{\mathrm{L}}T\times10^{-3} \tag{7-4}$$

式中，I_{eq}、P_{eq}、Q_{eq} 分别为电流、有功功率、无功功率的等效值，可以通过各自的平均值表示为

$$\begin{cases}I_{\mathrm{eq}}=GI_{\mathrm{av}}\\P_{\mathrm{eq}}=KP_{\mathrm{av}}\\Q_{\mathrm{eq}}=LQ_{\mathrm{av}}\end{cases} \tag{7-5}$$

式中，G、K、L 分别为负荷曲线 $I(t)$、$P(t)$、$Q(t)$ 形状系数。

因此，电能损耗的计算公式变为

$$\Delta A_{\mathrm{L}}=3G^2I_{\mathrm{av}}^2R_{\mathrm{L}}T\times10^{-3}=\frac{K^2P_{\mathrm{av}}^2+L^2Q_{\mathrm{av}}^2}{U^2}R_{\mathrm{L}}T\times10^{-3} \tag{7-6}$$

平均功率可由给定运行时间 T 内的有功电量 A_P 和无功电量 A_Q 求得，即

$$\begin{cases}P_{\mathrm{av}}=\dfrac{A_P}{T}\\Q_{\mathrm{av}}=\dfrac{A_Q}{T}\end{cases} \tag{7-7}$$

形状系数 K 由负荷曲线的形状决定，取值范围是

$$1\leqslant K\leqslant\frac{1+\alpha}{2\sqrt{\alpha}} \tag{7-8}$$

式中，α 是最小负荷率。当负荷的功率因数不变时，无功负荷曲线的形状系数 L 与 K 相等。

用等效功率法计算电能损耗，原理易懂、方法简单，需要的原始数据不多。另外，对已运行的电网进行网损的理论分析时，可以直接从电能表取得有功电量和无

功电量的数据，即使不知道负荷曲线的形状，也能对计算结果的最大可能误差做出估计。等效功率法能广泛应用于任意复杂网络的电能计算。

7.1.2　变压器的电能损耗

变压器的电能损耗包括可变损耗和不变损耗，因此有

$$\Delta A_{\mathrm{T}} = \Delta P_0 T + \int_0^T \frac{S^2}{U^2} R_{\mathrm{T}} \times 10^{-3} \mathrm{d}t = \Delta P_0 T + \frac{S_{\max}^2}{U^2} R_{\mathrm{T}} \tau \times 10^{-3} \tag{7-9}$$

式中，ΔP_0 为变压器的空载损耗，对应不变损耗，单位为 kW；T 为变压器全年实际投入运行小时数，单位为 h。

也可直接利用变压器的短路损耗和空载损耗计算。例如，对于双绕组变压器，有

$$\Delta A_{\mathrm{T}} = \Delta P_0 T + \Delta P_{\mathrm{k}} \frac{S_{\max}^2}{S_{\mathrm{N}}^2} \tau \tag{7-10}$$

若网络中有 n 台相同容量的变压器并联运行，则一年的总电能损耗为

$$\Delta A_{\mathrm{T}} = n\Delta P_0 T + \frac{\Delta P_{\mathrm{k}}}{n} \frac{S_{\max}^2}{S_{\mathrm{N}}^2} \tau \tag{7-11}$$

式中，ΔP_0、ΔP_{k} 分别为单台变压器空载、短路时的有功损耗，单位为 kW；S_{N} 为单台变压器的额定容量，单位为 MVA；$S_{\max}$ 为变压器输送的最大功率，单位为 MVA。

应当指出，最大负荷利用小时数 $T_{\max}$ 和最大负荷损耗时间 τ 虽然在定义上有相同之处，都利用等效的概念，用确定值（$P_{\max}$ 和 $S_{\max}$）代替变量（P 和 S），但其实质是有区别的。$T_{\max}$ 用于等效计算负荷消耗的电能，而 τ 用于等效计算电网的电能损耗。此外，$T_{\max}$ 是有功负荷的等效时间，而 τ 是视在功率负荷的等效时间。

例题 7-1　有一额定电压为 110kV、长度为 100km 的双回输电线路向变电所供电，如图 7-2 所示，线路单位长度参数为 z_0=（0.17+j0.409）Ω/km，b_0=2.79×10^{-6}S/km。两台变压器并联运行，每台变压器的额定容量为 S_{N}=31.5MVA，电压比为 110/11，ΔP_0+jΔQ_0=（0.03+j0.22）MVA，ΔP_{k}=190MW，U_{k}%=10.5，$S_{\max}$ =（40+j30）MVA，$T_{\max}$=4500h。试计算全年的电能损耗。

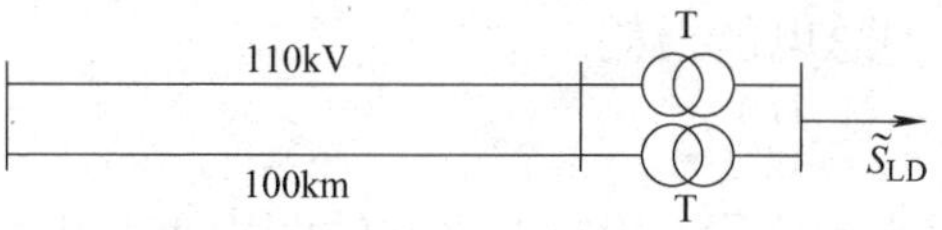

图 7-2　例 7-1 的电气接线图

解：（1）计算电网的潮流分布

变压器阻抗为

$$R_{\mathrm{T}} = \frac{1}{2} \frac{\Delta P_{\mathrm{k}} U_{\mathrm{N}}^2}{S_{\mathrm{N}}^2} \times 10^3 = \frac{1}{2} \times \frac{190 \times 110^2}{31500^2} \times 10^3 \Omega = 1.16\Omega$$

$$X_{\mathrm{T}}=\frac{1}{2}\times\frac{U_{\mathrm{k}}\%}{100}\cdot\frac{U_{\mathrm{N}}^{2}}{S_{\mathrm{N}}}\times10^{3}=\frac{1}{2}\times\frac{10.5}{100}\times\frac{110^{2}}{31500}\times10^{3}\Omega=20.17\Omega$$

变压器绕组中的功率损耗为

$$\Delta S_{\mathrm{T}}=\frac{S_{\mathrm{LD}}^{2}}{U_{\mathrm{N}}^{2}}(R_{\mathrm{T}}+\mathrm{j}X_{\mathrm{T}})=\frac{40^{2}+30^{2}}{110^{2}}\times(1.16+\mathrm{j}20.17)\mathrm{MVA}=(0.24+\mathrm{j}4.17)\mathrm{MVA}$$

双回输电线路电容的充电功率为

$$\Delta Q_{\mathrm{b}}=2\frac{b_{0}l}{2}U_{\mathrm{N}}^{2}=2\times\frac{2.79\times10^{-6}\times100}{2}\times110^{2}\,\mathrm{MVar}=3.38\mathrm{MVar}$$

输电线路阻抗末端的功率为

$$\begin{aligned}S_{2}&=S_{\mathrm{LD}}+\Delta S_{\mathrm{T}}+2\Delta S_{0}-\mathrm{j}\Delta Q_{\mathrm{b}}=[40+\mathrm{j}30+0.24+\mathrm{j}4.17+2\times(0.03+\mathrm{j}0.22)-\mathrm{j}3.38]\mathrm{MVA}\\&=(40.3+\mathrm{j}31.23)\mathrm{MVA}\end{aligned}$$

（2）计算变压器全年的电能损耗

当 $T_{\max}$=4500h， $\cos\varphi=\cos[\arctan(30/40)]=0.8$ 时，查表 7-1 得 $\tau=3150\mathrm{h}$。因此，变压器全年的电能损耗为

$$\Delta A_{\mathrm{T}}=n\Delta P_{0}T+\frac{\Delta P_{\mathrm{k}}}{n}\frac{S_{\max}^{2}}{S_{\mathrm{N}}^{2}}\tau=\left(2\times30\times8760+\frac{190}{2}\times\frac{50^{2}}{31.5^{2}}\times3150\right)\mathrm{kW\cdot h}=1.28\times10^{6}\mathrm{kW\cdot h}$$

（3）计算输电线路全年的电能损耗

输电线路阻抗末端负荷的功率因数为

$$\cos\varphi=\frac{P_{2}}{\sqrt{P_{2}^{2}+Q_{2}^{2}}}=\frac{40.3}{\sqrt{40.3^{2}+31.23^{2}}}=0.79$$

查表 7-1 得 $\tau=3150\mathrm{h}$。因此，输电线路全年的电能损耗为

$$\begin{aligned}\Delta A_{\mathrm{L}}&=\frac{S_{\max}^{2}}{U^{2}}R_{\mathrm{L}}\tau\times10^{-3}=\frac{S_{\max}^{2}}{U^{2}}\cdot\frac{1}{2}z_{0}l\tau\times10^{-3}\\&=\frac{40300^{2}+31230^{2}}{110^{2}}\times\frac{1}{2}\times0.17\times100\times3150\times10^{-3}\mathrm{kW\cdot h}=5.75\times10^{6}\mathrm{kW\cdot h}\end{aligned}$$

（4）计算电网全年的总电能损耗

电网全年的总电能损耗为

$$\Delta A=\Delta A_{\mathrm{L}}+\Delta A_{\mathrm{T}}=(5.75\times10^{6}+1.28\times10^{6})\mathrm{kW\cdot h}=7.03\times10^{6}\mathrm{kW\cdot h}$$

7.1.3 降低电能损耗的措施

可采取各种技术措施降低电网的电能损耗。其中有些措施是建设电网以及对现有电网进行技术改造时采取的措施，这往往需要投资。这些措施的采取需进行多方案的技术经济学比较才能确定。还有些措施可通过对现有电网合理地组织运行方式来实施，这类措施可不增加投资或少增加投资，因此应优先考虑。从输电线路和

变压器的电能损耗计算公式可以看出，在电网运行中可以采取下列措施降低电能损耗。

1. 改善网络中的功率分布

1）提高用户的功率因数，减少线路输送的无功功率。用户是电网分配电能的终点，提高用户的功率因数，不仅提高了和用户联系的配电网的功率因数，而且提高了输电网的功率因数。提高电网的功率因数意味着电网在传输相同有功功率的情况下减少了网络的功率损耗。

为了减少用户取用的无功功率，可以在有条件的企业中用同步电动机代替异步电动机。因为同步电动机在过励磁的情况下，可以向系统送出无功功率，从而显著提高用户的功率因数。

2）实行无功功率就地补偿。在用户处或靠近用户的变电所中装设无功补偿装置，如静电电容器、静止补偿器、同步调相机等，以实现无功功率就地补偿，限制无功功率在电网中的传送，提高用户的功率因数，从而降低配电网的电能损耗。

根据我国有关规定，高压供电线路应保证 $\cos\varphi \geqslant 0.9$，低压供电线路应保证 $\cos\varphi \geqslant 0.85$。工矿企业的自然功率因数（即未采取无功补偿措施之前的功率因数）一般都较低，通常采用静电电容器补偿。补偿方式有集中补偿和分组补偿。集中补偿是将静电电容器集中装设于企业总降压变电所的6～35kV侧母线上；分组补偿是将静电电容器分设在功率因数较低的车间变电所高压或低压侧母线上，这不仅能降低供电线路的功率损耗，还能提高车间变电所变压器的负荷能力。此外，对于少数容量特别大的异步电动机，也有直接装设静电电容器进行无功补偿的。

3）在闭式网中实行功率的经济分布。闭式网中功率与阻抗成反比分布。因此，要使电网功率损耗最小，就应使功率与电阻成反比分布，这种功率分布称为经济分布。可采取以下措施实现功率的经济分布。

① 使闭式网在适当地点开环运行，从而使功率分布接近经济分布。

② 在闭式网中串联电容，对阻抗进行补偿。

③ 在环网中增设调压变压器，利用其改善循环功率，从而实现功率的经济分布。

2. 合理组织电网的运行方式

1）适当提高电网的运行电压水平。虽然变压器的空载损耗与运行电压的二次方成正比，但占总电网电能损耗的70%～80%的导线和变压器绕组电阻中的电能损耗与运行电压的二次方成反比。因此，当电网运行电压水平较高时，电网的总电能损耗将相应降低。电网运行时，线路和变压器等电气元件的绝缘所允许的最高工作电压一般不超过其额定电压的10%。因此，电网运行于重负荷状态时，在不超过上述规定的条件下，应尽量提高运行电压水平，以降低功率损耗和电能损耗。根据计算，线路运行电压提高5%，电能损耗约可降低6%。为提高电网电压运行水平，可以采取同时提高电网升、降压变压器分接头的办法，使输电线路运行在较高的电压水平。

2）合理组织变压器的并联运行。为了适应负荷的变化和提高供电的可靠性，变电所通常安装两台相同容量的变压器。对于一些重要的枢纽变电所，也可安装多台相同容量的变压器。如何根据负荷的变化，确定并联运行的变压器投入台数，以减少功率损耗和电能损耗，这就是并联运行的变压器的经济运行问题。当总负荷功率为S时，并联运行n台变压器的总功率损耗为

$$\Delta P_{T(n)} = n\Delta P_0 + n\Delta P_k \left(\frac{S}{nS_N} \right)^2 \tag{7-12}$$

式中，ΔP_0为单台变压器的空载损耗，单位为kW；ΔP_k为单台变压器的短路损耗，单位为kW；S_N为单台变压器的额定容量，单位为MVA；S为并联运行的变压器的总传输容量，单位为MVA。

由式（7-12）可见，不变损耗与并联运行的变压器台数成正比，可变损耗与并联运行的变压器台数成反比。当变压器轻载运行时，不变损耗所占的比重相对增大，可变损耗所占的比重相对减小。这时减少变压器投入台数就能降低总功率损耗。当变压器重载运行时，不变损耗所占的比重相对减小，可变损耗所占的比重相对增大。这样，总可以找出一个负荷功率的临界值，使投入n台变压器与投入$n-1$台变压器的总功率损耗值相等。列出$n-1$台变压器并联运行时的总功率损耗，为

$$\Delta P_{T(n-1)} = (n-1)\Delta P_0 + (n-1)\Delta P_k \left[\frac{S}{(n-1)S_N} \right]^2 \tag{7-13}$$

使$\Delta P_{T(n)}=\Delta P_{T(n-1)}$的负荷功率即为临界功率，记为$S_{cr}$，则有

$$S_{cr} = S_N \sqrt{n(n-1)\frac{\Delta P_0}{\Delta P_k}} \tag{7-14}$$

当负荷功率$S>S_{cr}$时，投入n台变压器运行经济性好；当负荷功率$S<S_{cr}$时，投入$n-1$台变压器运行经济性好。

应该指出，这种对变压器投入台数的选择只适用于季节性负荷变化的情况，对于一昼夜负荷的变化，变压器和断路器的频繁起停对系统的安全性和设备的使用寿命均不利。

3. 对原有电网实行技术改造

随着工业生产用电和城市生活用电的快速增长，负荷密度明显增加，不仅电能损耗增大，而且电能质量也下降。因此，对原有电网进行升压改造，如6kV电网升压改造为10kV电网，10kV和35kV电网分别升压为35kV和110kV电网，能使电能损耗显著减少。因为在导线电阻和负荷功率不变的条件下，线路的功率损耗与电压的二次方成反比，若电压提高为原来的3倍，则功率损耗降低为原来的1/9。为改造电网所增加的投资，由于电能损耗减少，一般情况下可在几年内全部收回。

4. 合理选择导线截面积

线路的功率损耗与导线电阻成正比，按经济电流密度选择导线截面积，可以使电网功率损耗下降，使线路运行具有最好的经济效果。

7.2 有功负荷的分配

电力系统在保证有功功率平衡的基础上，各类发电厂的发电机组承担的功率，应按技术经济性合理分配。水力发电机组起停快，所用一次能源清洁、无污染，可再生；火力发电机组起停所需时间长，所用的一次能源不可再生、污染环境。因此，在丰水期，为了充分利用水资源、减少火电厂的燃料消耗，水电厂承担基本负荷，然后考虑把负荷分配给热电厂、核电厂、高温高压的凝汽式火电厂，峰荷和调频容量由中温中压的凝汽式火电厂承担；在枯水期，按水电厂的不可调功率、热电厂、高温高压的凝汽式火电厂、中温中压的凝汽式火电厂分配负荷，峰荷和调频容量由水电厂的可调功率承担。这是负荷分配的基本原则，也是三次调频的原理。

当负荷变化范围较大时，系统调度应采取有效措施对有功负荷进行经济分配，即如何正确安排系统各机组的发电功率，使总的燃料消耗量最少。无功功率对燃料的消耗量影响很小，所以我们要研究有功功率对燃料消耗量的影响问题。

7.2.1 发电机组的耗量特性

发电机组在单位时间内消耗的能源与发出的有功功率的关系称为发电机组的耗量特性，其曲线如图 7-3 所示，横坐标表示发电机组发出的有功功率 P，火电厂耗量特性的纵坐标表示燃料数量 F（每小时消耗的标准煤吨数），水电厂耗量特性的纵坐标表示水量 w（每小时消耗的立方米数）。

耗量特性曲线上某点的纵坐标与横坐标之比，即输入与输出之比称为比耗量，为

$$\mu=\frac{F}{P} \tag{7-15}$$

其倒数即为效率 $\eta=P/F$。

耗量特性曲线上某点切线的斜率称为该点的耗量微增率，为

$$\lambda=\frac{\mathrm{d}F}{\mathrm{d}P} \tag{7-16}$$

表示在该点运行时输入增量与输出增量之比。进而得到以发电机组发出的有功功率 P 为横坐标的效率曲线和微增率曲线，如图 7-4 所示。

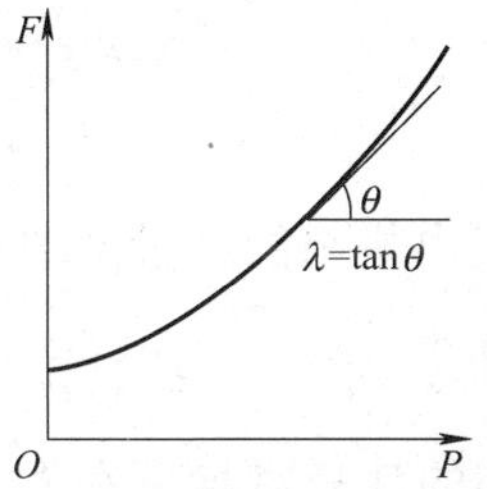

图 7-3　发电机组的耗量特性

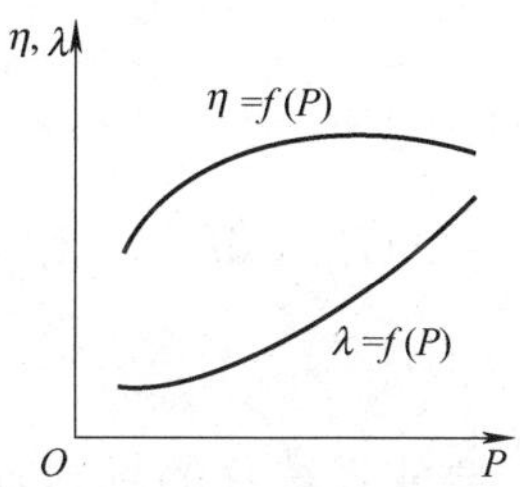

图 7-4　效率曲线和微增率曲线

7.2.2 等微增率准则

如图 7-5 所示，以负荷在两台发电机组之间进行经济分配为例，说明负荷的经济分配原理。设两台发电机组的耗量特性分别为 $F_1(P_{G1})$、$F_2(P_{G2})$，总负荷功率为 P_{LD}。若忽略网损，并认为燃料的消耗量和发电机组的输出功率不受限制，则有功负荷的经济分配是在满足等式

$$P_{G1}+P_{G2}=P_{LD}$$

约束的条件下，使目标函数 $F=F_1(P_{G1})+F_2(P_{G2})$ 为最小。

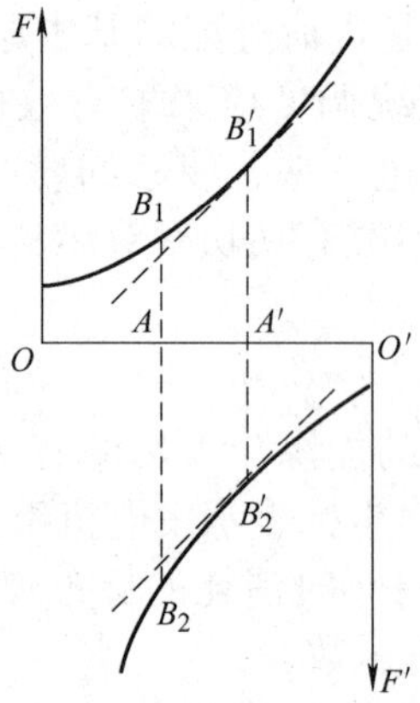

图 7-5　两台机组的负荷经济分配原理图

用拉格朗日乘数法求多元函数的条件极值，建立拉格朗日函数，为

$$L=F-\lambda(P_{G1}+P_{G2}-P_{LD})=F_1(P_{G1})+F_2(P_{G2})-\lambda(P_{G1}+P_{G2}-P_{LD}) \tag{7-17}$$

确定式（7-17）最小值的必要条件为

$$\begin{cases}\dfrac{\partial L}{\partial P_{G1}}=0\\[2mm]\dfrac{\partial L}{\partial P_{G2}}=0\end{cases} \tag{7-18}$$

得

$$\begin{cases}\dfrac{dF_1(P_{G1})}{dP_{G1}}-\lambda=0\\[2mm]\dfrac{dF_2(P_{G2})}{dP_{G2}}-\lambda=0\end{cases} \tag{7-19}$$

定义 $\lambda_1=dF_1(P_{G1})/dP_{G1}$，$\lambda_2=dF_2(P_{G2})/dP_{G2}$ 分别为发电机组的耗量微增率，则有

$$\lambda_1=\lambda_2=\lambda \tag{7-20}$$

因此，要使系统总的燃料消耗量最小，应按相等的耗量微增率在发电机组之间分配有功负荷，这就是等微增率准则。

7.2.3　火电厂之间的有功负荷经济分配

设系统中有 n 个火电厂，耗量特性分别为 $F_1(P_{G1})$、$F_2(P_{G2})$，…，$F_n(P_{Gn})$，系统的总负荷为 P_{LD}。

1. 不计网损的有功负荷经济分配

当网损 ΔP 不大时，可以忽略网损对有功负荷经济分配的影响。此时，有功功率平衡等式为

$$\sum_{i=1}^{n} P_{Gi} - P_{LD} = 0 \tag{7-21}$$

目标函数为

$$F = \sum_{i=1}^{n} F_i(P_{Gi})$$

不考虑各个发电厂输出功率的约束条件，按等微增率准则进行有功负荷的经济分配，即

$$\frac{dF_i(P_{Gi})}{dP_{Gi}} = \lambda,\ i=1,\ 2,\ \cdots,\ n \tag{7-22}$$

再考虑各个发电厂输出功率的应收到功率约束条件和电压约束条件，即

$$\begin{cases} P_{Gi\min} \leqslant P_{Gi} \leqslant P_{Gi\max} \\ Q_{Gi\min} \leqslant Q_{Gi} \leqslant Q_{Gi\max} \\ U_{i\min} \leqslant U_i \leqslant U_{i\max} \end{cases} \tag{7-23}$$

首先对有功功率值越线的发电厂按限值分配负荷，然后对其余发电厂按等微增率准则分配剩下的负荷。式（7-23）的后两个条件与有功负荷的经济分配没有直接关系，是在完成有功负荷经济分配后的潮流计算中要考虑的。

2. 计及网损的有功负荷经济分配

当网损 ΔP 较大时，必须考虑网损对有功负荷经济分配的影响。此时，有功功率平衡等式为

$$\sum_{i=1}^{n} P_{Gi} - \Delta P - P_{LD} = 0 \tag{7-24}$$

构造的拉格朗日函数为

$$L = \sum_{i=1}^{n} F_i(P_{Gi}) - \lambda\left(\sum_{i=1}^{n} P_{Gi} - \Delta P - P_{LD}\right)$$

函数 L 取极值的必要条件为

$$\frac{\partial L}{\partial P_{Gi}} = \frac{\partial F_i(P_{Gi})}{\partial P_{Gi}} - \lambda\left(1 - \frac{\partial \Delta P}{\partial P_{Gi}}\right) = 0,\ i=1,\ 2,\ \cdots,\ n$$

或

$$\frac{\partial F_i(P_{Gi})}{\partial P_{Gi}} = \lambda\left(1 - \frac{\partial \Delta P}{\partial \Delta P_{Gi}}\right) \tag{7-25}$$

从而有

$$\frac{dF_i(P_{Gi})}{dP_{Gi}} \times \frac{1}{\left(1 - \dfrac{\partial \Delta P}{\partial P_{Gi}}\right)} = \frac{dF_i(P_{Gi})}{dP_{Gi}}\alpha_i = \lambda \tag{7-26}$$

或

$$\lambda_1\alpha_1 = \lambda_2\alpha_2 = \cdots = \lambda_n\alpha_n = \lambda \tag{7-27}$$

式中，$\alpha_i = 1/(1-\partial\Delta P/\partial P_{Gi})$称为网损修正系数；$\lambda_i = \partial\Delta P/\partial P_{Gi}$称为网损微增率，表示网损对第$i$个发电厂有功出力的微增率。

式（7-27）就是经过网损修正后的等微增率准则，又称为n个发电厂有功负荷经济分配的协调方程式。

因为各发电厂在电力系统中所处的位置不同，所以各发电厂的网损微增率不相等。当$\lambda_i > 0$时，第i个发电厂的出力增加会引起网损的增加，$\alpha_i > 1$，发电厂本身的耗量微增率宜取小值。当$\lambda_i < 0$时，第i个发电厂的出力增加会引起网损的减少，$\alpha_i < 1$，发电厂本身的耗量微增率宜取较大值。

7.2.4 水、火电厂之间的有功负荷经济分配

通常电力系统是大型的联合系统，既有火电厂，又有水电厂。火电厂发电一般不受燃料的约束，而水电厂发电要受到允许用水量的限制。因此，水、火电厂之间的有功负荷经济分配是指在满足系统负荷需要及保证电能质量的条件下，在限定的时间内充分、合理地利用水资源，使火电厂消耗的燃料最少。

若系统中有m个火电厂、n个水电厂，在指定的时间段（一日、一周或一月）T内，已知系统的有功负荷为$P_{LD}(t)$，网损为$\Delta P(t)$，第j个水电厂的发电用水量为w_j，火电厂的耗量特性为$F_i(P_{Hi})$，水电厂的耗量特性为$w_j(P_{Sj})$，其中$i=1, 2, \cdots, m$；$j=1, 2, \cdots, n$，则系统有功功率平衡等式为

$$\sum_{i=1}^{m} P_{Hi}(t) + \sum_{j=1}^{n} P_{Sj}(t) = \Delta P(t) + P_{LD}(t)$$

确定目标函数为

$$F_{\Sigma} = \sum_{i=1}^{m}\int_0^T F_i(P_{Hi})dt$$

这是一个求泛函条件极值的问题，可用分段法求解，但用分段法处理后，求一段函数条件极值时仍可用拉格朗日乘数法。

把计算时间T分成S个小时间段，每个小时间段内看作各电厂的功率和负荷功率都不变，则在第K个时间段内有

$$\sum_{i=1}^{m} P_{HiK} + \sum_{j=1}^{n} P_{SjK} - \Delta P_K - P_{LDK} = 0,\ K = 1,\ 2,\ \cdots,\ S \tag{7-28}$$

$$\sum_{K=1}^{S} w_{jK}(P_{\mathrm{S}jK})\Delta t - w_j = 0,\ j=1,\ 2,\ \cdots,\ n \tag{7-29}$$

$$F_{\Sigma}=\sum_{i=1}^{m}\sum_{K=1}^{S}F_{iK}(P_{\mathrm{H}iK})\Delta t_K \tag{7-30}$$

于是，构造拉格朗日函数为

$$\begin{aligned} L = &\sum_{i=1}^{m}\sum_{K=1}^{S}F_{iK}(P_{\mathrm{H}iK})\Delta t_K - \sum_{K=1}^{S}\lambda_K\left(\sum_{i=1}^{m}P_{\mathrm{H}iK}+\sum_{j=1}^{n}P_{\mathrm{S}jK}-\Delta P_K-P_{\mathrm{LD}K}\right)\Delta t_K + \\ &\sum_{j=1}^{n}\gamma_j\left[\sum_{K=1}^{S}w_{jK}(P_{\mathrm{S}jK})\Delta t_K - w_j\right] \end{aligned} \tag{7-31}$$

式中，$P_{\mathrm{H}iK}$、$P_{\mathrm{S}jK}$、λ_K、γ_j 共有（$m+n+1$）$S+n$ 个；γ_j 为水煤换算系数，即发出相同的功率时，$1\mathrm{m}^3$ 水相当于 γ_j 吨煤。

函数 L 取极值的必要条件为

$$\frac{\partial L}{\partial P_{\mathrm{H}iK}} = \frac{\mathrm{d}F_{iK}(P_{\mathrm{H}iK})}{\mathrm{d}P_{\mathrm{H}iK}}\Delta t_K - \lambda_K\left(1-\frac{\partial \Delta P_K}{\partial P_{\mathrm{H}iK}}\right)\Delta t_K = 0 \tag{7-32}$$

$$\frac{\partial L}{\partial P_{\mathrm{S}jK}} = \gamma_j\frac{\mathrm{d}w_{jK}(P_{\mathrm{S}jK})}{\mathrm{d}P_{\mathrm{S}jK}}\Delta t_K - \lambda_K\left(1-\frac{\partial \Delta P_K}{\partial P_{\mathrm{S}jK}}\right)\Delta t_K = 0 \tag{7-33}$$

$$\frac{\partial L}{\partial \lambda_K} = -\left(\sum_{i=1}^{m}P_{\mathrm{H}iK}+\sum_{j=1}^{n}P_{\mathrm{S}jK}-\Delta P_K-P_{\mathrm{LD}K}\right)\Delta t_K = 0 \tag{7-34}$$

$$\frac{\partial L}{\partial \gamma_j} = \sum_{K=1}^{S}w_{jK}(P_{\mathrm{S}jK})\Delta t_K - w_j = 0 \tag{7-35}$$

式（7-34)、式（7-35）是约束条件，式（7-32)、式（7-33）可表示为

$$\frac{\mathrm{d}F_{iK}(P_{\mathrm{H}iK})}{\mathrm{d}P_{\mathrm{H}iK}}\frac{1}{1-\dfrac{\partial \Delta P_K}{\partial P_{\mathrm{H}iK}}}=\gamma_j\frac{\mathrm{d}w_{jK}(P_{\mathrm{S}jK})}{\mathrm{d}P_{\mathrm{S}jK}}\frac{1}{1-\dfrac{\partial \Delta P_K}{\partial P_{\mathrm{S}jK}}}=\lambda_K \tag{7-36}$$

式（7-36）说明水、火电厂之间的有功负荷经济分配也符合等微增率准则。式（7-36）对任意时间段都成立，所以省略下标 K，通式为

$$\frac{\mathrm{d}F_i}{\mathrm{d}P_{\mathrm{H}i}}\frac{1}{1-\dfrac{\partial \Delta P}{\partial P_{\mathrm{H}i}}}=\gamma_j\frac{\mathrm{d}w_j}{\mathrm{d}P_{\mathrm{S}j}}\frac{1}{1-\dfrac{\partial \Delta P}{\partial P_{\mathrm{S}j}}}=\lambda \tag{7-37}$$

式（7-37）就是计及网损时，水、火电厂之间有功负荷经济分配的条件，也称为协调方程式。

本章小结

本章阐述了电网电能损耗的计算方法及降低电能损耗措施和有功负荷的经济分配。

电网电能损耗的大小直接影响电力系统的运行经济性，电能损耗可用最大负荷损耗时间法或等效功率法计算；降低电能损耗的措施主要有改善网络中的功率分布、合理组织电网的运行方式、对原有电网实行技术改造以及合理选择导线截面积。

7.2 节推导出了有功负荷在各电厂间按等微增率准则进行经济分配的计算公式。

复习思考题与习题

7-1　什么是最大负荷损耗时间 τ？它与最大负荷利用小时数 T_{max} 有什么关系？

7-2　在配电网中，降低功率损耗与电能损耗的有效措施有哪些？

7-3　什么是等微增率准则？

7-4　火电厂间有功负荷经济分配的条件是什么？

7-5　水、火电厂之间有功负荷经济分配的条件是什么？

7-6　110kV 输电线路的单位长度参数为 $r_0 = 0.1\Omega/km$， $x_0 = 0.406\Omega/km$， $b_0 = 2.82\times 10^{-4}S/km$，长度为 100km，线路末端最大负荷为 $S_{max} = (32 + j24)MVA$， $T_{max} = 4800h$，试计算输电线路全年的电能损耗。

7-7　双绕组变压器的额定容量为 $S_N = 31.5MVA$，电压比为 110/10.5， $\Delta P_k = 190MW$， $U_k\% = 10.5$， $\Delta P_0 = 31.5MW$， $I_0\% = 0.8$，变压器的负荷曲线如图 7-6 所示，全年的负荷功率和负荷功率因数见表 7-2。试求：

1）变压器归算到二次侧的参数，并画出等效电路。

2）通过变压器负荷的最大负荷利用小时数。

3）变压器全年的电能损耗（设低压侧母线保持 10.5kV 不变）。

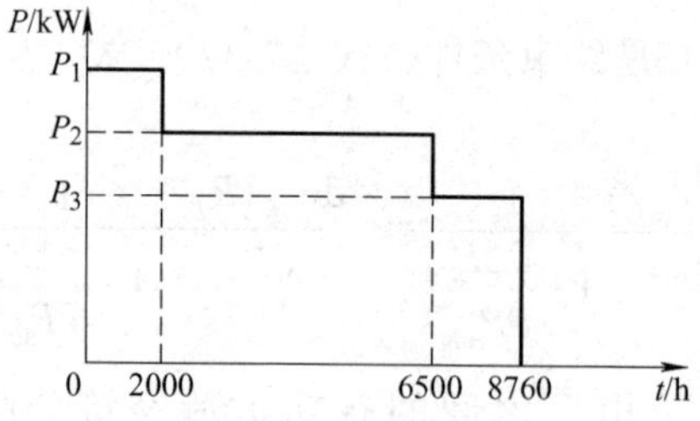

图 7-6　题 7-7 图

表 7-2　题 7-7 表

	P/kW	$\cos\varphi$
P_1	$0.95S_N$	0.9
P_2	$0.7S_N$	0.85
P_3	$0.5S_N$	0.8

7-8　三个火电厂并列运行，各火电厂的耗量特性和功率约束条件如下：

$$F_1=4.0+0.30P_{G1}+0.00070P_{G1}^2,\ 100\text{MW}\leqslant P_{G1}\leqslant 200\text{MW}$$

$$F_2=3.5+0.32P_{G2}+0.00040P_{G2}^2,\ 120\text{MW}\leqslant P_{G2}\leqslant 250\text{MW}$$

$$F_3=3.5+0.30P_{G3}+0.00045P_{G3}^2,\ 150\text{MW}\leqslant P_{G3}\leqslant 300\text{MW}$$

忽略网损的影响，当总负荷分别为 700MW 和 500MW 时，试确定火电厂间有功功率的经济分配。

7-9　一个火电厂和一个水电厂并联运行，火电厂的耗量特性为 $F_1=4.0+0.4P_H+0.00060P_T^2$；水电厂的耗量特性为 $w=2+1.5P_S+0.0015P_S^2$，水电厂给定的日耗水量为 $w_\Sigma=2\times10^7\text{m}^3/\text{s}$。系统的日负荷曲线如下：0 ～ 8h 为 300MW；8 ～ 18h 为 650MW；18 ～ 24h 为 500MW。火电厂容量为 600MW，水电厂容量为 400MW。试确定系统负荷在水、火电厂之间的经济分配。

第8章 电力系统三相短路电流计算

为保证电力系统的安全、可靠运行，在电力系统设计和运行分析中，不仅要考虑系统在正常运行状态下的运行情况，还应考虑系统发生故障时的运行情况及故障产生的后果。电力系统可能发生的故障类型较多，其中常见的、对电力系统危害比较严重的有短路、断线及各种复杂故障等，而短路故障是电力系统中危害最为严重的故障，因此本章着重对短路故障进行讲解。

8.1 电力系统短路概述

8.1.1 短路产生的原因和后果

电力系统的短路故障是指系统中一切不正常的相与相之间或相与地（指中性点直接接地系统）之间形成了通路。

产生短路的原因很多，主要有以下四个方面。

1）电气设备及载流导体的绝缘损坏，如绝缘材料自然老化，遭受机械损伤，因雷击、过电压等引起的绝缘损坏。

2）自然界原因，如架空线路因大风或导线覆冰引起杆塔倒塌，鸟兽跨接裸导体等。

3）违规操作，如运行人员带负荷拉隔离开关，线路或设备检修后未拆除接地线就加电压等。

4）因设计、安装及维护不良所致的设备缺陷引发的短路等。

可见，产生短路的原因有客观的，也有主观的，这就要求电力运行人员加强责任心，严格按照规章制度办事，努力把短路故障的发生控制在一个很低的限度内。

发生短路故障后，由于网络的总阻抗减少，系统中将产生巨大的短路电流，此电流的大小可以达到正常工作电流的几倍甚至几十倍，如此巨大的短路电流将造成严重的危害，主要有下列三个方面。

1）短路电流将在电气设备的导体间产生很大的电动力，可使导体及其支架遭到破坏。

2）短路电流加剧设备发热，短路若持续时间较长，则可使设备因过热而被烧毁。

3）短路电流将在周围空间中产生强大的电磁场，尤其是不对称短路时，不平衡电流所产生的不平衡交变磁场，会对周围的通信网络、信号系统、晶闸管触发系统及自动控制系统产生不同程度的干扰。

短路也会引起电网中节点电压的降低。图 8-1 给出了正常运行和不同短路点（f_1点和f_2点）发生三相短路时各节点电压的变化情况，短路点距离电源点越近，电压下降越显著。系统中主要的电力负荷是异步电动机，异步电动机的电磁转矩与电压的二次方成正比，随着系统电压的大幅下降，异步电动机将因转矩减小而减速或停转，造成产品报废或设备损坏。

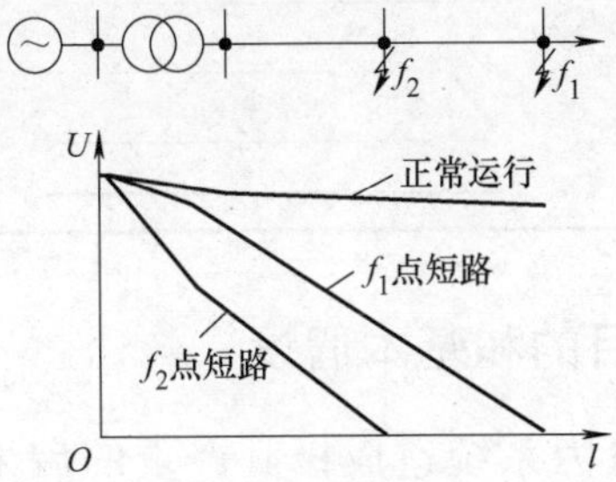

图 8-1　正常运行和短路时各节点电压

另外，短路还将引起系统功率分布的突变，可能导致并列运行的发电厂失去同步，破坏系统稳定性，造成大面积停电，这是短路所导致的最严重后果。

由于短路故障在电力系统中产生的后果严重，对系统短路的预防及计算就变得尤为重要。

8.1.2　短路的类型

三相系统中短路故障的基本类型有三相短路、两相短路、单相接地短路和两相接地短路，各种短路的示意图和代表符号见表 8-1。

三相短路时，由于被短路的三相阻抗相等，三相电流和电压仍是对称的，因此又将三相短路称为对称短路；而发生其他类型的短路时，由于系统的三相对称结构遭到破坏，不仅每相电路中的电压、电流数值大小不相等，而且其间的相位也不相同，因此将这些类型的短路统称为不对称短路。

大量的事故统计表明：电力系统各种短路故障中，单相接地短路占大多数，约为总短路故障数的 65%；三相短路只占 5% ～ 10%。三相短路故障发生的概率虽然很小，但故障产生的后果最为严重，因此必须足够重视。此外，从短路计算方法上来看，一切不对称短路的计算，都可以通过对称分量法转化为对称短路的计算，因此三相短路计算是不对称短路计算的基础。

表 8-1　各种短路的示意图和代表符号

短路类型	示意图	代表符号
三相短路	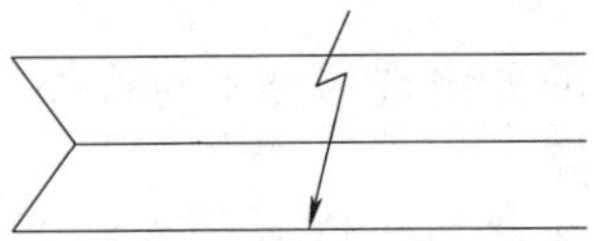	$f^{(3)}$
两相短路	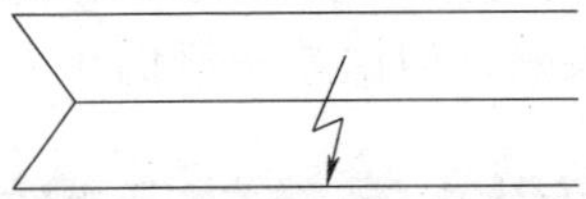	$f^{(2)}$
单相接地短路	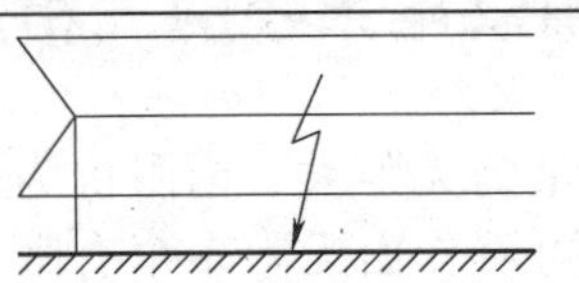	$f^{(1)}$

（续）

短路类型	示意图	代表符号
两相接地短路	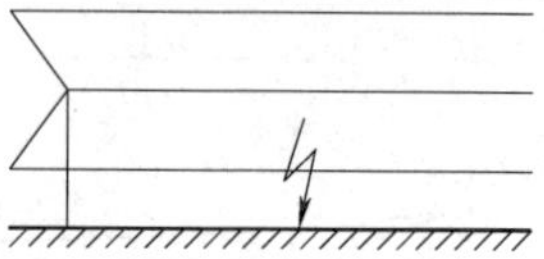	$f^{(1,1)}$

8.1.3 短路电流计算的目的和基本假设

因为短路故障可能对电力系统造成极其严重的后果，所以一方面要采取措施限制短路电流，另一方面要正确选择电气设备、载流导体和继电保护装置。这一切都离不开短路电流计算。在电力系统和电气设备的设计和运行中，短路电流计算是解决一系列技术问题所不可缺少的基础计算。计算短路电流的主要目的在于以下四方面。

1）为选择和校验各种电气设备的机械稳定性和热稳定性提供依据。例如，计算短路冲击电流以校验设备的机械稳定性，计算若干时刻短路电流的周期分量以校验设备的热稳定性，计算指定时刻短路电流的有效值以校验开关设备的开断能力等。

2）为设计、选择发电厂与电力系统电气主接线提供必要的数据。例如，比较各种不同方案的接线图时，可以通过短路电流计算确定是否需要采取限制短路电流的措施。

3）为合理配置电力系统中各种继电保护和自动装置并正确整定其参数提供可靠的数据。

4）进行电力系统暂态稳定计算，研究短路对用户工作的影响等，也包含一部分短路电流计算的内容。

在实际工作中，对短路电流进行准确的计算是相当复杂的，而在许多情况下并不要求计算十分精确。因此，在满足工程要求的前提下可以采取一些合理的假设条件以便于简化计算。通常采用的假设如下。

1）认为短路过程中所有发电机的感应电动势相位均相同。

2）负荷可看作恒定阻抗，也可略去不计，或当作某种临时的附加电源。

3）不计系统的磁饱和与磁滞，认为网络是线性的，可应用叠加原理。

4）认为系统中各元件参数为常数，忽略高压电网中元件的电阻和导纳，即各元件只计电抗。

5）系统中除了不对称故障处出现局部不对称外，其余部分都是三相对称的。

6）认为短路为金属性短路。

经过上述简化假设后，将复杂的复数运算变成了代数运算，简化了计算过程。尽管假设带来了一定的计算误差，但误差一般仍在工程计算的允许范围内。

8.2 无限大功率电源供电系统的三相短路电流计算

无限大功率电源是指容量为无限大、内阻抗为 0 的电源。实际上电源的容量总是有限的，无限大功率电源可看作由无限多个有限容量电源并联而成，因而其内阻抗为 0。对于这种电源，由外电路发生短路而引起的功率改变对它来说微不足道，又由于内阻抗为 0 而不存在内部电压降，因此电源电压的幅值和频率均保持恒定。

实际应用中，往往以供电电源的内阻抗与短路回路总阻抗的相对大小来判断电源能否看作无限大功率电源。当电源内阻抗不超过短路回路总阻抗的 10% 时，就可以近似认为此电源为无限大功率电源。可以说，无限大功率电源具有 Z=0（或 x=0）、$S=\infty$、U_m 恒定、f 恒定的特点。

8.2.1　短路暂态过程分析

以图 8-2 所示的无限大功率电源供电的三相对称电路为例，分析简单三相 RL 电路发生三相短路时的暂态过程。该电路由电压幅值恒定、频率恒定的三相对称电源供电，并且短路前电路处于稳态。由于电路对称，只写出其中一相（a 相）的电压和电流，为

$$\begin{cases} u = U_m \sin(\omega t + \alpha) \\ i = I_m \sin(\omega t + \alpha - \varphi') \end{cases} \tag{8-1}$$

式中，$I_m = U_m / \sqrt{(R+R')^2 + \omega^2 (L+L')^2}$ 为电流幅值；$\varphi' = \arctan[\omega(L+L')/(R+R')]$ 为阻抗角；α 为电源的初始相位，又称合闸角。

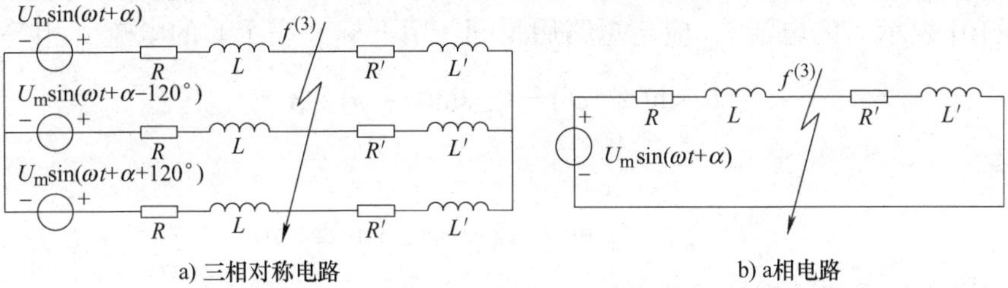

图 8-2　无限大功率电源供电的三相对称电路

因为是三相对称电路中发生的对称短路故障，为了简化分析，可取其中一相（a 相）电路进行分析，如图 8-2b 所示。当 f 点发生三相短路时，该电路被分成两个独立的电路，其中左边的电路仍与电源相连，右边的电路则变成无源的短接电路。在短接电路中，电流将从短路发生瞬间的初始值逐渐衰减为 0，在这一衰减过程中，该电路磁场中所储存的能量将全部转化为电阻中所消耗的热能。在与电源相连的电路中，每相阻抗由原来的 $(R+R')+\mathrm{j}\omega(L+L')$ 减小到 $R+\mathrm{j}\omega L$，电流也势必将由短路前的数值逐渐增大到由阻抗 $R+\mathrm{j}\omega L$ 所决定的新稳态值，电压与电流之间的相位也发生相应变化。下面主要针对左边电路进行短路暂态过程的分析计算。

假设 t=0 时发生短路，左边电路的电压方程为

$$L\frac{\mathrm{d}i}{\mathrm{d}t} + Ri = U_m \sin(\omega t + \alpha) \tag{8-2}$$

求解该一阶常系数线性微分方程，可得短路全电流瞬时值的表达式为

$$i = I_{pm} \sin(\omega t + \alpha - \varphi) + A\mathrm{e}^{-\frac{t}{T_a}} = i_p + i_{ap} \tag{8-3}$$

可见短路电流由两部分构成，其中 i_p 为短路电流的稳态分量，它由电源电动势作用产生，与电源电动势有相同的变化规律，其幅值在暂态过程中保持不变。由于短路电流的稳态分量是周期变化的，因此又称其为周期分量（或交流分量）；同时，这个分量又是外加电压在阻抗 $R+\mathrm{j}\omega L$ 的回路内强迫产生的，因此又称为强制分量。短路电流周期分量的表达式为

$$i_p = I_{pm}\sin(\omega t+\alpha-\varphi) \tag{8-4}$$

式中，I_{pm} 为短路电流周期分量的幅值，$I_{pm}=U_m/\sqrt{R^2+(\omega L)^2}$；$\varphi$ 为每相阻抗 $R+\mathrm{j}\omega L$ 的阻抗角，$\varphi=\arctan(\omega L/R)$。

式（8-3）中的另一分量 i_{ap} 为短路电流的自由分量，是式（8-2）所对应的齐次方程 $Ri_a+L\mathrm{d}i_a/\mathrm{d}t=0$ 的通解。由于该分量与外加电源无关，是一个按指数规律衰减的直流电流，因此又称为非周期分量（或直流分量），其表达式为

$$i_{ap}=A\mathrm{e}^{-\frac{t}{T_a}} \tag{8-5}$$

式中，A 为积分常数，其值为短路电流非周期分量的初始值，记为 i_{ap0}；T_a 为短路回路的时间常数，它反映短路电流非周期分量衰减的快慢，$T_a=L/R$。

在含有电感的电路中，由楞次定律可知，电感中的电流不能突变，短路前瞬间（用下标 [0] 表示）的电流 $i_{[0]}$ 应与短路后瞬间（用下标 0 表示）的电流 i_0 相等，即

$$I_m\sin(\alpha-\varphi')=I_{pm}\sin(\alpha-\varphi)+A \tag{8-6}$$

因此，有

$$A=i_{ap0}=I_m\sin(\alpha-\varphi')-I_{pm}\sin(\alpha-\varphi) \tag{8-7}$$

从而得到短路全电流的表达式为

$$i=I_{pm}\sin(\omega t+\alpha-\varphi)+[I_m\sin(\alpha-\varphi')-I_{pm}\sin(\alpha-\varphi)]\mathrm{e}^{-\frac{t}{T_a}} \tag{8-8}$$

由式（8-8）可知，短路全电流的瞬时值是周期分量与非周期分量之和，周期分量的幅值不变，非周期分量在经过几个周期后就会衰减到很小直至为 0，而当 $i_{ap}=0$ 时，短路的过渡过程结束，电路进入短路后的稳态过程，该稳态电流就是短路全电流的周期分量。

式（8-8）为 a 相短路电流的表达式，由于三相对称，只要用 $\alpha-120°$ 或 $\alpha+120°$ 代替式（8-8）中的 α 就可得 b 相或 c 相的短路电流，三相短路电流表达式为

$$\begin{cases} i_a=I_{pm}\sin(\omega t+\alpha-\varphi)+[I_m\sin(\alpha-\varphi')-I_{pm}\sin(\alpha-\varphi)]\mathrm{e}^{-\frac{t}{T_a}} \\ i_b=I_{pm}\sin(\omega t+\alpha-120°-\varphi)+[I_m\sin(\alpha-120°-\varphi')-I_{pm}\sin(\alpha-120°-\varphi)]\mathrm{e}^{-\frac{t}{T_a}} \\ i_c=I_{pm}\sin(\omega t+\alpha+120°-\varphi)+[I_m\sin(\alpha+120°-\varphi')-I_{pm}\sin(\alpha+120°-\varphi)]\mathrm{e}^{-\frac{t}{T_a}} \end{cases} \tag{8-9}$$

三相短路电流波形如图 8-3 所示。

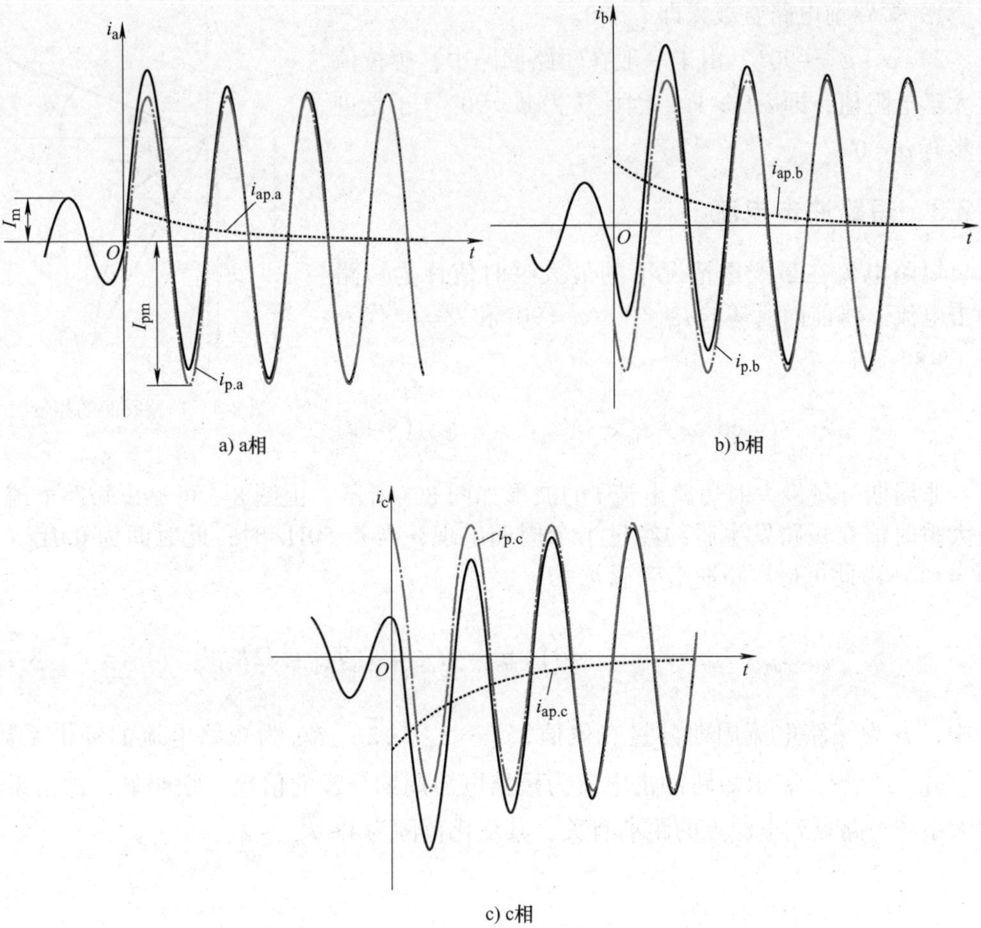

图 8-3　三相短路电流波形

需要指出的是：三相短路虽然是对称短路，但实际上只有短路电流周期分量是对称的，而各相短路电流非周期分量不相等。

产生最大短路电流的条件

8.2.2　产生最大短路全电流的条件

式（8-8）表明，要使短路全电流瞬时值最大，必须使短路电流非周期分量最大，即短路电流非周期分量的初始值 i_{ap0} 最大。在电源电压幅值和短路回路阻抗不变的条件下，由式（8-7）可知，短路电流非周期分量的起始值与电源的合闸相位和短路前电流有关。

图 8-4 所示为短路瞬间（t=0）的相量图，包括电源电压 $\dot{U}_m$、短路前电流 $\dot{I}_m$ 和短路电流周期分量 $\dot{I}_{pm}$，$i_{[0]}$ 和 i_{p0} 分别为 $\dot{I}_m$ 和 $\dot{I}_{pm}$ 在时间轴上的投影，即

$$\begin{cases} i_{[0]} = I_m \sin(\alpha - \varphi') \\ i_{p0} = I_{pm} \sin(\alpha - \varphi) \end{cases} \tag{8-10}$$

显然，若要使 i_{ap0}（即 $i_{[0]}-i_{p0}$）最大，则相量 $\dot{I}_m - \dot{I}_{pm}$ 应与时间轴平行。从而得到产生最大短路全电流的条件如下。

1）短路前电路空载，即 $\dot{I}_{m}=0$。

2）$\alpha-\varphi=-90°$。由于一般在短路回路中，感抗值远大于电阻值，即 $\omega L \gg R$，因此认为 $\varphi \approx 90°$，于是进一步有 $\alpha=0°$。

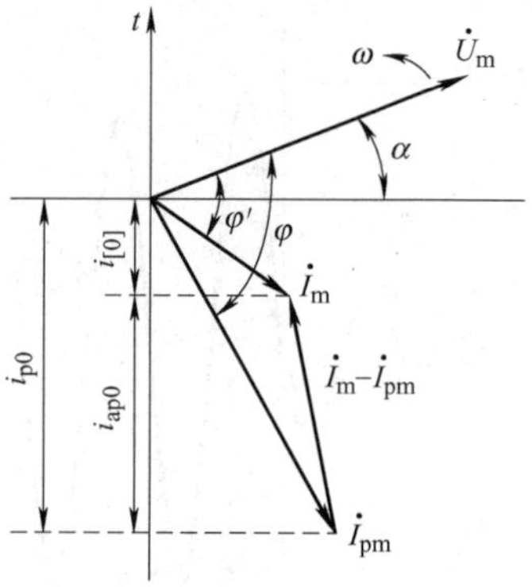

图 8-4　短路瞬间的相量图

8.2.3　短路冲击电流

短路电流在最严重情况下的最大瞬时值称为短路冲击电流。将前面所述的 $\dot{I}_{m}=0$、$\varphi=90°$ 和 $\alpha=0°$ 代入式（8-8），有

$$i=-I_{pm}\cos\omega t+I_{pm}e^{-\frac{R}{L}t} \tag{8-11}$$

非周期分量最大时短路电流 i 的波形如图 8-5 所示。由图 8-5 可见，短路电流的最大瞬时值在短路发生后约经过半个周期出现，当 f=50Hz 时，此时间为 0.01s（即 $\omega t=\pi$）。由此可得短路冲击电流 i_{im} 为

$$i_{im}=I_{pm}+I_{pm}e^{-\frac{0.01}{T_a}}=\left(1+e^{-\frac{0.01}{T_a}}\right)I_{pm}=K_{im}I_{pm}=\sqrt{2}K_{im}I_p \tag{8-12}$$

式中，I_p 为短路电流周期分量有效值，$I_p=I_{pm}/\sqrt{2}$；K_{im} 为短路电流的冲击系数，$K_{im}=1+e^{-0.01/T_a}$，表示短路冲击电流为短路电流周期分量的倍数。很明显，冲击系数的大小与短路点到电源点的距离有关，其变化范围为 $1\leqslant K_{im}\leqslant 2$。

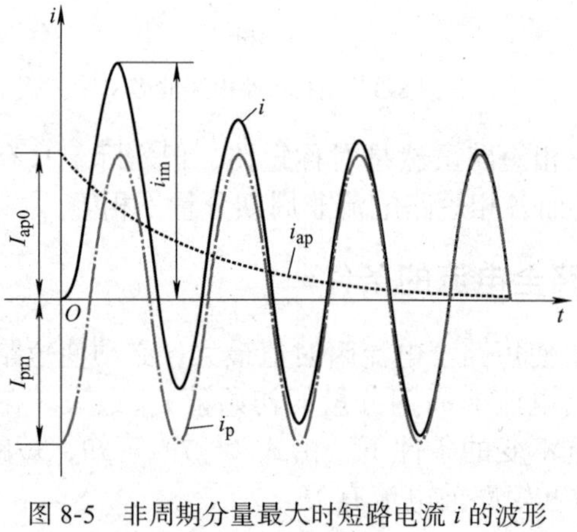

图 8-5　非周期分量最大时短路电流 i 的波形

在实用计算中，当短路发生在 12MW 及以上的发电机出口母线上时，取 $K_{im}=1.9$；当短路发生在发电厂高压侧母线上时，取 $K_{im}=1.85$；当短路发生在网络其他地方时，取 $K_{im}=1.8$；当短路发生在一般低压配电网中时，取 $K_{im}=1\sim1.3$。

短路冲击电流主要用来校验电气设备和载流导体的动稳定性。

8.2.4　短路电流最大有效值

在短路过程中，任一时刻 t 的短路电流有效值 I_t 是以该时刻为中心的一个周期

（T=0.02s）内瞬时电流的均方根值，即

$$I_t = \sqrt{\frac{1}{T}\int_{t-\frac{T}{2}}^{t+\frac{T}{2}} i_t^2 \mathrm{d}t} = \sqrt{\frac{1}{T}\int_{t-\frac{T}{2}}^{t+\frac{T}{2}} (i_{\mathrm{p}t} + i_{\mathrm{ap}t})^2 \mathrm{d}t} = \sqrt{I_{\mathrm{p}}^2 + i_{\mathrm{ap}t}^2} \tag{8-13}$$

式中，i_t 为 t 时刻短路全电流瞬时值；$i_{\mathrm{p}t}$、$i_{\mathrm{ap}t}$ 分别为 t 时刻短路电流周期分量和非周期分量的瞬时值。

为了简化计算，假设式（8-13）中的 $i_{\mathrm{ap}t}$ 在以 t 时刻为中心的一个周期内保持不变。由图 8-5 可见，最大有效值电流也是发生在短路后经过半个周期时，其值为

$$I_{\mathrm{im}} = \sqrt{{I_{\mathrm{p}}}^2 + {i^2}_{\mathrm{ap}(t=0.01)}} = \sqrt{{I_{\mathrm{p}}}^2 + I_{\mathrm{pm}}^2 (K_{\mathrm{im}} - 1)^2} = I_{\mathrm{p}} \sqrt{1 + 2(K_{\mathrm{im}} - 1)^2} \tag{8-14}$$

当 $K_{\mathrm{im}}=1.9$ 时，$I_{\mathrm{im}}=1.62I_{\mathrm{p}}$；当 $K_{\mathrm{im}}=1.8$ 时，$I_{\mathrm{im}}=1.51I_{\mathrm{p}}$。

短路电流最大有效值常用来校验电气设备的热稳定性。

8.2.5　短路容量

在无限大功率电源供电系统的三相短路电流计算中，经常要用到短路容量（也称短路功率）这个概念。短路容量是指某点的三相短路电流有效值与短路点处的正常工作电压（一般用平均额定电压）的乘积，即 t 时刻的短路容量为

$$S_t = \sqrt{3} U_{\mathrm{av}} I_t \tag{8-15}$$

从而得短路容量的标幺值为

$$S_{t*} = \frac{S_t}{S_{\mathrm{B}}} = \frac{\sqrt{3} U_{\mathrm{av}} I_t}{\sqrt{3} U_{\mathrm{B}} I_{\mathrm{B}}} = I_{t*} \tag{8-16}$$

短路容量主要用来校验开关设备的开断能力，要求开关一方面要能开断如此大的电流，另一方面，在开关断开时其触头要能承受住工作电压。不同时刻的短路电流值不同，因此短路容量也将随时间变化，比较有实际意义的是对应于断路器动作时刻的短路容量。在短路的实用计算中，常用短路电流周期分量的初始值替代短路电流有效值来计算短路容量。

针对如图 8-6 所示的简单电力系统，在 f 点发生三相短路，根据电路理论可知，短路电流周期分量为

$$I_{\mathrm{p}*} = \frac{U_*}{x_{\Sigma*}} = \frac{1}{x_{\Sigma*}} \tag{8-17}$$

式中，U_* 为电源点的电压标幺值，一般取为 1；$x_{\Sigma*}$ 为电源点到短路点的电抗标幺值。由式（8-16）和式（8-17）可见，短路容量的大小不仅反映了该点短路时短路电流的大小，也反映了该点输入阻抗的大小。

另外，短路容量还反映了该点与系统联系的紧密程度。若系统的短路容量越大，则等效电抗越小，联系也就越紧密。

除此之外，利用短路容量可以求得某一点与无限大电源之间的未知电抗值。如图 8-7 所示，当系统的电抗值未知时，若已知母线 A 的短路容量 $S_{f\mathrm{A}}$，则由式（8-16）和式（8-17）可得系统的等效电抗标幺值 $x_{\mathrm{s}*}$ 为 $S_{f\mathrm{A}*}$ 的倒数，即 $x_{\mathrm{s}*}=1/S_{f\mathrm{A}*}$。特别的，

如果不知道母线 A 的短路容量 S_{fA*}，工程近似计算中可以将接在该点处断路器 QF 的额定断流容量 S_{QF*} 作为该点的短路容量。选择断路器时，要保证断路器能切断流过它的短路电流，也就是断路器的额定断流容量应大于或等于断路器后发生三相短路时的短路容量。因此，若已知断路器 QF 短路容量，则其标幺值的倒数即为系统等效电抗标幺值，即 $x_{s*}=1/S_{QF*}$。

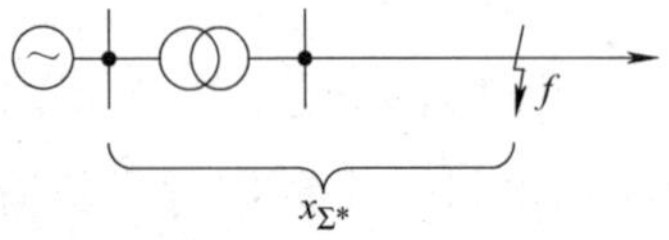

图 8-6　简单电力系统

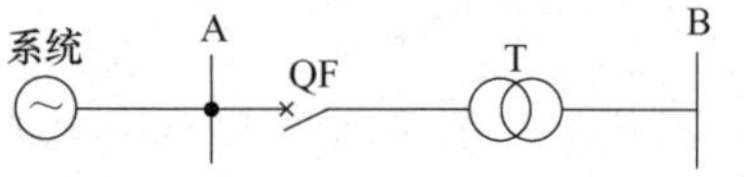

图 8-7　利用断路器额定断流容量求系统等效电抗

8.2.6　三相短路电流计算

由上述分析可知，确定短路冲击电流、短路电流最大有效值和短路容量等，都必须计算短路电流周期分量。无限大功率电源所提供的短路电流周期分量的幅值恒定且不随时间而变。虽然短路电流非周期分量按指数规律衰减，但一般情况下只考虑它对短路冲击电流的影响。因此，在大多数情况下短路电流计算的任务也只是计算短路电流周期分量。在无限大功率电源供电的系统中，短路电流周期分量的计算实质上就是短路后稳态电流的计算，该计算属于求解稳态正弦交流电路的问题。

例题 8-1　图 8-8 所示为无限大功率电源供电系统，系统参数如图 8-8a 所示，采用标幺制分别计算在 f_1 和 f_2 发生三相短路时的短路电流和短路容量。

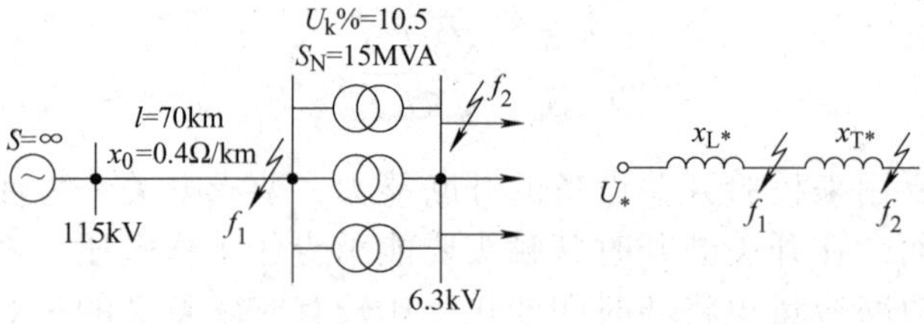

a) 接线图　　b) 等效电路

图 8-8　例题 8-1 的无限大功率电源供电系统

解：取 S_B=15MVA，$U_B=U_{av}$，画出相应的等效电路，如图 8-8b 所示，并计算各元件的电抗参数。

变压器的电抗为

$$x_{T*}=\frac{U_k\%}{100}\frac{S_B}{S_N}\frac{1}{3}=\frac{10.5}{100}\times\frac{15}{15}\times\frac{1}{3}=0.035$$

输电线路的电抗为

$$x_{L*}=x_0 l\frac{S_B}{U_B^2}=0.4\times 70\times\frac{15}{115^2}=0.0318$$

(1) f_1 短路

电流基准值为

$$I_B = \frac{S_B}{\sqrt{3}U_B} = \frac{15}{\sqrt{3}\times 115}\text{kA} = 0.0753\text{kA}$$

短路电流周期分量为

$$I_{p*} = \frac{U_*}{x_{L*}} = \frac{1}{0.0318} = 31.447$$

$$I_p = I_{p*}I_B = 31.447\times 0.0753\text{kA} = 2.37\text{kA}$$

短路冲击电流为

$$i_{im*} = \sqrt{2}K_{im}I_{p*} = \sqrt{2}\times 1.8\times 31.447 = 80.05$$

$$i_{im} = i_{im*}I_B = 80.05\times 0.0753\text{kA} = 6.03\text{kA}$$

短路容量为

$$S_t = I_{p*}S_B = 31.447\times 15\text{MVA} = 471.705\text{MVA}$$

(2) f_2 短路

电流基准值为

$$I_B = \frac{S_B}{\sqrt{3}U_B} = \frac{15}{\sqrt{3}\times 6.3}\text{kA} = 1.375\text{kA}$$

短路电流周期分量为

$$I_{p*} = \frac{U_*}{x_{L*}+x_{T*}} = \frac{1}{0.0318+0.035} = 14.97$$

$$I_p = I_{p*}I_B = 14.97\times 1.375\text{kA} = 20.58\text{kA}$$

短路冲击电流为

$$i_{im*} = \sqrt{2}K_{im}I_{p*} = \sqrt{2}\times 1.8\times 14.97 = 38.107$$

$$i_{im} = i_{im*}I_B = 38.107\times 1.375\text{kA} = 52.397\text{kA}$$

短路容量为

$$S_t = I_{p*}S_B = 14.97\times 15\text{MVA} = 224.55\text{MVA}$$

8.3　有限容量电源供电系统的三相短路电流实用计算

在无限大功率电源供电系统的三相短路过程分析中，由于假设系统为无限大功率电源供电，电源的端电压在短路过程中维持恒定，所以短路电流周期分量的幅值保持恒定，从而使计算过程比较简单。然而在大多数情况下，系统容量总是有限的。例如，当由几个发电厂或几台发电机供电，或短路发生在距离电源不远处时，电源的端电压将随短路电流的增大而减小，不再保持恒定。因此，短路电流周期分量的幅值也将随之改变，在这种情况下，计算短路电流周期分量就必须考虑发电机感应电动势和参数的变化。

8.3.1 同步发电机端部突然三相短路的暂态过程分析

在实际电力系统中，发生突然短路时，同步发电机定子电流在数值上急剧变化，电枢反应磁通也随之改变，在转子绕组内产生感应电流，而这个电流反过来又影响定子电流的变化。作为电源，同步发电机突然短路的暂态过程比无限大功率电源供电电路复杂得多，发电机端电压和频率都将发生变化。

一般情况下，由于发电机转动惯量较大，认为转速保持同步转速、频率恒定，分析短路时，只考虑发电机的电磁暂态过程。此外，认为发生短路时励磁电压始终保持不变，即不考虑短路后发电机端电压降低引起的强行励磁作用。

以无阻尼绕组同步发电机为例，基于磁链守恒定律，分析空载运行下发电机端部突然发生三相短路时的电磁暂态过程。

短路前发电机空载运行，因此定子电流为 0，由励磁电流产生的磁通包括两部分：同时链过定子、转子绕组的主磁通 Φ_0 和只链过励磁绕组的漏磁通 $\Phi_{f\sigma}$，主磁通空间路径如图 8-9 所示。主磁通 Φ_0 随转子以同步速 ω_0 旋转，Ψ_0 为与主磁通 Φ_0 对应的磁链，其与 a、b、c 相绕组交链的磁链 Ψ_a、Ψ_b、Ψ_c 分别为

$$\begin{cases}\psi_a = \psi_0 \cos\theta \\ \psi_b = \psi_0 \cos(\theta - 120°) \\ \psi_c = \psi_0 \cos(\theta + 120°)\end{cases} \tag{8-18}$$

式中，θ 为 d 轴与 a 相磁链轴线（a 相绕组轴线同方向）间的夹角。

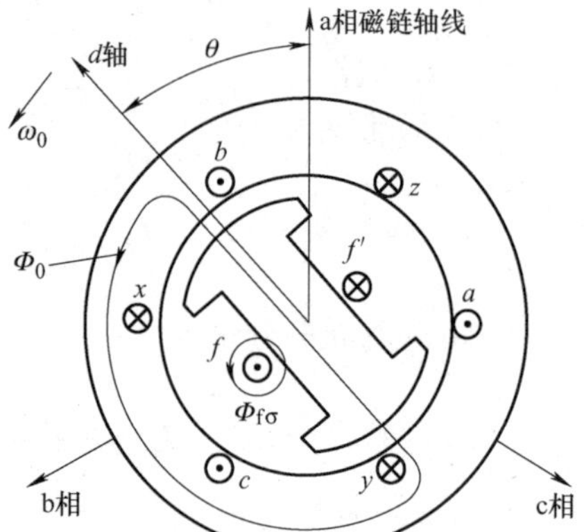

图 8-9 主磁通空间路径

下面以 a 相绕组为例，分析定子在短路过程中磁链和电流的变化。

t=0 时发电机定子突然发生三相短路，此时 d 轴与 a 相磁链轴线夹角为 θ_0。短路瞬间即 t=0−时刻，主磁通 Φ_0 与 a 相绕组交链的磁链为

$$\psi_{a[0]} = \psi_0 \cos\theta_0 \tag{8-19}$$

短路后，由励磁电流产生并与 a 相绕组交链的磁链为

$$\psi_{af} = \psi_0' \cos(\theta_0 + \omega_0 t) \tag{8-20}$$

式中，ψ_0' 为短路后励磁电流产生的主磁通。

发生短路后，定子绕组内也必然会产生电流，由该电流产生并与 a 相绕组交链的磁链，记为 ψ_{ai}。

因此短路后，与 a 相绕组交链的磁链是 ψ_{af} 和 ψ_{ai} 之和。遵循短路瞬间绕组内磁链守恒原则，短路前后 a 相绕组内交链的磁链不变，即有

$$\psi_{ai} + \psi_{af} = \psi_{a[0]} \tag{8-21}$$

式（8-21）说明，发电机发生三相短路后，定子电流产生的磁链除了交变分量ψ_{af}外，还含有恒定分量$\psi_{a[0]}$。因此，短路发生后，定子三相绕组内会同时出现对称的交流基频分量电流i'和直流分量电流Δi_{ap}。

定子基频分量电流i'在空间形成一个与转子同步旋转的磁动势$\boldsymbol{F}_a$，如果忽略定子绕组的电阻，该磁动势是纯去磁性质的，其在定子三相绕组内产生交变磁链，用以抵消转子主磁场对定子三相绕组产生的交变磁链。

定子直流分量电流Δi_{ap}在空间形成一个静止的磁动势$\boldsymbol{F}_0$。转子旋转时，凸极同步发电机由于转子d轴和q轴方向上磁阻不等，转子每转过180°电角度，磁阻变化一个周期，因此静止的磁动势$\boldsymbol{F}_0$遇到的磁阻是周期变化的，并且周期是180°电角度。可见，为产生恒定的磁链，在恒定磁动势基础上应该有个适应磁阻变化、具有2倍频率的交变分量磁动势。因此，定子电流中，还应有一个2倍频率的电流$\Delta i_{2\omega}$与直流分量电流共同作用，以维持定子绕组磁链初始值不变。

下面再来分析转子励磁绕组内电流的变化情况。

短路前，励磁回路中由励磁电源作用产生恒定励磁电流i_{f0}，定子短路后这个电流依然存在。

定子基频分量电流产生的与转子同步旋转的去磁磁动势$\boldsymbol{F}_a$，与其相对应的磁场将穿入励磁绕组并与主磁通方向相反。为了抵消去磁形式的电枢反应，维持磁链不变，励磁绕组必然会感生出附加的直流分量电流Δi_{fa}，它的方向与原有的励磁电流相同，起到加强励磁回路原有磁动势的作用，用以抵消定子基频分量电流的去磁电枢反应的作用。这部分附加的直流分量产生的磁通也有一部分要穿入定子绕组，从而激起定子基频分量电流的更大增长。这就是在突然短路的暂态过程中，定子电流大大超过稳态短路电流的原因。

定子电流中的直流分量产生的在空间静止的磁场，与转子相对速度为同步转速；定子电流中的倍频分量产生以2倍频率旋转的磁场，该磁场与转子相对速度也为同步转速。这两个磁场都将在转子励磁绕组内感应出附加的基频分量电流$\Delta i_{f\omega}$。也可以理解为励磁回路保持自身磁链守恒而感生基频分量电流，以抵消穿入的交流磁场（励磁回路与定子直流和倍频分量电流产生的磁场相交链）。转子绕组内的附加基频分量电流在转子绕组中产生一个以同步频率脉振的磁场，这个脉振磁场可以分解为相对于转子正反两个方向同步旋转的磁场。其中的反转磁场相对于定子绕组静止，它会影响定子绕组直流分量的数值；另外一个正转磁场相对于定子绕组以2倍同步速度旋转，从而在定子绕组中感应出倍频分量电流。

通过以上对无阻尼绕组同步发电机突然短路的暂态过程的分析可见：

1）定子电流包括基频分量i'、倍频分量$\Delta i_{2\omega}$和直流分量Δi_{ap}。基频分量和倍频分量都是周期电流，因为倍频分量数值小，所以在实用计算中往往忽略倍频分量。本书以后提到的周期分量就是指基频分量。直流分量也称为非周期分量。直流分量和倍频分量是为了维持磁链守恒而出现的，属于自由分量。定子电流的稳态值i_∞属于短路电流的强制分量，显然，基频电流与稳态电流之差$i'-i_\infty$属于自由分量。与无限大功率电源供电系统的短路电流相比，同步发电机发生短路时，在自由分量中除非周期分量外，还包括基频分量和倍频分量。

转子绕组的自由分量包括直流分量Δi_{fa}和基频分量$\Delta i_{f\omega}$，而由励磁电压产生的励磁电流i_{f0}属于强制分量。

由于绕组电阻的存在，最后这些自由分量均将衰减为 0。

2）短路后定子、转子回路中的电流相互依存、相互影响。定子回路中的基频分量与转子回路中的直流分量相互依存、相互影响，定子回路中的直流分量、倍频分量与转子回路中的基频分量相互依存、相互影响。

8.3.2 同步发电机的三相短路电流表达式

针对发电机微分形式的基本方程，可通过拉普拉斯变换得到发电机发生三相短路时的短路电流解析解。

对于无阻尼绕组同步发电机，发生三相短路时 a 相短路电流为

$$\begin{aligned} i_{\mathrm{a}}(t)=&\left[\left(\frac{E'_{q[0]}}{x'_d}-\frac{E_{q[0]}}{x_d}\right)\mathrm{e}^{-\frac{t}{T'_{\mathrm{d}}}}+\frac{E_{q[0]}}{x_d}\right]\cos(t+\theta_0)-\frac{u_{[0]}}{2}\left(\frac{1}{x'_d}+\frac{1}{x_q}\right)\mathrm{e}^{-\frac{t}{T_{\mathrm{a}}}}\cos(\delta_0-\theta_0)-\\ &\frac{u_{[0]}}{2}\left(\frac{1}{x'_d}-\frac{1}{x_q}\right)\mathrm{e}^{-\frac{t}{T_{\mathrm{a}}}}\cos(2t+\delta_0+\theta_0) \end{aligned} \tag{8-22}$$

式中，下角标 [0] 表示短路前 $t=0_-$ 时刻；E'_q、E_q 和 u 分别为同步发电机的 q 轴暂态电动势、q 轴电动势和发电机端电压；x'_d、x_d 和 x_q 分别为 d 轴暂态电抗、d 轴同步电抗和 q 轴同步电抗；T'_{d} 和 T_{a} 分别为定子绕组短路时励磁绕组的时间常数和励磁绕组短路时定子绕组的时间常数；θ_0 为转子 d 轴与定子 a 相绕组轴线间的初始夹角；δ_0 为短路前空载电动势与端电压之间的相位差。

将式（8-22）中 θ_0 分别用 $\theta_0-120°$ 和 $\theta_0+120°$ 替换，可得到 b、c 相的短路电流。

由式（8-22）可知，短路电流基频分量的初始值为 $E'_{q[0]}/x'_d$，稳态值为 $E_{q[0]}/x_d$。

对于有阻尼绕组同步发电机，发生三相短路时 a 相短路电流为

$$\begin{aligned} i_{\mathrm{a}}(t)=&\left[\left(\frac{E''_{q[0]}}{x''_d}-\frac{E'_{q[0]}}{x'_d}\right)\mathrm{e}^{-\frac{t}{T''_d}}+\left(\frac{E'_{q[0]}}{x'_d}-\frac{E_{q[0]}}{x_d}\right)\mathrm{e}^{-\frac{t}{T'_d}}+\frac{E_{q[0]}}{x_d}\right]\cos(t+\theta_0)+\\ &\frac{E''_{d[0]}}{x''_q}\mathrm{e}^{-\frac{t}{T''_q}}\sin(t+\theta_0)-\frac{u_{[0]}}{2}\left(\frac{1}{x''_d}+\frac{1}{x''_q}\right)\mathrm{e}^{-\frac{t}{T_{\mathrm{a}}}}\cos(\delta_0-\theta_0)-\\ &\frac{u_{[0]}}{2}\left(\frac{1}{x''_d}-\frac{1}{x''_q}\right)\mathrm{e}^{-\frac{t}{T_{\mathrm{a}}}}\cos(2t+\delta_0+\theta_0) \end{aligned} \tag{8-23}$$

式中，E''_d 和 E''_q 分别为同步发电机的 d 轴和 q 轴次暂态电动势；x''_d 和 x''_q 分别为 d 轴和 q 轴次暂态电抗；T''_d 和 T''_q 分别为定子绕组、励磁绕组均短路时 d 轴和 q 轴有阻尼绕组的时间常数。

可见，短路电流基频分量初始值的 d 轴分量为 $E''_{q[0]}/x''_d$，q 轴分量为 $-E''_{d[0]}/x''_q$，稳态值为 $E_{q[0]}/x_d$。

由式（8-22）和式（8-23）可见：

1）同步发电机三相短路后，短路电流由基频分量、直流分量和倍频分量构成，

倍频分量数值很小，可以忽略不计。

2）周期分量幅值随时间衰减，并且其初始值很大，由次暂态电动势和次暂态电抗或暂态电动势和暂态电抗决定。

8.3.3　起始次暂态电流和短路冲击电流计算

根据前面的分析结果，同步发电机突然发生三相短路时，短路电流的倍频分量和直流分量会在很短的时间内衰减为 0，而短路电流的基频分量（短路电流周期分量），经历了次暂态、暂态、稳态的变化过程。在电力系统短路电流的工程计算中，由于快速继电保护和高速断路器的应用，更多计算的是短路电流周期分量的初始值，即起始次暂态电流 I''，并可由 I'' 近似确定短路冲击电流。

1. 起始次暂态电流

在短路后瞬间发电机可用次暂态感应电动势 E'' 和次暂态电抗 x'' 来等效。因此，计算起始次暂态电流 I'' 时，只要把系统中所有元件参数都用次暂态参数表示，起始次暂态电流的计算过程就与稳态电流计算相同，只是需要注意一些电力系统特殊问题。

对于系统中的静止元件，由于在短路暂态过程中，磁通路径没有改变，因此静止元件次暂态参数与其稳态参数相同，即变压器和输电线路的次暂态参数与稳态参数相同；而对于旋转元件（发电机和电动机）在短路的暂态过程中磁通路径发生了变化，因此它们的次暂态参数不同于稳态参数。

（1）发电机

根据发电机动态理论，在突然短路的瞬间，系统中所有同步发电机的次暂态电动势均保持短路发生前瞬间的值，即 $E''_0 = E''_{[0]}$。为了简化计算，应用图 8-10 所示的同步发电机简化相量图，取同步发电机短路前瞬间的端电压 $U_{[0]}$、电流 $I_{[0]}$ 和功率因数角 $\varphi_{[0]}$，于是次暂态电动势的近似值为

$$E''_0 = E''_{[0]} \approx U_{[0]} + x''I_{[0]}\sin\varphi_{[0]} \tag{8-24}$$

在实用计算中，汽轮发电机和有阻尼绕组凸极同步发电机的次暂态电抗可以取 $x'' = x''_d$。

若同步发电机短路前在额定满载下运行，$U_{[0]} = 1$，$I_0 = 1$，$\cos\varphi = 0.8$，x'' 为 0.13 ～ 0.20，则由式（8-24）可知发电机的次暂态电动势 E'' 为 1.078 ～ 1.12。

若不能确定同步发电机短路前的运行参数，则次暂态电动势 E'' 取 1.05 ～ 1.1。若在空载情况下短路或不计负载影响，则常取 $E''=1$。

对于图 8-11 所示的简单系统，求得发电机的次暂态电动势后，f 点发生短路时的起始次暂态电流为

$$I'' = \frac{E''}{x'' + x_{\mathrm{T}} + x_{\mathrm{L}}} = \frac{E''}{x'' + x_{\Sigma}} \tag{8-25}$$

式中，x_{Σ} 为发电机机端至短路点的组合电抗，$x_{\Sigma} = x_{\mathrm{T}} + x_{\mathrm{L}}$，若发电机机端短路，则 $x_{\Sigma} = 0$。

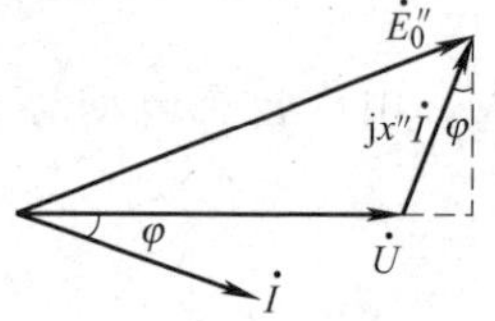

图 8-10　同步发电机简化相量图

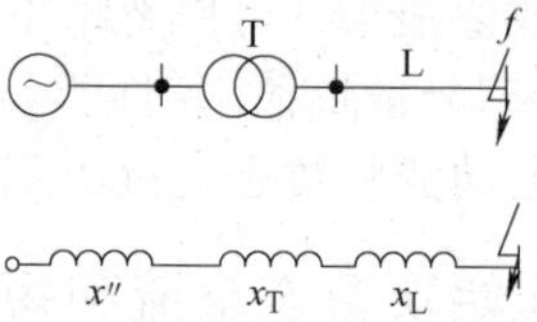

图 8-11　简单系统

（2）异步电动机

电力系统的负荷中包含有大量的异步电动机，在正常情况运行下，异步电动机的转差率很小（s 为 2% ～ 5%），可以近似地当作同步转速运行。而当短路时，依据转子绕组磁链守恒的原则，异步电动机也可用与其转子绕组总磁链成正比的次暂态电动势 E_0'' 和与之相应的次暂态电抗 x'' 来表示。异步电动机次暂态电抗的标幺值可用异步电动机的起动电流标幺值来表示，即

$$x''=\frac{1}{I_{st}} \tag{8-26}$$

式中，I_{st} 为以额定电流为基准值的标幺值，一般为 4 ～ 7，因此近似地有 $x''=0.2$ 。

图 8-12 所示为用次暂态参数表示的异步电动机简化相量图，由图 8-12 可得异步电动机次暂态电动势的近似值为

$$E_0''\approx U_{[0]}-x''I_{[0]}\sin\varphi_{[0]} \tag{8-27}$$

正常运行时，异步电动机的次暂态电动势 E_0'' 要低于端电压 $U_{[0]}$，异步电动机从系统中吸取功率。当系统发生短路，并且异步电动机机端的残余电压 U_0 低于异步电动机的 E_0'' 时，电动机才会作为电源暂时向系统提供一部分功率。

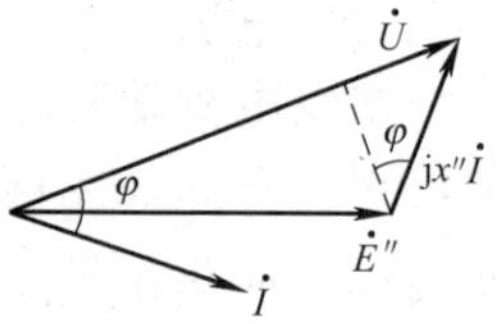

图 8-12　异步电动机简化相量图

（3）综合负荷

由于接于配电网的电动机数量多，短路前运行状态难以确定，因此在实际计算中，只考虑短路点附近的大型电动机，对于其余的电动机，一般可当作综合负荷来处理。

综合负荷的参数由该地区用户的典型成分和配电网典型线路的平均参数来决定。在短路瞬间，这个综合负荷也可以近似地用一个含次暂态电动势 E'' 和次暂态电抗 x'' 的等效电路来表示。以额定运行参数为基准，综合负荷的电动势和电抗的标幺值可取 $E''=0.8$ 和 $x''=0.35$ 。x'' 中包括电动机本身的次暂态电抗 0.2 和降压变压器及馈电线路的电抗 0.15。

2. 短路冲击电流

系统中同步发电机提供的短路冲击电流，仍可按式（8-12）计算，只是用起始次暂态电流 I'' 代替式（8-12）中的短路电流周期分量有效值 I_p，即

$$i_{im}=\sqrt{2}K_{im}I'' \tag{8-28}$$

在实用计算中，当负荷的 E_0'' 大于短路后负荷处的残余电压 U_0 时，负荷所提供的

短路冲击电流可表示为

$$i_{\mathrm{im}\cdot\mathrm{LD}}=\sqrt{2}K_{\mathrm{im}\cdot\mathrm{LD}}I''_{\mathrm{LD}} \tag{8-29}$$

式中，I''_{LD} 为负荷提供的起始次暂态电流的有效值；$K_{\mathrm{im}\cdot\mathrm{LD}}$ 为负荷的冲击系数，其取值与电动机的容量有关。对于容量在 200kW 以下电动机和综合负荷，$K_{\mathrm{im}\cdot\mathrm{LD}}$ 取 1；对于容量在 200kW 以上电动机，$K_{\mathrm{im}\cdot\mathrm{LD}}$ 取 1.3 ～ 1.8。

应该指出，由于异步电动机所提供的短路电流周期分量和短路电流非周期分量衰减非常快，当 t>0.01s 时，即可认为其次暂态过程已经结束。因此，对一切异步电动机和综合负荷，只在短路冲击电流计算中予以考虑。

例题 8-2　计算图 8-13a 所示电力系统中 f 点发生三相短路时的短路冲击电流。

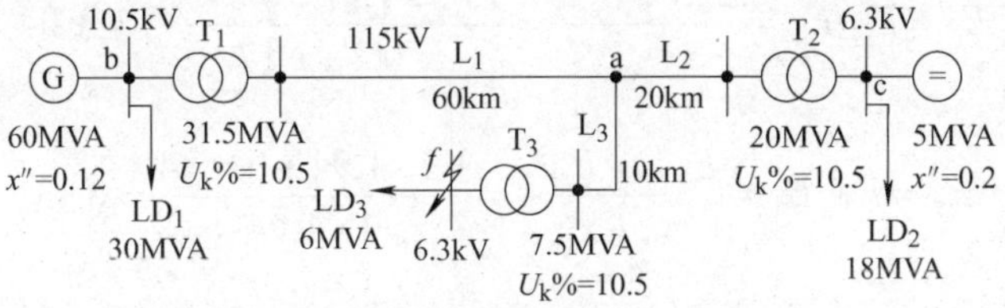

a) 电力系统接线

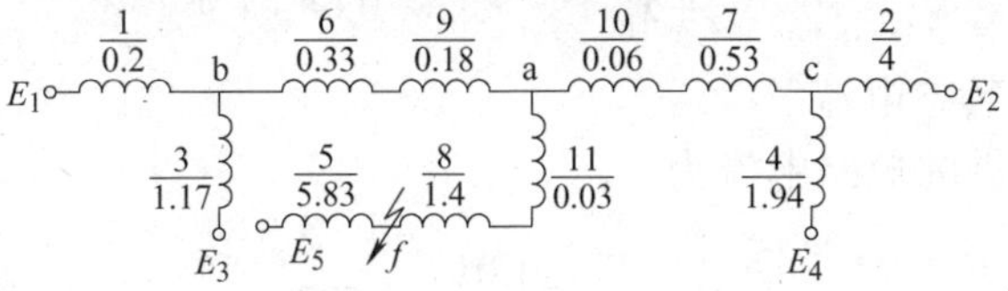

b) 等效电路

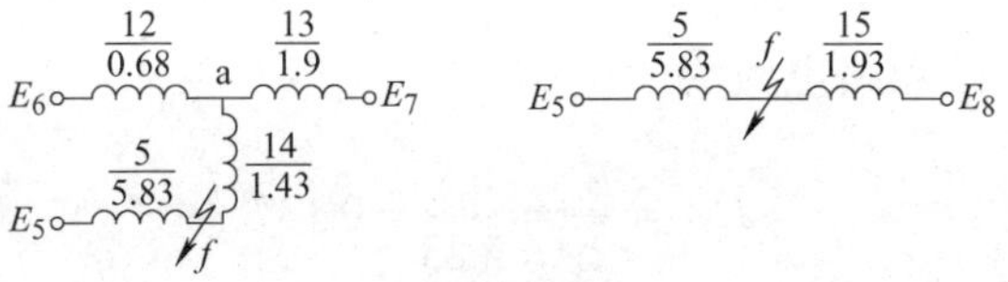

c) 化简等效电路

图 8-13　例题 8-2 的图

解法一　发电机取 $E''_1=1.08$；同步调相机取 $E''_2=1.2$；负荷取 $E''=0.8$，$x''=0.35$；输电线路取每公里电抗 $x_0=0.4\Omega/\mathrm{km}$。取 $S_{\mathrm{B}}=100\mathrm{MVA}$，$U_{\mathrm{B}}=U_{\mathrm{av}}$。

1）画出等效电路，如图 8-13b 所示。

2）计算各元件电抗标幺值。

发电机的电抗标幺值为 $x_1=0.12\times100\div60=0.2$；同步调相机的电抗标幺值为 $x_2=0.2\times100\div5=4$；负荷 LD_1 的电抗标幺值为 $x_3=0.35\times100\div30=1.17$，$LD_2$ 的电抗标幺值为 $x_4=0.35\times100\div18=1.94$；$LD_3$ 的电抗标幺值为 $x_5=0.35\times100\div6=5.83$；变压器 T_1 的电抗标幺值为 $x_6=0.105\times100\div31.5=0.33$，$T_2$ 的电抗标幺值为 $x_7=0.105\times100\div20=0.53$，$T_3$ 的电抗标幺值为 $x_8=0.105\times100\div7.5=1.4$；输电线路 L_1 的电抗标幺值为 $x_9=0.4\times60\times100\div115^2=0.18$，$L_2$ 的电抗标幺值为 $x_{10}=0.4\times20\times100\div115^2=0.06$，$L_3$ 的电抗标幺值为 $x_{11}=0.4\times10\times100\div115^2=0.03$。

3）化简等效电路，如图 8-13c 所示。化简等效电路的参数计算如下。

$$x_{12} = x_1 // x_3 + x_6 + x_9 = \frac{0.2 \times 1.17}{0.2 + 1.17} + 0.33 + 0.18 = 0.68$$

$$x_{13} = x_2 // x_4 + x_7 + x_{10} = \frac{4 \times 1.94}{4 + 1.94} + 0.53 + 0.06 = 1.9$$

$$x_{14}=x_8+x_{11}=1.4+0.03=1.43$$

$$x_{15} = x_{12} // x_{13} + x_{14} = \frac{0.68 \times 1.9}{0.68 + 1.9} + 1.43 = 1.93$$

$$E_6 = E_1 // E_3 = \frac{E_1 x_3 + E_3 x_1}{x_1 + x_3} = \frac{1.08 \times 1.17 + 0.8 \times 0.2}{0.2 + 1.17} = 1.04$$

$$E_7 = E_2 // E_4 = \frac{E_2 x_4 + E_4 x_2}{x_2 + x_4} = \frac{1.2 \times 1.94 + 0.8 \times 4}{4 + 1.94} = 0.93$$

$$E_8 = E_6 // E_7 = \frac{E_6 x_{13} + E_7 x_{12}}{x_{12} + x_{13}} = \frac{1.04 \times 1.9 + 0.93 \times 0.68}{0.68 + 1.9} = 1.01$$

4）计算起始次暂态电流。

由变压器 T_3 提供的短路电流为

$$I'' = \frac{E_8}{x_{15}} = \frac{1.01}{1.93} = 0.523$$

由负荷 LD_3 提供的短路电流为

$$I''_{LD_3} = \frac{E_5}{x_5} = \frac{0.8}{5.83} = 0.137$$

5）计算短路冲击电流。

为了判断负荷 LD_1 和 LD_2 是否有可能提供短路冲击电流，先对 b 点和 c 点的残余电压进行验算。

a 点的残余电压为

$$U_a = I''(x_8 + x_{11}) = 0.523 \times (1.4 + 0.03) = 0.75$$

输电线路 L_1 上的电流为

$$I''_{L_1} = \frac{E_6 - U_a}{x_{12}} = \frac{1.04 - 0.75}{0.68} = 0.426$$

输电线路 L_2 上的电流为

$$I''_{L_2} = I'' - I''_{L_1} = 0.523 - 0.426 = 0.097$$

b 点的残余电压为

$$U_b = U_a + I_{L_1}^*(x_6 + x_9) = 0.75 + 0.426 \times (0.33 + 0.18) = 0.97$$

c 点的残余电压为

$$U_c = U_a + I_{L_2}^*(x_7 + x_{10}) = 0.75 + 0.097 \times (0.06 + 0.53) = 0.807$$

因为 $U_b > E''_{LD1}$，$U_c > E''_{LD2}$，所以负荷 LD_1 和 LD_2 不会向短路点提供电流。因此，变压器 T_3 的短路电流都是发电机和同步调相机提供的。于是短路冲击电流的标幺值为

$$i_{im*} = \sqrt{2}K_{im}I'' + \sqrt{2}K_{im\cdot LD}I''_{LD_3} = \sqrt{2} \times 1.8 \times 0.523 + \sqrt{2} \times 1 \times 0.137 = 1.525$$

短路处的电流基准值为

$$I_B = \frac{S_B}{\sqrt{3}U_B} = \frac{100}{\sqrt{3} \times 6.3}\text{kA} = 9.16\text{kA}$$

短路冲击电流的有名值为

$$i_{im} = i_{im*}I_B = 1.525 \times 9.16\text{kA} = 13.969\text{kA}$$

解法二　在近似计算中，由于负荷 LD_1 和 LD_2 离短路点较远，因此可将它们略去不计。同时，取发电机和同步调相机的次暂态电动势 $E'' = 1$。发电机与同步调相机的等效电动势 E_9=1，相对于短路点的转移电抗为

$$x_{16} = (x_1 + x_6 + x_9)//(x_2 + x_7 + x_{10}) + x_8 + x_{11}$$
$$= \frac{(0.2 + 0.33 + 0.18) \times (4 + 0.53 + 0.06)}{0.2 + 0.33 + 0.18 + 4 + 0.53 + 0.06} + 1.4 + 0.03 = 2.04$$

由变压器 T_3 提供的短路电流为

$$I'' = \frac{E_9}{x_{16}} = \frac{1}{2.04} = 0.49$$

短路处的冲击电流为

$$i_{im} = (\sqrt{2} \times 1.8 \times 0.49 + \sqrt{2} \times 1 \times 0.137) \times 9.16\text{kA} = 13.20\text{kA}$$

对比两种计算方法，解法二所得的短路冲击电流较解法一得到的小 6%，在实际计算中，这满足工程的误差要求，因此，允许采用这种简化的近似计算。也就是说，在近似计算中只考虑短路点处的负荷对短路点提供的短路冲击电流。

8.4　电力网络的变换与化简

电力系统网络结构较为复杂，在短路电流的计算过程中，通常先将原始的等效电路进行网络变换和化简，然后再计算短路电流。

8.4.1　输入电抗和转移电抗的定义

把一个复杂的网络经过等效变换和化简后，得到只有一条有源支路的最简单形

式，如图 8-14a 所示。将图 8-14a 中连接等效电源点 E_Σ 和短路点 f 之间的电抗 x_Σ 称为输入电抗。

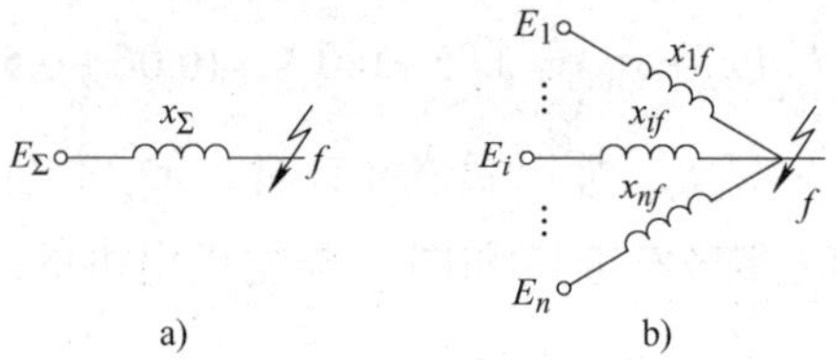

图 8-14　化简后的等效电路

由戴维南定理可知，E_Σ 就是短路前节点 f 的开路电压，x_Σ 就是从短路点 f 与地之间看进去的等效电抗。

在电力系统短路计算中，由于各电源特性各异，并且各电源点与短路点间的电气距离也不等，因此网络化简时，不能将所有的电源点都并成一个等效电源，而需要保留若干个独立电源或等效电源，如图 8-14b 所示。图 8-14b 中连接电源 E_i 和短路点 f 之间的电抗 x_{if} 称为转移电抗。

网络变换和化简的主要目的，就是要求取各电源对短路点的转移电抗或等效电源对短路点的输入电抗。针对图 8-14a 和图 8-14b，进一步依据电路理论得到短路电流 I_f 为

$$I_f = \frac{E_\Sigma}{x_\Sigma} \tag{8-30}$$

或

$$I_f = \sum_{i=1}^{n} \frac{E_i}{x_{if}} \tag{8-31}$$

可见，通过计算输入阻抗和转移阻抗为短路电流计算打下基础。

8.4.2　网络变换和化简的方法

在短路电流计算求取输入阻抗和转移阻抗的过程中常用的网络变换化简方法如下。

1. 等效电动势法

该种方法常用于电源合并的情况，即将系统中多个不同电动势的电源点合并成一个等效电源。图 8-15 表示将 n 条电源支路并联接在同一母线上的网络，通过等效变换，化简为只含有一条电源支路的等效电路。

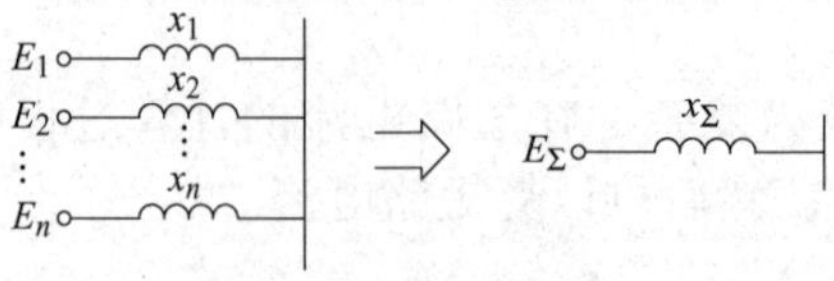

图 8-15　等效电动势法

图 8-15 中的等效电动势 E_Σ 和等效电抗 x_Σ 分别为

$$\begin{cases} E_{\Sigma} = x_{\Sigma} \sum_{i=1}^{n} \dfrac{E_i}{x_i} \\ x_{\Sigma} = \dfrac{1}{\sum_{i=1}^{n} \dfrac{1}{x_i}} \end{cases} \tag{8-32}$$

这里需要指出的是，化简网络时，电源是否合并，应根据具体情况而定。若要求取各个电源支路的短路电流，则不需要合并电源；若要求取短路点总的短路电流，则电源合并更有利于计算过程的简化。

2. 星网变换

对于复杂的网络，可以通过星网变换的方法消去网络中的多余节点，从而达到化简网络的目的。图 8-16 表示将一个以节点 n 为中心的四星形电路，变换为以节点 1 ～ 4 为顶点的网形电路，在该网形电路中，任意两个节点之间都有支路相连接。

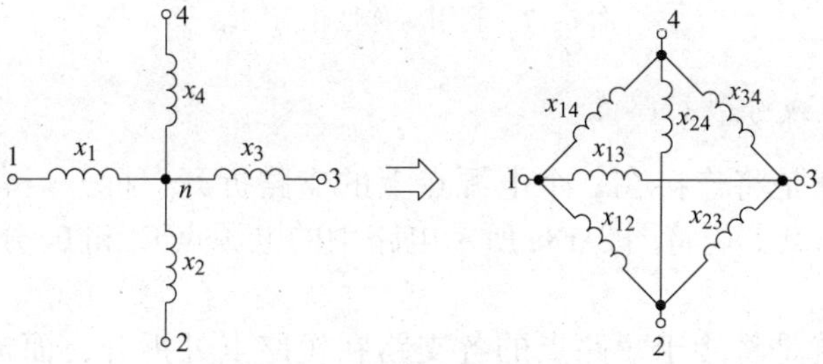

图 8-16　星网变换

如果是将以节点 n 为中心、m 条支路的星形电路转换为 m 个顶点的网形电路，那么网形电路中节点 i、j 间的电抗 x_{ij} 表示为

$$x_{ij} = x_{in} x_{jn} \sum_{k=1}^{m} \frac{1}{x_{kn}} \tag{8-33}$$

式中，x_{kn} 为星形电路中节点 k 与待消节点 n 之间的电抗。

通过星网变换方法消去了网络中除电源点和短路点以外的所有中间节点。由于电源点间的支路对于短路电流计算毫无意义，因此不需要计算电源点间的转移电抗，而只需要计算电源点与短路点之间的转移电抗，从而给短路计算带来了极大的方便。

3. 利用对称性化简网络

在网络化简中，常遇到相对于短路点来说网络是一个对称电路的情况。此时，利用对称性，遵循下列原则将网络化简：电位相等的节点，可以直接相连；等电位点之间的电抗，短接后可除去。

在图 8-17a 所示的网络中，两台发电机和变压器的参数各自相同，当点 a 处短路（f_1）时，相对于该点电路是对称的，b、c 两点的电位相同，因此可将电抗器除去，同时将 b、c 两点短接，化简后的等效电路如图 8-17b 所示。而当点 b 处短路（f_2）时，电路不再具有对称性，此时相应的等效电路如图 8-17c 所示，该网络的化简可利用其他方法。

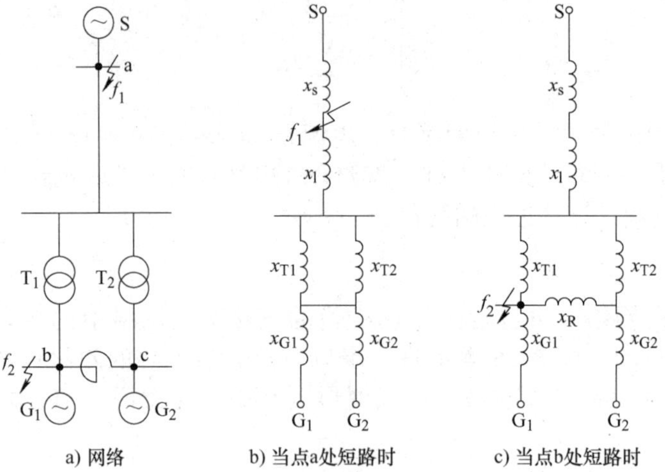

图 8-17　利用对称性化简网络

4. 分裂电源点或分裂短路点

分裂电源点就是将连接在一个电源点上的支路拆开，拆开后各支路分别连接在电动势相等的电源点上。将图 8-18a 所示电路中的电源点 E_1 和 E_2 分裂，得到图 8-18b 所示的电路。

分裂短路点就是将接于短路点的各支路在短路点处拆开，而拆开后的各支路仍带有原来的短路点。在图 8-18b 所示的电路中，将 x_5 和 x_6 支路在短路点 f 处拆开，得到两个独立的等效电路，如图 8-18c 所示。

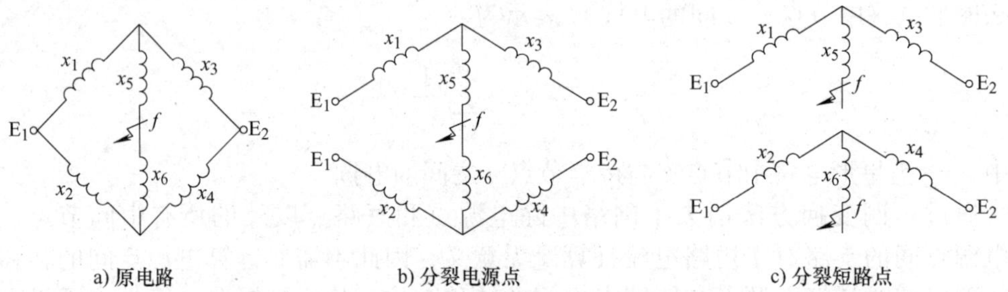

图 8-18　分裂电源点和短路点

应该指出的是，进行网络化简时，无论网络如何变换和化简，其内部电路无论发生什么变换，对网络的外部而言是等效的。

8.4.3　单位电流法

单位电流法依据两个节点间的阻抗不随节点电压和支路电流变化而变化的原理。对于辐射形电力网络，可采用这种方法求转移阻抗。

下面以图 8-19a 所示网络为例，说明利用单位电流法求各电源点与短路点 f 之间的转移阻抗的过程。

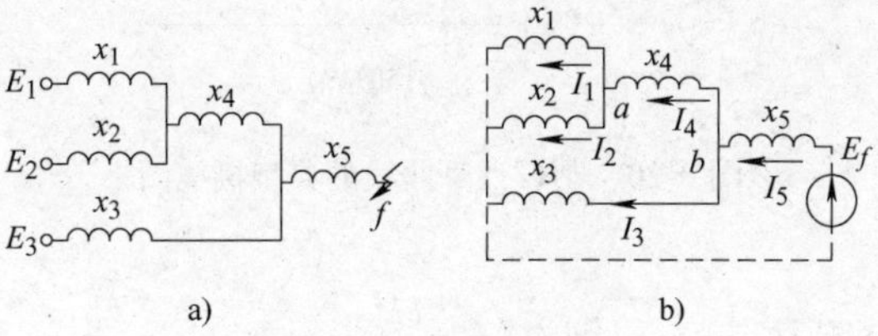

图 8-19　单位电流法

在忽略电阻，只计电抗，并且认为各电源同相位的假设条件下，电压和电流的计算不考虑相位问题。

图 8-19b 中，令电源电动势 $E_1=E_2=E_3=0$，在 f 点加入电动势 E_f，并且令 x_1 支路中流过的电流为单位电流，即 $I_1=1$，这种方法就叫单位电流法。

依据电路理论，各支路电流和节点电压分别为

$$I_2=\frac{U_a}{x_2}\text{，}I_4=I_1+I_2\text{，}I_3=\frac{U_b}{x_3}\text{，}I_5=I_3+I_4$$

$$U_a=x_1\text{，}U_b=U_a+x_4I_4\text{，}E_f=U_b+x_5I_5$$

从而，各电源与短路点之间的转移电抗为

$$x_{if}=\frac{E_f}{I_i},i=1,2,3$$

8.5　短路电流计算曲线

8.5.1　计算曲线的概念

短路电流的计算除了前面所讲的计算起始次暂态电流、冲击电流之外，在电力系统某些工程计算（如继电保护整定、断路器开断能力的确定）中还需要知道短路发生后某一时刻的短路电流周期分量。由式（8-22）和式（8-23）可知，短路电流与发电机暂态过程中的电抗、时间常数、感应电动势及励磁系统的参数有关，计算起来十分复杂，这时在工程计算中，往往采用计算曲线来求短路后任意时刻的短路电流周期分量，这一计算短路电流的方法称为计算曲线法。

计算曲线就是在发电机的参数和运行初始状态确定的条件下，描述短路电流周期分量有效值的标幺值 I_{f*} 随时间 t、短路点距离（从机端到短路点的组合电抗 x_k）变化的曲线，即 $I_{f*}=f(x_{js},t)$，x_{js} 称为计算电抗，表示以发电机额定容量为基准值的外接电抗 x_k 与发电机暂态电抗 x''_d 之和，$x_{js}=x_k+x''_d$。

8.5.2　计算曲线的制作条件

图 8-20 所示为制作计算曲线的典型接线图。短路前发电机额定运行，50% 的负荷接在发电厂高压侧母线上，其余负荷功率经输电线路向外输送。

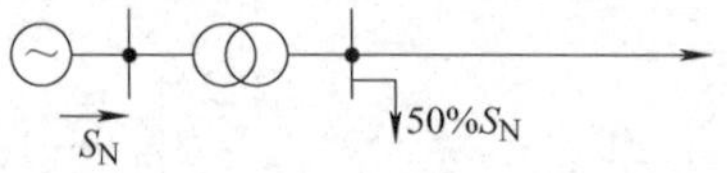

图 8-20　制作计算曲线的典型接线图

外送负荷用恒定阻抗表示，即 $Z_{LD}=\dfrac{U^2}{S_{LD}}(\cos\varphi+\mathrm{j}\sin\varphi)$，式中，$U$=1，$S_{LD}$=0.5，$\cos\varphi$=0.9。

发电机都设有强行励磁装置，强励顶值电压取为额定运行状态下励磁电压的 1.8 倍。励磁系统等效时间常数 T_e，对于汽轮发电机为 0.25s，对于水轮发电机为 0.02s。

由于我国制造和使用的发电机型号众多，为使计算曲线具有通用性，制作计算曲线时采用概率统计方法。根据对国产同步发电机参数和容量配置情况的调查，选取了容量 12 ～ 200MW 的 18 种不同型号的汽轮发电机作为样机。对于给定计算电抗 x_{js} 和时间 t，分别求取了每种发电机作为供电电源时的短路电流周期分量，取其平均值作为该给定 x_{js} 和 t 下汽轮发电机的计算曲线。同理，选取了容量 12.5 ～ 225MW 的 17 个不同型号的水轮发电机作为样机，用相同的方法制作水轮发电机的计算曲线。为了使用方便，将计算曲线制成了数字表格，请扫码查看。

使用计算曲线法计算短路电流时，需要注意如下四点。

1）由于发电机性质不同，计算曲线按照汽轮发电机和水轮发电机两种类型分别制作，查计算曲线表时按照发电机类型进行查取。

2）计算电抗 x_{js} 以发电机的额定功率 S_N 为基准值，而一般短路电流计算中的电抗参数标幺值以同一系统的 S_B 为基准值。

3）因为在计算曲线的制作过程中考虑了负荷的影响，所以查计算曲线时，对负荷忽略不计。

4）当 x_{js}>3.45 时，表明发电机离短路点的电气距离很远，于是可近似认为该电源为无穷大功率电源，其提供的短路电流周期分量不再随时间衰减。

8.5.3　计算曲线的应用

利用计算曲线完成短路电流计算的步骤如下。

（1）画出等效电路

选取网络功率和电压的基准值，并计算各元件在该基准值下的电抗标幺值，其中发电机用次暂态电抗表示，负荷忽略不计。

（2）化简等效电路

实际电力系统中，发电机数量众多，无法做到每台发电机都单独计算，为简化计算，需要对电源进行合并。电源合并时主要考虑各电源提供的短路电流变化规律是否相同或相近，因此合并电源时应遵循如下原则。

① 与短路点的电气距离（即相联系的电抗值）相差不大的同类型发电机可以合并。

② 远离短路点的不同类型发电机可以合并。

③ 直接与短路点相连的发电机应单独考虑。

④ 无穷大功率电源提供的短路电流周期分量不衰减而不需要查计算曲线，因此

该类电源单独考虑。

经过网络的等效变换后求得各等效电源与短路点间的转移电抗 x_{if} 和无穷大功率电源对短路点的转移电抗 $x_{\infty f}$。

（3）归算计算电抗

由于上面求得的转移电抗 x_{if} 是以选定的 S_B 为基准值的标幺值，而查计算曲线表所需要的计算电抗 $x_{js\cdot i}$ 以等效电源额定功率 S_{Ni} 为基准值，因此必须把转移电抗 x_{if} 归算到计算电抗 $x_{js\cdot i}$，即

$$x_{js\cdot i}=x_{if}\frac{S_{Ni}}{S_B} \tag{8-34}$$

（4）确定 t 时刻的短路电流周期分量标幺值

由 $x_{js\cdot i}$ 查相应的计算曲线，找出指定时刻由该等效电源提供的以 S_{Ni} 为基准值的短路电流周期分量标幺值 $I_{pt\cdot i*}$。

对于无穷大功率电源供电的网络，短路电流周期分量不衰减，计算公式为

$$I_{p\infty *}=\frac{1}{x_{\infty f}} \tag{8-35}$$

（5）计算短路电流周期分量有名值

第 i 个等效电源提供的短路电流周期分量为

$$I_{pt\cdot i}=I_{pt\cdot i*}\frac{S_{Ni}}{\sqrt{3}U_B} \tag{8-36}$$

无穷大功率电源提供的短路电流周期分量为

$$I_{p\infty}=I_{p\infty *}\frac{S_B}{\sqrt{3}U_B} \tag{8-37}$$

于是短路点总的短路电流周期分量有名值为

$$I_{pt}=\sum I_{pt\cdot i}+I_{p\infty} \tag{8-38}$$

例题 8-3 图 8-21a 所示的电力系统接线图中，火力发电厂中有 G_1、G_2 两台发电机，发电机母线断路器 QF 处于断开状态。分别考虑以下两种情况，试计算 f 点发生三相短路 0.2s 时的短路电流：

1）发电机 G_1、G_2 和系统各为独立电源。

2）发电机 G_2 与系统合并为一个等效电源。

解 （1）发电机 G_1、G_2 和系统各为独立电源

取 S_B =100MVA，$U_B=U_{av}$。

1）计算等效电路参数。

发电机 G_1、G_2 的电抗标幺值为

$$x_1=x_2=x''_d\frac{S_B}{S_{GN}}=0.13\times\frac{100}{31.25}=0.416$$

系统的电抗标幺值为

$$x_3 = x\frac{S_B}{S_{SN}} = 0.3\times\frac{100}{300} = 0.1$$

变压器 T_1、T_2 的电抗标幺值为

$$x_4 = x_5 = \frac{U_k\%}{100}\bullet\frac{S_B}{S_{TN}} = \frac{10.5}{100}\times\frac{100}{20} = 0.525$$

输电线路的电抗标幺值为

$$x_6 = \frac{1}{2}x_0 l\frac{S_B}{U_B^2} = \frac{1}{2}\times 0.4\times 100\times\frac{100}{115^2} = 0.151$$

等效电路如图 8-21b 所示。

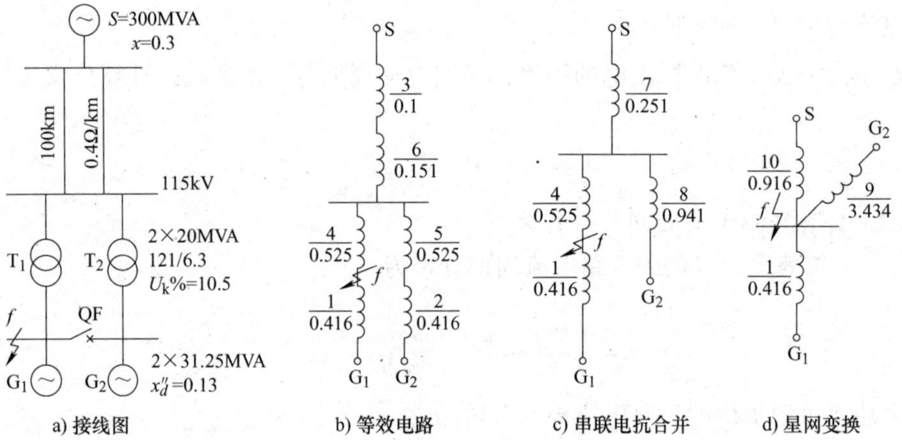

图 8-21　例题 8-3 的电力系统

2）化简网络，求转移电抗。

将图 8-21b 中的串联电抗合并，可得图 8-21c，电抗参数计算如下：

$$x_7 = x_3 + x_6 = 0.1 + 0.151 = 0.251$$

$$x_8 = x_2 + x_5 = 0.416 + 0.525 = 0.941$$

将图 8-21c 所示电路进行星网变换，从而得到图 8-21d，电抗参数计算如下：

$$x_9 = x_4 + x_8 + \frac{x_4 x_8}{x_7} = 0.525 + 0.941 + \frac{0.525\times 0.941}{0.251} = 3.434$$

$$x_{10} = x_4 + x_7 + \frac{x_4 x_7}{x_8} = 0.525 + 0.251 + \frac{0.525\times 0.251}{0.941} = 0.916$$

3）求各电源的计算电抗如下：

$$x_{js\bullet s} = x_{10}\frac{S_{SN}}{S_B} = 0.916\times\frac{300}{100} = 2.748$$

$$x_{js\cdot1}=x_1\frac{S_{1N}}{S_B}=0.416\times\frac{31.25}{100}=0.13$$

$$x_{js\cdot2}=x_1\frac{S_{2N}}{S_B}=3.434\times\frac{31.25}{100}=1.073$$

4）利用运算曲线，确定各电源在短路发生 0.2s 时，短路电流的标幺值为 $I_{1*}=4.9$，$I_{2*}=0.78$，$I_{3*}=0.35$

5）求短路点的总短路电流，为

$$I_{0.2}=\left(4.9\times\frac{31.25}{\sqrt{3}\times6.3}+0.78\times\frac{31.25}{\sqrt{3}\times6.3}+0.35\times\frac{300}{\sqrt{3}\times6.3}\right)\text{kA}=25.89\text{kA}$$

（2）发电机 G_2 与系统合并为一个等效电源

合并后等效电源与短路点之间的转移电抗为

$$x_{11}=x_7//x_8+x_4=\frac{0.251\times0.941}{0.251+0.941}+0.525=0.723$$

连接等效电源与短路点的计算电抗为

$$x_{js\cdot S//2}=x_{11}\frac{S_{SN}+S_{2N}}{S_B}=0.723\times\frac{300+31.25}{100}=2.395$$

查计算曲线表得，短路发生 0.2s 时，等效电源提供的短路电流标幺值 $I_{S//2*}=0.4$。于是可得短路点的总短路电流为

$$I_{0.2}=\left(4.9\times\frac{31.25}{\sqrt{3}\times6.3}+0.4\times\frac{300+31.25}{\sqrt{3}\times6.3}\right)\text{kA}=26.176\text{kA}$$

以上两种情况的短路点总短路电流相差 0.286kA（误差为 1.1%），可见当 f 点发生短路时，将发电机 G_2 与系统合并为一个等效电源所引起的误差不大，满足工程要求。

例题 8-4　图 8-22a 所示电力系统在 f 点发生三相短路，各元件的参数如下：发电机 G_1、G_2 为汽轮发电机，每台容量为 31.25MVA，$x_d''=0.13$；发电机 G_3、G_4 为水轮发电机，每台容量为 62.5MVA，$x_d''=0.135$；变压器 T_1、T_2 每台容量为 31.5MVA，$U_k\%=10.5$；变压器 T_3、T_4 每台容量为 60MVA，$U_k\%=10.5$；电抗器 L 为 10kV、1.5kA，$X_R\%=8$；输电线路 L_1 长 50km，单位长度电抗为 0.4Ω/km；L_2 长 80km，单位长度电抗为 0.4Ω/km；无限大功率电源内电抗 x=0。试求：

1）t=0 和 t=0.5s 的短路电流。

2）短路冲击电流和 0.5s 时的短路容量。

解　1）作等效电路。取 S_B =100MVA，$U_B=U_{av}$，各元件的电抗标幺值如下。

发电机 G_1、G_2 的电抗标幺值为

$$x_1=x_2=0.13\times\frac{100}{31.25}=0.416$$

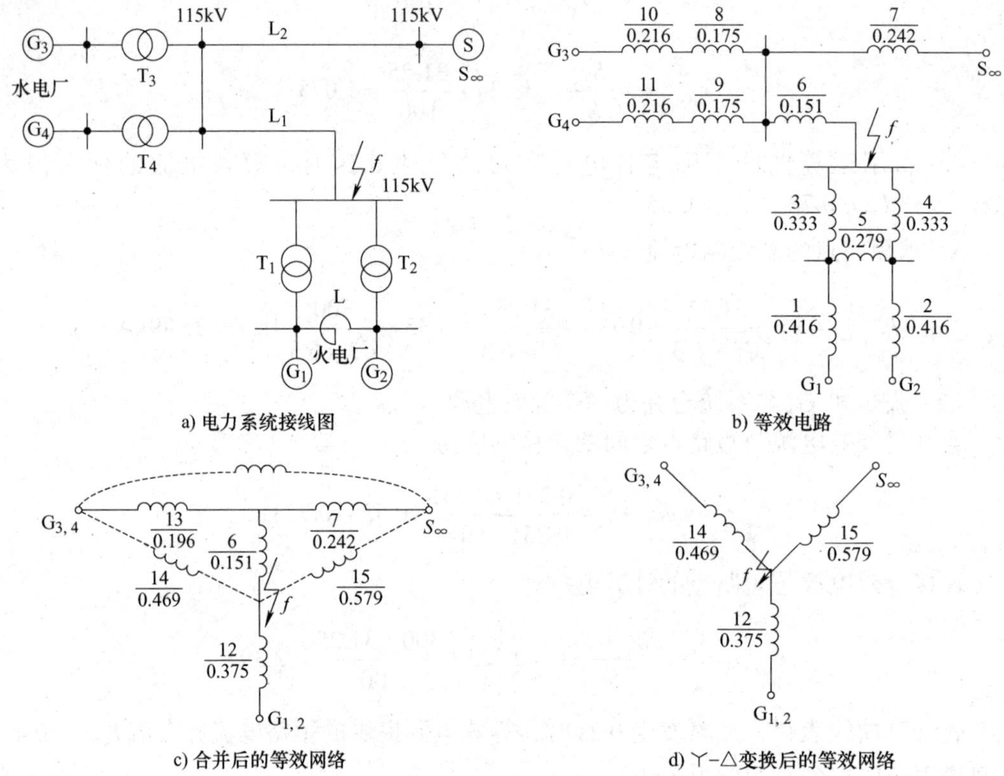

图 8-22　例题 8-4 的图

变压器 T_1、T_2 的电抗标幺值为

$$x_3 = x_4 = 0.105 \times \frac{100}{31.5} = 0.333$$

电抗器 R 的电抗标幺值为

$$x_5 = \frac{X_R\%}{100} \times \frac{U_N}{\sqrt{3} I_N} \times \frac{S_B}{U_B^2} = 0.08 \times \frac{10}{\sqrt{3} \times 1.5} \times \frac{100}{10.5^2} = 0.279$$

输电线路 L_1 的电抗标幺值为

$$x_6 = 0.4 \times 50 \times \frac{100}{115^2} = 0.151$$

输电线路 L_2 的电抗标幺值为

$$x_7 = 0.4 \times 80 \times \frac{100}{115^2} = 0.242$$

变压器 T_3、T_4 的电抗标幺值为

$$x_8 = x_9 = 0.105 \times \frac{100}{60} = 0.175$$

发电机 G_3、G_4 的电抗标幺值为

$$x_{10}=x_{11}=0.135\times\frac{100}{62.5}=0.216$$

各元件的电抗标幺值标于图 8-22b 中。

2）简化网络，求各电源对短路点的转移电抗。先分析电力系统接线图。由图 8-22a 可见，由于火电厂所组成的等效电路相对于 f 点具有对称关系，因此发电机组 G_1 和 G_2 机端等电位，可将其短接，并除去电抗器支路。G_1 和 G_2 可合并组成等效发电机组。G_3 和 G_4 距短路点较远，且具有相等的电气距离，可将其合并成另一等效发电机组，无限大功率电源供电系统不能与其他电源合并，只能单独处理。合并后的等效网络如图 8-22c 所示。在图 8-22c 中，有

$$x_{12}=\frac{1}{2}(x_1+x_3)=\frac{1}{2}\times(0.416+0.333)=0.375$$

$$x_{13}=\frac{1}{2}(x_8+x_{10})=\frac{1}{2}\times(0.175+0.216)=0.196$$

将图 8-22c 所示电路做 Y－△变换，并除去电源间的转移电抗支路，最后得到图 8-22d 所示的等效网络。在图 8-22d 中，有

$$x_{14}=x_6+x_{13}+\frac{x_6x_{13}}{x_7}=0.151+0.196+\frac{0.151\times0.196}{0.242}=0.469$$

$$x_{15}=x_6+x_7+\frac{x_6x_7}{x_{13}}=0.151+0.242+\frac{0.151\times0.242}{0.196}=0.579$$

各等效发电机组对短路点的转移电抗如下：等效发电机组 $G_{1,2}$ 为 $x_{(1//2)f}=x_{12}=0.375$，等效发电机组 $G_{3,4}$ 为 $x_{(3//4)f}=x_{14}=0.469$，无限大功率电源供电系统为 $x_{\infty f}=x_{15}=0.579$。

3）求各电源的计算电抗，分别如下

$G_{1,2}$ 为
$$x_{\mathrm{js}(1//2)}=0.375\times\frac{2\times31.25}{100}=0.234$$

$G_{3,4}$ 为
$$x_{\mathrm{js}(3//4)}=0.469\times\frac{2\times62.5}{100}=0.586$$

4）查计算曲线表，求短路电流周期分量的标幺值。火电厂的 G_1、G_2 应查汽轮发电机的计算曲线表，水电厂的 G_3、G_4 应查水轮发电机的计算曲线表。无限大功率电源供电系统所提供的短路电流为其转移电抗的倒数，即 $I_\infty=1/x_{\infty f}$。短路电流计算结果见表 8-2。

表 8-2　例题 8-4 短路电流计算结果

短路计算时间 /s	电流	提供短路电流的电源			短路点总电流 /kA
		$G_{1,2}$ ($x_{js(1//2)}=0.234$)	$G_{3,4}$ ($x_{js(3//4)}=0.586$)	S_∞ ($x_{\infty f}=0.579$)	
0	标幺值	4.65	1.84	1.73	3.484
	有名值 /kA	1.460	1.156	0.868	
0.5	标幺值	2.93	1.795	1.73	2.915
	有名值 /kA	0.92	1.127	0.868	

5）计算短路电流有名值。归算至短路点电压级的各等效电源的额定电流分别为

$$I_{N(1//2)}=I_{N1}+I_{N2}=\frac{2\times 31.25}{\sqrt{3}\times 115}\text{kA}=0.314\text{kA}$$

$$I_{N(3//4)}=I_{N3}+I_{N4}=\frac{2\times 62.5}{\sqrt{3}\times 115}\text{kA}=0.628\text{kA}$$

电流基准值为

$$I_{B(115)}=\frac{100}{\sqrt{3}\times 115}\text{kA}=0.502\text{kA}$$

6）计算短路冲击电流和 0.5s 时的短路容量。由于短路点在火电厂升压变压器高压侧，因此 $G_{1,2}$ 的冲击系数应取 $K_{im}=1.85$，其余电源离短路点较远，均可取 $K_{im}=1.8$，起始次暂态电流 $I''=I_{p(t=0)}$，于是短路冲击电流为

$$i_{im}=1.85\times\sqrt{2}\times 1.46+1.8\times\sqrt{2}\times(1.156+0.868)=8.97\text{kA}$$

0.5s 时的短路容量为

$$S_{0.5}=(2.93\times 2\times 31.25+1.795\times 2\times 62.5+1.73\times 100)\text{MVA}=580.5\text{MVA}$$

8.6　短路电流的计算机算法

计算机具有强大的计算功能，对于结构复杂的实际电力系统，可用计算机计算短路电流。在系统运行方式改变的情况下，计算机能够快速、准确、方便地计算网络中任意点发生三相短路后，某一时刻短路电流周期分量的数值（通常计算的是起始次暂态电流），以及此时网络中电流和电压的分布。

8.6.1　发电机和负荷的计算模型

进行短路电流计算时，发电机和负荷所采用的计算模型不同于潮流计算中所用模型。在潮流计算中，发电机用恒压源模型，负荷用恒功率模型；而在短路电流计

算中，发电机支路采用次暂态阻抗 $R+\mathrm{j}x''$ 与次暂态电动势 E'' 进行等效，等效电路如图 8-23a 所示。因此，形成节点导纳矩阵时应该在发电机机端加一个阻抗为 $R+\mathrm{j}x''$ 的对地导纳支路，如图 8-23b 所示。

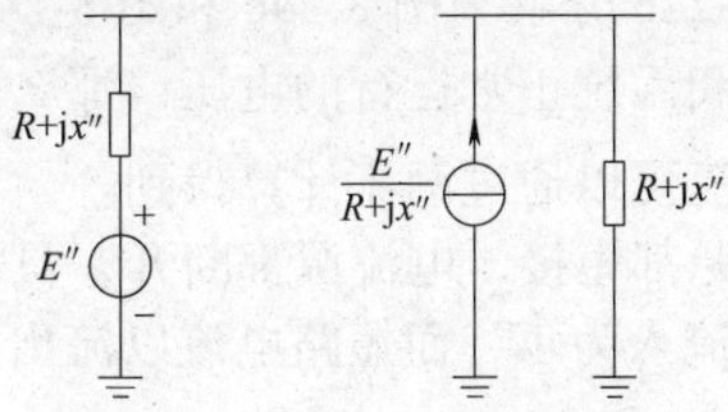

a) 等效电路　　b) 对地阻抗支路

图 8-23　发电机的等效电路

在短路计算中，负荷采用恒定阻抗模型，其数值由短路前瞬间的负荷功率 S_{LD} 和节点实际电压 U_{LD} 确定，即

$$z_{\mathrm{LD}}=\frac{U_{\mathrm{LD}}^{2}}{\overset{*}{S}_{\mathrm{LD}}} \tag{8-39}$$

z_{LD} 作为负荷点的对地支路计入导纳矩阵。离负荷点很近的大型异步电动机也可以仿照发电机，用次暂态电动势 E'' 和次暂态电抗 x'' 来处理。

8.6.2　利用节点阻抗矩阵计算短路电流的原理

任一网络用节点阻抗矩阵表示的电压方程为

$$\begin{bmatrix}\dot{U}_1\\ \vdots\\ \dot{U}_i\\ \vdots\\ \dot{U}_n\end{bmatrix}=\begin{bmatrix}Z_{11} & \cdots & Z_{1i} & \cdots & Z_{1n}\\ \vdots & & \vdots & & \vdots\\ Z_{i1} & \cdots & Z_{ii} & \cdots & Z_{in}\\ \vdots & & \vdots & & \vdots\\ Z_{n1} & \cdots & Z_{ni} & \cdots & Z_{nn}\end{bmatrix}\begin{bmatrix}\dot{I}_1\\ \vdots\\ \dot{I}_i\\ \vdots\\ \dot{I}_n\end{bmatrix} \tag{8-40}$$

式中，$\dot{U}_i$ 为网络节点 i 的对地电压；$\dot{I}_i$ 为网络外部向节点 i 注入的电流；矩阵对角线元素 Z_{ii} 称为自阻抗；系数矩阵即为节点阻抗矩阵，节点阻抗矩阵是一个对称的满阵。

节点阻抗矩阵中，元素 Z_{ik} 为除节点 k 之外的所有其他节点注入电流均为 0 $[\dot{I}_j=0,(j=1,\cdots,n,j\neq k)]$ 且 $\dot{I}_k\neq 0$ 时，节点 i 电压与节点 k 流入电流的比值，即

$$Z_{ik}=\left.\frac{\dot{U}_i}{\dot{I}_k}\right|_{\dot{I}_j=0,\,j\neq k} \tag{8-41}$$

式中，非对角线元素 Z_{ik} 称为互阻抗。

式（8-40）矩阵形式的电压方程也可表示为

$$\dot{U}_i=\sum_{k=1}^{n}Z_{ik}\dot{I}_k \tag{8-42}$$

叠加原理的应用如图 8-24 所示。当图 8-24a 所示等效网络在点 f 处发生三相短路时，在点 f 处利用两个大小相等、相位相反的电压源串联形式替代短路点电压，如图 8-24b 所示。

利用叠加原理，将图 8-24b 分解为图 8-24c 和图 8-24d 两种状态。如果短路点 f 所加的电压 $\dot{U}_f^{(0)}$ 是短路前瞬间系统正常运行的电压，那么图 8-24c 对应系统正常运行状态，此状态下的电压和电流可以通过潮流计算得到。

图 8-24d 中，所有电压源都短接，电流源都断开，只在短路点 f 处有一个电压源作用。另外，节点的电流以流入为正，而短路电流以流出为正，因此流入短路点 f 的电流用 $-\dot{I}_f$ 表示。

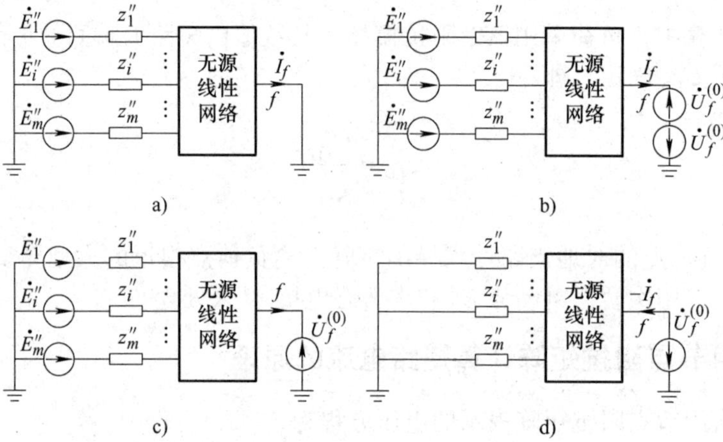

图 8-24　叠加原理应用

于是，发生三相短路时系统中节点 k 的电压为

$$\dot{U}_k = \dot{U}_k^{(0)} - Z_{kf}\dot{I}_f \tag{8-43}$$

式中，$\dot{U}_k^{(0)}$ 是正常运行时节点 k 的电压，由潮流计算得到；Z_{kf} 为节点 k 与短路点 f 之间的互阻抗。一般近似计算中，可以不考虑负荷影响，认为短路前系统处于空载状态，取 $\dot{U}_k^{(0)}=1$。

对于短路点 f，电压方程为

$$\dot{U}_f = \dot{U}_f^{(0)} - Z_{ff}\dot{I}_f \tag{8-44}$$

若短路点发生金属性短路，则 $\dot{U}_f=0$；若短路点发生非金属性短路（见图 8-25），经过接地阻抗 z_f 接地，则有

$$\dot{U}_f = z_f\dot{I}_f \tag{8-45}$$

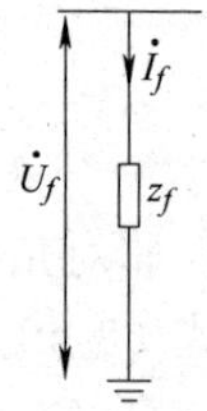

图 8-25　非金属性短路

结合式（8-44）和式（8-45），短路点电流为

$$\dot{I}_f=\frac{\dot{U}_f^{(0)}}{Z_{ff}+z_f}\approx\frac{1}{Z_{ff}+z_f} \tag{8-46}$$

得到短路点电流 $\dot{I}_f$ 后，代入式（8-43）中，就可以求出节点 k 的电压。

确定各节点电压后，就可以计算任意 p–q 支路的电流。图 8-26 所示为含变压器支路，该支路电流为

$$\dot{I}_{pq}=\frac{k\dot{U}_p-\dot{U}_q}{z_{pq}} \tag{8-47}$$

式中，z_{pq} 为 p–q 支路的阻抗。对于不含变压器支路，取 k=1。

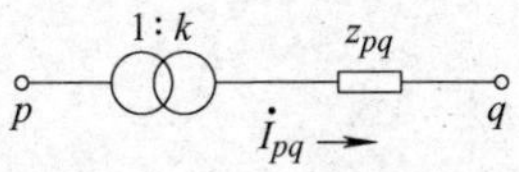

图 8-26　含变压器支路

图 8-27 所示为利用节点阻抗矩阵计算短路电流的原理框图。

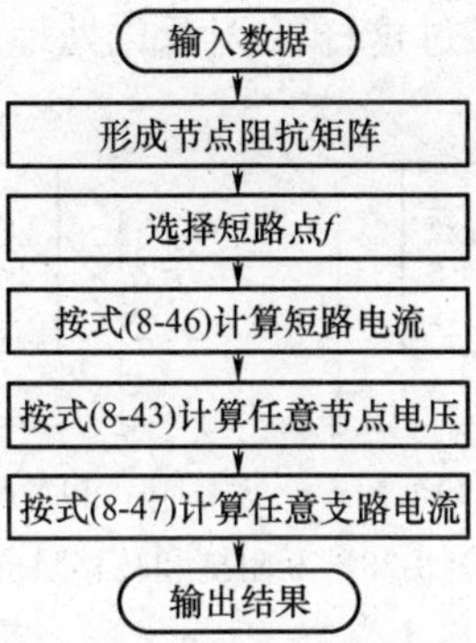

图 8-27　利用节点阻抗矩阵计算短路电流的原理框图

由式（8-43）～式（8-46）可见，所用到的节点阻抗矩阵元素是 Z_{ff} 和 Z_{kf}，因此实际短路计算中，只需要求出与 f 相关的列（或行）元素即可。

8.6.3　利用节点导纳矩阵计算短路电流的原理

节点导纳矩阵易于形成，并且网络结构改变时也便于修改，同时具有稀疏性，因此可以利用节点导纳矩阵计算短路电流。

电力网络的节点导纳矩阵与节点阻抗矩阵具有互逆性，所以可以将节点导纳矩阵求逆得到节点阻抗矩阵，继而利用节点阻抗矩阵完成短路电流计算。这种方法适用于节点数较少、节点导纳矩阵阶数小的情况。当电力网络节点数较多时，矩阵求逆的计算量大，这时可采用下面方法。

式（8-43）和式（8-46）表明，短路电流计算与节点阻抗矩阵中第 f 列元素（也是节点 k、f 间的互阻抗）Z_{kf} 相关，而由式（8-41）可见，互阻抗 Z_{kf} 是仅在节点 f 通入单位电流（其他节点电流均为 0）时，节点 k 的电压 U_k。因此，通过求解下列节点电压方程

$$\begin{bmatrix} Y_{11} & \cdots & Y_{1f} & \cdots & Y_{1n} \\ \vdots & & \vdots & & \vdots \\ Y_{f1} & \cdots & Y_{ff} & \cdots & Y_{fn} \\ \vdots & & \vdots & & \vdots \\ Y_{n1} & \cdots & Y_{nf} & \cdots & Y_{nn} \end{bmatrix} \begin{bmatrix} \dot{U}_1 \\ \vdots \\ \dot{U}_f \\ \vdots \\ \dot{U}_n \end{bmatrix} = \begin{bmatrix} 0 \\ \vdots \\ 1 \\ \vdots \\ 0 \end{bmatrix} \leftarrow \text{节点 } f \tag{8-48}$$

得到的各节点电压 $U_1 \sim U_n$，即为计算短路电流所需互阻抗 $Z_{1f} \sim Z_{nf}$。可利用现成的计算方法和程序（如高斯消去法、三角分解法、因子表法等）求解线性方程组式（8-48）。

8.6.4 互阻抗和转移阻抗

短路电流计算中分别用到了互阻抗和转移阻抗，它们都表示网络中某节点电压与另一节点电流的比值，具有阻抗量纲。下面通过对节点间互阻抗（节点阻抗矩阵的非对角线元素）和转移阻抗的概念的描述，明确它们之间的区别。

互阻抗和转移阻抗如图 8-28 所示。图 8-28 方框内的无源网络是将原网络中的所有电压源短接、电流源断开，经过这样的无源化处理后得到的等效网络。

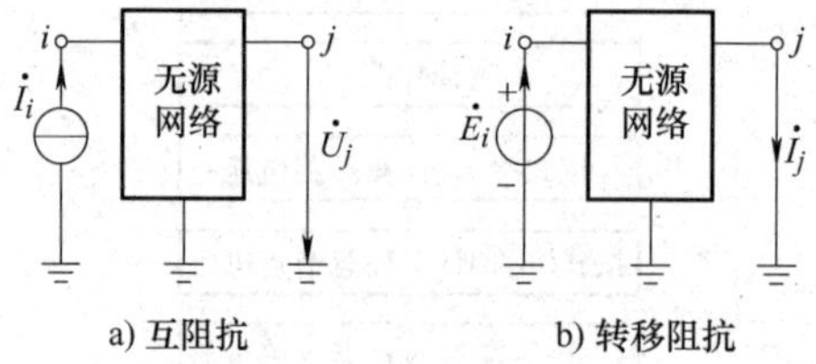

图 8-28 互阻抗和转移阻抗

计算互阻抗时，利用的是某节点注入的电流和在另一节点产生的电压。图 8-28a 中，当节点 i 单独注入电流 $\dot{I}_i$ 时，在节点 j 产生电压 $\dot{U}_j$，电压 $\dot{U}_j$ 与电流 $\dot{I}_i$ 的比值为节点 i、j 之间的互阻抗 Z_{ji}，即

$$Z_{ji} = \frac{\dot{U}_j}{\dot{I}_i}\bigg|_{\dot{I}_m=0,m\neq i} \tag{8-49}$$

计算转移阻抗时，利用的是某节点施加的电动势和在另一节点流出的短路电流。图 8-28b 中，当节点 i 单独施加电动势 $\dot{E}_i$ 时，在节点 j 产生短路电流 $\dot{I}_j$，电动势 $\dot{E}_i$ 与短路电流 $\dot{I}_j$ 的比值为节点 i、j 之间的转移阻抗 z_{ji}，即

$$z_{ij} = \frac{\dot{E}_i}{\dot{I}_j}\bigg|_{\dot{E}_m=0,m\neq i} \tag{8-50}$$

为了区分，书写时互阻抗用大写字母 Z 表示，转移阻抗用小写字母 z 表示。

互阻抗在任何一对节点之间均有定义。零电位节点对任何节点的互阻抗均为 0。转移阻抗只在电压源节点和短路点之间，或电压源节点与电压源节点（经过无源化处理后的电压源节点的电位为 0，相当于短路点）之间才有实际意义。

本章小结

8.1 节介绍了有关电力系统短路的一些基础知识，阐明了进行短路电流计算所采用的假设条件。

8.2 节着重分析了无限大功率电源供电系统发生三相短路的暂态过程，短路电流由周期分量 i_p 和非周期分量 i_{ap} 构成。周期分量 i_p 是短路后的稳态电流值，其幅值恒定。通过短路冲击电流、短路电流最大有效值和短路容量的计算来校验电气设备的动稳定性、热稳定性和开关设备的开断能力。

8.3 节以无阻尼绕组同步发电机为例，分析了发电机机端发生三相短路的暂态过程，定子绕组短路电流由基频分量、直流分量和倍频分量构成，各分量的幅值逐渐衰减，而直流分量和倍频分量最后衰减为 0。定子回路中的基频分量与转子回路中的直流分量相互依存、相互影响，定子回路中的直流分量和倍频分量与转子回路中的基频分量相互依存、相互影响。另外，本节通过发电机三相短路电流解析表达式进一步表明短路电流的组成分量以及各分量衰减情况，明确了短路电流周期分量初始值的关系式。

在工程中，三相短路电流实用计算一般需要计算短路电流周期分量的初始值（起始次暂态电流 I''），以及任意时刻短路电流周期分量的有效值。初始值的计算可仿照无限大功率电源供电系统的短路电流周期分量 I_p 计算，有效值可以使用短路电流计算曲线求取。

8.4 节和 8.5 节讲解了计算短路电流时应用叠加原理并遵循电源合并原则对复杂网络进行等效化简，从而获取等效电源点与短路点之间的转移电抗，查短路电流计算曲线表时还需求出相对应的计算电抗。

8.6 节讲解了基于节点阻抗矩阵法利用计算机完成短路电流计算时，首先需要计算出短路点自阻抗以及短路点与其他节点间的互阻抗，自阻抗和互阻抗可利用节点导纳矩阵求逆或通过求解节点电压方程得到，再基于节点阻抗矩阵计算出短路电流。

复习思考题与习题

8-1　电力系统中短路故障的基本类型有哪些？其中发生概率最大的、对系统危害最严重的短路类型各是什么？

8-2　短路对电气设备和系统运行的主要危害是什么？进行短路电流计算的目的是什么？

8-3　短路电流计算中的基本假设是什么？

8-4　什么是无限大功率电源？

8-5　由无限大功率电源供电的系统中发生三相短路，短路电流由几部分分量构成？经常计算的是哪部分分量？

8-6　产生短路冲击电流的条件是什么？冲击系数的取值与什么有关？

8-7　计算短路冲击电流、短路电流最大有效值和短路容量的目的是什么？

8-8　同步发电机机端发生三相短路时，转子励磁绕组的电流包括哪些分量？其中与定子绕组直流分量具有相同衰减时间常数的是哪个分量？

8-9　由有限容量电源供电的系统中发生三相短路，短路电流由几部分分量构成？

8-10　什么是起始次暂态电流？

8-11　在短路电流的近似计算中，什么情况下需要考虑负荷对短路冲击电流的影响？

8-12　使用短路电流计算曲线进行短路电流计算时，电源点合并的原则是什么？

8-13　计算短路电流时计算阻抗和转移阻抗的区别是什么？

8-14　使用短路电流计算曲线时如何考虑负荷对短路电流的影响？

8-15　无限大功率电源供电系统的电气接线图如图 8-29 所示，各元件参数如下：电源点电源三相电压对称，其中 A 相电压 $u_A=\sqrt{2}\times106.5\sin(100\pi t+30°)$，单位为 kV；输电线路 L 的参数为 l=20km，x_0=0.4Ω/km；变压器 T 的参数为 S_N=10MVA，U_k%=10.5，电压比 k=110/11。系统空载运行，当 f 点发生三相短路时，试用近似计算法计算短路电流周期分量的有效值和短路电流非周期分量的初始值。

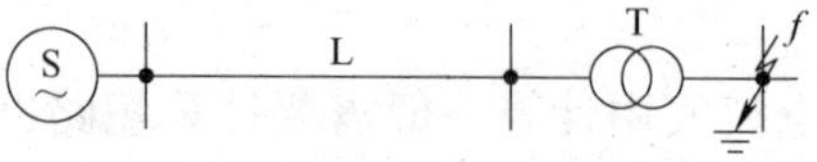

图 8-29　题 8-15 的电气接线图

8-16　题 8-15 中，如果短路前变压器满载运行，低压侧运行电压为 10kV，cos φ=0.9（感性），试计算与题 8-15 相同的内容，并比较两题计算结果。

8-17　无限大功率电源供电系统的电气接线图如图 8-30 所示，系统参数如下：

电源点电压为 10.5kV；变压器 T_1 的参数为 S_N=20MVA，U_k%=10.5，电压比 k=10.5/38.5；变压器 T_2 的参数为 S_N=10MVA，U_k%=8，电压比 k=35/6.3；输电线路 L 的参数为 l=20km，x_0=0.4Ω/km；电抗器 R 的参数为 U_N=6kV，I_N=0.3kA，x_R%=6。

当 f 点发生三相短路时，试用近似计算法计算：

1）短路点的短路电流周期分量、短路冲击电流、M 点残余电压的有名值。

2）A 相短路电流非周期分量有最大值或初始值为 0 时，B 相和 C 相短路电流非周期分量的初始值。

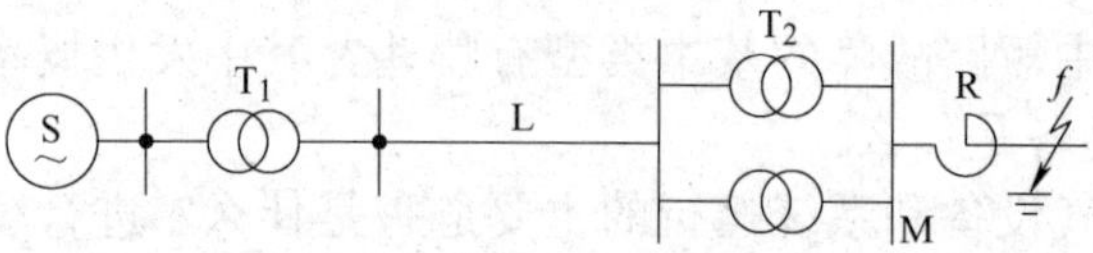

图 8-30　题 8-17 的电气接线图

8-18　试用最简单的方法计算图 8-31 所示电路中各电源点对短路点 f 的转移电抗，各元件的电抗标幺值已在图上标明。

8-19　题 8-15 中，系统如果采用同步发电机供电，电源参数为 S_N=30MVA，U_N=10.5kV，x''_d=0.13，E''=1.03，试计算与题 8-15 相同的内容，并比较两题的计算结果。

8-20　如图 8-32 所示的网络中，各元件的电抗标幺值（以发电机额定容量和额定电压为基准值）分别如下：

无穷大功率电源 S 的电抗标幺值为 x_S=0；发电机 G_1 和 G_2 的电抗标幺值为 x''_d =

0.14，E''=1.0；输电线路 L 的电抗标幺值为 x_L=0.05；变压器 T 的电抗标幺值为 x_T=0.2；电抗器 R 的电抗标幺值为 x_R=0.12。

试计算 f_1、f_2 点分别发生三相短路时，短路点的起始次暂态电流和短路冲击电流标幺值。

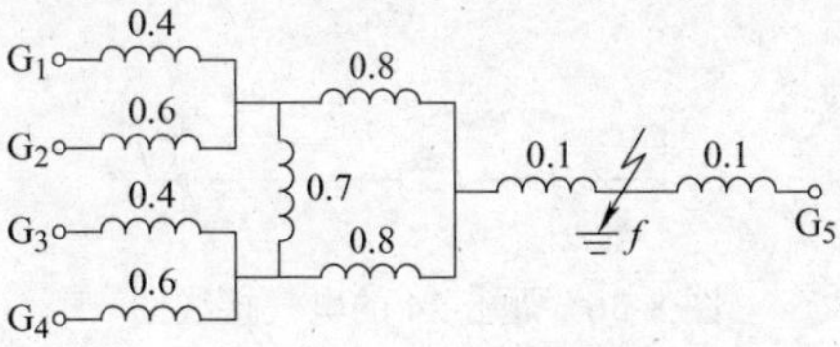

图 8-31　题 8-18 的电路

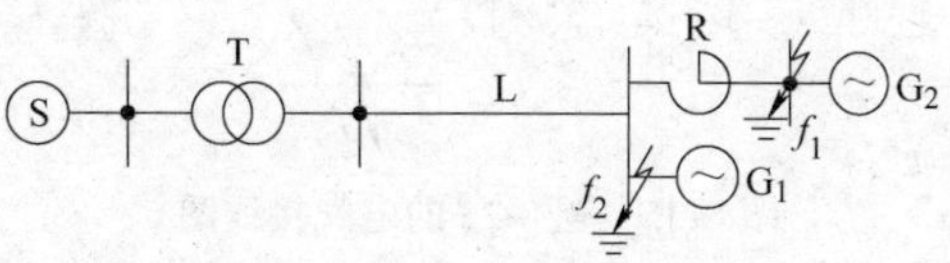

图 8-32　题 8-20 的电气接线图

8-21　如图 8-33 所示的网络参数如下：

G_1 和 G_2 为汽轮发电机，参数为 S_N=60MVA，U_N=10.5kV，x''_d =0.13；电源 S 为汽轮发电机，参数为 S_C=300MVA，x_C=0.6（以 S_C=300MVA 为基准值）；变压器 T_1 和 T_2 的参数为 S_N=60MVA，U_k%=10.5，电压比 k=121/10.5。

试求当 f 点发生三相短路时 I''、$I_{0.2}$ 和 I_∞ 的值（可认为 t=4s 时已达到稳态），分别按下列两种情况进行计算：

1）G_1、G_2 和 S 分别计算。

2）G_1 和 S 合并为一个等效电源，G_2 单独计算。

8-22　如图 8-34 所示的环网，已知元件参数如下：

发电机 G_1 的参数为 S_N=250MVA，U_N=10.5kV，x''_d=0.4；发电机 G_2 的参数为 S_N=50MVA，U_N=10.5kV，x''_d=0.125；变压器 T_1 的参数为 S_N=250MVA，k=10.5/121，U_k%=10.5%；变压器 T_2 的参数为 S_N=50MVA，k=10.5/121，U_k%=10.5%；输电线路的参数为 x_0=0.4Ω/km，l_1=l_2=l_3=60km。

为了选择母线 W_3 上的断路器以及输电线路 L_2 和 L_3 的继电保护，试计算母线 W_3 发生三相短路时：

1）输电线路 L_2 和 L_3 上流过的短路电流 I''（取 E''=1.05）。

2）短路点的总短路电流 I''。

3）母线 W_1 和 W_2 的电压。

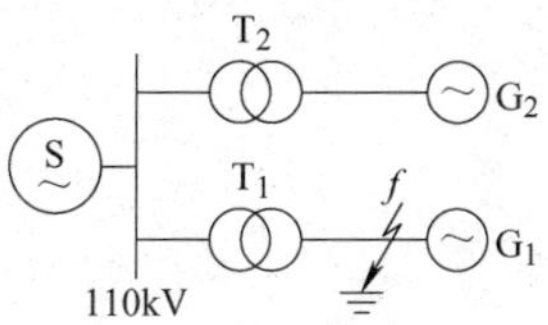

图 8-33　题 8-21 的电气接线图

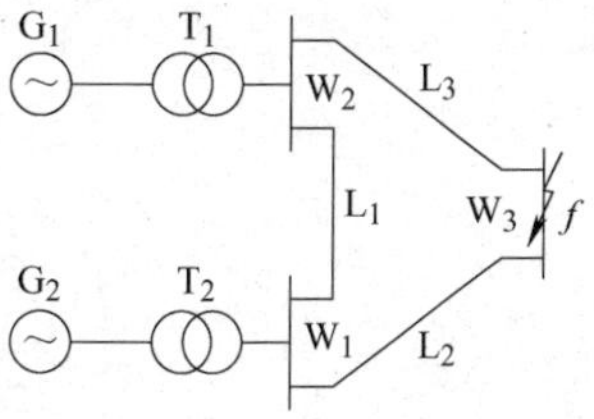

图 8-34　题 8-22 的电气接线图

8-23　35kV 电力系统的电气接线图如图 8-35 所示，系统 A 的容量不详，但已知断路器 QF 的切断容量为 3500MVA，系统 B 的容量为 100MVA，电抗 x_B=0.3，同型号输电线路 x_0=0.4Ω/km，长度均为 50km。试计算 f 点发生三相短路时的起始次暂态电流 I''。

8-24　如图 8-36 所示的电路中，发电机的额定容量 S_N=40MVA，额定电压 U_N=10.5kV，电抗 x''_d =0.3。若要使 f 点发生三相短路后 0.2s 时的短路容量 S_t 不大于 100MVA，试求需要串入的电抗值 x。

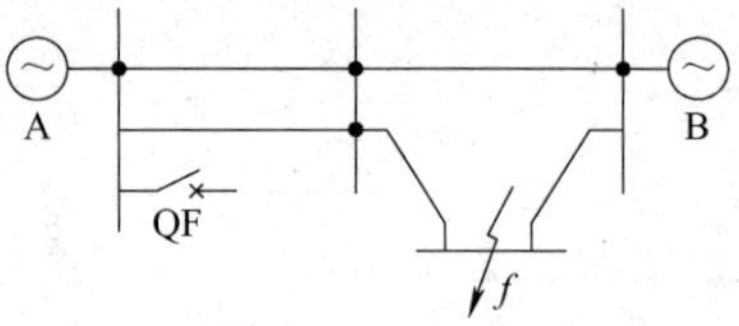

图 8-35　题 8-23 的电气接线图

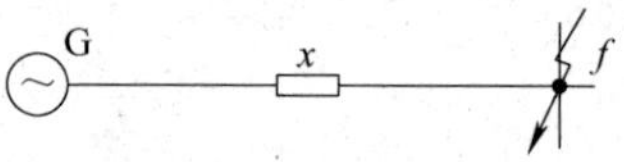

图 8-36　题 8-24 的电气接线图

第9章 电力系统不对称短路电流计算

9.1 对称分量法

电力系统中三相短路故障对系统的危害最大，从发生概率上看，发生更多的是单相接地故障，而对于这样的不对称短路，尽管系统除短路点外的其余部分是对称的，但由于短路点处的电压、电流不对称，因此不能取三相中的一相来分析。对于不对称短路，需要在短路点处利用对称分量法和叠加原理，将一组三相不对称的量转化为三组三相对称的量进行分析计算。

在三相电路中，对于任意一组不对称的三相相量，可以分解为正序、负序和零序三组三相对称的相量，这种方法称为对称分量法，如图 9-1 所示。图 9-1a 表示正序分量，正序分量中三个相量的大小相等，相位彼此互差 120°，且相序与系统正常运行方式下的相序相同，即 a 相超前 b 相 120°，b 相超前 c 相 120°；图 9-1b 表示负序分量，负序分量中三个相量的大小相等，相位彼此互差 120°，但相序与系统正常运行方式下的相序相反，即 a 相超前 c 相 120°，c 相超前 b 相 120°；图 9-1c 表示零序分量，该分量中三个相量的大小相等，相位相同；图 9-1d 表示由正序分量、负序分量和零序分量构成的三相相量。

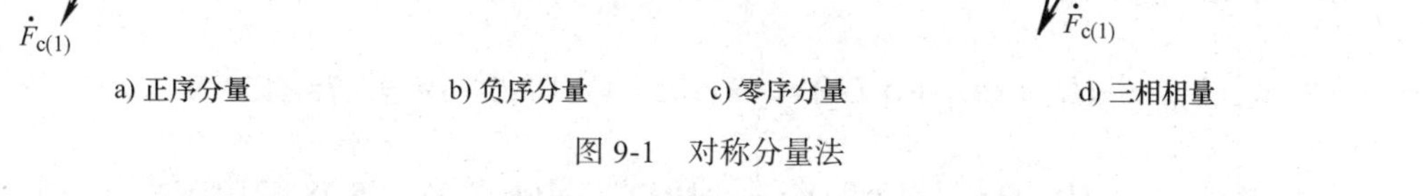

a) 正序分量　　b) 负序分量　　c) 零序分量　　d) 三相相量

图 9-1　对称分量法

当选择 a 相作为基准相时，三相相量与其对称分量之间的关系为

$$\begin{cases}\dot{F}_{a}=\dot{F}_{a(1)}+\dot{F}_{a(2)}+\dot{F}_{a(0)}\\ \dot{F}_{b}=\dot{F}_{b(1)}+\dot{F}_{b(2)}+\dot{F}_{b(0)}=\alpha^{2}\dot{F}_{a(1)}+\alpha\dot{F}_{a(2)}+\dot{F}_{a(0)}\\ \dot{F}_{c}=\dot{F}_{c(1)}+\dot{F}_{c(2)}+\dot{F}_{c(0)}=\alpha\dot{F}_{a(1)}+\alpha^{2}\dot{F}_{a(2)}+\dot{F}_{a(0)}\end{cases} \tag{9-1}$$

式中，α 称为算子，且定义为 $\alpha=e^{j120^{\circ}}$。α 的特点是：$\alpha^{3}=1$，$\alpha^{3}+\alpha^{2}+1=0$。

式（9-1）用矩阵形式表示为

$$\begin{bmatrix} \dot{F}_{a} \\ \dot{F}_{b} \\ \dot{F}_{c} \end{bmatrix} = \begin{bmatrix} 1 & 1 & 1 \\ \alpha^2 & \alpha & 1 \\ \alpha & \alpha^2 & 1 \end{bmatrix} \begin{bmatrix} \dot{F}_{a(1)} \\ \dot{F}_{a(2)} \\ \dot{F}_{a(0)} \end{bmatrix} \tag{9-2}$$

可进一步简写为

$$\dot{\boldsymbol{F}}_{abc} = \boldsymbol{C}^{-1}\dot{\boldsymbol{F}}_{120} \tag{9-3}$$

式中，

$$\boldsymbol{C}^{-1} = \begin{bmatrix} 1 & 1 & 1 \\ \alpha^2 & \alpha & 1 \\ \alpha & \alpha^2 & 1 \end{bmatrix}$$

式（9-3）可将三组三相对称的相量合成一组三相不对称的相量。由式（9-3）可得

$$\dot{\boldsymbol{F}}_{120} = \boldsymbol{C}\dot{\boldsymbol{F}}_{abc} \tag{9-4}$$

即

$$\begin{bmatrix} \dot{F}_{a(1)} \\ \dot{F}_{a(2)} \\ \dot{F}_{a(0)} \end{bmatrix} = \frac{1}{3}\begin{bmatrix} 1 & \alpha & \alpha^2 \\ 1 & \alpha^2 & \alpha \\ 1 & 1 & 1 \end{bmatrix} \begin{bmatrix} \dot{F}_{a} \\ \dot{F}_{b} \\ \dot{F}_{c} \end{bmatrix} \tag{9-5}$$

式中，

$$\boldsymbol{C} = \frac{1}{3}\begin{bmatrix} 1 & \alpha & \alpha^2 \\ 1 & \alpha^2 & \alpha \\ 1 & 1 & 1 \end{bmatrix}$$

式（9-5）将一组三相不对称的相量分解为三组三相对称的相量。需要注意的是，以后凡不加说明，正序分量、负序分量、零序分量均是指 a 相的三序分量。

例题 9-1 电力系统某节点处的三相电压分别为 $\dot{U}_{a} = 10\angle 180°\text{V}$，$\dot{U}_{b} = 10\text{V}$，$\dot{U}_{c} = 0\text{V}$。试以 a 相电压为参考相量，计算其对称分量。

解 根据式（9-5），有

$$\begin{cases} \dot{U}_{a(1)} = \frac{1}{3}(\dot{U}_{a} + \alpha\dot{U}_{b} + \alpha^2\dot{U}_{c}) = \frac{1}{3}\times(10e^{j180°} + 10e^{j120°})\text{V} = 5.78\angle 150°\text{V} \\ \dot{U}_{a(2)} = \frac{1}{3}(\dot{U}_{a} + \alpha^2\dot{U}_{b} + \alpha\dot{U}_{c}) = \frac{1}{3}\times(10e^{j180°} + 10e^{j240°})\text{V} = 5.78\angle 210°\text{V} \\ \dot{U}_{a(0)} = \frac{1}{3}(\dot{U}_{a} + \dot{U}_{b} + \dot{U}_{c}) = \frac{1}{3}\times(10e^{j180°} + 10)\text{V} = 0\text{V} \end{cases}$$

b、c 相的各序电压分量为

$$\begin{cases} \dot{U}_{b(1)} = 5.78\angle 30°\text{V},\ \dot{U}_{b(2)} = 5.78\angle 330°\text{V},\ \dot{U}_{b(0)} = 0\text{V} \\ \dot{U}_{c(1)} = 5.78\angle 270°\text{V},\ \dot{U}_{c(2)} = 5.78\angle 90°\text{V},\ \dot{U}_{c(0)} = 0\text{V} \end{cases}$$

9.2　电力系统各元件的序阻抗和等效电路

9.2.1　序阻抗的概念

下面以三相输电线路为例来说明序阻抗的概念。三相输电线路元件上的电压降如图 9-2 所示，由于元件结构对称，因此各相自阻抗相等，即 $Z_{aa}=Z_{bb}=Z_{cc}=z_s$；相间的互阻抗为 $Z_{ab}=Z_{ba}=Z_{bc}=Z_{cb}=Z_{ac}=Z_{ca}=z_m$。当元件通过三相不对称的电流时，在元件上产生的各相电压降为

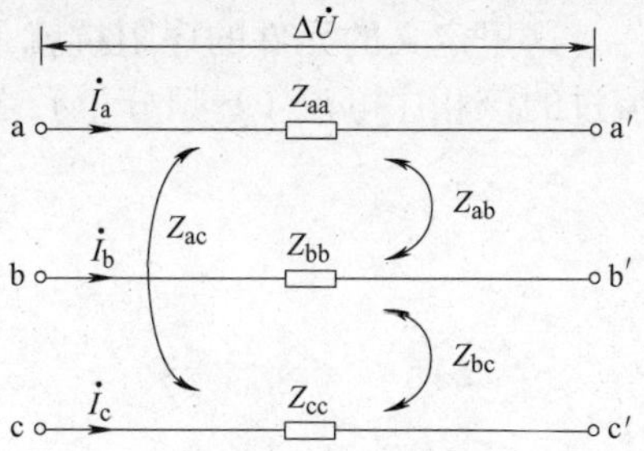

图 9-2　三相输电线路元件上的电压降

$$\begin{bmatrix}\Delta\dot{U}_a\\ \Delta\dot{U}_b\\ \Delta\dot{U}_c\end{bmatrix}=\begin{bmatrix}z_s & z_m & z_m\\ z_m & z_s & z_m\\ z_m & z_m & z_s\end{bmatrix}\begin{bmatrix}\dot{I}_a\\ \dot{I}_b\\ \dot{I}_c\end{bmatrix} \tag{9-6}$$

进一步可写为

$$\Delta\dot{\boldsymbol{U}}_{abc}=\boldsymbol{Z}_{abc}\dot{\boldsymbol{I}}_{abc} \tag{9-7}$$

利用式（9-3）和式（9-5）将三相变量转换为对称分量，可得

$$\Delta\dot{\boldsymbol{U}}_{120}=\boldsymbol{C}\boldsymbol{Z}_{abc}\boldsymbol{C}^{-1}\dot{\boldsymbol{I}}_{120}=\boldsymbol{Z}_{120}\dot{\boldsymbol{I}}_{120} \tag{9-8}$$

式中，$\boldsymbol{Z}_{120}$ 为序阻抗矩阵，即

$$\boldsymbol{Z}_{120}=\boldsymbol{C}\boldsymbol{Z}_{abc}\boldsymbol{C}^{-1}=\begin{bmatrix}z_s-z_m & 0 & 0\\ 0 & z_s-z_m & 0\\ 0 & 0 & z_s+2z_m\end{bmatrix}=\begin{bmatrix}Z_{(1)} & 0 & 0\\ 0 & Z_{(2)} & 0\\ 0 & 0 & Z_{(0)}\end{bmatrix}$$

式中，$Z_{(1)}$、$Z_{(2)}$、$Z_{(0)}$ 分别为正序阻抗、负序阻抗、零序阻抗，$Z_{(1)}=Z_{(2)}=z_s-z_m$，$Z_{(0)}=z_s+2z_m$。

可将式（9-8）展开为

$$\begin{cases}\Delta\dot{U}_{a(1)}=Z_{(1)}\dot{I}_{a(1)}\\ \Delta\dot{U}_{a(2)}=Z_{(2)}\dot{I}_{a(2)}\\ \Delta\dot{U}_{a(0)}=Z_{(0)}\dot{I}_{a(0)}\end{cases} \tag{9-9}$$

式（9-9）说明，对于一个三相对称的元件，若在该元件中通过正序电流，则在元件上只产生正序的电压降，负序、零序也是如此。反之，若在元件上施加正序电压，则在元件中只流过正序的电流，负序、零序也是如此。总之，三相参数对称的线性电路中，正、负、零序分量间彼此独立，因此可以单独对正、负、零序分量分别进行分析计算。

值得注意的是，如果三相参数不对称，那么正、负、零序下的阻抗矩阵 $\boldsymbol{Z}_{120}$ 中的非对角元素不全为 0，各序分量也将不再具备独立性，三相输电线路通过正序电流所

产生的电压降中不仅包含正序分量，也还可能包括负序分量或零序分量，这时不能按各序进行独立计算。

这里定义的元件的序阻抗就是指元件上施加的某相序电压（基频分量）与元件中流过的该相序电流（基频分量）之比，即

$$\begin{cases} Z_{(1)} = \dfrac{\Delta\dot{U}_{a(1)}}{\dot{I}_{a(1)}} \\ Z_{(2)} = \dfrac{\Delta\dot{U}_{a(2)}}{\dot{I}_{a(2)}} \\ Z_{(0)} = \dfrac{\Delta\dot{U}_{a(0)}}{\dot{I}_{a(0)}} \end{cases} \tag{9-10}$$

电力系统各元件的正、负、零序阻抗可能相同，也可能不同，这与磁通路径有关。对于电力系统中的静止元件（如变压器和输电线路），因为正、负序电流相序的变化并没有改变相间的互感，或者说磁通路径没有发生变化，所以正、负序阻抗总是相等的。而对于旋转元件（如发电机和电动机），各序电流通过时将引起不同的电磁过程，磁通路径也发生了显著变化，因此各序阻抗总是不相等。下面分别介绍电力系统各元件的各序电抗或序阻抗和等效电路。

9.2.2　同步发电机的各序电抗和等效电路

同步发电机的各序电抗取决于各序电流形成的定子磁场所对应的磁阻或磁导。为了分析发电机负序电抗和零序电抗，需要了解不对称短路时同步发电机内部的电磁关系。

1. 同步发电机不对称短路时的高次谐波电流

发生不对称短路时，发电机定子电流包括基频分量和直流分量。其中，基频分量三相不对称，又可分解为正、负、零序分量。基频电流正序分量在空间形成一个与转子转向相同的旋转磁场，给发电机带来的影响与三相短路时相同。基频电流零序分量在三相绕组中产生大小相等、相位相同的脉动磁场，这三个脉动磁场在空间相差 120° 电角度，在气隙中的合成磁场为 0，只能形成各相绕组的漏磁场，从而对转子绕组没有任何影响。

基频电流负序分量产生与转子转向相反的负序旋转磁场（记为 Φ_{s1-}），它与转子的相对速度是 2 倍同步转速，从而在转子绕组中感应出 2 倍频感应电流，继而产生 2 倍频的脉动磁场。将这个脉动磁场分解为相对于转子正、反两个方向的旋转磁场（记为 Φ_{r2+} 和 Φ_{r2-}），与转子反方向的磁场 Φ_{r2-} 相对于负序旋转磁场 Φ_{s1-} 是静止的，而与转子同方向的磁场 Φ_{r2+}，在空间的速度是 3 倍同步转速，其在定子绕组中产生 3 倍频的正序感应电动势。

如果定子绕组及其外电路的连接状态允许 3 倍频电流流通，那么在这个 3 倍频正序感应电动势作用下定子绕组内产生 3 倍频的电流。故障点是不对称的短路故障，3 倍频的电流是三相不对称电流，而这组电流又可分为正、负、零序分量。其中，正序电流形成的磁场（记为 Φ_{s3+}）相对于转子以 2 倍同步转速正向旋转，其与 Φ_{r2+} 在空间相对静止；零序电流形成的磁场只是各绕组的漏磁场，对转子没有影响；负序

电流形成的磁场（记为 Φ_{s3-}）相对于转子以 4 倍同步转速反向旋转，该磁场在转子绕组中感应出 4 倍频的感应电流，这个 4 倍频的感应电流又会在定子绕组中感应出 5 倍频的感应电动势。

通过这样不断相互作用，定子电流含有无限多的奇次谐波分量，而转子电流则含有无限多的偶次谐波分量。这些高次谐波分量都是由定子基频电流负序分量派生的，基频电流负序分量和基频电流正序分量密切相关，因此在暂态过程中，高次谐波分量随基频电流正序分量一起衰减，直至稳态时仍然存在。并且，谐波次数越高，幅值越小。

定子短路电流的直流分量在气隙中形成静止的磁场（记为 Φ_{s0}），在转子绕组内产生基频电流，形成基频脉振磁场，这个脉振磁场分解为相对于转子正、反两个方向的旋转磁场（记为 Φ_{r+} 和 Φ_{r-}）。其中，与转子反方向的旋转磁场 Φ_{r-} 在空间静止，与转子同方向的旋转磁场 Φ_{r+} 在定子绕组中感应出 2 倍频的感应电动势。

因为短路点处的不对称故障，2 倍频感应电动势在定子绕组中产生 2 倍频电流，该电流分为正、负、零序分量，其中正序电流形成的磁场（记为 Φ_{s2+}）与 Φ_{r+} 相对静止；零序电流形成的磁场对转子绕组没有影响；负序电流形成的磁场（记为 Φ_{s2-}）在转子绕组中产生 3 倍频感应电流。这个电流的脉动磁场又可分解为正、反两个方向的旋转磁场（记为 Φ_{3r+} 和 Φ_{3r-}），其中 Φ_{3r-} 与 Φ_{s2-} 相对静止，而 Φ_{3r+} 又将在定子绕组中感应出 4 倍频的感应电动势。

这样定子电流直流分量在定子绕组内感应出无限多的偶次谐波分量，在转子绕组内感应出无限多的奇次谐波分量。这些谐波分量随定子电流直流分量一样衰减，最后衰减为 0。同样，谐波次数越高，幅值越小。

进行上面分析时，认为发电机转子只有 d 轴绕组。如果转子上有 q 轴、d 轴两个对称绕组，定子基频电流负序分量将在转子 q 轴、d 轴绕组内产生基频感应电流，继而在各自绕组中形成脉动磁场，这两个脉动磁场大小相等，在空间和时间相位上均相差 90°，因此形成一个以同步转速反方向旋转的磁场，该磁场与定子负序电流形成的负序磁场相对静止。这样，尽管在短路点发生了不对称故障，在定子电流中也不会有高次谐波电流产生。分析定子短路电流直流分量作用结果也会得到相同的结论，即定子中不会有高次谐波电流。

总结上面的分析：发生不对称短路时，由于发电机转子 q 轴、d 轴的不对称，基频电流负序分量使得定子、转子中无论在稳态还是暂态都会存有一系列的高次谐波电流，直流分量使得定子、转子中在暂态会有一系列的高次谐波电流。

2. 同步发电机的正序电抗

同步发电机正常对称运行时，只有正序电动势和正序电流，此时的发电机参数就是正序参数。稳态运行时的同步电抗 x_d、x_q 以及暂态过程中的 x_d'、x_d'' 和 x_q'' 都属于正序电抗。

3. 同步发电机的负序电抗

伴随着定子基频电流负序分量，定子绕组中含有高次谐波分量。为了避免混淆，定义发电机的负序电抗为发电机机端的负序电压基频分量与流入定子绕组的负序电流基频分量的比值。

当发电机定子绕组中通过负序电流基频分量时，将产生与转子旋转方向相反的旋转磁场，若转子 d 轴和 q 轴结构不对称，则随着转子位置的不同，定子负序磁场对应不同的磁通路径，其磁阻也就不同，因此负序电抗大小随转子旋转而改变。

同步发电机的负序电抗一般由制造厂商提供，也可按下列情况进行估算。

汽轮发电机及有阻尼绕组水轮发电机的负序电抗取为 d 轴和 q 轴次暂态电抗的算数平均值，即

$$x_{(2)}=\frac{x_d''+x_q''}{2} \tag{9-11}$$

式中，$x_{(2)}$ 为 1 ～ 1.22 倍 x_d''。

无阻尼绕组水轮发电机的负序电抗取为 d 轴和 q 轴暂态电抗的几何平均值，并且对于水轮发电机，q 轴暂态电抗就是 q 轴同步电抗，于是有

$$x_{(2)}=\sqrt{x_d'x_q}\approx 1.45x_d' \tag{9-12}$$

4. 同步发电机的零序电抗

同步发电机的零序电抗定义为施加在发电机机端的零序电压基频分量与流入定子绕组的零序电流基频分量的比值。定子零序电流只产生定子绕组的漏磁场，对应该漏磁场的电抗就是发电机零序电抗。零序电流产生的漏磁场小于正、负序电流产生的漏磁场。

在工程计算中，同步发电机零序电抗 $x_{(0)}$ 的变化范围为 0.15 ～ 0.6 倍 x_d''。

若发电机中性点不接地，则不能构成零序电流的通路，此时零序电抗为无限大。

从以上分析可见，发电机的正序电抗 $x_{(1)}$、负序电抗 $x_{(2)}$ 和零序电抗 $x_{(0)}$ 各不相等，即 $x_{(1)}\neq x_{(2)}\neq x_{(0)}$。

5. 同步发电机的各序等效电路

在短路计算中同步发电机的正序等效电路由发电机产生的正序电动势和正序电抗串联而成，负序等效电路和零序等效电路中不含有感应电动势，只有相应相序的电抗。发电机的各序等效电路如图 9-3 所示。

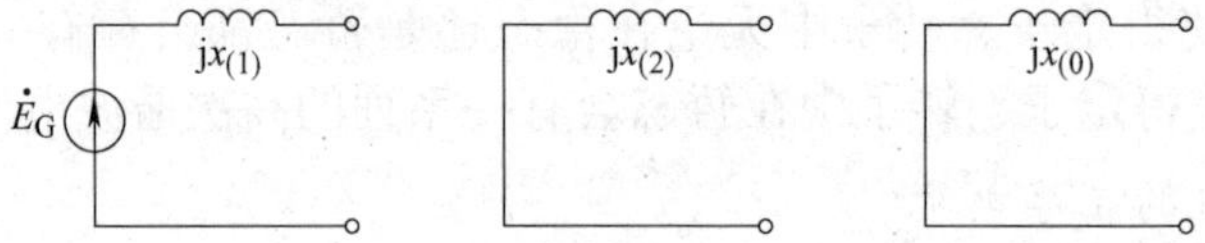

a) 正序　　b) 负序　　c) 零序

图 9-3　发电机的各序等效电路

9.2.3　异步电动机的各序电抗和等效电路

电力系统的负荷中，异步电动机所占的比例很大，因此异步电动机的电抗就代表了系统负荷的电抗。

异步电动机与同步发电机一样都是旋转元件，因此异步电动机的正序电抗、负序电抗和零序电抗也各不相同。

1. 异步电动机的正序电抗和等效电路

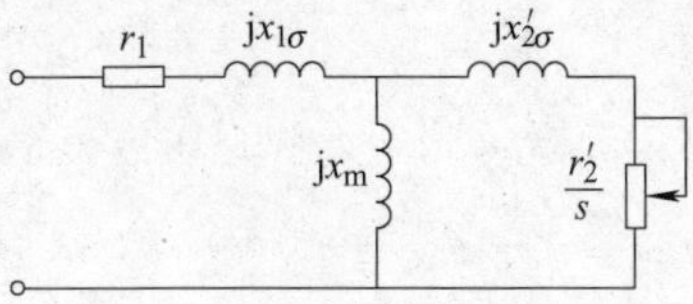

图 9-4　异步电动机的等效电路

由电机学理论，异步电动机的等效电路如图 9-4 所示，该电路忽略了励磁支路的电阻。

可见，正序阻抗与电动机的转差率 s 有关，而 s 与电动机电压和负载转矩有关，因此准确计算异步电动机正序电抗比较困难。

关于异步电动机正序电抗和等效电路，不同计算内容采用不同的等效参数模型，具体有如下三种情况。

（1）计算起始次暂态电流

除短路点的负荷需要考虑外，其他负荷都忽略不计。短路点的负荷参数用次暂态电动势 E'' 和次暂态电抗 x'' 串联电路来等效。

（2）应用计算曲线表计算短路电流

因为制作计算曲线表时已经考虑了负荷，所以应用计算曲线表计算短路电流时不计负荷。

（3）除以上两种情况之外的短路电流计算

负荷的正序参数常用恒定阻抗模型，短路前额定运行时 $Z_{LD(1)}$=0.8+j0.6，或者为了避免复数运算取 $Z_{LD(1)}$=j1.2。

2. 异步电动机的负序电抗

当电动机机端施加负序电压基频分量时，流入定子绕组的负序电流在气隙内产生一个与转子转向相反的旋转磁场，它对电动机产生制动性质的转矩。如果转子相对于正序旋转磁场的转差率为 s，那么转子相对于负序磁场的转差率为 $2-s$。

当发生不对称短路时，作用于电动机机端的正序电压下降，驱动转矩减小，同时负序电流产生制动转矩，从而使电动机转速迅速下降，转差率增大并接近于 1，因此异步电动机负序参数可用 s=1，即转子制动下的参数来代替，于是有 $x_{LD(2)} \approx x''$。

计及降压变压器和馈电线路的电抗，以异步电动机为主要成分的综合负荷取 $x_{LD(2)}$=0.35。

3. 异步电动机的零序电抗

由于异步电动机的三相绕组通常采用三角形联结或不接地的星形联结，零序电流不能在定子绕组内流通，因此认为异步电动机的零序电抗为无限大，即 $x_{LD(0)}=\infty$。

9.2.4　变压器的零序电抗和等效电路

变压器属于静止元件，其各相绕组彼此间相对静止。正序电流通过变压器时的磁场路径与负序电流通过变压器时的磁通路径相同，因此变电器的正序电抗和负序电抗相等，重点来分析变压器的零序电抗。

一般来说，变压器的零序电抗与变压器结构（主要是磁路系统的结构）、绕组联结方式（Y 联结、D 联结）和类型（普通变压器、自耦变压器）有关。

1. 变压器结构对零序电抗的影响

不计绕组电阻和铁心损耗时双绕组变压器的等效电路如图 9-5 所示，其中 x_{I}、x_{II} 为绕组漏电抗，x_m 为励磁电抗，变压器漏磁通的路径与所通电流的相序无关。因此，正、负、零序的漏电抗相等。

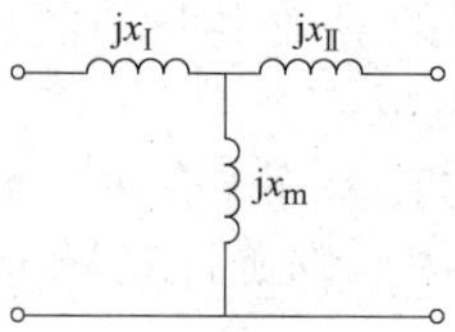

图 9-5　双绕组变压器的等效电路

励磁电抗的大小取决于主磁通路径的磁导。当三相变压器中通过正、负序电流时，由于三相磁动势相位互差 120°，主磁通在变压器铁心内闭合，因此磁阻很小，使得正、负序下的励磁电抗可看作无限大（$x_m=\infty$）。于是，可忽略励磁电流，将励磁支路断开。

当变压器通以零序电流时，三相零序磁动势大小相等、相位相同，此时零序磁通路径与变压器结构密切相关。

图 9-6a 所示为由三个单相变压器构成的三相变压器，各相磁路独立，零序磁通与正序磁通相同，都在变压器铁心内部闭合，有 $x_{m(0)}=x_{m(1)}$。因此，变压器零序电抗等于正序电抗，即 $x_{(0)}=x_{(1)}$。

图 9-6b 所示为三相四柱式变压器（三相五柱式变压器同理），零序磁通仍可以通过没有绕组的铁心在铁心内部形成闭合的回路，这种变压器仍满足 $x_{(0)}=x_{(1)}$。

图 9-6c 所示为三相三柱式的变压器，由于各相磁动势的大小、相位均相同，使得磁通只能经过绝缘介质及箱壁闭合，此时磁阻很大，励磁电抗不再是无限大值，一般取 $x_{m(0)}$ 为 0.3 ～ 1.0。可见该结构变压器的零序电抗不等于正序电抗，即 $x_{(0)}\neq x_{(1)}$。

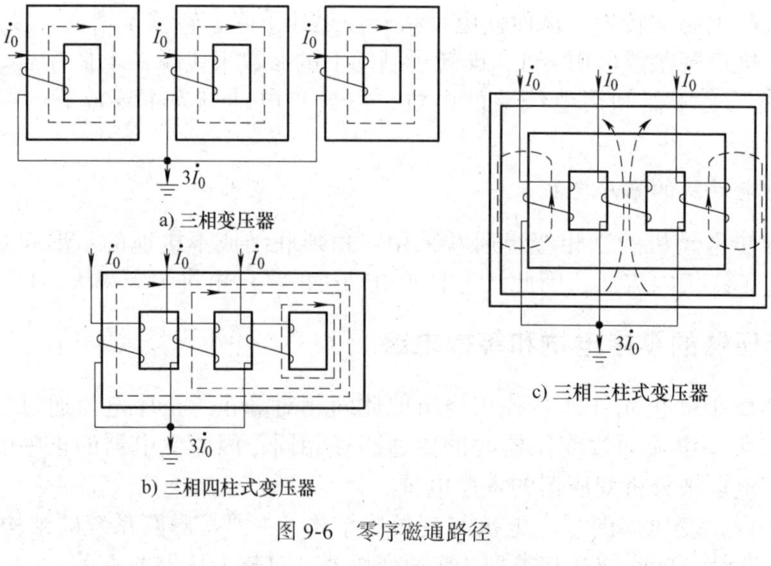

a) 三相变压器

b) 三相四柱式变压器

c) 三相三柱式变压器

图 9-6　零序磁通路径

2. 变压器三相绕组联结方式对零序电抗和等效电路的影响

变压器三相绕组的联结方式主要有星形（Y）联结、中性点接地的星形（YN）联结和三角形（D）联结三种。分析不同的绕组联结方式对变压器零序电抗和等效电路的影响时，主要考虑如下两方面。

1）外电路向一次绕组施加零序电流，零序电流能否在该一次绕组内流通。

2）二次绕组内形成的零序感应电动势能否施加到二次侧外电路上。

当外电路向 Y 联结或 D 联结的一次绕组施加零序电流时，无论二次侧采用何种接线方式，在一次绕组中都不会有零序电流流通，此时相当于变压器一次绕组与外电路断开，即 $x_{(0)}=\infty$。而当外电路向 YN 联结的一次绕组施加零序电流时，大小相等、相位相同的零序电流通过三相绕组接地的中性点流入大地形成回路（见图 9-6），因此一次绕组与外电路接通。

当零序电流流入一次侧为 YN 联结的变压器后，在变压器二次侧（对于三绕组变压器是另外两侧绕组）上产生感应电动势，若该感应电动势能施加到外电路上，并能提供零序电流的通路，则二次绕组与外电路接通，否则与外电路断开。很显然，只有 YNyn 联结的变压器才与两侧的外电路接通，至于能否进一步在外电路上产生零序电流，则取决于外电路中的元件是否能提供零序电流的通路。

对于采用 YNd 联结的双绕组变压器，d 侧各相绕组上的感应电动势虽然不能加到外电路上，但能在三相绕组中形成零序电流，并且电流不能流到外电路中。此时，感应电动势以电压降的形式完全降落于该侧的漏电抗中，绕组两端的电压为 0，相当于该侧绕组短路。

对于 YNy 联结的双绕组变压器，尽管 y 侧三相绕组上有零序感应电动势，但由于中性点不接地，零序电流没有通路，因此该侧没有零序电流，相当于该侧绕组空载。

综合以上内容，变压器零序等效电路与外电路的连接情况可用图 9-7a 所示的开关电路来表示。

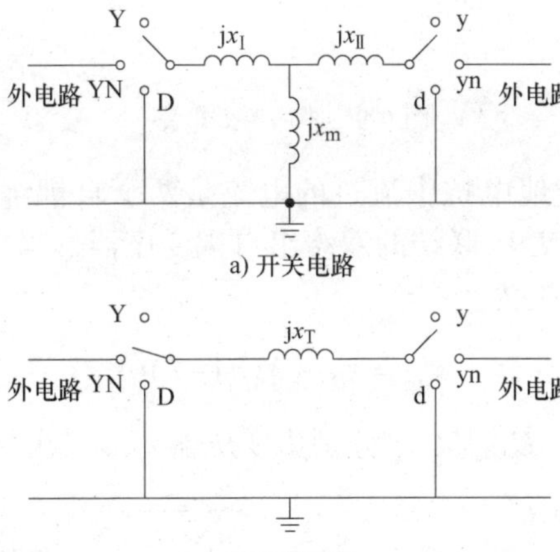

图 9-7　变压器零序等效电路与外电路的连接情况

考虑到采用非三相三柱式变压器，励磁电抗 $x_m=\infty$，所以也可将图 9-7a 所示电路化简为图 9-7b 所示电路，图中电抗 x_T 就是变压器一、二次绕组的漏电抗之和。

上述理论同样适用于三绕组变压器。

在三绕组变压器中，为了消除三次谐波磁通的影响，使变压器的电动势接近正弦波，一般总有一个绕组接成三角形以提供三次谐波电流通路。因此三绕组变压器常采用的联结方式为 YNdy、YNdyn 和 YNdd 等，当不计励磁电抗 x_m 时，三种联结方式对应的三绕组变压器的零序等效电路如图 9-8 所示。

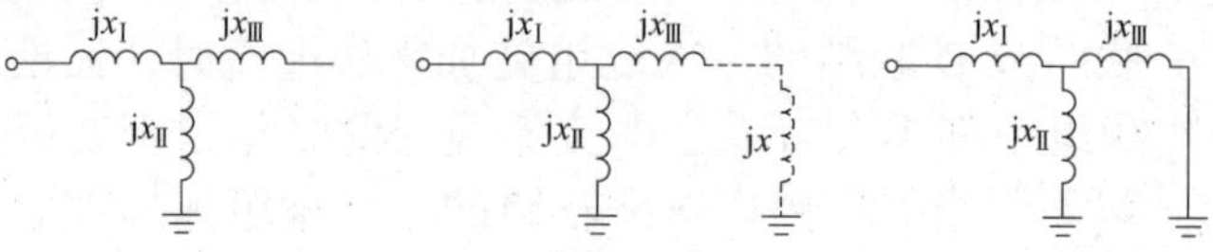

a) YNdy联结　b) YNdyn联结　c) YNdd联结

图 9-8　三绕组变压器的零序等效电路

3. 中性点接地阻抗对零序电抗的影响

对于普通变压器，绕组采用 YN 联结并且中性点经过电抗 x_n 接地，当绕组通过零序电流 I_0 时，中性点接地电抗中将流过 3 倍的零序电流，从而使得中性点电位为 $3x_nI_0$。因此，在单相零序等效电路中，应将中性点接地电抗扩大 3 倍，并同它所接入的该侧绕组的漏电抗相串联，即折算到一次侧的零序电抗为

$$x'_{(0)} = x_{(0)} + 3x_n \tag{9-13}$$

式中，$x_{(0)}$ 为中性点直接接地时的零序电抗。

图 9-9 所示为采用 YNd 联结的双绕组变压器中性点经过电抗 x_n 接地时的零序等效电路。

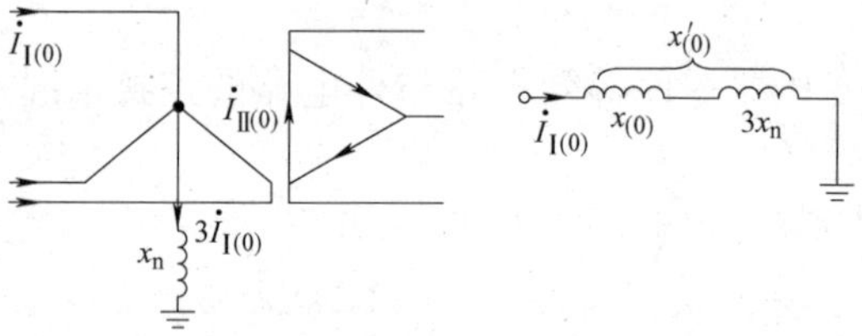

图 9-9　零序等效电路

对于自耦变压器，接地电抗中流过的电流是两个自耦绕组零序电流实际值之差的 3 倍。图 9-10a 所示为 YNa 联结的双绕组自耦变压器，当中性点经电抗 x_n 接地时，其折算到一次侧的零序电抗为

$$x'_{(0)} = x_{(0)} + 3x_n(1-k)^2 \tag{9-14}$$

式中，电压比 $k=U_{1N}/U_{2N}$，U_{1N}、U_{2N} 分别为变压器一、二次绕组的额定电压。

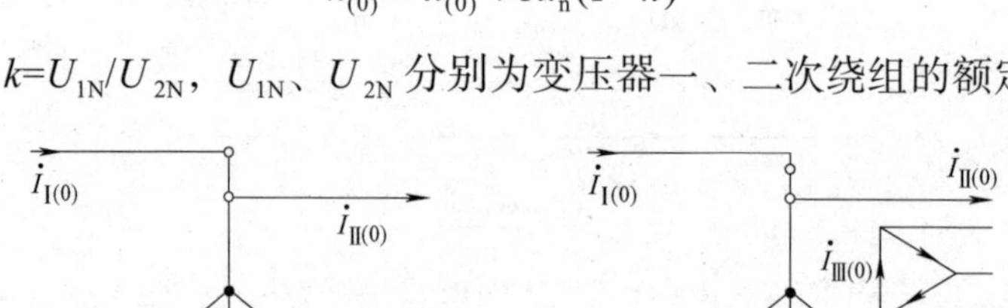

a) 双绕组自耦变压器　b) 三绕组自耦变压器

图 9-10　中性点接地的自耦变压器

对于图 9-10b 所示的 YNad 联结的三绕组自耦变压器，中性点经电抗 x_n 接地，其各绕组折算到一次侧的零序漏电抗为

$$\begin{cases} x'_{\mathrm{I}(0)} = x_{\mathrm{I}(0)} + 3x_n(1-k) \\ x'_{\mathrm{II}(0)} = x_{\mathrm{II}(0)} + 3x_n(k^2-k) \\ x'_{\mathrm{III}(0)} = x_{\mathrm{III}(0)} + 3x_n k \end{cases} \tag{9-15}$$

式中，电压比 $k=U_{1N}/U_{2N}$，U_{1N}、U_{2N} 分别为自耦变压器高压绕组和中压绕组的额定电压；$x_{\mathrm{I}(0)}$、$x_{\mathrm{II}(0)}$ 和 $x_{\mathrm{III}(0)}$ 分别为中性点直接接地时的各绕组折算到一次侧的漏电抗。

9.2.5　输电线路的零序阻抗和等效电路

输电线路属于静止元件，所以它的正、负序参数和等效电路完全相同。但三相导线中流过零序电流时，由于三相零序电流大小相等、方向相同，三相零序电流之和不为零，因此不能像正、负序电流那样三相线路可以互为回路，三相零序电流必须通过大地或架空地线（避雷线）作为回路，从而可见输电线路的零序阻抗与正、负序阻抗不等。

通过分析零序电流通入三相输电线路后形成的电磁场，可以得到如下架设方式的架空线路单位长度零序阻抗计算公式。

1. 无架空地线单回输电线路的零序阻抗

对于无架空地线的架空线路，三相零序电流通过大地与导线形成闭合回路，因此阻抗与电流在大地中的分布、电流的频率、土壤的导电系数等因素有关。

无架空地线单回输电线路如图 9-11 所示，图中用虚拟导线 gg′ 代替大地，构成的零序电流通路。

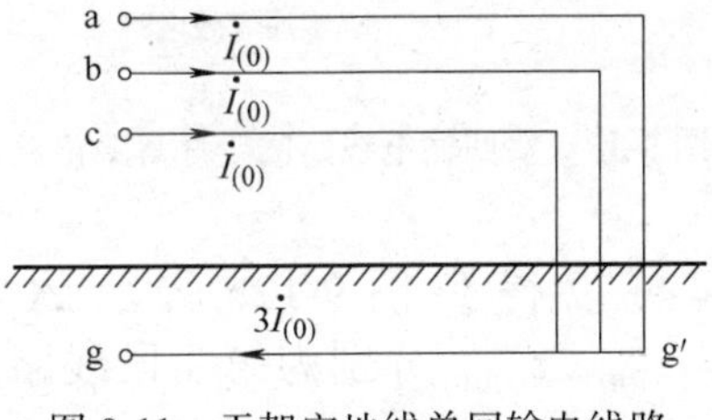

图 9-11　无架空地线单回输电线路

此时的阻抗既包含每相导线流过零序电流的自阻抗，又包含其他两相导线流过零序电流时与这相导线间的互阻抗，还包含这相导线与大地之间的互阻抗。

经过分析，每相导线的零序阻抗为

$$z_{(0)} = R_1 + 3R_g + \mathrm{j}0.4335\lg\frac{D_g}{\sqrt[3]{r'D_{jp}^2}} \tag{9-16}$$

式中，R_1、R_g 分别为输电导线、虚拟导线的单位长度电阻，当 f=50Hz，R_g=0.05Ω/km；r' 为每相导线的等效半径；D_{jp} 为三相导线的互几何均距；D_g 为虚拟导线的等效深度，一般计算中可以取 1000m。

与输电线路的正序阻抗 $z_{(1)}=R_1+\mathrm{j}0.1445\lg(D_{\mathrm{jp}}/r')$ 对比，可见零序阻抗大于正序阻抗。

另外，还可以从物理角度解释零序阻抗大于正序阻抗的原因：一方面，3 倍零序电流通过大地返回，大地电阻使得每相等效电阻增大；另一方面，三相零序电流同相位，每相导线产生的自感与另两相产生的互感同方向，起到了助增的作用，从而使得零序阻抗比正序阻抗几乎大了 3 倍。

2. 无架空地线双回输电线路的零序阻抗和等效电路

平行架设的无架空地线双回输电线路通过零序电流时，双回线路都以同一大地作为零序电流的返回通路。此时每相零序阻抗除了包括每回线路的每相自阻抗、该回路三相之间的互阻抗和相与地之间的互阻抗之外，又增加了该相与另一回路三相导线之间的互阻抗，因此使得零序阻抗进一步增大。

图 9-12a 所示为两端都共母线的双回输电线路，每回线路上的电压降分别为

$$\begin{cases}\Delta\dot{U}_{\mathrm{I}(0)}=\Delta\dot{U}_{(0)}=z_{\mathrm{I}(0)}\dot{I}_{\mathrm{I}(0)}+z_{\mathrm{I-II}(0)}\dot{I}_{\mathrm{II}(0)}\\ \Delta\dot{U}_{\mathrm{II}(0)}=\Delta\dot{U}_{(0)}=z_{\mathrm{I-II}(0)}\dot{I}_{\mathrm{I}(0)}+z_{\mathrm{II}(0)}\dot{I}_{\mathrm{II}(0)}\end{cases}\tag{9-17}$$

式中，$z_{\mathrm{I}(0)}$ 和 $z_{\mathrm{II}(0)}$ 分别为不计双回线路间互感时第Ⅰ段线路和第Ⅱ段线路的一相等效零序阻抗；$z_{\mathrm{I-II}(0)}$ 为第Ⅰ段线路和第Ⅱ段线路的零序互阻抗。

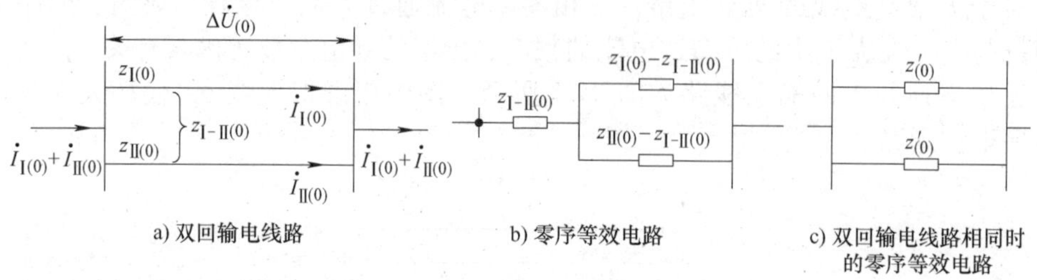

图 9-12　双回输电线路的零序等效电路

式（9-17）经过整理可以得到图 9-12b 所示的零序等效电路。其中，$z_{\mathrm{I}\sigma(0)}=z_{\mathrm{I}(0)}-z_{\mathrm{I-II}(0)}$ 和 $z_{\mathrm{II}\sigma(0)}=z_{\mathrm{II}(0)}-z_{\mathrm{I-II}(0)}$ 分别为第Ⅰ段线路和第Ⅱ段线路的一相等效零序漏阻抗。

若双回输电线路完全相同，$z_{\mathrm{I}(0)}=z_{\mathrm{II}(0)}=z_{(0)}$，则相应的零序等效电路如图 9-12c 所示，单回输电线路一相的零序阻抗为

$$z'_{(0)}=z_{(0)}+z_{\mathrm{I-II}(0)}\tag{9-18}$$

式中，$z_{(0)}$ 为单回输电线路的零序阻抗。

两回输电线路的零序互阻抗 $z_{\mathrm{I-II}(0)}$ 为

$$z_{\mathrm{I-II}(0)}=3R_{\mathrm{g}}+\mathrm{j}0.4335\lg\frac{D_{\mathrm{g}}}{D_{\mathrm{I-II}}}\tag{9-19}$$

式中，$D_{\mathrm{I-II}}$ 为两回输电线路之间的互几何均距，$D_{\mathrm{I-II}}=\sqrt[9]{D_{\mathrm{aa'}}D_{\mathrm{ab'}}D_{\mathrm{ac'}}D_{\mathrm{ba'}}D_{\mathrm{bb'}}D_{\mathrm{bc'}}D_{\mathrm{ca'}}D_{\mathrm{cb'}}D_{\mathrm{cc'}}}$。

3. 有架空地线单回输电线路的零序阻抗和等效电路

图 9-13a 所示为有架空地线单回输电线路，导线中的零序电流以大地和架空地线为回路，其中大地返回的电流为 $I_{g(0)}$，架空地线中返回的电流为 $I_{w(0)}$。

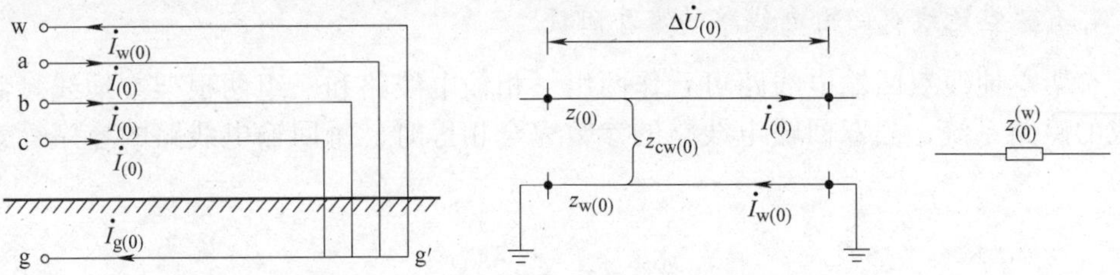

a) 有架空地线单回输电线路　　b) 一相示意图　　c) 零序等效电路

图 9-13　有架空地线单回输电线路的零序等效电路

对于有架空地线单回输电线路，每相的等效阻抗除了包括每相自阻抗、三相之间的互阻抗、相与地之间的互阻抗之外，又增加了三相导线与架空地线之间的互阻抗。于是，得到图 9-13b 所示的有架空地线单回输电线路的一相示意图，列写输电线路和架空地线的电压降方程（注意架空地线两端接地）为

$$\begin{cases}\Delta\dot{U}_{(0)} = z_{(0)}\dot{I}_{(0)} + z_{cw(0)}\dot{I}_{w(0)} \\ 0 = z_{cw(0)}\dot{I}_{(0)} + z_{w(0)}\dot{I}_{w(0)}\end{cases} \tag{9-20}$$

式中，$z_{(0)}$ 为无架空地线单回输电线路每相导线的零序阻抗；$z_{cw(0)}$ 为三相导线与架空地线之间的零序互阻抗；$z_{w(0)}$ 为架空地线的零序自阻抗。

对式（9-20）进行整理，得

$$\Delta\dot{U}_{(0)} = \left(z_{(0)} - \frac{z_{cw(0)}^2}{z_{w(0)}}\right)\dot{I}_{(0)} = z_{(0)}^{(w)}\dot{I}_{(0)} \tag{9-21}$$

式中，$z_{(0)}^{(w)}$ 为有架空地线单回输电线路每相的等效零序电抗，有

$$z_{(0)}^{(w)} = z_{(0)} - \frac{z_{cw(0)}^2}{z_{w(0)}} \tag{9-22}$$

$$\begin{cases}z_{cw(0)} = 3R_g + \mathrm{j}0.4335\lg\dfrac{D_g}{D_{c-w}} \\ z_{w(0)} = 3R_w + 3R_g + \mathrm{j}0.4335\lg\dfrac{D_g}{r'_w}\end{cases} \tag{9-23}$$

式中，D_{c-w} 为三相导线和架空地线之间的互几何均距；其他物理量的含义与前面所讲的输电线路零序阻抗相同。

由式（9-21）可以作出相应的零序等效电路，如图 9-13c 所示。

架空地线的作用使输电线路零序阻抗减小，这是因为架空地线中电流与导线中电流的相位几乎相反，从而产生去磁的互感效果。并且，架空地线离导线越近，去

磁作用越强；架空地线的材质也会影响去磁作用。另外，架空地线的分流作用减小了大地电阻上的电压降。

当单回输电线路上有两根架空地线时，可将两根架空地线等效为一根，式（9-23）中的 $D_{c\text{-}w}$ 和 r'_w 相应改变，$z_{(0)}^{(w)}$ 计算公式形式不变。

4. 有架空地线双回输电线路的零序阻抗

有架空地线双回输电线路可看作两组三相输电线路和一组两根架空地线三部分构成的磁路系统，当双回输电线路的参数完全相等时，每回输电线路的零序等效阻抗为

$$z'^{(w)}_{(0)} = z'_{(0)} - 2\frac{z^2_{cw(0)}}{z_{w(0)}} \tag{9-24}$$

可见，架空地线的去磁作用使双回输电线路每回的零序阻抗进一步减小。

由于架空线路路径长、沿线路的情况复杂，零序阻抗的计算复杂。对已建成的输电线路，零序阻抗往往采用实际测量数据。

在短路电流实用计算中，忽略电阻，每回输电线路的零序电抗通常可近似采用下列数值：无架空地线单回线路为 $x_{(0)}=3.5x_{(1)}$，无架空地线双回线路为 $x_{(0)}=5.5x_{(1)}$，有钢质架空地线单回线路为 $x_{(0)}=3x_{(1)}$，有钢质架空地线双回线路为 $x_{(0)}=4.7x_{(1)}$，有良导体架空地线单回线路为 $x_{(0)}=2x_{(1)}$，有良导体架空地线双回线路为 $x_{(0)}=3x_{(1)}$。

5. 电缆线路的零序阻抗

电缆芯间的电缆距离较小，其线路的正、负序电抗比架空线路的要小得多，通常电缆的正序阻抗由生产厂家提供。

敷设电缆时，通常在终端头和中间头处将其铅（铝）包护层接地。由于返回的零序电流在大地和包护层间分配，流经包护层的零序电流大小与包护层本身的阻抗及其接地阻抗有关，而接地阻抗又因电缆敷设方式、施工工艺水平等因素而异，因此准确计算电缆线路的零序阻抗比较困难。

在短路电流实用计算中，电缆线路零序阻抗一般取 $r_{(0)}$ 为 $10r_{(1)}$、$x_{(0)}$ 为 3.5 ～ 4.6 倍 $x_{(1)}$。

9.3 利用对称分量法分析不对称短路

9.3.1 对称分量法

一般电力系统正常运行是三相对称的运行，这时只存在正序电压和正序电流，同时对应的系统各个元件也是正序参数。当系统中某点发生不对称短路时，三相电路的对称条件被破坏，此时的三相电路不再满足对称关系。但是，除短路点处具有不对称关系外，系统其余部分仍然是对称的。下面从系统这一不对称点处入手来研究电力系统的不对称短路。

以图 9-14 所示的简单电力系统的单相接地短路为例，说明如何利用对称分量法分析不对称短路。

图 9-14 中一台中性点经阻抗 Z_n 接地的同步发电机与空载输电线路直接相连。如

图 9-15a 所示，若在线路上某点 f 发生单相（如 a 相）接地短路，从而使故障点出现不对称的情况，从三相对地阻抗上看，短路相对地阻抗 $Z_a=0$，其余两相对地阻抗 $Z_b \neq 0$、$Z_c \neq 0$；从三相对地电压上看，短路相对地电压 $U_{fa}=0$，其余两相对地电压 $U_{fb} \neq 0$、$U_{fc} \neq 0$。同时，短路点外系统其余部分的参数仍然是对称的。因此，分析计算不对称短路时，就依据短路点处电气量参数不对称的特点，利用对称分量法将短路点处的不对称量转换为对称量，于是原来三相不对称的电路变成三相对称的电路，从而可以取三相中的一相电路进行分析与计算。

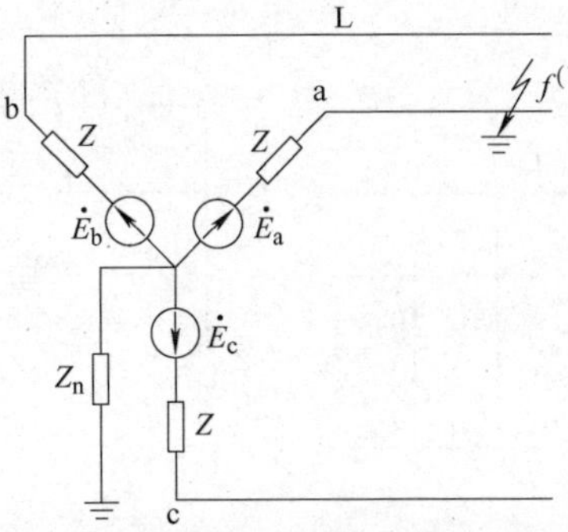

图 9-14　简单电力系统的单相接地短路

如图 9-15b 所示，在短路点利用一组三相不对称的电压源代替短路点的不对称电压，即电压源各相电动势与短路点处各相不对称电压大小相等、方向相反。显然，这种情况与发生不对称短路是等效的。

如图 9-15c 所示，利用对称分量法将这组不对称的电动势分解为正、负、零序三组对称的电动势。由于各序的独立性和电路的线性，再利用叠加原理，将图 9-15c 所示的电路分解成图 9-15d、e 和 f 所示的三个电路。

图 9-15d 所示为正序网络，其中只有正序电动势起作用，正序电动势包括发电机的电动势和短路点的正序分量电动势，网络中只有正序电流，各元件呈现的阻抗就是正序阻抗。图 9-15e 和图 9-15f 所示为负序网络和零序网络，因为发电机只产生正序电动势，没有负序和零序电动势，所以在负序网络和零序网络中，只有短路点的负序分量电动势和零序分量电动势作用，网络中也只有相应的同一相序的电流，元件也只呈现同一相序的阻抗。由此可见，不对称短路时的负序电流和零序电流可看作在短路点利用对称分量法分解出的负序电动势和零序电动势作用的结果。

由于每一相序网络均是三相对称的，因此可取其中一相（称该相为基准相）进行分析和计算。一般取三相中的特殊相为基准相。在单相接地短路中故障相 a 相为特殊相，因此取 a 相作为基准相，于是得到 a 相正、负、零序网络。在正、负序网络中，由于三相电流对称，流过中性线的电流为 0，中性点接地阻抗 Z_n 上的电压降为 0，因此在 a 相正、负序网络中不包含中性点接地阻抗，如图 9-16a、图 9-16b 所示。而在零序网络中，因为三相零序电流同大小、同相位，流过中性线的电流为 3 倍的零序电流，所以在单相的零序网络中利用 $3Z_n$ 来描述中性点接地阻抗产生的电压降，如图 9-16c 所示。

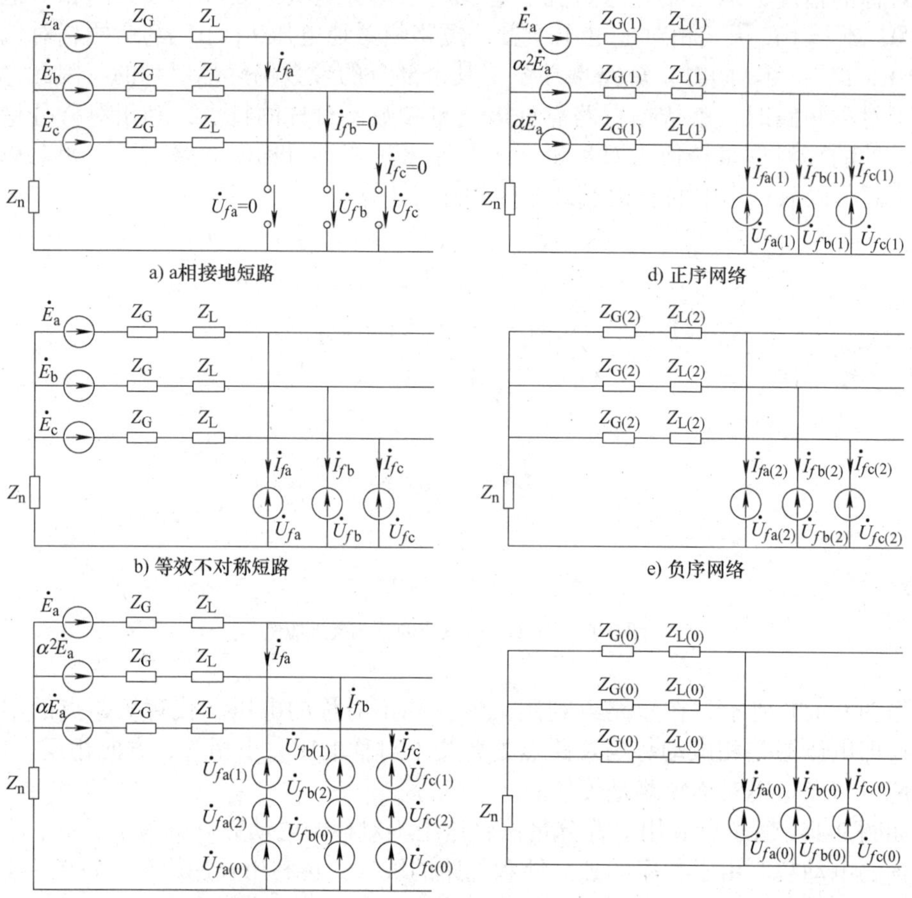

a) a相接地短路　d) 正序网络

b) 等效不对称短路　e) 负序网络

c) 对称分量法　f) 零序网络

图 9-15　利用对称分量法分析不对称短路

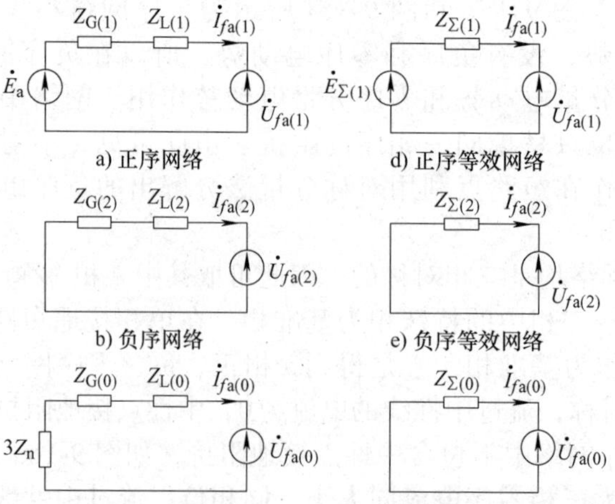

a) 正序网络　d) 正序等效网络

b) 负序网络　e) 负序等效网络

c) 零序网络　f) 零序等效网络

图 9-16　a 相正、负、零序网络及其等效网络

综合以上的分析可知，正序网络包括电源电动势、短路点处的正序分量电压、所有流过正序电流的元件（中性点接地阻抗除外）的正序阻抗。负序网络包括短路点处的负序分量电压、所有流过负序电流的元件（中性点接地阻抗除外）的负序阻抗。零序网络包括短路点处的零序分量电压、所有流过零序电流的元件的零序阻抗。

尽管实际电力系统接线复杂、发电机数量众多，但通过网络化简，可以获得图 9-16d ～图 9-16f 所示的最简等效网络。与等效网络相对应的电压方程为

$$\begin{cases}\dot{E}_{\Sigma(1)}-Z_{\Sigma(1)}\dot{I}_{fa(1)}=\dot{U}_{fa(1)}\\-Z_{\Sigma(2)}\dot{I}_{fa(2)}=\dot{U}_{fa(2)}\\-Z_{\Sigma(0)}\dot{I}_{fa(0)}=\dot{U}_{fa(0)}\end{cases}\tag{9-25}$$

式中，$\dot{E}_{\Sigma(1)}$ 为正序网络中的等效电动势；$Z_{\Sigma(1)}$、$Z_{\Sigma(2)}$、$Z_{\Sigma(0)}$ 分别为正、负、零序网络中对短路点的等效电抗；$\dot{I}_{fa(1)}$、$\dot{I}_{fa(2)}$、$\dot{I}_{fa(0)}$ 分别为短路点电流的正、负、零序分量；$\dot{U}_{fa(1)}$、$\dot{U}_{fa(2)}$、$\dot{U}_{fa(0)}$ 分别为短路点电压的正、负、零序分量。

式（9-25）又称为序网方程，它反映了发生不对称短路时各序电流和同一相序电压之间的相互关系，该方程适用于各种不对称短路。式（9-25）提供了各序电流与电压之间的三个关系式。另外，根据不对称短路的类型可以得到三个说明不对称短路特性的故障条件（边界条件）。联立这两大组共六个方程，可确定短路点电压和电流的各相序对称分量。

9.3.2　电力系统各序网络

通过前面的分析可知，利用对称分量法分析计算不对称短路时，首先需要作出电力系统的各序网络。作各序网络时，应根据电力系统的接线图、中性点接地情况等原始资料，首先在短路点分别添加各序电动势，然后从短路点开始，逐步将序电流能流通的元件包含在该序网络中，并且该元件用相应的序参数和等效电路表示。下面以图 9-17 为例，说明如何建立电力系统各序网络。

1. 正序网络

正序网络与计算三相短路时的等效网络完全相同。除中性点接地阻抗、空载线路（不计对地导纳）和空载变压器（不计励磁电流）外，电力系统各元件均应包含在正序网络中，因此在正序网络中应不含空载的 L_3、T_3 和中性点接地电抗 x_{n1}、x_{n2}。短路点处的电压不能像三相短路那样电压为 0，而应加入代替故障条件不对称电压的正序分量，如图 9-17b 所示，进一步化简得到图 9-17c 所示的正序等效网络。

需指出的是，综合负荷除个别的情况下需要用等效电源支路的模型外，其他情况都用恒定阻抗模型。

2. 负序网络

负序电流能流通的元件与正序电流相同，但所有电源的负序电动势为 0。因此，将正序网络中各元件的参数用负序参数代替，同时令正序网络中所有电源电动势为 0，并在短路点加入代替故障条件不对称电压的负序分量，如图 9-17d 所示，进一步化简得到图 9-17e 所示的负序等效网络。

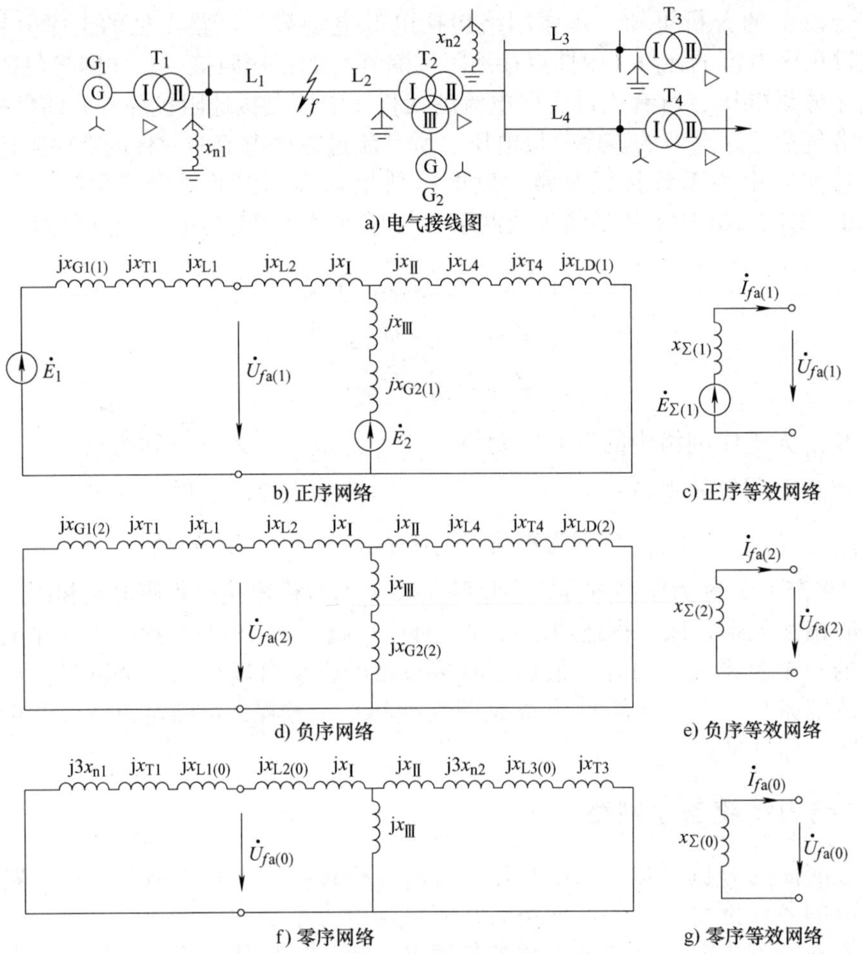

图 9-17　电力系统各序网络

3. 零序网络

零序网络与正、负序网络有很大差别，不仅元件的参数有可能不同，而且元件组成也可能不同。在短路点加入代替故障条件的零序电压，由于三相零序电流同大小、同相位，它们只能通过大地或与地连接的其他导体才能构成通路，因此零序电流的流通情况与变压器中性点的接地情况、变压器绕组的联结方式密切相关。

由于零序电流是短路点处零序电压作用的直接结果，因此作零序网络时应先从短路点处开始，由近及远，依次将零序电流通过的元件接入零序网络中，作图时应特别注意变压器绕组的联结方式和中性点接地阻抗。因为变压器 T_3 一次绕组为 YN 联结，所以线路 L_3、T_3 被包含在零序网络中；而因为变压器 T_4 的一次绕组为 Y 联结，所以零序网络中不含 L_4、T_4。图 9-17f 所示为与图 9-17a 所示接线对应的零序网络，进一步化简得到图 9-17g 所示的零序等效网络。

例题 9-2　图 9-18a 所示的电力系统在 f 点发生接地短路，试绘制各序网络，并计算等效电动势 $E_{\Sigma(1)}$ 和各序等效电抗 $x_{\Sigma(1)}$、$x_{\Sigma(2)}$、$x_{\Sigma(0)}$。系统的参数如下：

发电机的参数为 S_{GN}=120MVA，U_{GN}=10.5kV，E_1=1.67，$x_{G(1)}$=0.9，$x_{G(2)}$=0.45；变压器 T_1、T_2 的参数为 S_{TN}=60MVA，$U_k\%$=10.5；每回输电线路的参数为 l=105km，

$x_{L(1)}=0.4\Omega/km$，$x_{L(0)}=3x_{L(1)}$；负荷的参数为 $S_{LDN}=40MVA$，$x_{LD(1)}=1.2$，$x_{LD(2)}=0.35$；接地电抗 $x_n=10\Omega$。

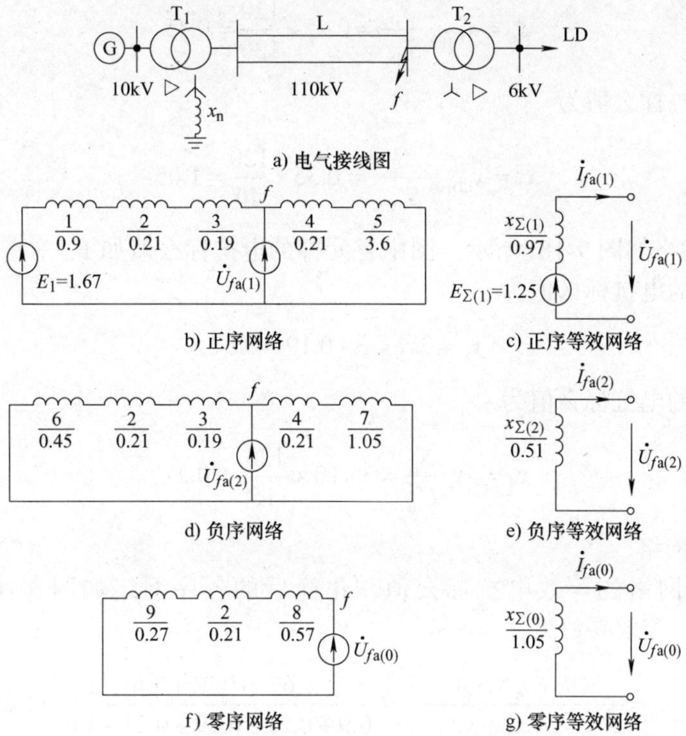

图 9-18 例题 9-2 的电力系统

解 取 $S_B=120MVA$，$U_B=U_{av}$。

（1）计算参数并绘制各序等效电路

1）正序网络如图 9-18b 所示，图中各元件的电抗标幺值如下。

发电机的电抗标幺值为

$$x_1=x_{G(1)}\frac{S_B}{S_{GN}}=0.9\times\frac{120}{120}=0.9$$

变压器的电抗标幺值为

$$x_2=x_4=\frac{U_k\%}{100}\frac{S_B}{S_{TN}}=\frac{10.5}{100}\times\frac{120}{60}=0.21$$

输电线路的电抗标幺值为

$$x_3=\frac{1}{2}x_{L(1)}l\frac{S_B}{U_B^2}=\frac{1}{2}\times0.4\times105\times\frac{120}{115^2}=0.19$$

负荷的电抗标幺值为

$$x_5=x_{LD(1)}\frac{S_B}{S_{LDN}}=1.2\times\frac{120}{40}=3.6$$

2）负序网络如图 9-18d 所示，图中各元件的电抗标幺值如下。

发电机的电抗标幺值为

$$x_6 = x_{G(2)} \frac{S_B}{S_{GN}} = 0.45 \times \frac{120}{120} = 0.45$$

负荷的电抗标幺值为

$$x_7 = x_{LD(2)} \frac{S_B}{S_{LDN}} = 0.35 \times \frac{120}{40} = 1.05$$

3）零序网络如图 9-18f 所示，图中各元件的电抗标幺值如下。

输电线路的电抗标幺值为

$$x_8 = 3x_3 = 3 \times 0.19 = 0.57$$

接地电抗的电抗标幺值为

$$x_9 = 3x_n \frac{S_B}{U_B^2} = 3 \times 10 \times \frac{120}{115^2} = 0.27$$

（2）化简网络

求出各序网络的等效电抗标幺值，化简后的各序网络如图 9-18c、图 9-18e、图 9-18g 所示。等效参数为

$$E_{\Sigma(1)} = \frac{E_1(x_4 + x_5)}{x_1 + x_2 + x_3 + x_4 + x_5} = \frac{1.67 \times (0.21 + 3.6)}{0.9 + 0.21 + 0.19 + 0.21 + 3.6} = 1.25$$

$$x_{\Sigma(1)} = (x_1 + x_2 + x_3) // (x_4 + x_5) = \frac{(0.9 + 0.21 + 0.19) \times (0.21 + 3.6)}{0.9 + 0.21 + 0.19 + 0.21 + 3.6} = 0.97$$

$$x_{\Sigma(2)} = (x_6 + x_2 + x_3) // (x_4 + x_7) = \frac{(0.45 + 0.21 + 0.19) \times (0.21 + 1.05)}{0.45 + 0.21 + 0.19 + 0.21 + 1.05} = 0.51$$

$$x_{\Sigma(0)} = x_9 + x_2 + x_8 = 0.27 + 0.21 + 0.57 = 1.05$$

9.4 电力系统简单不对称短路的计算

简单不对称短路是指在电力系统某处只发生了一种短路的情况，包括单相接地短路、两相短路和两相接地短路。下面针对各种简单不对称短路进行逐个分析和计算。

9.4.1 单相接地短路

如图 9-19 所示，a 相发生单相接地短路，短路点的故障条件为

$$\begin{cases} \dot{U}_{fa} = 0 \\ \dot{I}_{fb} = 0 \\ \dot{I}_{fc} = 0 \end{cases} \tag{9-26}$$

式（9-26）用对称分量法表示为

$$\begin{cases}\dot{U}_{fa}=\dot{U}_{fa(1)}+\dot{U}_{fa(2)}+\dot{U}_{fa(0)}=0\\ \dot{I}_{fb}=\alpha^2\dot{I}_{fa(1)}+\alpha\dot{I}_{fa(2)}+\dot{I}_{fa(0)}=0\\ \dot{I}_{fc}=\alpha\dot{I}_{fa(1)}+\alpha^2\dot{I}_{fa(2)}+\dot{I}_{fa(0)}=0\end{cases} \tag{9-27}$$

经过整理可得到用各序电压和电流表示的故障条件为

$$\begin{cases}\dot{U}_{fa(1)}+\dot{U}_{fa(2)}+\dot{U}_{fa(0)}=0\\ \dot{I}_{fa(1)}=\dot{I}_{fa(2)}=\dot{I}_{fa(0)}\end{cases} \tag{9-28}$$

联立求解可得短路点电流的正序分量为

$$\dot{I}_{fa(1)}=\frac{\dot{E}_{\Sigma(1)}}{\mathrm{j}(x_{\Sigma(1)}+x_{\Sigma(2)}+x_{\Sigma(0)})} \tag{9-29}$$

另外，从电路的角度出发，利用故障处各序分量之间的关系式（9-28），将正、负、零序网络联立起来构成一个统一的网络，这一网络称为复合序网。图 9-20a 所示为 a 相发生单相接地短路的复合序网，进一步整理得到图 9-20b。可见，单相接地短路的复合序网由正、负、零序网络串联而成。依据此复合序网不难得到电流正序分量的表达式（9-29）。

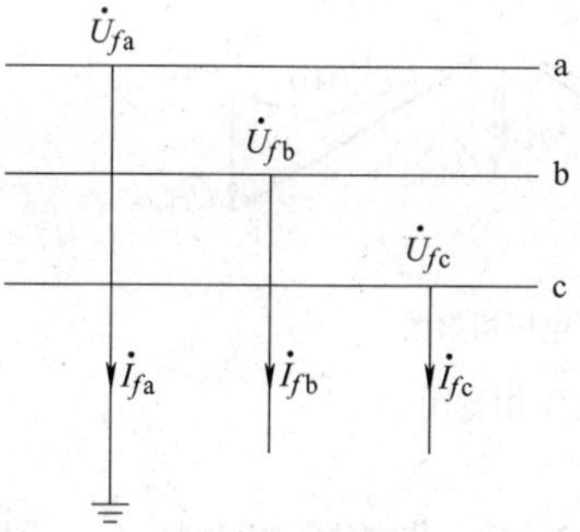

图 9-19　单相接地短路

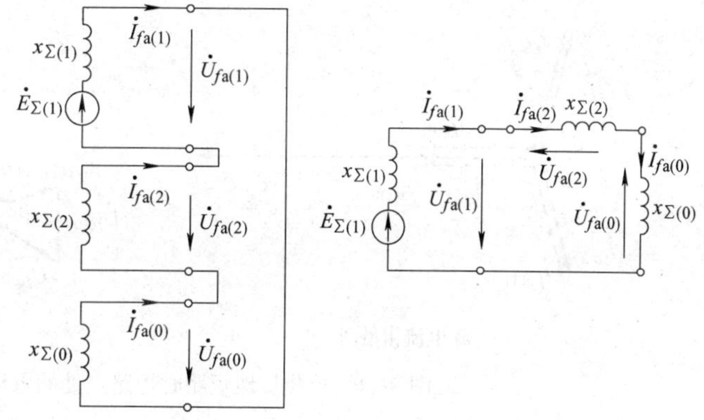

a) 复合序网　b) 整理后的复合序网

图 9-20　单相接地短路的复合序网

得到电流的正序分量后，代入故障条件式（9-28）和序网络方程式（9-25），从而得到短路点电流和电压的各序分量为

$$\dot{I}_{fa(1)}=\dot{I}_{fa(2)}=\dot{I}_{fa(0)} \tag{9-30}$$

$$\begin{cases}\dot{U}_{fa(1)}=\dot{E}_{\Sigma(1)}-\mathrm{j}x_{\Sigma(1)}\dot{I}_{fa(1)}=\mathrm{j}(x_{\Sigma(2)}+x_{\Sigma(0)})\dot{I}_{fa(1)}\\ \dot{U}_{fa(2)}=-\mathrm{j}x_{\Sigma(2)}\dot{I}_{fa(1)}\\ \dot{U}_{fa(0)}=-\mathrm{j}x_{\Sigma(0)}\dot{I}_{fa(1)}\end{cases} \tag{9-31}$$

同样，利用图 9-20a 所示的复合序网也可得到相同的结果。

进一步利用对称分量法，可得到短路点故障相 a 相的短路电流为

$$\dot{I}_{fa}=3\dot{I}_{fa(1)} \tag{9-32}$$

可见故障相电流的大小是正序电流的 3 倍。

短路点非故障相的对地电压为

$$\begin{cases}\dot{U}_{b}=\alpha^{2}\dot{U}_{fa(1)}+\alpha\dot{U}_{fa(2)}+\dot{U}_{fa(0)}=j\left[(\alpha^{2}-\alpha)x_{\Sigma(2)}+(\alpha^{2}-1)x_{\Sigma(0)}\right]\dot{I}_{fa(1)}\\ \quad=\dfrac{\sqrt{3}}{2}\left[(2x_{\Sigma(2)}+x_{\Sigma(0)})-j\sqrt{3}x_{\Sigma(0)}\right]\dot{I}_{fa(1)}\\ \dot{U}_{c}=\alpha\dot{U}_{fa(1)}+\alpha^{2}\dot{U}_{fa(2)}+\dot{U}_{fa(0)}=j\left[(\alpha-\alpha^{2})x_{\Sigma(2)}+(\alpha-1)x_{\Sigma(0)}\right]\dot{I}_{fa(1)}\\ \quad=\dfrac{\sqrt{3}}{2}\left[-(2x_{\Sigma(2)}+x_{\Sigma(0)})-j\sqrt{3}x_{\Sigma(0)}\right]\dot{I}_{fa(1)}\end{cases} \tag{9-33}$$

此外，也可以利用相量图完成故障相电流和非故障相电压的计算。电流相量图如图 9-21a 所示，以正序电流 $\dot{I}_{fa(1)}$ 为参考相量，负序电流 $\dot{I}_{fa(2)}$ 和零序电流 $\dot{I}_{fa(0)}$ 与 $\dot{I}_{fa(1)}$ 大小相等、相位相同。

电压相量图如图 9-21b 所示，正序电压 $\dot{U}_{fa(1)}$ 比 $\dot{I}_{fa(1)}$ 超前 90°，而负序电压 $\dot{U}_{fa(2)}$ 和零序电压 $\dot{U}_{fa(0)}$ 均比 $\dot{I}_{fa(1)}$ 滞后 90°。

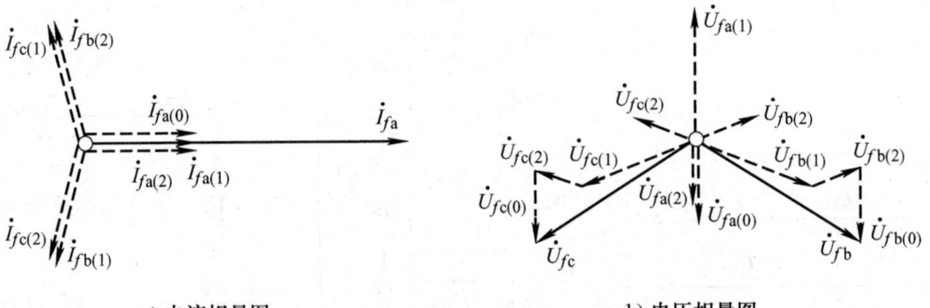

图 9-21　单相接地短路时短路点处的电流和电压相量图

由图 9-21 可见，故障相电流 $\dot{I}_{fa}$ 是正序电流 $\dot{I}_{fa(1)}$ 的 3 倍，非故障相电压 $\dot{U}_{fb}$ 和 $\dot{U}_{fc}$ 大小相等。

9.4.2　两相短路

如图 9-22 所示，b、c 两相短路时，短路点的故障条件为

$$\begin{cases}\dot{I}_{fa}=0\\ \dot{I}_{fb}+\dot{I}_{fc}=0\\ \dot{U}_{fb}=\dot{U}_{fc}\end{cases} \tag{9-34}$$

式（9-34）用对称分量法表示为

$$\begin{cases}\dot{I}_{fa(1)}+\dot{I}_{fa(2)}+\dot{I}_{fa(0)}=0\\ \alpha^2\dot{I}_{fa(1)}+\alpha\dot{I}_{fa(2)}+\dot{I}_{fa(0)}+\alpha\dot{I}_{fa(1)}+\alpha^2\dot{I}_{fa(2)}+\dot{I}_{fa(0)}=0\\ \alpha^2\dot{U}_{fa(1)}+\alpha\dot{U}_{fa(2)}+\dot{U}_{fa(0)}=\alpha\dot{U}_{fa(1)}+\alpha^2\dot{U}_{fa(2)}+\dot{U}_{fa(0)}\end{cases} \tag{9-35}$$

整理后得

$$\begin{cases}\dot{I}_{fa(0)}=0\\ \dot{I}_{fa(1)}+\dot{I}_{fa(2)}=0\\ \dot{U}_{fa(1)}=\dot{U}_{fa(2)}\end{cases} \tag{9-36}$$

利用式（9-36）表示的各序分量关系，将各序网络联立，从而得到如图 9-23 所示的复合序网。可见，两相短路的复合序网由正序网络和负序网络并联而成。

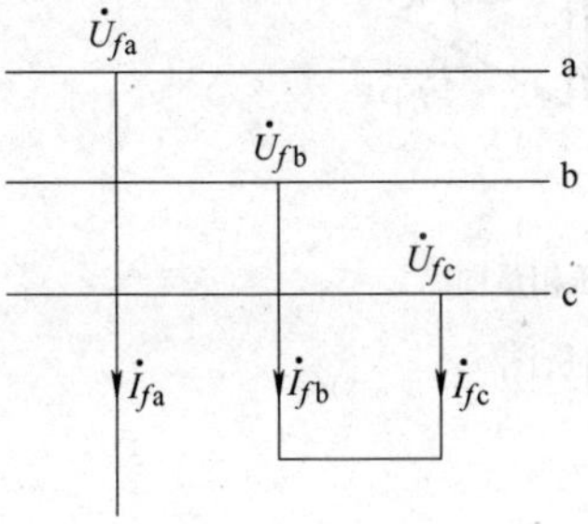

图 9-22　两相短路

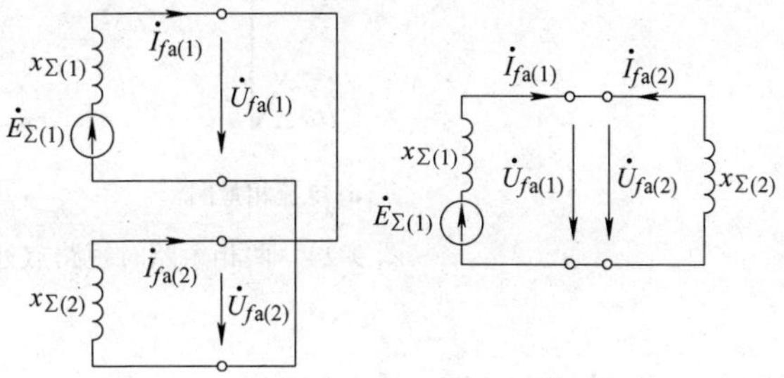

图 9-23　两相短路的复合序网

于是，求解方程或由复合序网可得到短路点电流的正序分量为

$$\dot{I}_{fa(1)}=\frac{\dot{E}_{\Sigma(1)}}{\mathrm{j}(x_{\Sigma(1)}+x_{\Sigma(2)})} \tag{9-37}$$

继而得到短路点故障相电流为

$$\begin{cases}\dot{I}_{fb}=\alpha^2\dot{I}_{fa(1)}+\alpha\dot{I}_{fa(2)}+\dot{I}_{fa(0)}=(\alpha^2-\alpha)\dot{I}_{fa(1)}=-\mathrm{j}\sqrt{3}\dot{I}_{fa(1)}\\ \dot{I}_{fc}=-\dot{I}_{fb}=\mathrm{j}\sqrt{3}\dot{I}_{fa(1)}\end{cases} \tag{9-38}$$

可见短路点处 b、c 两相电流大小相等、方向相反。故障相电流的大小为

$$I_f=\sqrt{3}I_{fa(1)} \tag{9-39}$$

由图 9-23 和对称分量法，得到短路点各相对地电压为

$$\begin{cases}\dot{U}_{fa}=\dot{U}_{fa(1)}+\dot{U}_{fa(2)}+\dot{U}_{fa(0)}=2\dot{U}_{fa(1)}=\mathrm{j}2x_{\Sigma(2)}\dot{I}_{fa(1)}\\ \dot{U}_{fb}=\alpha^2\dot{U}_{fa(1)}+\alpha\dot{U}_{fa(2)}+\dot{U}_{fa(0)}=-\dot{U}_{fa(1)}=-\dfrac{1}{2}\dot{U}_{fa}\\ \dot{U}_{fc}=\alpha\dot{U}_{fa(1)}+\alpha^2\dot{U}_{fa(2)}+\dot{U}_{fa(0)}=-\dot{U}_{fa(1)}=-\dfrac{1}{2}\dot{U}_{fa}\end{cases} \tag{9-40}$$

可见，非故障相电压是故障相电压的 2 倍，且方向相反。

图 9-24 所示为两相短路时故障点处的电流和电压相量图。图 9-24a 中仍以正序电流 $\dot{I}_{fa(1)}$ 为参考相量，负序电流 $\dot{I}_{fa(2)}$ 与 $\dot{I}_{fa(1)}$ 方向相反；图 9-24b 中，正序电压 $\dot{U}_{fa(1)}$ 等于负序电压 $\dot{U}_{fa(2)}$，且超前于 $\dot{I}_{fa(1)}$ 90°。

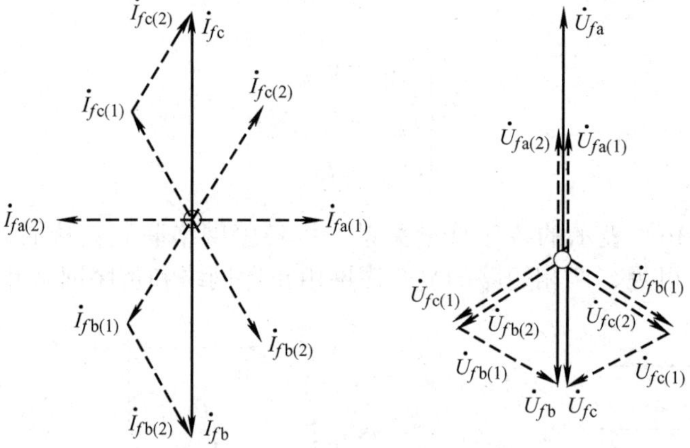

a) 电流相量图　　　　b) 电压相量图

图 9-24　两相短路时短路点处的电流和电压相量图

9.4.3　两相接地短路

如图 9-25 所示，b、c 两相接地短路，短路点的故障条件为

$$\begin{cases}\dot{I}_{fa}=0\\ \dot{U}_{fb}=\dot{U}_{fc}=0\end{cases} \tag{9-41}$$

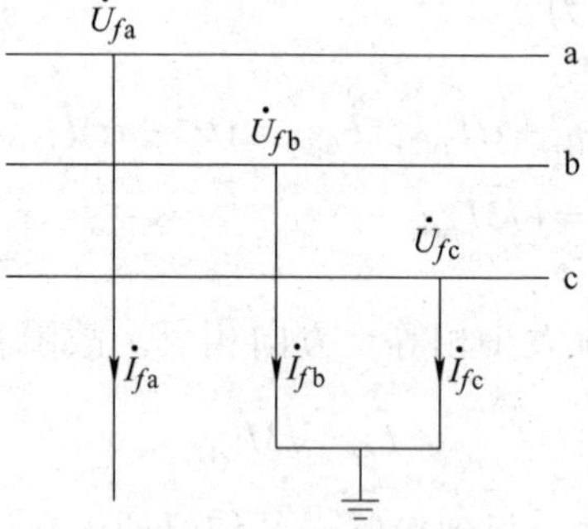

图 9-25　两相接地短路

以对称分量形式展开，有

$$\begin{cases}\dot{I}_{fa(1)}+\dot{I}_{fa(2)}+\dot{I}_{fa(0)}=0\\ \alpha^2\dot{U}_{fa(1)}+\alpha\dot{U}_{fa(2)}+\dot{U}_{fa(0)}=\alpha\dot{U}_{fa(1)}+\alpha^2\dot{U}_{fa(2)}+\dot{U}_{fa(0)}=0\end{cases} \tag{9-42}$$

整理后得

$$\begin{cases}\dot{I}_{fa(0)}+\dot{I}_{fa(1)}+\dot{I}_{fa(2)}=0\\ \dot{U}_{fa(1)}=\dot{U}_{fa(2)}=\dot{U}_{fa(0)}\end{cases} \tag{9-43}$$

于是根据式（9-43）得到图 9-26 所示的由正、负、零序网络并联而成的两相接地短路的复合序网。

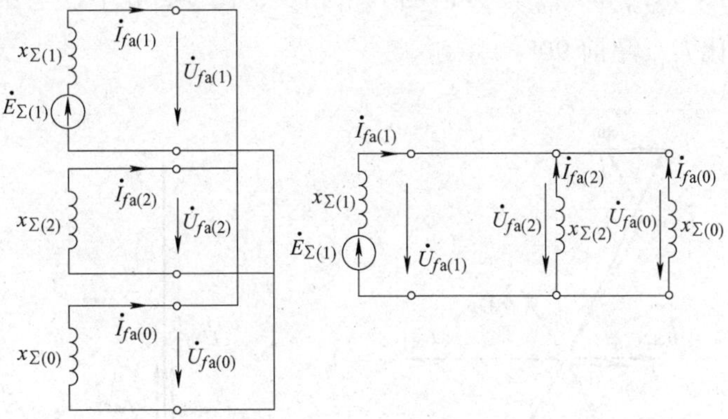

图 9-26　两相接地短路的复合序网

短路点电流的正序分量为

$$\dot{I}_{fa(1)}=\frac{\dot{E}_{\Sigma(1)}}{\mathrm{j}\left[x_{\Sigma(1)}+x_{\Sigma(2)}x_{\Sigma(0)}/(x_{\Sigma(2)}+x_{\Sigma(0)})\right]} \tag{9-44}$$

进一步可得短路点故障相的短路电流为

$$\begin{cases}\dot{I}_{fb}=\alpha^2\dot{I}_{fa(1)}+\alpha\dot{I}_{fa(2)}+\dot{I}_{fa(0)}=\left(\alpha^2-\dfrac{x_{\Sigma(2)}+\alpha x_{\Sigma(0)}}{x_{\Sigma(2)}+x_{\Sigma(0)}}\right)\dot{I}_{fa(1)}\\ \quad=\dfrac{-3x_{\Sigma(2)}-\mathrm{j}\sqrt{3}(x_{\Sigma(2)}+2x_{\Sigma(0)})}{2(x_{\Sigma(2)}+x_{\Sigma(0)})}\dot{I}_{fa(1)}\\ \dot{I}_{fc}=\alpha\dot{I}_{fa(1)}+\alpha^2\dot{I}_{fa(2)}+\dot{I}_{fa(0)}=\left(\alpha-\dfrac{x_{\Sigma(2)}+\alpha^2 x_{\Sigma(0)}}{x_{\Sigma(2)}+x_{\Sigma(0)}}\right)\dot{I}_{fa(1)}\\ \quad=\dfrac{-3x_{\Sigma(2)}+\mathrm{j}\sqrt{3}(x_{\Sigma(2)}+2x_{\Sigma(0)})}{2(x_{\Sigma(2)}+x_{\Sigma(0)})}\dot{I}_{fa(1)}\end{cases} \tag{9-45}$$

展开之后得到两相接地短路时故障相 b、c 的短路电流大小相等，为

$$I_f=\sqrt{3}\sqrt{1-\frac{x_{\Sigma(2)}x_{\Sigma(0)}}{(x_{\Sigma(2)}+x_{\Sigma(0)})^2}}I_{fa(1)} \tag{9-46}$$

两相接地短路时流入大地中的电流为

$$\dot{I}_{fg}=\dot{I}_{fb}+\dot{I}_{fc}=3\dot{I}_{fa(0)}=-3\frac{x_{\Sigma(2)}}{x_{\Sigma(2)}+x_{\Sigma(0)}}\dot{I}_{fa(1)} \tag{9-47}$$

非故障相电压为

$$\dot{U}_{fa} = \dot{U}_{fa(1)} + \dot{U}_{fa(2)} + \dot{U}_{fa(0)} = 3\dot{U}_{fa(1)} = \mathrm{j}3\frac{x_{\Sigma(2)}x_{\Sigma(0)}}{x_{\Sigma(2)} + x_{\Sigma(0)}}\dot{I}_{fa(1)} \tag{9-48}$$

同样，以正序电流 $\dot{I}_{fa(1)}$ 为参考相量，依据图 9-26 所示复合序网中各序电流和电压关系，建立两相接地短路时短路点处的电流和电压相量图，如图 9-27 所示。图 9-27a 中，$\dot{I}_{fa(2)}$ 和 $\dot{I}_{fa(0)}$ 的方向与 $\dot{I}_{fa(1)}$ 相反；图 9-27b 中，电压 $\dot{U}_{fa(1)}$、$\dot{U}_{fa(2)}$、$\dot{U}_{fa(0)}$ 相等，且比 $\dot{I}_{fa(1)}$ 超前 90°。

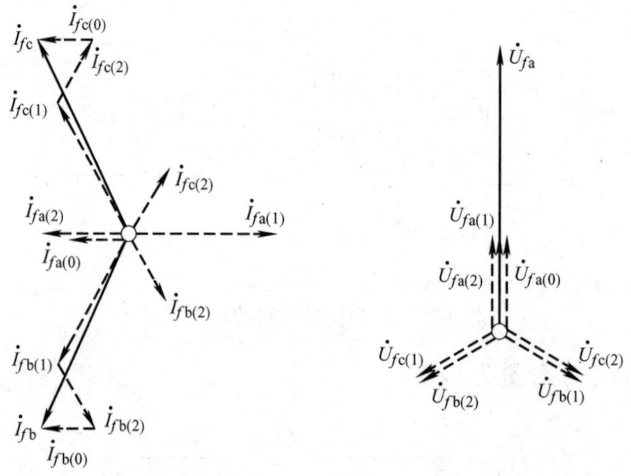

a) 电流相量图　　b) 电压相量图

图 9-27　两相接地短路时短路点处的电流和电压相量图

由图 9-27 可见，发生两相接地短路时短路点处故障相电流大小相等，非故障相电压是正序电压的 3 倍。

9.4.4　正序等效定则

观察前面三种不对称短路时短路电流正序分量的表达式（9-29）、式（9-37）和式（9-44）不难发现，它们可以用如下通式表示：

$$I_{fa(1)}^{(n)} = \frac{E_{\Sigma(1)}}{x_{\Sigma(1)} + x_{\Delta}^{(n)}} \tag{9-49}$$

式中，n 为短路类型；$x_{\Delta}^{(n)}$ 为附加电抗，其数值因短路类型不同而不同。

式（9-49）表明，在简单不对称短路的情况下，短路处的正序电流与在短路点处每一相中加入附加电抗 $x_{\Delta}^{(n)}$ 后所产生的三相短路电流相等，这就是正序等效定则。这一概念可通过图 9-28 来说明。

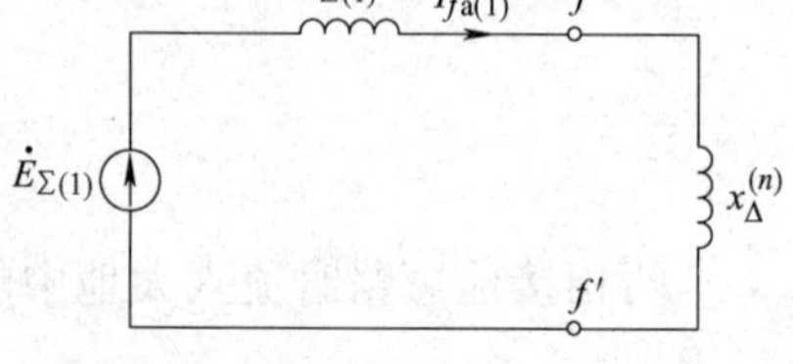

图 9-28　计算正序电流的等效电路

由式（9-32）、式（9-39）和式（9-46）还可得到，故障相短路电流大小的统一表达式为

$$I_{f}^{(n)} = m^{(n)} I_{fa(1)}^{(n)} \tag{9-50}$$

式中，$m^{(n)}$ 为比例常数，其值因短路类型不同而不同。

各种短路类型的附加电抗 $x_{\Delta}^{(n)}$ 和比例系数 $m^{(n)}$ 见表 9-1。

表 9-1　各种短路类型的附加电抗 $x_{\Delta}^{(n)}$ 和比例系数 $m^{(n)}$

短路类型	附加电抗$x_{\Delta}^{(n)}$	比例系数$m^{(n)}$
三相短路$f^{(3)}$	0	1
两相短路$f^{(2)}$	$x_{\Sigma(2)}$	$\sqrt{3}$
单相接地短路$f^{(1)}$	$x_{\Sigma(2)}+x_{\Sigma(0)}$	3
两相接地短路$f^{(1,1)}$	$\dfrac{x_{\Sigma(2)}x_{\Sigma(0)}}{x_{\Sigma(2)}+x_{\Sigma(0)}}$	$\sqrt{3}\sqrt{1-\dfrac{x_{\Sigma(2)}x_{\Sigma(0)}}{(x_{\Sigma(2)}+x_{\Sigma(0)})^2}}$

综上所述，各种简单不对称短路的计算过程可分为以下四个步骤。

1）根据实际电力系统接线，制定各序网络，继而得到对短路点的各序等效电抗 $x_{\Sigma(1)}$、$x_{\Sigma(2)}$ 和 $x_{\Sigma(0)}$。

2）依据不同的短路类型，求出附加电抗 $x_{\Delta}^{(n)}$，并将其接入短路点，利用正序等效定则，仿照三相短路电流计算方法计算短路点的正序电流。

3）以短路点正序电流为基础，计算出短路点的各序电压和电流。

4）利用对称分量法，得到各相的电压和电流。

需要注意的是，在不对称短路电流的计算中，通过正序等效定则可将不对称短路电流计算近似转换为三相短路电流计算。因此，前面讲过的各种三相短路电流计算方法同样适用于不对称短路电流计算。

例题 9-3　对例题 9-2 的电力系统，计算 f 点发生各种不对称短路时的短路电流。

解　例题 9-2 的计算结果如下：$E_{\Sigma(1)}=1.25$，$x_{\Sigma(1)}=0.97$，$x_{\Sigma(2)}=0.51$，$x_{\Sigma(0)}=1.05$。依据正序等效定则，可求出各种不对称短路时的短路电流。

115kV 侧的电流基准值为

$$I_{\mathrm{B}}=\frac{S_{\mathrm{B}}}{\sqrt{3}U_{\mathrm{B}}}=\frac{120}{\sqrt{3}\times 115}\mathrm{kA}=0.6\mathrm{kA}$$

1）单相接地短路时，短路电流计算如下：

$$I_{fa(1)}^{(1)}=\frac{E_{\Sigma(1)}}{x_{\Sigma(1)}+x_{\Sigma(2)}+x_{\Sigma(0)}}I_{\mathrm{B}}=\frac{1.25}{0.97+0.51+1.05}\times 0.6\mathrm{kA}=0.30\mathrm{kA}$$

$$I_{f}^{(1)}=3I_{fa(1)}^{(1)}=3\times 0.30\mathrm{kA}=0.90\mathrm{kA}$$

2）两相短路时，短路电流计算如下：

$$I_{fa(1)}^{(2)}=\frac{E_{\Sigma(1)}}{x_{\Sigma(1)}+x_{\Sigma(2)}}I_{\mathrm{B}}=\frac{1.25}{0.97+0.51}\times 0.6\mathrm{kA}=0.51\mathrm{kA}$$

$$I_{f}^{(2)}=\sqrt{3}I_{fa(1)}^{(2)}=\sqrt{3}\times 0.51\mathrm{kA}=0.88\mathrm{kA}$$

3）两相接地短路

$$I_{fa(1)}^{(1,1)}=\frac{E_{\Sigma(1)}}{x_{\Sigma(1)}+x_{\Sigma(2)}//x_{\Sigma(0)}}I_{B}=\frac{1.25}{0.97+0.51\times1.05\div(0.51+1.05)}\times0.6\text{kA}=0.57\text{kA}$$

$$I_{f}^{(1,1)}=\sqrt{3}\sqrt{1-\frac{x_{\Sigma(2)}x_{\Sigma(0)}}{(x_{\Sigma(2)}+x_{\Sigma(0)})^{2}}}I_{fa(1)}^{(1,1)}=\sqrt{3}\times\sqrt{1-\frac{0.51\times1.05}{(0.51+1.05)^{2}}}\times0.57\text{kA}=0.87\text{kA}$$

9.5 不对称短路时计算曲线的应用

利用短路电流计算曲线可以求取三相短路过程中短路故障处任意时刻的短路电流周期分量。同样，发生不对称短路时，仍然可以利用计算曲线求短路后任意时刻的短路电流周期分量。与三相短路的不同之处在于：不对称短路通过查表得到的短路电流是正序电流的周期分量。

利用计算曲线求正序电流如图 9-29 所示。根据正序等效定则，如图 9-29a 所示，当点 f 处发生不对称短路时，短路点处的正序电流相当于短路点 f 经过一个附加电抗 $x_{\Delta}^{(n)}$ 后在 f' 发生三相短路的短路电流。根据不同的短路类型，通过负、零序网络求得 $x_{\Delta}^{(n)}$ 后，再进一步得到等效电源 G_i 与 f' 点间的转移电抗 $x_{if'}$，如图 9-29b 所示。于是可以像三相短路那样利用计算曲线求出任意时刻的正序电流。

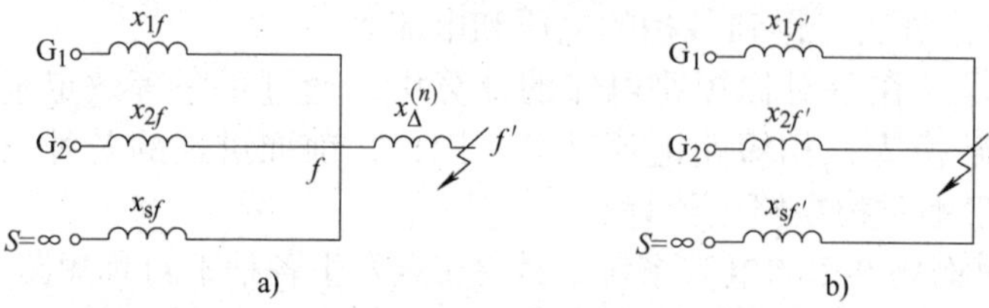

图 9-29　利用计算曲线求正序电流

需要注意以下两点。

1）利用计算曲线得到的是正序电流，求不对称短路时的故障相短路电流还需要乘以代表不同故障类型的比例系数 $m^{(n)}$。

2）由于附加电抗 $x_{\Delta}^{(n)}$ 的引入，发电机类型及电源与短路点间的距离等因素对计算结果的影响比三相短路电流计算时小。

例题 9-4　对例题 8-3 的电力系统，计算 f 点发生两相短路后 0.2s 时的短路电流。近似认为系统各元件的负序电抗均与正序电抗相等。

解　1）各序等效电抗的计算。正序网络如图 8-21b 所示，将正序网络中的电源电动势取 0 即得到负序网络，近似认为正、负序电抗相等，于是有

$$x_{\Sigma(1)}=x_{\Sigma(2)}=\frac{1}{\frac{1}{x_1}+\frac{1}{x_9}+\frac{1}{x_{10}}}=\frac{1}{\frac{1}{0.416}+\frac{1}{3.434}+\frac{1}{0.916}}=0.264$$

又因为是两相短路，所以复合序网中不包含零序网络，$x_{\Delta}^{(2)}=x_{\Sigma(2)},m^{(2)}=\sqrt{3}$。

2）计算 f' 点与电源点之间的转移电抗。由图 8-21d 结合正序等效定则，得到图 9-30a。

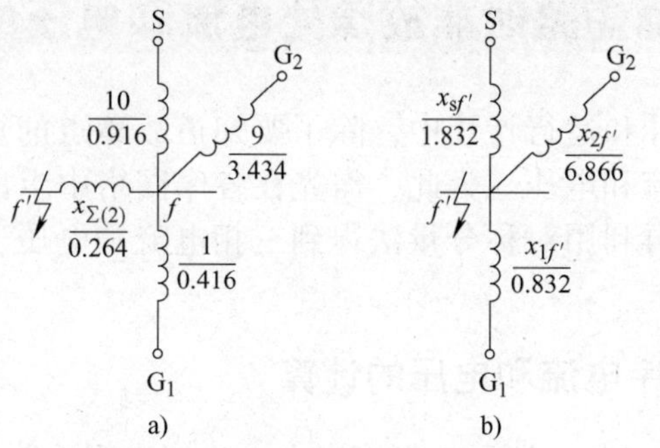

图 9-30　例题 9-4 的转移电抗计算

图 9-30a 经过星网变换后得到图 9-30b，f' 点与电源点之间的转移电抗为

$$x_{1f'}=x_1x_{\Delta}^{(2)}\left(\frac{1}{x_1}+\frac{1}{x_9}+\frac{1}{x_{10}}+\frac{1}{x_{\Delta}^{(2)}}\right)=0.416\times0.264\times\left(\frac{1}{0.416}+\frac{1}{3.434}+\frac{1}{0.916}+\frac{1}{0.264}\right)=0.832$$

$$x_{2f'}=x_9x_{\Delta}^{(2)}\left(\frac{1}{x_1}+\frac{1}{x_9}+\frac{1}{x_{10}}+\frac{1}{x_{\Delta}^{(2)}}\right)=3.434\times0.264\times\left(\frac{1}{0.416}+\frac{1}{3.434}+\frac{1}{0.916}+\frac{1}{0.264}\right)=6.866$$

$$x_{sf'}=x_{10}x_{\Delta}^{(2)}\left(\frac{1}{x_1}+\frac{1}{x_9}+\frac{1}{x_{10}}+\frac{1}{x_{\Delta}^{(2)}}\right)=0.916\times0.264\times\left(\frac{1}{0.416}+\frac{1}{3.434}+\frac{1}{0.916}+\frac{1}{0.264}\right)=1.832$$

3）计算电抗的计算如下：

$$x_{\mathrm{js}\cdot1}=x_{1f'}\frac{S_{1\mathrm{N}}}{S_{\mathrm{B}}}=0.832\times\frac{31.25}{100}=0.26$$

$$x_{\mathrm{js}\cdot2}=x_{2f'}\frac{S_{2\mathrm{N}}}{S_{\mathrm{B}}}=6.866\times\frac{31.25}{100}=2.146$$

$$x_{\mathrm{js}\cdot\mathrm{s}}=x_{sf'}\frac{S_{\mathrm{SN}}}{S_{\mathrm{B}}}=1.832\times\frac{300}{100}=5.496$$

4）确定各电源在短路 0.2s 时向短路点提供的短路电流标幺值。查计算曲线表，得到 G_1 和 G_2 提供的短路电流标幺值分别为 $I_{1*}=3.106$，$I_{2*}=0.454$。

系统电源与点 f' 间的计算电抗大于 3.45，其提供的短路电流标幺值不需查表，为 $I_{s*}=1/5.496=0.182$。

5）计算不对称短路时短路电流的有名值，为

$$I_{0.2}=\sqrt{3}\left(3.106\times\frac{31.25}{\sqrt{3}\times6.3}+0.454\times\frac{31.25}{\sqrt{3}\times6.3}+0.182\times\frac{300}{\sqrt{3}\times6.3}\right)\mathrm{kA}=26.33\mathrm{kA}$$

对比例题 8-3 的计算结果可见，不对称短路时附加电抗 $x_{\Delta}^{(n)}$ 的引入，使系统电源因电源特性对短路电流的影响可以忽略。

9.6 简单不对称短路时非故障处电流和电压的计算

在电力系统的设计和运行计算中，除了要知道故障点的短路电流和电压外，还要知道非故障处的电流和电压。为此，需先在各序网络中求出该非故障处电流和电压的各序分量，然后再利用对称分量法得到三相电流和电压。一般非故障处的电流和电压不满足故障条件。

9.6.1 非故障处各序电流和电压的计算

简单电力系统如图 9-31a 所示，下面以点 h 为例说明计算非故障处各序电流和电压的过程。

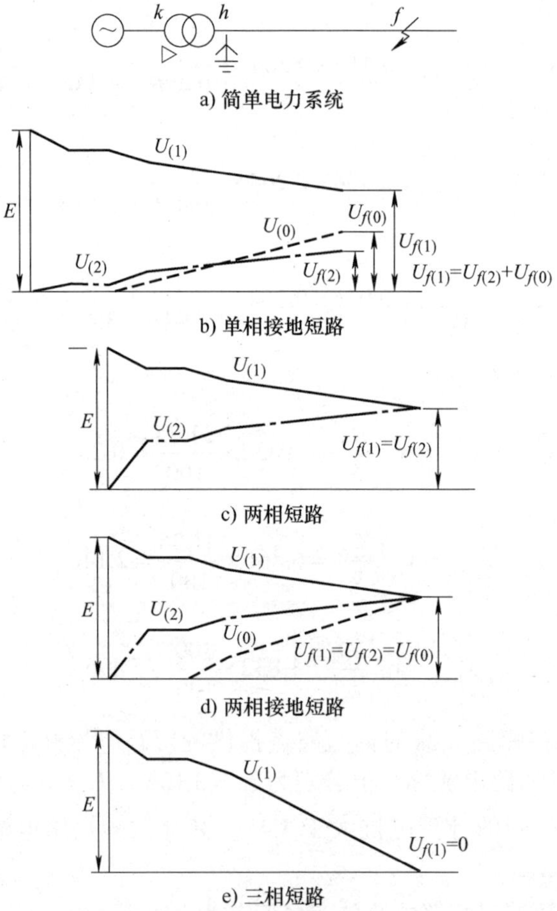

图 9-31　各种不对称短路时各序电压的分布

1）通过正序等效定则和复合序网，求出短路点 f 各序电流 $\dot{I}_{f(1)}$、$\dot{I}_{f(2)}$、$\dot{I}_{f(0)}$ 和

各序电压 $\dot{U}_{f(1)}$、$\dot{U}_{f(2)}$、$\dot{U}_{f(0)}$。

2）在各序网络中求出从 h 点流向 f 点的各序电流 $\dot{I}_{hf(1)}$、$\dot{I}_{hf(2)}$、$\dot{I}_{hf(0)}$。

3）在各序网络中求出 h 点电压的各序分量 $\dot{U}_{h(1)}$、$\dot{U}_{h(2)}$、$\dot{U}_{h(0)}$，有

$$\begin{cases}\dot{U}_{h(1)}=\dot{U}_{f(1)}+\mathrm{j}x_{hf(1)}\dot{I}_{hf(1)}\\ \dot{U}_{h(2)}=\dot{U}_{f(2)}+\mathrm{j}x_{hf(2)}\dot{I}_{hf(2)}\\ \dot{U}_{h(0)}=\dot{U}_{f(0)}+\mathrm{j}x_{hf(0)}\dot{I}_{hf(0)}\end{cases} \tag{9-51}$$

式中，x_{hf} 为 h 点与 f 点之间的转移电抗。

图 9-31b ～图 9-31e 给出了 f 点发生各种不对称短路时各序电压的分布。各序电压的分布具有如下两个特点。

1）电源点的正序电压最高，越接近短路点，正序电压越小，短路点处的正序电压最小。三相短路时短路点电压为 0。

2）短路点的负序电压和零序电压最高，越远离短路点，负序电压和零序电压越小，直至电源点的负序电压为 0。由于电源往往接在变压器三角形联结这一侧，所以零序电压在变压器该侧的出线端已经降为 0。

例题 9-5　某简单电力系统接线如图 9-31a 所示，系统各元件参数如下：发电机 G 的参数为 S_{GN}=62.5MVA，U_{GN}=10.5kV，E=11.025kV，$x_{(1)}$=0.125，$x_{(2)}$=0.16；变压器 T 的参数为 S_{TN}=60MVA，U_{1N}/U_{2N}=10.5/121，$U_k\%$=10.5%；输电线路 L 的参数为 l=40km，$x_{(1)}=x_{(2)}$=0.4Ω/km，$x_{(0)}=2x_{(1)}$。计算 f 点发生单相接地短路时，h 点电流和电压的有名值。

解　取基准值 S_B=100MVA，$U_B=U_{av}$。

（1）计算参数并绘制各序网络

发电机的参数为

$$E_{G(1)*}=\frac{E}{U_B}=\frac{11.025}{10.5}=1.05$$

$$x_{G(1)}=x_{(1)}\frac{S_B}{S_{GN}}=0.125\times\frac{100}{62.5}=0.2$$

$$x_{G(2)}=x_{(2)}\frac{S_B}{S_{GN}}=0.16\times\frac{100}{62.5}=0.256$$

变压器的参数为

$$x_T=\frac{U_k\%}{100}\frac{S_B}{S_{TN}}=\frac{10.5}{100}\times\frac{100}{60}=0.175$$

输电线路的参数为

$$x_{L(1)}=x_{L(2)}=x_{(1)}l\frac{S_B}{U_B^2}=0.4\times40\times\frac{100}{115^2}=0.121$$

$$x_{L(0)}=2x_{L(1)}=2\times0.121=0.242$$

各序网络如图 9-32 所示。

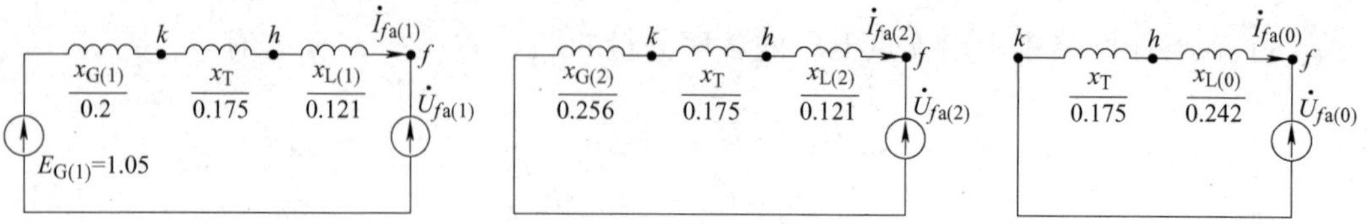

a) 正序网络　　b) 负序网络　　c) 零序网络

图 9-32　例题 9-5 的各序网络

（2）计算各序网络的等效电抗参数

各序网络的等效电抗如下：

$$x_{\Sigma(1)} = x_{G(1)} + x_T + x_{L(1)} = 0.2 + 0.175 + 0.121 = 0.496$$

$$x_{\Sigma(2)} = x_{G(2)} + x_T + x_{L(2)} = 0.256 + 0.175 + 0.121 = 0.552$$

$$x_{\Sigma(0)} = x_T + x_{L(0)} = 0.175 + 0.242 = 0.417$$

（3）计算短路点各序电流标幺值

因为是单相接地短路，所以复合序网由正、负、零序网络串联而成，于是得到各序电流分别为

$$\dot{I}_{fa(1)*} = \dot{I}_{fa(2)*} = \dot{I}_{fa(0)*} = \frac{\dot{E}_{G(1)}}{j(x_{\Sigma(1)} + x_{\Sigma(2)} + x_{\Sigma(0)})} = \frac{j1.05}{j(0.496+0.552+0.417)} = 0.717$$

这里为了便于计算电流相位，选取电源感应电动势相位为 90°。

（4）计算 h 点各序电压标幺值

在各序网络中，有

$$\begin{cases} \dot{U}_{ha(1)*} = \dot{E}_{G(1)} - j(x_{G(1)} + x_T)\dot{I}_{fa(1)*} = j1.05 - j(0.2+0.175) \times 0.717 = j0.781 \\ \dot{U}_{ha(2)*} = -j(x_{G(2)} + x_T)\dot{I}_{fa(2)*} = -j(0.256+0.175) \times 0.717 = -j0.309 \\ \dot{U}_{ha(0)*} = -jx_T\dot{I}_{fa(2)*} = -j0.175 \times 0.717 = -j0.125 \end{cases}$$

（5）计算 h 点各相电流和电压的有名值

h 点电流与 f 点电流相等，h 点的各相电流为

$$\begin{cases} \dot{I}_{ha} = (\dot{I}_{ha(1)*} + \dot{I}_{ha(2)*} + \dot{I}_{ha(0)*})I_B = 3\dot{I}_{fa(1)*}\frac{S_B}{\sqrt{3}U_B} = 3 \times 0.717 \times \frac{100}{\sqrt{3} \times 115}\text{kA} = 1.08\text{kA} \\ \dot{I}_{hb} = \dot{I}_{hc} = 0 \end{cases}$$

h 点的各相电压为

$$
\begin{cases}
\dot{U}_{ha}=(\dot{U}_{ha(1)*}+\dot{U}_{ha(2)*}+\dot{U}_{ha(0)*})\dfrac{U_B}{\sqrt{3}}=j(0.781-0.309-0.125)\times\dfrac{115}{\sqrt{3}}kV=j23.04kV=23.04e^{j90}kV\\
\dot{U}_{hb}=(\alpha^2\dot{U}_{ha(1)*}+\alpha\dot{U}_{ha(2)*}+\dot{U}_{ha(0)*})\dfrac{U_B}{\sqrt{3}}=j(0.781e^{j240°}-0.309e^{j120°}-0.125)\times\dfrac{115}{\sqrt{3}}kV\\
\quad=(62.673-j23.969)kV=67.1e^{-j20.93}kV\\
\dot{U}_{hc}=(\alpha\dot{U}_{ha(1)*}+\alpha^2\dot{U}_{ha(2)*}+\dot{U}_{ha(0)*})\dfrac{U_B}{\sqrt{3}}=j(0.781e^{j120°}-0.309e^{j240°}-0.125)\times\dfrac{115}{\sqrt{3}}kV\\
\quad=(-62.673-j23.969)kV=67.1e^{j20.93}kV
\end{cases}
$$

9.6.2　对称分量经变压器后的相位变化

求取图 9-31a 中非故障处 k 点各相电流和电压的过程不同于 h 点的计算过程。对于 k 点，由已知的各序电流、电压利用对称分量法合成三相电流、电压时，还必须考虑各序对称分量经过变压器后可能发生的相位改变，相位的改变与变压器一、二次绕组的联结方式有关。现以变压器常用的两种联结方式 Yy0 和 Yd11 为例来说明这个问题。

在电力系统分析中，通过合理选择电压基准值使变压器电压比 $k_*=1$，即两侧电压数值大小不变，所以这节只考虑各序对称分量通过理想变压器后的相位变化。

由电机学理论，用钟面定则表示变压器的联结方式，以高压侧线电压相量作为分针固定在 12 点位置，而中、低压侧线电压相量为时针，每旋转 30° 为一个钟点。

图 9-33a 所示为 Yy0 联结的变压器绕组，一次绕组出线端用 A、B、C 表示，二次绕组出线端用 a、b、c 表示。若在一次侧施加正序电压，则二次侧相电压与一次侧相电压相位相同，如图 9-33b 所示。若在一次侧施加负序电压，则二次侧相电压与一次侧相电压相位也相同，如图 9-33c 所示。

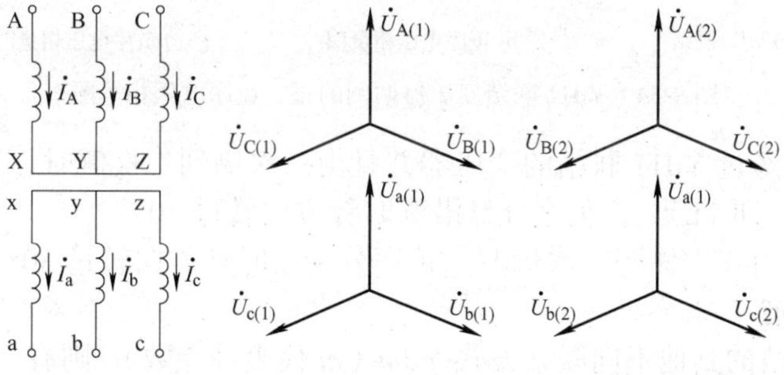

a) Yy0联结　　b) 正序电压相量图　　c) 负序电压相量图

图 9-33　Yy0 联结变压器两侧的正、负序电压相量图

用数学公式来描述正、负序电压经过 Yy0 联结变压器后的电压关系，有

$$
\begin{cases}
\dot{U}_{a(1)}=\dot{U}_{A(1)}\\
\dot{U}_{a(2)}=\dot{U}_{A(2)}
\end{cases}
\tag{9-52}
$$

同样，两侧相电流的正、负序分量也存在上述关系。

若变压器采用 YNyn0 联结，变压器两侧存在零序电流通路，则变压器两侧的零序电流（或零序电压）也保持同相位。因此，电压和电流的各序对称分量经过 Yy0

联结的变压器时，相位不发生移动。

Yd11 联结的变压器则与 Yy0 联结的变压器情况不同，Yd11 联结的变压器绕组如图 9-34a 所示。若在一次侧施加正序电压，则二次侧线电压虽然与一次侧相电压同相位（同一铁心柱上绕组的电压相位相同），但二次侧相电压（等效为 Y 联结的相电压）超前于一次侧相电压 30°，如图 9-34b 所示。若在一次侧施加负序电压，则二次侧等效相电压滞后于一次侧相电压 30°，如图 9-34c 所示。可见，Yd11 联结变压器两侧相电压正、负序分量的关系为

$$\begin{cases}\dot{U}_{a(1)}=\dot{U}_{A(1)}e^{j30^\circ}\\ \dot{U}_{a(2)}=\dot{U}_{A(2)}e^{-j30^\circ}\end{cases} \tag{9-53}$$

同样，电流也有类似的关系，即

$$\begin{cases}\dot{I}_{a(1)}=\dot{I}_{A(1)}e^{j30^\circ}\\ \dot{I}_{a(2)}=\dot{I}_{A(2)}e^{-j30^\circ}\end{cases} \tag{9-54}$$

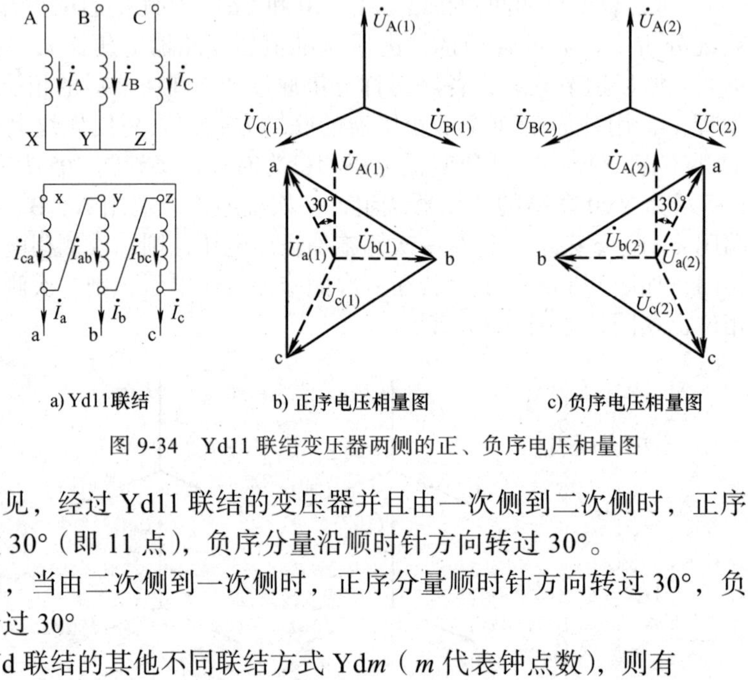

图 9-34　Yd11 联结变压器两侧的正、负序电压相量图

由此可见，经过 Yd11 联结的变压器并且由一次侧到二次侧时，正序分量沿逆时针方向转过 30°（即 11 点），负序分量沿顺时针方向转过 30°。

相应的，当由二次侧到一次侧时，正序分量顺时针方向转过 30°，负序分量沿逆时针方向转过 30°

对于 Yd 联结的其他不同联结方式 Ydm（m 代表钟点数），则有

$$\begin{cases}\dot{U}_{a(1)}=\dot{U}_{A(1)}e^{j(12-m)\times30^\circ}=\dot{U}_{A(1)}e^{-jm\times30^\circ}\\ \dot{U}_{a(2)}=\dot{U}_{A(2)}e^{-j(12-m)\times30^\circ}=\dot{U}_{A(2)}e^{jm\times30^\circ}\end{cases} \tag{9-55}$$

$$\begin{cases}\dot{I}_{a(1)}=\dot{I}_{A(1)}e^{j(12-m)\times30^\circ}=\dot{I}_{A(1)}e^{-jm\times30^\circ}\\ \dot{I}_{a(2)}=\dot{I}_{A(2)}e^{-j(12-m)\times30^\circ}=\dot{I}_{A(2)}e^{jm\times30^\circ}\end{cases} \tag{9-56}$$

Yd 联结的变压器二次侧的外电路中没有零序电流流出。

例题 9-6　针对例题 9-5 给出的系统，计算 f 点发生单相接地短路时，k 点电流和电压的有名值。

解　参照例题 9-5 中短路点 f 处的计算结果，依据图 9-32 所示各序网络，计算 k 点电流和电压的各序分量。

变压器一次侧电流与流经 f 点的电流相等，因此二次侧 k 点电流的各序分量为

$$\begin{cases}\dot{I}_{ka(1)*}=\dot{I}_{kA(1)*}\mathrm{e}^{\mathrm{j}30^\circ}=\dot{I}_{fa(1)*}\mathrm{e}^{\mathrm{j}30^\circ}=0.717\mathrm{e}^{\mathrm{j}30^\circ}\\ \dot{I}_{ka(2)*}=\dot{I}_{kA(2)*}\mathrm{e}^{-\mathrm{j}30^\circ}=\dot{I}_{fa(2)*}\mathrm{e}^{-\mathrm{j}30^\circ}=0.717\mathrm{e}^{-\mathrm{j}30^\circ}\\ \dot{I}_{ka(0)*}=0\end{cases}$$

变压器二次侧 k 点电压的各序分量为

$$\begin{cases}\dot{U}_{ka(1)*}=\dot{U}_{kA(1)*}\mathrm{e}^{\mathrm{j}30^\circ}=(\dot{E}_{G(1)*}-\mathrm{j}x_{G(1)}\dot{I}_{fa(1)*})\mathrm{e}^{\mathrm{j}30^\circ}=(\mathrm{j}1.05-\mathrm{j}0.2\times0.717)\mathrm{e}^{\mathrm{j}30^\circ}=0.907\mathrm{e}^{\mathrm{j}120^\circ}\\ \dot{U}_{ka(2)*}=\dot{U}_{kA(2)*}\mathrm{e}^{-\mathrm{j}30^\circ}=(-\mathrm{j}x_{G(2)}\dot{I}_{fa(2)*})\mathrm{e}^{-\mathrm{j}30^\circ}=-\mathrm{j}0.256\times0.717\mathrm{e}^{-\mathrm{j}30^\circ}=0.184\mathrm{e}^{-\mathrm{j}120^\circ}\\ \dot{U}_{ka(0)*}=0\end{cases}$$

变压器二次侧 k 点的三相电流为

$$\begin{cases}\dot{I}_{ka}=(\dot{I}_{ka(1)*}+\dot{I}_{ka(2)*}+\dot{I}_{ka(0)*})\dfrac{S_B}{\sqrt{3}\,U_{GN}}=(0.717\mathrm{e}^{\mathrm{j}30^\circ}+0.717\mathrm{e}^{-\mathrm{j}30^\circ})\times\dfrac{100}{\sqrt{3}\times10.5}\mathrm{kA}=3.942\mathrm{kA}\\ \dot{I}_{kb}=(\alpha^2\dot{I}_{ka(1)*}+\alpha\dot{I}_{ka(2)*}+\dot{I}_{ka(0)*})\dfrac{S_B}{\sqrt{3}\,U_{GN}}=(0.717\mathrm{e}^{\mathrm{j}270^\circ}+0.717\mathrm{e}^{\mathrm{j}90^\circ})\times\dfrac{100}{\sqrt{3}\times10.5}\mathrm{kA}=0\\ \dot{I}_{kc}=(\alpha\dot{I}_{ka(1)*}+\alpha^2\dot{I}_{ka(2)*}+\dot{I}_{ka(0)*})\dfrac{S_B}{\sqrt{3}\,U_{GN}}=(0.717\mathrm{e}^{\mathrm{j}150^\circ}+0.717\mathrm{e}^{\mathrm{j}210^\circ})\times\dfrac{100}{\sqrt{3}\times10.5}\mathrm{kA}=-3.942\mathrm{kA}\end{cases}$$

变压器二次侧 k 点的三相电压为

$$\begin{cases}\dot{U}_{ka}=(\dot{U}_{ka(1)*}+\dot{U}_{ka(2)*}+\dot{U}_{ka(0)*})\dfrac{U_{GN}}{\sqrt{3}}=(0.907\mathrm{e}^{\mathrm{j}120^\circ}+0.184\mathrm{e}^{-\mathrm{j}120^\circ})\times\dfrac{10.5}{\sqrt{3}}\mathrm{kV}=5.033\mathrm{e}^{\mathrm{j}131.06^\circ}\mathrm{kV}\\ \dot{U}_{kb}=(\alpha^2\dot{U}_{ka(1)*}+\alpha\dot{U}_{ka(2)*}+\dot{U}_{ka(0)*})\dfrac{U_{GN}}{\sqrt{3}}=(0.907+0.184)\times\dfrac{10.5}{\sqrt{3}}\mathrm{kV}=6.614\mathrm{kV}\\ \dot{U}_{kc}=(\alpha\dot{U}_{ka(1)*}+\alpha^2\dot{U}_{ka(2)*}+\dot{U}_{ka(0)*})\dfrac{U_{GN}}{\sqrt{3}}=(0.907\mathrm{e}^{\mathrm{j}240^\circ}+0.184\mathrm{e}^{\mathrm{j}120^\circ})\times\dfrac{10.5}{\sqrt{3}}\mathrm{kV}=5.033\mathrm{e}^{-\mathrm{j}131.06^\circ}\mathrm{kV}\end{cases}$$

例题 9-7　针对例题 9-2 给出的系统中，f 点发生两相短路。如果变压器 T_1 采用 Yd11 联结，试计算该变压器二次侧节点的电压和电流。

解　参照例题 9-2 所得到的相应参数。为便于计算，取正序等效电动势 $\dot{E}_{\Sigma(1)}=\mathrm{j}1.25$，因为是两相短路，所以 $x_\Delta^{(2)}=x_{\Sigma(2)}$，$m^{(2)}=\sqrt{3}$。

1）计算短路点各序电流和各序电压的标幺值，为

$$\dot{I}_{fa(1)*}=-\dot{I}_{fa(2)*}=\frac{\dot{E}_{\Sigma(1)}}{\mathrm{j}(x_{\Sigma(1)}+x_{\Sigma(2)})}=\frac{\mathrm{j}1.25}{\mathrm{j}(0.97+0.51)}=0.845$$

$$\dot{U}_{fa(1)*}=\dot{U}_{fa(2)*}=\mathrm{j}x_{\Sigma(2)}\dot{I}_{fa(1)*}=\mathrm{j}0.51\times0.845=\mathrm{j}0.431$$

2）计算变压器二次侧节点电流各序分量的标幺值。输电线路流向短路点的各序电流为

$$\begin{cases} \dot{I}_{La(1)} = \dfrac{\dot{E}_{G(1)} - \dot{U}_{fa(1)*}}{j(x_1 + x_2 + x_3)} = \dfrac{j1.67 - j0.431}{j(0.9 + 0.21 + 0.19)} = 0.953 \\ \dot{I}_{La(2)} = -\dfrac{\dot{U}_{fa(2)}}{j(x_6 + x_2 + x_3)} = -\dfrac{j0.431}{j(0.45 + 0.21 + 0.19)} = -0.507 \end{cases}$$

变压器 T_1 的一次电流与输电线路流向短路点的电流相等，于是二次侧节点电流各序分量的标幺值为

$$\begin{cases} \dot{I}_{Ta(1)*} = \dot{I}_{TA(1)*}e^{j30°} = \dot{I}_{La(1)*}e^{j30°} = 0.953e^{j30°} \\ \dot{I}_{Ta(2)*} = \dot{I}_{TA(2)*}e^{-j30°} = \dot{I}_{La(2)*}e^{-j30°} = -0.507e^{-j30°} \end{cases}$$

3）计算变压器二次侧节点电压各序分量的标幺值，为

$$\begin{cases} \dot{U}_{Ta(1)*} = \dot{U}_{TA(1)*}e^{j30°} = (\dot{E}_{G(1)*} - jx_{G(1)}\dot{I}_{La(1)*})e^{j30°} = (j1.67 - j0.9 \times 0.953)e^{j30°} = 0.812e^{j120°} \\ \dot{U}_{Ta(2)*} = \dot{U}_{TA(2)*}e^{-j30°} = -jx_{G(2)}\dot{I}_{La(2)*}e^{-j30°} = -j0.45 \times (-0.507)e^{-j30°} = 0.228e^{j60°} \end{cases}$$

4）计算变压器二次侧节点三相电流和电压的有名值。该节点处电流基准值为 $I_B = 120/(\sqrt{3} \times 10.5)\text{kA} = 6.6\text{kA}$，电压基准值为 $U_B = 10.5/\sqrt{3}\text{kV} = 6.06\text{kV}$，因此三相电流和电压的有名值分别为

$$\begin{cases} \dot{I}_{Ta} = (\dot{I}_{Ta(1)*} + \dot{I}_{Ta(2)*} + \dot{I}_{Ta(0)*})I_B = (0.953e^{j30°} - 0.507e^{-j30°}) \times 6.6\text{kA} = 5.45e^{j62.12°}\text{kA} \\ \dot{I}_{Tb} = (\alpha^2\dot{I}_{Ta(1)*} + \alpha\dot{I}_{Ta(2)*} + \dot{I}_{Ta(0)*})I_B = (0.953e^{j270°} - 0.507e^{j90°}) \times 6.6\text{kA} = 9.633e^{-j90°}\text{kA} \\ \dot{I}_{Tc} = (\alpha\dot{I}_{Ta(1)*} + \alpha^2\dot{I}_{Ta(2)*} + \dot{I}_{Ta(0)*})I_B = (0.953e^{j150°} - 0.507e^{j210°}) \times 6.6\text{kA} = 5.45e^{j117.88°}\text{kA} \end{cases}$$

$$\begin{cases} \dot{U}_{Ta} = (\dot{U}_{Ta(1)*} + \dot{U}_{Ta(2)*} + \dot{U}_{Ta(0)*})U_B = (0.812e^{j120°} + 0.228e^{j60°}) \times 6.06\text{kV} = 5.74e^{j107.96°}\text{kV} \\ \dot{U}_{Tb} = (\alpha^2\dot{U}_{Ta(1)*} + \alpha\dot{U}_{Ta(2)*} + \dot{U}_{Ta(0)*})U_B = (0.812 + 0.228e^{j180°}) \times 6.06\text{kV} = 3.54\text{kV} \\ \dot{U}_{Tc} = (\alpha\dot{U}_{Ta(1)*} + \alpha^2\dot{U}_{Ta(2)*} + \dot{U}_{Ta(0)*})U_B = (0.812e^{j240°} + 0.228e^{j300°}) \times 6.06\text{kV} = 5.74e^{-j107.96°}\text{kV} \end{cases}$$

9.7 电力系统非全相运行分析和计算

电力系统在运行中，除了可能发生各种类型的短路故障外，还可能出现非全相运行状态，即三相电路中的一相或两相断开。造成非全相运行的原因很多，如某一线路单相接地后故障相断路器跳闸，分相检修线路或开关设备以及开关合闸过程中三相触头不同时接通等。发生短路时故障点 f 与零电位点形成故障端口，因此通常将短路称为横向故障。而非全相运行时相邻的 f 和 f' 两个非零点之间形成故障端口，因此称非全相运行为纵向故障。

电力系统在非全相运行时，一般情况下不会产生危险的大电流和高电压，但负序电流的出现会对发电机转子产生危害，零序电流对输电线路附近的通信会有干扰，另外，负序电流和零序电流会引起某些继电保护的误动作，因此有必要对系统处于非全相运行状态时的情况进行分析。

本节主要讨论图 9-35 所示的单相断线和两相断线的非全相运行状态。非全相运

行状态下，在故障端口 ff' 处，断开相的电流为 0、电压不降为 0，非断开相的电流不为 0、电压降为 0，因此三相电压和电流不对称。为了方便分析，假定除了故障端口 ff' 间的三相阻抗不对称外，系统其余部分的阻抗仍是三相对称的。根据对称分量法，在故障端口处出现的不对称电压可以分解为正序、负序和零序三组对称的分量，如图 9-36a 所示。再依据叠加原理，分别作出各序网络，如图 9-36b 所示。与不对称短路时一样，可以写出各序网络故障端口的电压方程为

$$\begin{cases}\Delta\dot{U}_{fa(1)}=\dot{U}_{ff'}^{(0)}-Z_{\Sigma(1)}\dot{I}_{fa(1)}\\ \Delta\dot{U}_{fa(2)}=-Z_{\Sigma(2)}\dot{I}_{fa(2)}\\ \Delta\dot{U}_{fa(0)}=-Z_{\Sigma(0)}\dot{I}_{fa(0)}\end{cases}\tag{9-57}$$

式中，$\dot{U}_{ff'}^{(0)}$ 为故障端口 ff' 的开路电压，即当 f 和 f' 两点间三相断开时，网络内电源在故障端口 ff' 处产生的电压；$Z_{\Sigma(1)}$、$Z_{\Sigma(2)}$ 和 $Z_{\Sigma(0)}$ 分别为正序、负序和零序网络从故障端口 ff' 看进去的等效阻抗。

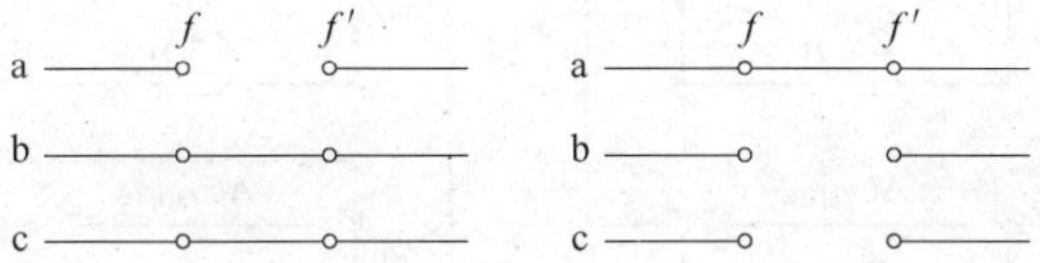

a) 单相断线　　b) 两相断线

图 9-35　非全相断线

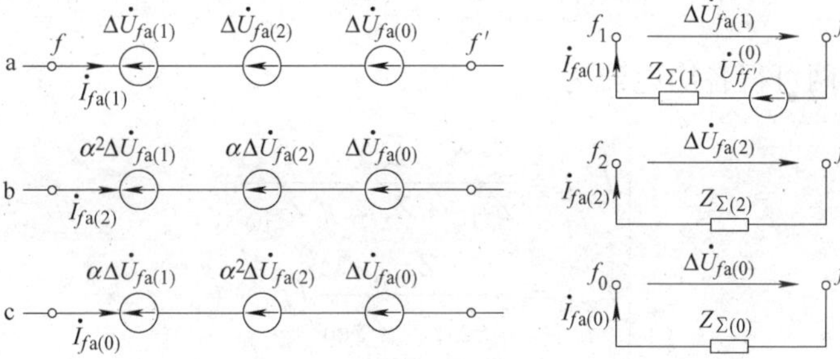

a) 故障端口处的不对称电压　　b) 各序网络

图 9-36　用对称分量法分析非全相运行

式（9-57）提供了各序电流、电压六个变量之间的三个关系式。还需根据非全相断线的具体故障边界条件列出另外三个方程，从而确定故障处电压和电流的各序分量。

9.7.1　单相断线

如图 9-35a 所示，当 a 相发生单相断线故障时，故障处的边界条件为

$$\begin{cases}\dot{I}_{fa}=0\\ \Delta\dot{U}_{fb}=\Delta\dot{U}_{fc}=0\end{cases}\tag{9-58}$$

用对称分量法表示为

$$
\begin{cases}
\dot{I}_{fa} = \dot{I}_{fa(1)} + \dot{I}_{fa(2)} + \dot{I}_{fa(0)} = 0 \\
\Delta\dot{U}_{fb} = \alpha^2\Delta\dot{U}_{fa(1)} + \alpha\Delta\dot{U}_{fa(2)} + \Delta\dot{U}_{fa(0)} = 0 \\
\Delta\dot{U}_{fc} = \alpha\Delta\dot{U}_{fa(1)} + \alpha^2\Delta\dot{U}_{fa(2)} + \Delta\dot{U}_{fa(0)} = 0
\end{cases} \tag{9-59}
$$

对式（9-59）的电压降进行整理可得到

$$
\Delta\dot{U}_{fa(1)} = \Delta\dot{U}_{fa(2)} = \Delta\dot{U}_{fa(0)} \tag{9-60}
$$

可见，单相断线故障与两相接地短路故障的边界条件相同。综合各序电压、电流表示的故障条件，可得到单相断线时的复合序网，如图 9-37a 所示。

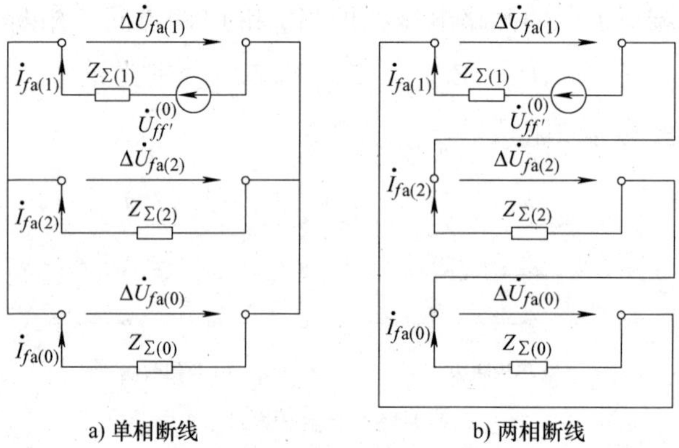

图 9-37　非全相运行的复合序网

根据复合序网可得各序电流为

$$
\begin{cases}
\dot{I}_{fa(1)} = \dfrac{\dot{U}_{ff'}^{(0)}}{Z_{\Sigma(1)} + Z_{\Sigma(2)} /\!/ Z_{\Sigma(0)}} \\
\dot{I}_{fa(2)} = -\dfrac{Z_{\Sigma(0)}}{Z_{\Sigma(2)} + Z_{\Sigma(0)}}\dot{I}_{fa(1)} \\
\dot{I}_{fa(0)} = -\dfrac{Z_{\Sigma(2)}}{Z_{\Sigma(2)} + Z_{\Sigma(0)}}\dot{I}_{fa(1)}
\end{cases} \tag{9-61}
$$

各序电压为

$$
\Delta\dot{U}_{fa(1)} = \Delta\dot{U}_{fa(2)} = \Delta\dot{U}_{fa(0)} = \frac{Z_{\Sigma(2)}Z_{\Sigma(0)}}{Z_{\Sigma(2)} + Z_{\Sigma(0)}}\dot{I}_{fa(1)} \tag{9-62}
$$

于是，得到非故障相的电流为

$$
\begin{cases}
\dot{I}_{fb} = \left(\alpha^2 - \dfrac{Z_{\Sigma(2)} + \alpha Z_{\Sigma(0)}}{Z_{\Sigma(2)} + Z_{\Sigma(0)}}\right)\dot{I}_{fa(1)} \\
\dot{I}_{fc} = \left(\alpha - \dfrac{Z_{\Sigma(2)} + \alpha^2 Z_{\Sigma(0)}}{Z_{\Sigma(2)} + Z_{\Sigma(0)}}\right)\dot{I}_{fa(1)}
\end{cases} \tag{9-63}
$$

故障相的断口电压为

$$\Delta\dot{U}_{fa}=3\Delta\dot{U}_{fa(1)} \tag{9-64}$$

9.7.2　两相断线

如图 9-35b 所示，当 b 相和 c 相发生两相断线故障时，故障处的边界条件为

$$\begin{cases}\dot{I}_{fb}=\dot{I}_{fc}=0\\ \Delta\dot{U}_{fa}=0\end{cases} \tag{9-65}$$

用对称分量法表示为

$$\begin{cases}\dot{I}_{fa(1)}=\dot{I}_{fa(2)}=\dot{I}_{fa(0)}\\ \Delta\dot{U}_{fa(1)}+\Delta\dot{U}_{fa(2)}+\Delta\dot{U}_{fa(0)}=0\end{cases} \tag{9-66}$$

可见，两相断线与单相接地短路的故障边界条件相同，两相断线的复合序网如图 9-37b 所示。由复合序网可得故障处各序电流为

$$\dot{I}_{fa(1)}=\dot{I}_{fa(2)}=\dot{I}_{fa(0)}=\frac{\dot{U}_{ff'}^{(0)}}{Z_{\Sigma(1)}+Z_{\Sigma(2)}+Z_{\Sigma(0)}} \tag{9-67}$$

于是，得到非故障相的电流为

$$\dot{I}_{fa}=3\dot{I}_{fa(1)} \tag{9-68}$$

故障相的断口电压为

$$\begin{cases}\Delta\dot{U}_{fb}=[(\alpha^2-\alpha)Z_{\Sigma(2)}+(\alpha^2-1)Z_{\Sigma(0)}]\dot{I}_{fa(1)}\\ \Delta\dot{U}_{fc}=[(\alpha-\alpha^2)Z_{\Sigma(2)}+(\alpha-1)Z_{\Sigma(0)}]\dot{I}_{fa(1)}\end{cases} \tag{9-69}$$

例题 9-8　电力系统的电气接线图如图 9-38a 所示，各元件参数与例题 9-2 相同，在平行输电线路中的第Ⅱ段线路末端 f 点发生单相断线故障，试计算断开相的断口电压和非断开相的电流。每回输电线路本身的零序电抗为 0.8Ω/km，两回输电线路间的零序互感抗为 0.4Ω/km。

解　1）计算各序网络和各序等效参数。正序网络和负序网络的参数可参照例题 9-2。对于输电线路，零序网络采用消去互感的等效电路。

x_1、x_2、$x_5\sim x_8$ 的电抗值对应取自例题 9-2 的计算结果，这里只计算零序网络中输电线路的零序电抗，为

$$x_9=x_{10}=x_{\mathrm{I}(0)}-x_{\mathrm{I-II}(0)}=(0.8-0.4)\times105\times\frac{120}{115^2}=0.38$$

$$x_{11}=x_{\mathrm{I-II}(0)}=0.4\times105\times\frac{120}{115^2}=0.38$$

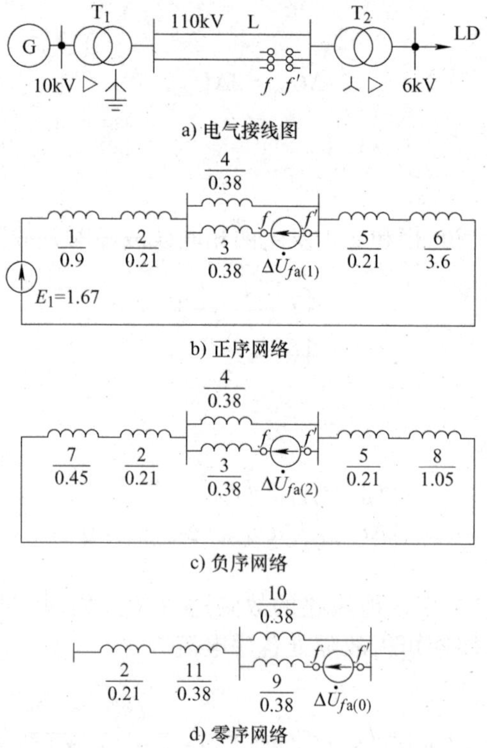

图 9-38 例题 9-8 的电力系统

2）计算故障端口的开路电压和各序网络电抗，分别为

$$U_{ff'}^{(0)}=\frac{E_1x_4}{x_1+x_2+x_4+x_5+x_6}=\frac{1.67\times0.38}{0.9+0.21+0.38+0.21+3.6}=0.12$$

$$x_{\Sigma(1)}=(x_1+x_2+x_5+x_6)//x_4+x_3=\frac{(0.9+0.21+0.21+3.6)\times0.38}{0.9+0.21+0.21+3.6+0.38}+0.38=0.733$$

$$x_{\Sigma(2)}=(x_7+x_2+x_5+x_8)//x_4+x_3=\frac{(0.45+0.21+0.21+1.05)\times0.38}{0.45+0.21+0.21+1.05+0.38}+0.38=0.697$$

$$x_{\Sigma(0)}=x_9+x_{10}=0.38+0.38=0.76$$

3）计算故障端口处电流和电压各序分量的标幺值。设 $\dot{U}_{ff'}^{(0)}=\mathrm{j}0.12$，则有

$$\begin{cases}\dot{I}_{fa(1)*}=\dfrac{\dot{U}_{ff'}^{(0)}}{\mathrm{j}(x_{\Sigma(1)}+x_{\Sigma(2)}//x_{\Sigma(0)})}=\dfrac{0.12}{0.733+0.697\times0.76/(0.697+0.76)}=0.109\\ \dot{I}_{fa(2)*}=-\dfrac{x_{\Sigma(0)}}{x_{\Sigma(2)}+x_{\Sigma(0)}}\dot{I}_{fa(1)*}=-\dfrac{0.76}{0.697+0.76}\times0.109=-0.057\\ \dot{I}_{fa(0)*}=-\dfrac{x_{\Sigma(2)}}{x_{\Sigma(2)}+x_{\Sigma(0)}}\dot{I}_{fa(1)*}=-\dfrac{0.697}{0.697+0.76}\times0.109=-0.052\end{cases}$$

$$\Delta\dot{U}_{fa(1)*}=\Delta\dot{U}_{fa(2)*}=\Delta\dot{U}_{fa(0)*}=\mathrm{j}(x_{\Sigma(2)}//x_{\Sigma(0)})\dot{I}_{fa(1)*}=\mathrm{j}\frac{0.697\times0.76}{0.697+0.76}\times0.109=\mathrm{j}0.04$$

4）计算故障端口处断开相断口电压和非断开相电流的有名值，分别为

$$\Delta\dot{U}_{\mathrm{a}}=(\Delta\dot{U}_{fa(1)*}+\Delta\dot{U}_{fa(2)*}+\Delta\dot{U}_{fa(0)*})\frac{U_{\mathrm{B}}}{\sqrt{3}}=\mathrm{j}(0.04+0.04+0.04)\times\frac{115}{\sqrt{3}}\mathrm{kV}=\mathrm{j}7.967\mathrm{kV}$$

$$\begin{cases}\dot{I}_{\mathrm{b}}=(\alpha^2\dot{I}_{fa(1)*}+\alpha\dot{I}_{fa(2)*}+\dot{I}_{fa(0)*})\dfrac{S_{\mathrm{B}}}{\sqrt{3}U_{\mathrm{B}}}\\ \quad=(0.109\mathrm{e}^{\mathrm{j}240^\circ}-0.057\mathrm{e}^{\mathrm{j}120^\circ}-0.052)\dfrac{120}{\sqrt{3}\times115}\mathrm{kA}=0.099\mathrm{e}^{-\mathrm{j}118.4^\circ}\mathrm{kA}\\ \dot{I}_{\mathrm{c}}=(\alpha\dot{I}_{fa(1)*}+\alpha^2\dot{I}_{fa(2)*}+\dot{I}_{fa(0)*})\dfrac{S_{\mathrm{B}}}{\sqrt{3}U_{\mathrm{B}}}\\ \quad=(0.109\mathrm{e}^{\mathrm{j}120^\circ}-0.057\mathrm{e}^{\mathrm{j}240^\circ}-0.052)\dfrac{120}{\sqrt{3}\times115}\mathrm{kA}=0.099\mathrm{e}^{\mathrm{j}118.4^\circ}\mathrm{kA}\end{cases}$$

9.8 基于 MATLAB 电力系统故障的暂态过程仿真

前面的电力系统故障分析计算中，更多关注的是发生故障瞬间（t=0 时）电流和电压的周期分量，为了更清晰、直观地看到系统故障时电流等电气量的变化过程，本节利用 MATLAB 中的 Simulink 工具对系统故障的暂态过程进行仿真。

9.8.1 无限大功率电源供电系统三相短路的暂态过程仿真

基于 MATLAB 软件，对图 9-39 所示的电力系统中 f 点发生三相短路故障的暂态过程进行仿真。

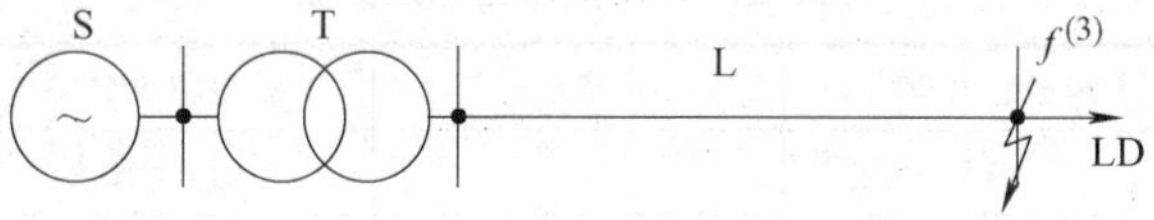

图 9-39 电力系统的电气接线图

基于MATLAB的电力系统故障仿真操作

1. 建立仿真电路

在 MATLAB 运行环境下，从 SimPowerSystem 模块库中选择与图 9-39 对应的元件添加到新建的模型窗口中，创建无限大功率电源供电系统三相短路的仿真电路，如图 9-40 所示。

无限大功率电源选用“Three-Phase Source”模型，变压器选用“Three-Phsse Transformer（Two Windings）”模型，输电线路选用“Line”模型，负荷选用“Three-phase Series RLC Load”和“Three-Phase Parallel RLC Load”模型；选用三相电压电流测量模块“Three-Phase V-I Measurement”监测电源向短路点提供的短路电流，选用示波器模块“Scope”以便于观测电压和电流波形，短路点的故障类型通过三相短路故

障模块“Three-Phase Fault”来设置，选用电力系统图形用户截面“Powergui”模块完成对模型电路的仿真。

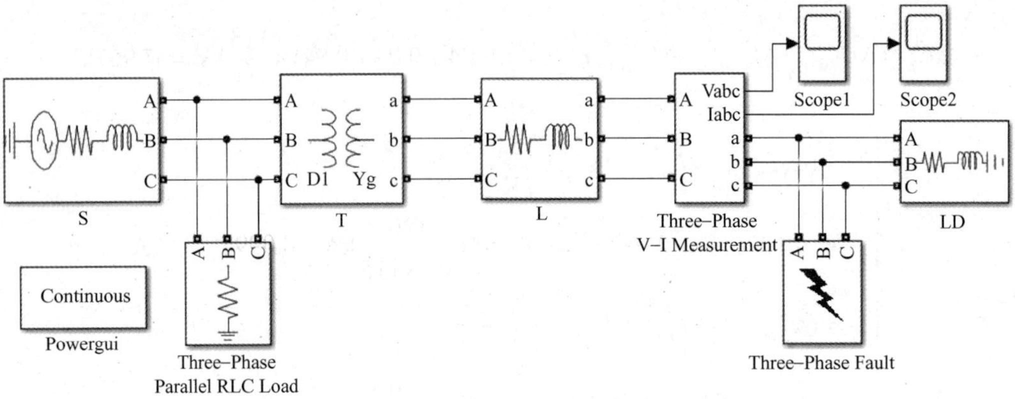

图 9-40　无限大功率电源供电系统三相短路的仿真电路

2. 设置仿真参数

（1）无限大功率电源

三相电源电压为 10.5kV，频率为 50Hz，Yg 联结。这里的 Yg 联结是指三相绕组星形联结，中性点直接接地。

（2）变压器

双绕组变压器额定容量为 25MVA，电压比为 10.5/121，空载损耗为 27.5kW，短路损耗为 104kW，空载电流百分数为 0.9，短路电压百分数为 10.5。在变压器模块中采用有名制参数，根据变压器铭牌数据，计算得到一、二次绕组和励磁绕组的电阻和电感。升压变压器输入数据见表 9-2。

表 9-2　升压变压器输入数据

	额定电压 /kV	联结方式	电阻 R/Ω	电感 L/H
一次绕组	10.5	D11	9.17×10^{-3}	7.37×10^{-4}
二次绕组	121	Yg	1.218	0.0979
励磁绕组	—	—	4.01×10^{3}	1.56

需要注意的是，仿真时需要输入的元件数据是电感而不是电抗，这是与前面计算时所用数据的不同之处。

（3）输电线路

110kV 输电线路采用钢芯铝绞线，输电线路的单位电阻和电抗分别为 0.105Ω/km 和 0.4Ω/km，输电线路长度为 90km。

（4）负荷

串联的 RLC 负载功率为 20MVA，cos φ=0.8，电压为 110kV，频率为 50Hz。

仿真参数选择可变步长的 ode23t 算法，仿真起始时间为 0s，终止时间为 0.2s，其他参数采用默认数值。在三相线路故障模块中设置 0.04s 发生三相短路故障。

3. 仿真结果

得到无限大功率电源供电系统三相短路时的电流、电压仿真波形，如图 9-41 所示。

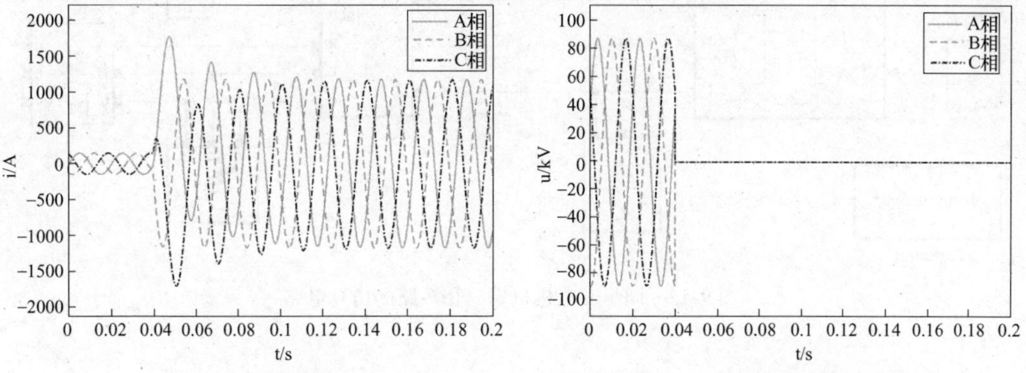

a) 电流仿真波形　　b) 电压仿真波形

图 9-41　无限大功率电源供电系统三相短路时的电流、电压仿真波形

短路发生前系统处于稳定运行状态，三相电压、电流对称。当 0.04s 发生三相短路时，三相电压迅速降为 0；电流快速上升变为短路电流，并且发生短路后大约半个周期短路电流出现了最大瞬时值。从电流波形可以看到短路电流包括周期分量和非周期分量，非周期分量经过几个周期后衰减为 0，短路电流也经过暂态过程进入短路后的稳态，三相电流保持对称。仿真结果符合前面的理论分析。

根据给出的各元件参数，短路前稳态运行时由潮流计算可得负荷点处各相对地电压幅值为 87.58kV，电源向负荷提供的电流幅值为 0.15225kA。由近似计算法得到发生三相短路后短路电流的幅值为 1.03kA。计算结果与仿真运算分析基本相符。

9.8.2　有限容量电源供电系统三相短路的暂态过程仿真

1. 同步发电机机端三相短路的暂态过程仿真

同步发电机机端三相短路的仿真电路如图 9-42 所示。图 9-42 中的电源模块选用“Synchronous Machine pu Standard”模型，设置额定电压 U_N=13.8kV，频率 f=50Hz，额定功率 P_N=20MW；d 轴电抗为 x_d=1.0，x_d' =0.3，x_d'' =0.21；q 轴电抗为 x_q=0.6，x_q'' =0.31；漏电抗 x_σ=0.15；d 轴短路时间常数 T_d' =1.64，T_d'' =0.34；q 轴开路时间常数 T_{q0}'' =0.34。由于发电机模块相当于电流源，因此需要在同步发电机端口处并联一个负荷。在同步发电机机端设置三相短路，于是得到电流仿真波形如图 9-43 所示。

从仿真结果可以看到，定子绕组短路电流含有周期分量和直流分量，直流分量最后衰减为 0，并且三相中的直流分量不相等。励磁绕组短路电流含有直流分量和交流分量，交流分量最后衰减为 0。

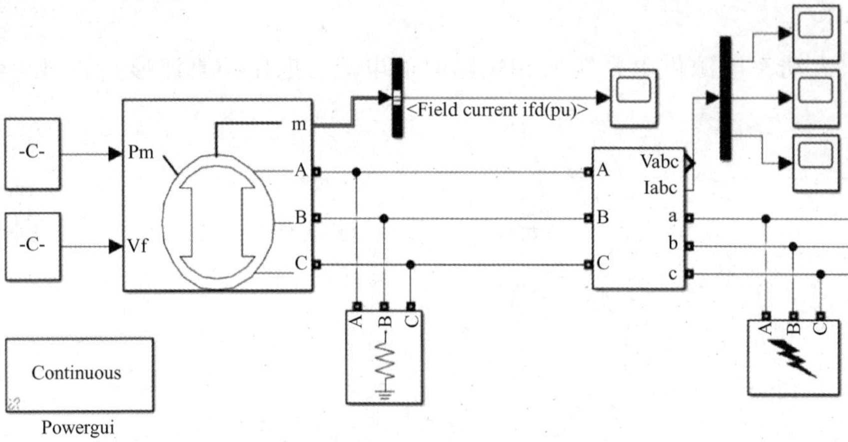

图 9-42　同步发电机机端三相短路的仿真电路

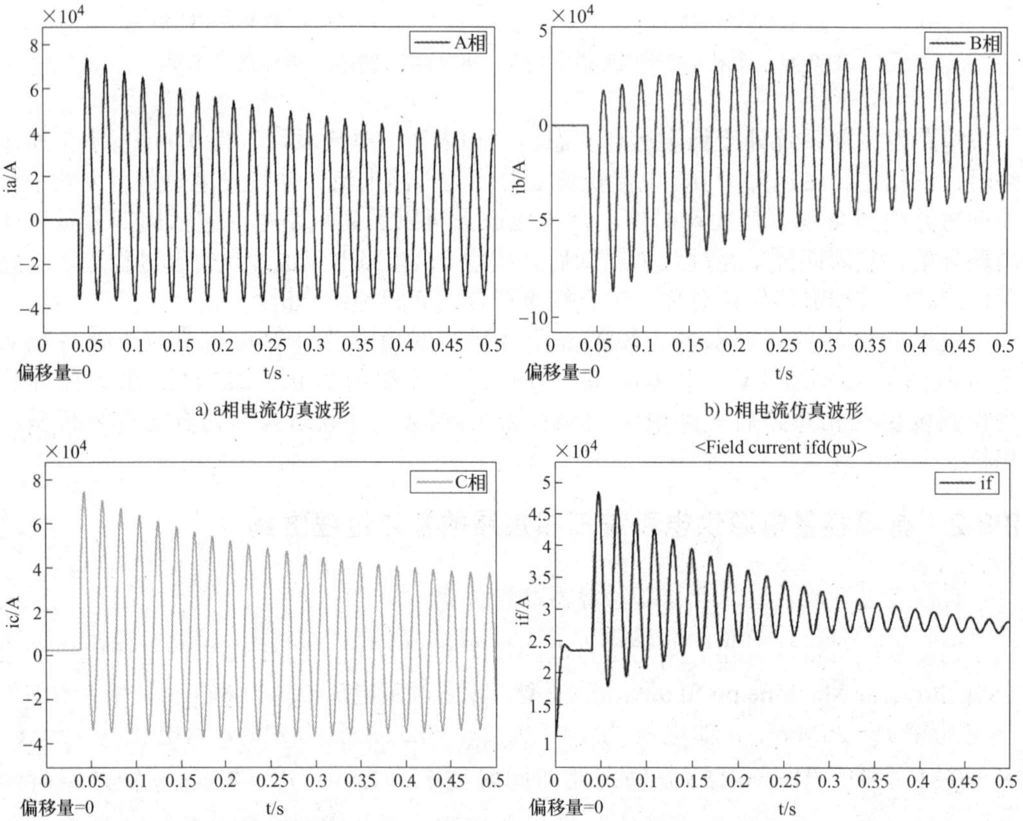

a) a相电流仿真波形

b) b相电流仿真波形

c) c相电流仿真波形

d) 励磁绕组电流仿真波形

图 9-43　同步发电机机端三相短路时的电流仿真波形

2. 同步发电机供电系统三相短路的暂态过程仿真

针对图 9-39 所示电力系统搭建同步发电机供电系统三相短路的仿真电路，如图 9-44 所示，除同步发电机外的其他元件参数与图 9-40 相同，得到同步发电机供电系统三相短路时的电流仿真波形，如图 9-45 所示。

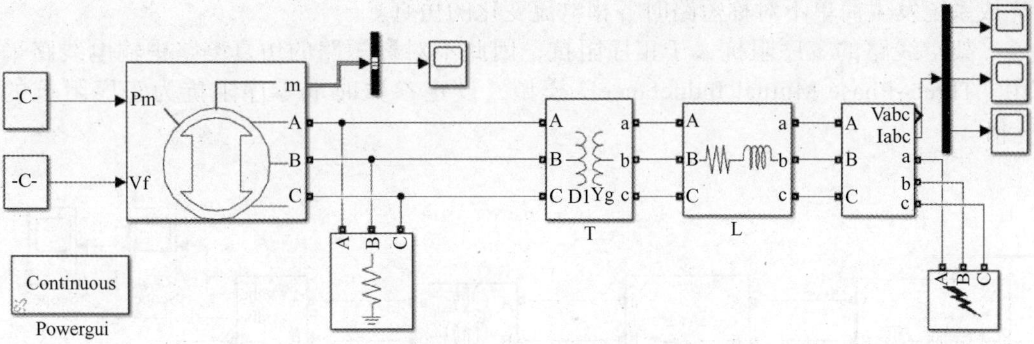

图 9-44　同步发电机供电系统三相短路的仿真电路

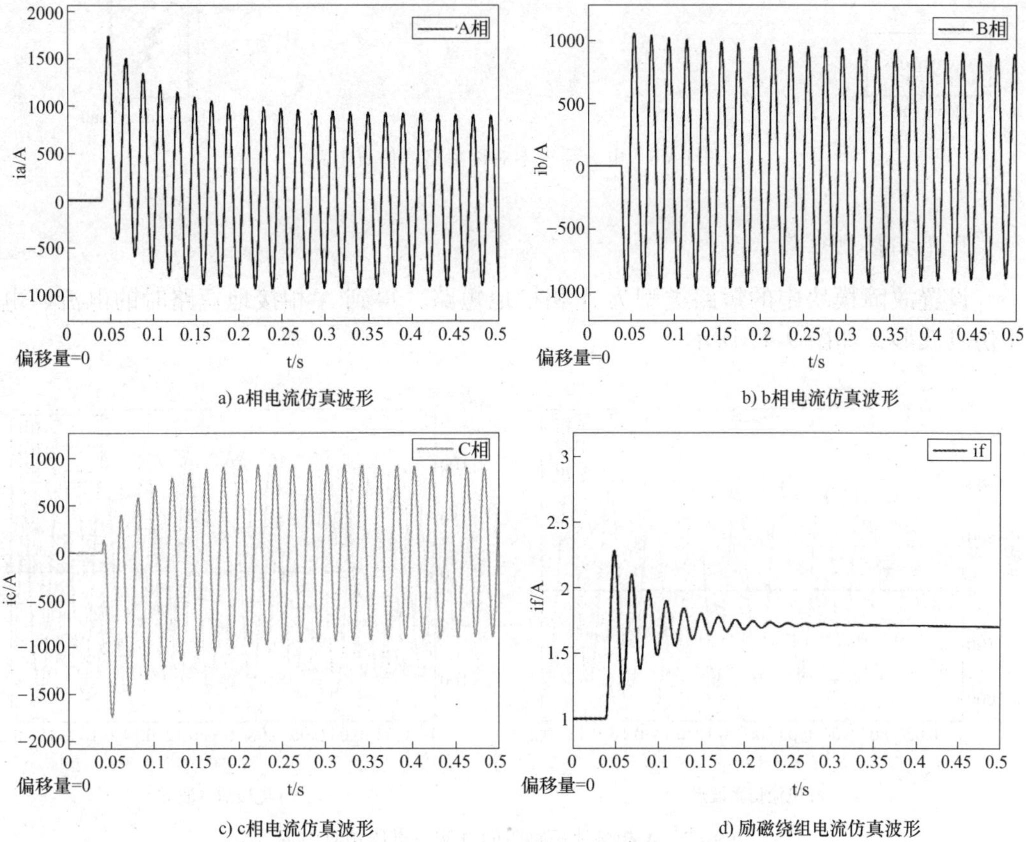

a) a相电流仿真波形　　b) b相电流仿真波形

c) c相电流仿真波形　　d) 励磁绕组电流仿真波形

图 9-45　同步发电机供电系统三相短路时的电流仿真波形

经过计算可得到进入短路后稳态时的各相短路电流幅值为 0.909kA，计算结果与仿真结果基本相符。

另外对比图 9-43 和图 9-45 所示的电流仿真波形，由于短路点远离电源点，图 9-45 中的暂态过程更短，短路电流很快进入到短路后的稳态过程。

9.8.3　电力系统不对称短路的暂态过程仿真

针对图 9-39 所示电力系统搭建电力系统不对称短路的仿真电路，如图 9-46 所示，完成系统发生简单不对称短路时各相电流变化的仿真。

架空线路的零序阻抗大于正序阻抗，因此不对称短路的仿真电路中输电线路采用“Three–Phase Mutual Inductance”模型，设定参数时取零序阻抗为正序阻抗的3倍。

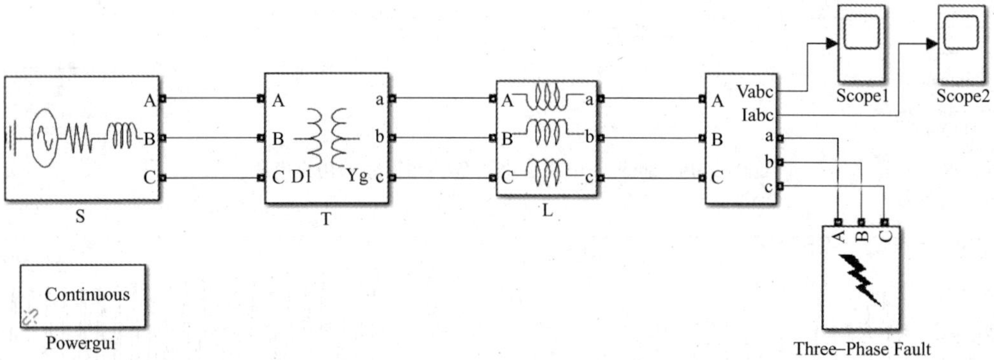

图 9-46　电力系统不对称短路的仿真电路

1. 单相接地短路

设置故障模块中的短路类型为 A 相接地短路，得到 A 相接地短路时的电流、电压仿真波形，如图 9-47 所示。

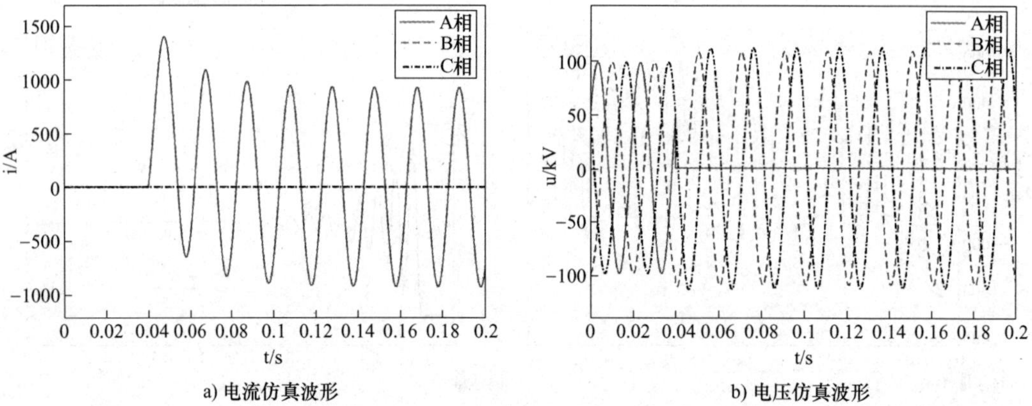

a) 电流仿真波形　　b) 电压仿真波形

图 9-47　A 相接地短路时的电流、电压仿真波形

从仿真波形可见，发生故障后，故障相（A 相）对地电压为 0，非故障相（B 相、C 相）对地电流为 0。

结合实际数据，通过计算得到发生单相接地短路时，短路点处的非故障相电压幅值为 105.01kV，故障相接地电流幅值为 0.813kA。仿真结果与计算结果基本相符。

2. 两相短路

设置故障模块中的短路类型为 B、C 两相短路，得到 B、C 两相短路时的电流、电压仿真波形，如图 9-48 所示。

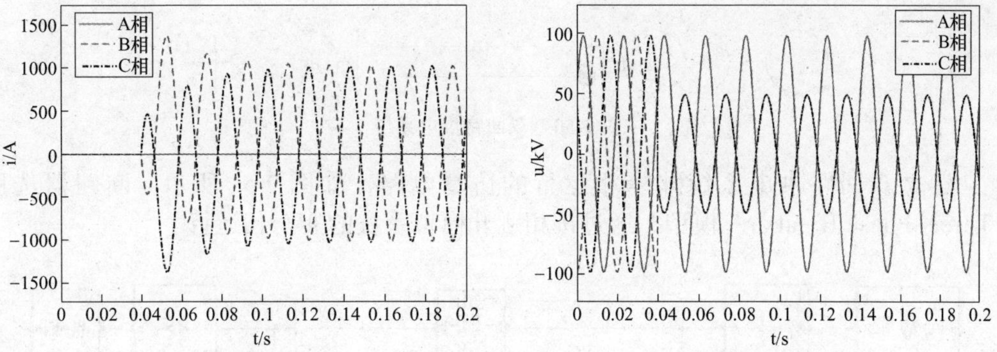

a) 电流仿真波形　　b) 电压仿真波形

图 9-48　B、C 两相短路时的电流、电压仿真波形

从仿真波形可见，故障相（B 相、C 相）电流大小相等、相位相反，非故障相（A 相）电压大小是故障相（B 相、C 相）电压大小的 2 倍，并且故障相与非故障相电压相位相反。

通过对两相短路进行计算，得到故障相电流幅值为 0.889kA，非故障相对地电压幅值为 93.9kV。仿真结果与计算结果基本相符。

3. 两相接地短路

设置故障模块中的短路类型为 B、C 两相接地短路，得到 B、C 两相接地短路时的电流、电压仿真波形，如图 9-49 所示。

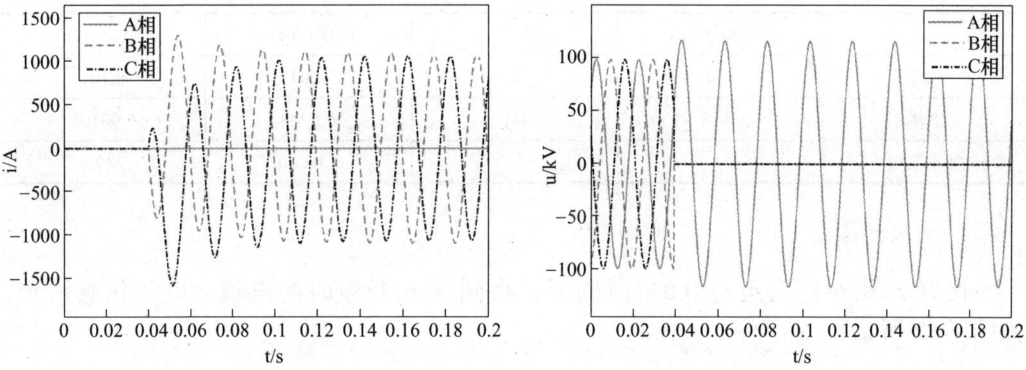

a) 电流仿真波形　　b) 电压仿真波形

图 9-49　B、C 两相接地短路时的电流、电压仿真波形

从仿真波形可见，故障相（B 相、C 相）电流大小相等，对地电压为 0。

通过对两相接地短路进行计算，得到故障相电流幅值为 0.954kA，非故障相对地电压幅值为 110.04kV。仿真结果与计算结果基本相符。

9.8.4　电力系统非全相运行的暂态过程仿真

图 9-50 所示为双回路供电系统，分析其中一回输电线路首端发生非全相运行时各相电流的变化过程。

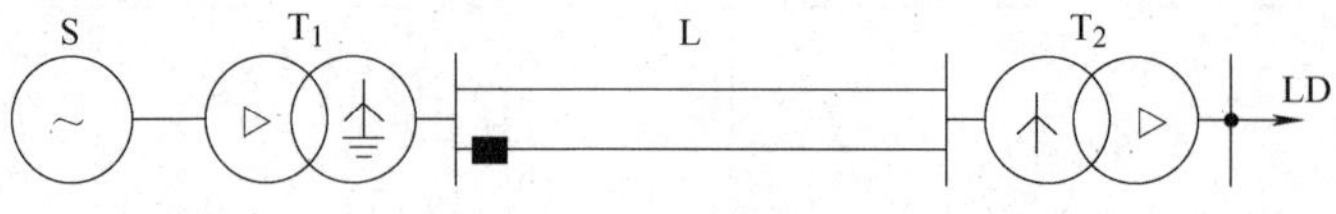

图 9-50　双回路供电系统

建立双回路供电系统非全相运行的仿真电路，如图 9-51 所示。断路器选用“Three-Phase Breaker”模型，通过按相跳开模拟系统的非全相运行。

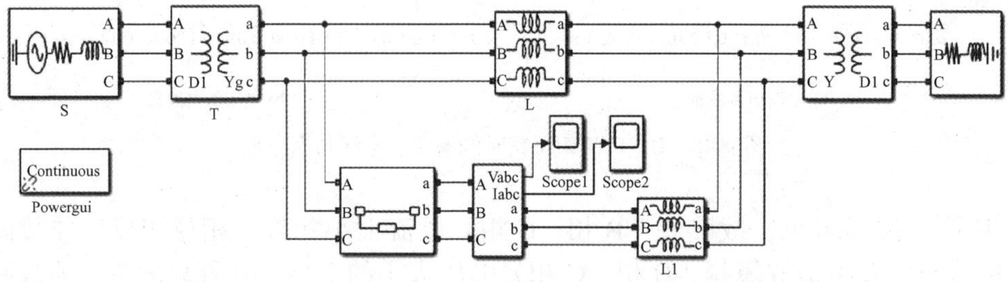

图 9-51　双回路供电系统非全相运行的仿真电路

图 9-51 中，无限大功率电源、升压变压器 T_1、输电线路和负荷的模型和参数均采用前面的设置；降压变压器 T_2 的参数如下：额定容量为 20MVA，电压比为 110/11，空载损耗为 22kW，短路损耗为 135kW，空载电流百分数为 0.8，短路电压百分数为 10.5。计算得到一、二次绕组和励磁绕组的电阻和电感。降压变压器输入数据见表 9-3。

表 9-3　降压变压器输入数据

	额定电压 /kV	联结方式	电阻 R/Ω	电感 L/H
一次绕组	110	Y	2.04	0.101
二次绕组	11	D1	0.0204	0.00101
励磁绕组	—	—	5.5×10^5	240.8

1. 单相断线

设置 A 相在稳态运行 0.04s 时断开，得到 A 相断线时的电流、电压仿真波形，如图 9-52 所示。

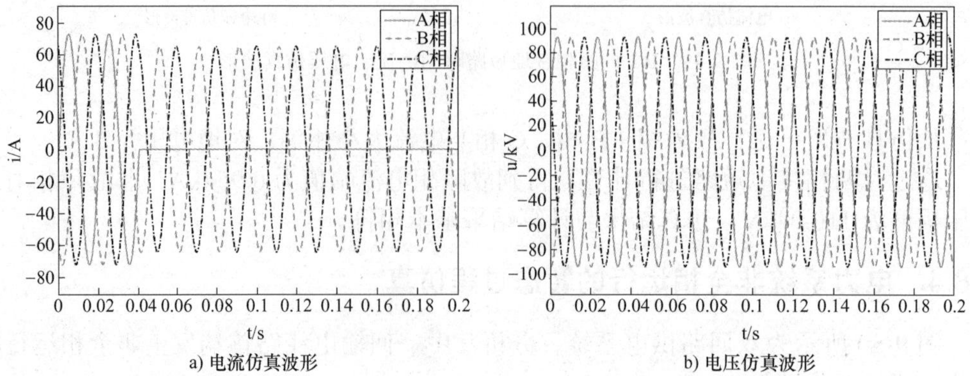

a) 电流仿真波形　　b) 电压仿真波形

图 9-52　A 相断线时的电流、电压仿真波形

从仿真波形可见，发生单相断线故障后，断开相电流为 0，非断开的两相电流变小，但电流数值相等，三相的对地电压保持不变。

通过计算得到发生单相断线故障前线路中各相电流幅值为 0.0761kA，发生单相断线故障后非断开相电流幅值为 0.0672kA。仿真结果与计算结果基本相符。

2. 两相断线

设置 B、C 两相在稳态运行 0.04s 时断开，得到 B、C 两相断线时的电流、电压仿真波形，如图 9-53 所示。

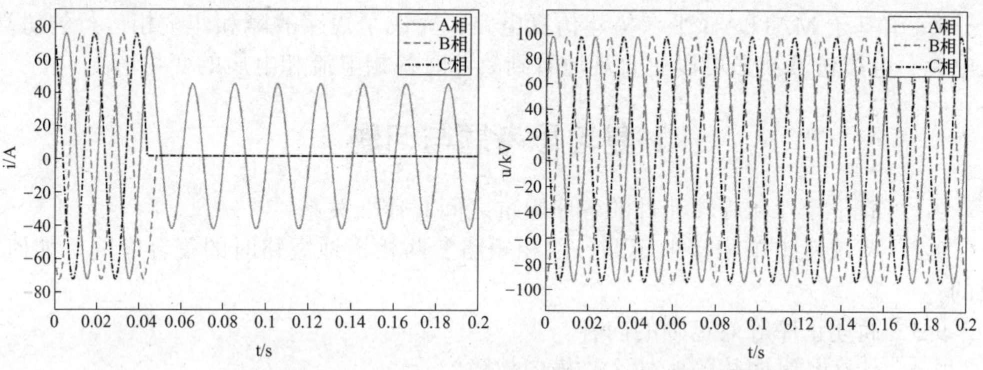

a) 电流仿真波形　　b) 电压仿真波形

图 9-53　B、C 两相断线时的电流、电压仿真波形

从仿真波形可见，发生两相断线故障后，断开相电流为 0，非断开相电流变小，三相的对地电压保持不变。

通过计算得到发生两相断线后非断开相电流大小为 0.0451kA。仿真结果与计算结果基本相符。

本章小结

本章基于对称分量法讲解了发生不对称短路和非全相运行时故障电流的计算过程。

9.1 节利用对称分量法实现了 a、b、c 三相分量与正、负、零序分量之间的变换。在三相参数对称的线性电路中，各序分量之间彼此独立。

9.2 节详细分析了电力系统各元件的序阻抗。同步发电机和异步电动机的各序参数不相等；输电线路和变压器的正、负序参数相等，变压器的零序参数与变压器的铁心结构、绕组联结方式等因素有关；架空线路的零序电抗大于正序电抗，其数值大小与输电线路回路数、是否有架空地线及架空地线的材质等因素有关。

9.3 节讲解了运用对称分量法分析不对称短路的条件是：认为除故障点外系统内其余元件参数是对称的，且不考虑非线性参数。

9.4 ～ 9.6 节讲解了简单不对称短路的计算。计算不对称短路电流的步骤是先建立正、负、零序网络，确定各序等效电抗，再依据正序等效定则得到正序电流，继而求出各序电流、电压在网络中的分布，最后利用对称分量法求出故障相电流和非故障相电压。

在将各序分量合成各相量时，要注意各序分量经过变压器时绕组联结方式对各序分量相位的影响。例如，对于 YNd11 联结，电流由一次绕组进入，经二次绕组流出，正序分量相位逆时针转过 30°，负序分量相位则顺时针转过 30°。

利用短路电流计算曲线表求取不对称短路电流时，先利用正序等效定则，确定附加电抗 $x_{\Delta}^{(n)}$，再求出各等效电源点与短路点之间的计算电抗，$x_{\Delta}^{(n)}$ 使计算电抗变大，从而使电源性质对短路电流的影响变小。

9.7 节介绍了电力系统非全相运行分析和计算。电力系统的故障包括短路故障和断线故障（非全相运行），其中短路故障称为横向故障，断线故障称为纵向故障。断线故障的分析方法与短路故障相同。

9.8 节基于 MATLAB 平台搭建仿真电路，完成了短路故障和非全相运行的仿真，从电流、电压仿真波形可以更直观地看到故障时各相电流和电压的变化情况。

复习思考题与习题

9-1　静止元件和旋转元件的各序阻抗之间有什么关系？

9-2　系统发生单相接地短路、两相短路、两相接地短路时的复合序网是如何构成的？

9-3　简述正序等效定则的内容。

9-4　什么是纵向故障？什么是横向故障？

9-5　单相断线、两相断线的复合序网分别与哪种短路故障的复合序网构成相同？

9-6　说出利用短路电流计算曲线表求取不对称短路故障相电流的计算步骤。

9-7　经过 YNd11 联结变压器时零序电流的相位有什么变化？

9-8　在图 9-54 所示的系统中，当 f 点发生接地短路时，试绘制其零序网络。（所有变压器均为非三相三柱式变压器）

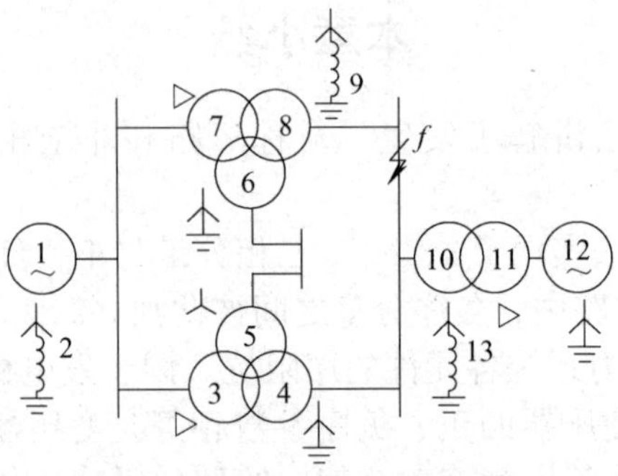

图 9-54　题 9-8 的电气接线图

9-9　在图 9-55 所示的系统中，当 f 点发生接地短路时，试绘制其正序网络和零序网络。

9-10　系统的电气接线图如图 9-56 所示，f 点发生两相接地短路。请问：

1）正、负序电流流过变压器中性点接地电抗 x_n 吗？

2）x_n 的大小对正序电流有影响吗？

3）如果发生的是两相短路，再请回答以上两个问题。

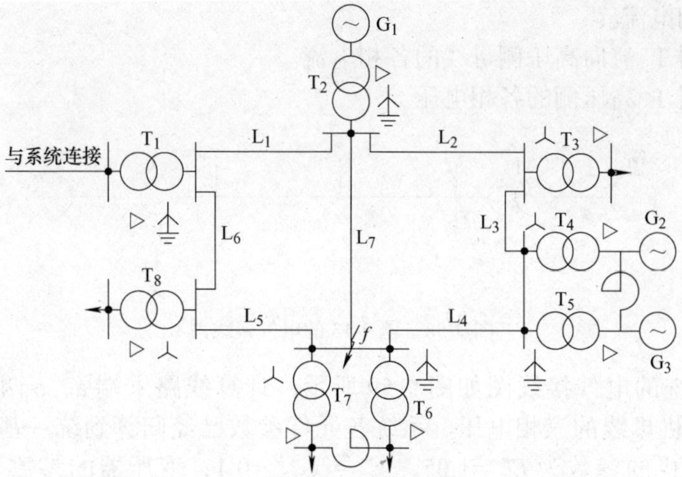

图 9-55　题 9-9 的电气接线图

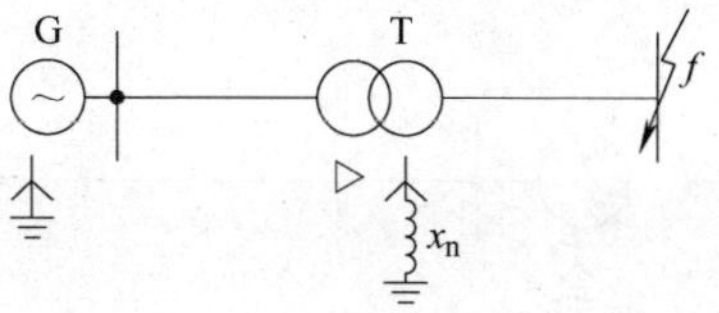

图 9-56　题 9-10 的电气接线图

9-11　系统的电气接线图如图 9-56 所示，系统参数如下：发电机的参数为 S_{GN}=60MVA，U_{GN}=10.5kV，$x''=x_{G(2)}$=0.1；变压器的参数为 S_{TN}=60MVA，U_{1N}/U_{2N}=10.5/121，$U_k\%$=10.5；接地电抗为 x_n=30Ω。试求发生三相短路、单相接地短路、两相短路、两相接地短路时短路点故障相短路电流的有名值。

9-12　系统的电气接线图如图 9-57 所示，已知条件如下：发电机的参数为 S_{GN}=100MVA，U_{GN}=10.5kV，$x''=x_{G(2)}$=0.1；变压器的参数为 S_{TN}=31.5MVA，U_{1N}/U_{2N}=10.5/121，$U_k\%$=10.5。当 f 点发生两相短路接地时，试求 0.2s 通过变压器 T_2 中性点流入大地的电流和变压器 T_1 高压侧短路电流的有名值。

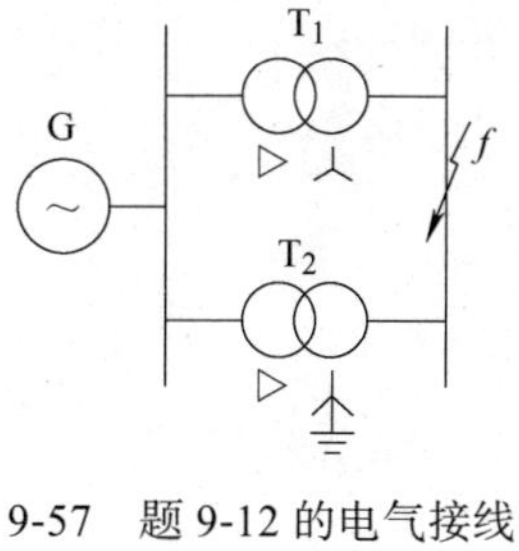

图 9-57　题 9-12 的电气接线图

9-13　系统的电气接线图如图 9-58 所示，各元件参数已经归算到统一基准值下的标幺值如下：发电机 G_1 的参数为 $E_{G1}=1.05\angle 0°$，$x_{G1(1)}=x_{G1(2)}$=0.12；发电机 G_2 的参数为 $E_{G2}=1.05\angle 0°$，$x_{G2(1)}=x_{G2(2)}$=0.14；变压器 T_1 的参数为 x_{T1}=0.1；变压器 T_2 的参数为 x_{T2}=0.12，x_n=0.2；输电线路 L 的参数为 $x_{L(1)}=x_{L(2)}$=0.4，$x_{L(0)}$=1.2。输电线路首端 C 相发生接地短路，试求：

1）故障相电流。

2）变压器 T_1 流向高压侧母线的各相电流。

3）变压器 T_2 高压侧的各相电压。

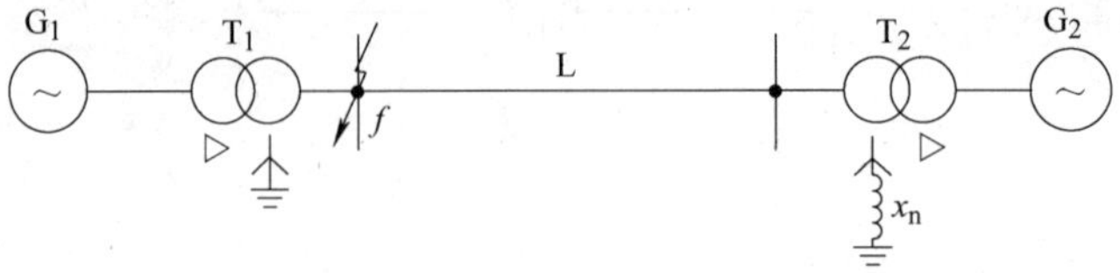

图 9-58　题 9-13 的电气接线图

9-14　系统的电气接线图如图 9-59 所示，计算线路末端 a、b 两相断线时 c 相的电流和发电机母线的三相电压。系统各元件参数已经归算到统一基准值下的标幺值如下：发电机的参数为 $E''_G=1.05$，$x''_G=x_{G(2)}=0.1$；变压器的参数为 $x_T=0.05$，变压器为 YNd11 联结；输电线路的参数为 $x_{L(1)}=0.1$，$x_{L(0)}=0.2$；负荷的参数为 $x_{LD(1)}=x_{LD(2)}=2$。

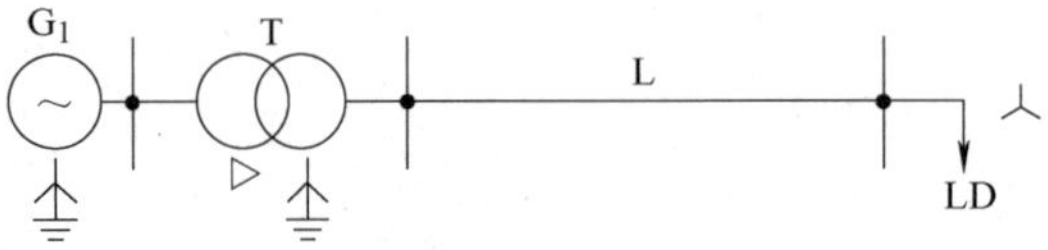

图 9-59　题 9-14 的电气接线图

第10章 电力系统运行稳定性

10.1 概述

10.1.1 电力系统稳定性的概念

随着电力的发展，电力系统的规模日趋扩大，输电距离越来越远，跨省、区的大型电网相继出现，经济效益和供电可靠性得到了提高，同时带来了一系列复杂的技术问题。电力系统运行的稳定性问题就是其中的一个突出问题。

在电力系统中，所有同步发电机并联运行。使并联的所有发电机保持同步是电力系统正常运行的基本条件之一。同步是指所有并联运行的发电机都有相同的电角度。在同步运行状态下，表征运行状态的参数具有接近于不变的数值，通常将此情况称为稳定运行状态。

同步发电机的频率或电角度与它的转速有密切的关系，而转速的变化取决于作用在发电机转轴上的转矩。作用于发电机转轴上的转矩主要由两部分组成：起驱动作用的由原动机提供的机械转矩和起制动作用的发电机产生的电磁转矩。正常运行时，驱动的机械转矩与制动的电磁转矩是平衡的，此时发电机转子转速不变，角加速度为0。但是，转矩的这种平衡状态只是相对的、暂时的。由于电力系统的负荷时时都在改变，因此发电机的电磁转矩也随之变化。在惯性的作用下，原动机的机械转矩不能瞬时适应这一变化。因此，这种平衡状态将不断被打破，从而引起发电机转速、频率的变化。一般情况下，由于各发电机组功率不平衡的程度不同，发电机组转速变化的规律也不同，有的变化较大，有的变化较小，甚至导致一部分发电机组因输出功率减小而加速时，而另一部分发电机组因输出功率增大而减速，从而使原来保持同步运行的各发电机组的转子之间产生相对运动。若各发电机组在经历一段相对运动过程后能重新恢复到原来的平衡状态，或者在某一新的平衡状态下同步运行，则称这样的电力系统是稳定的。反之，若在受到扰动后各发电机组间产生很剧烈的振荡，最后导致机组之间失去同步运行，则称这样的电力系统是不稳定的。电力系统失去稳定性后，所有用户将失去供电，造成灾难性的后果。

电力系统稳定性就是指在受到外界干扰的情况下发电机组间维持同步运行的能力。研究电力系统稳定性，就是分析系统受到扰动后同步发电机转子间相对运动状态的变化规律，从而判断电力系统是否具有稳定性，分析如何提高电力系统稳定性。

当电力系统失去稳定时，系统内的同步发电机失步，系统发生振荡，会使并列的系统解列，可能造成大面积的用户停电。因此，失去稳定性是电力系统最严重的故障。

电力系统稳定性与系统的发展密切相关。对于早期孤立运行的发电厂，发电机并列运行在公共母线上，并列运行的稳定性问题并不严重。随着系统容量和供电范围的扩大，许多发电厂并联运行在同一电力系统时，并列运行的稳定性问题日益严重。特别是在现代电力系统中，稳定性问题成为制约交流远距离输电的决定性因素。

10.1.2 电力系统稳定性的分类

2019年12月31日国家能源局发布的GB 38755—2019《电力系统安全稳定导则》中将电力系统稳定分为功角稳定、电压稳定和频率稳定三大类。如果根据失稳现象分，电力系统稳定性分为低频振荡和次同步振荡。本章主要讲述功角稳定性，功角稳定性分为静态稳定性、动态稳定性和暂态稳定性。

功角稳定性问题是一个机械运动过程和电磁暂态过程交织在一起的复杂问题，属于电力系统机电暂态过程的范畴。分析电磁暂态过程时，认为旋转电机的转速保持不变，重点研究暂态过程中电流和电压的变化。而分析机电暂态过程时，研究的重点是旋转电机的机械运动，因此不能忽略旋转电机转速的变化。

下面利用简单电力系统（见图 10-1）分析一下转速与功角的关系。

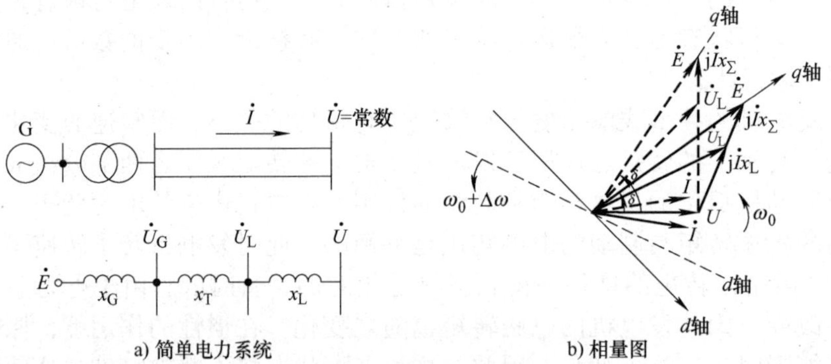

图 10-1 简单电力系统及其相量图

如图 10-1a 所示，一台发电机经变压器、输电线路与无限大容量系统相连。假设发电机为隐极发电机，其等效电动势$\dot{E}$的幅值为常数。正常运行时，发电机与无限大容量系统是同步运行，在相量图中$\dot{E}$和$\dot{U}$以同一角速度ω_0旋转，$\dot{E}$和$\dot{U}$之间的相位差δ又称为功角，在负荷不变的情况下，功角为常数。发电机送出的电流和功率都是一定的，各相量之间的关系维持不变，它们都是δ的函数。当然，这时系统任一点的电压，如相量图中的输电线路始端电压也是一定的。显然，功角δ是这个系统的状态变量。若由于某种扰动使发电机的转速不再保持同步转速，例如转速增加，则相量$\dot{E}$旋转的速度比$\dot{U}$旋转的速度快，$\dot{E}$和$\dot{U}$之间的相位差δ不再是常数。图 10-1b 所示相量图中虚线表示$\dot{E}$对$\dot{U}$的相对运动。如果$\dot{E}$和$\dot{U}$一直不同步，即δ不断地变化，由相量图即可看出电流$\dot{I}$和系统中任一点电压的幅值将不断振荡，输送功率也不断振荡，以致系统不能正常工作，这种情况即为系统功角不稳定。

电力系统在发生功角失稳的动态过程中表现出不同的特征，因此分析研究功角稳定性时将其分类并采取不同的分析方法和控制策略。

1. 静态稳定性

电力系统在运行中时刻受到小扰动，如负荷的随机变化、汽轮机蒸汽压力的波动、发电机端电压发生小的偏移等。在小扰动作用下，系统将会偏离平衡点。若这种偏离很小，在小扰动消失后，系统能够自动地重新恢复到原来的平衡状态，则称系统具有静态稳定性；若偏离不断扩大，系统不能重新恢复原来的平衡状态，则系统不具有静态稳定性。

2. 动态稳定性

电力系统受到小扰动时，若考虑到调节器及元件的动态，并分析它在暂态过程后能否趋于或接近原来的稳定工况运行的问题称为动态稳定分析。动态稳定分析的内容主要包括如下三个方面。

1）电力系统受小扰动时发电机转子间由于阻尼不足而引起的持续低频振荡。

2）电力系统机电耦合互作用而引起的次同步振荡和轴系扭振。

3）考虑负荷动态特性和有载调压变压器作用时的电压动态稳定问题。

由于各类问题的物理本质不同、影响因素不同，相应的元件模型甚至分析方法均可能有较大的不同。例如，低频振荡问题主要研究的是电力系统负阻尼引起的发电机转子间振荡甚至失步问题，其主要与网络的结构、参数、运行工况、发电机励磁系统及相应参数关系较密切；而电压动态稳定问题主要研究的是系统负荷波动时，在各种无功电源和调压设备的作用下系统的电压稳定性，它与负荷的特性和参数、无功电源和调压设备的动态特性及系统的结构、参数和运行工况关系较密切。

3. 暂态稳定性

电力系统运行时还可能受到大扰动，如个别元件突然投入或切除、输电线路发生短路故障等。在大扰动作用下，若系统运行状态的偏离是有限的，且在大扰动结束后系统又达到一个新的平衡状态，则系统具有暂态稳定性；若偏离不断扩大，系统不能过渡到一个新的平衡状态，则系统不具有暂态稳定性。

本章仅分析静态稳定性和暂态稳定性。

10.2　同步发电机的机电特性

10.2.1　同步发电机转子运动方程

发电机的转子旋转时，转子的机械角加速度与作用在转轴上的不平衡转矩之间有如下关系：

$$J\alpha = J\frac{\mathrm{d}\Omega}{\mathrm{d}t} = \Delta T = T_\mathrm{m} - T_\mathrm{e} \tag{10-1}$$

式中，α 为转子的机械角加速度，单位为 rad/s^2；Ω 为转子的机械角速度，单位为 rad/s；J 为转子的转动惯量，单位为 kg•m，ΔT 为作用在转轴上的不平衡转矩（不考虑风阻、摩擦等损耗，即为原动机机械转矩 T_m 与发电机电磁转矩 T_e 的差值），单位为 Nm。当转子以额定转速 Ω_N 旋转时，其动能为

$$W_K = \frac{1}{2} J \Omega_N^2 \tag{10-2}$$

将 $J = 2W_K / \Omega_N^2$ 代入式（10-1），得

$$\frac{2W_K}{\Omega_N^2} \frac{d\Omega}{dt} = T_m - T_e \tag{10-3}$$

如果转矩采用标幺值，选择转矩基准值 $T_B = S_B / \Omega_N$，S_B 为功率基准值，等式两边除以 T_B，式（10-3）转为标幺制表示为

$$\frac{2W_K}{\Omega_N^2} \frac{\Omega_N}{S_B} \frac{d\Omega}{dt} = \frac{2W_K}{S_B \Omega_N} \frac{d\Omega}{dt} = T_{m*} - T_{e*} \tag{10-4}$$

机械角速度与电角速度之间的关系为 $\Omega = \omega / p$，$\Omega_N = \omega_N / p$，p 为同步发电机转子绕组的极对数，令 $T_J = 2W_K / S_B$，则有

$$\frac{T_J}{\omega_N} \frac{d\omega}{dt} = T_{m*} - T_{e*} \tag{10-5}$$

进一步有

$$T_J \frac{d\omega_*}{dt} = T_{m*} - T_{e*} \tag{10-6}$$

式中，T_J 为发电机组的惯性时间常数，单位为 s，表示为发电机组转轴上加额定转矩后，转子从停顿状态转到额定转速状态所经历的时间。这个数据一般由发电机厂家提供，均以发电机本身的额定容量为功率基准值。制造厂家提供的发电机组的数据是飞轮转矩或回转力矩，它与 T_J 的关系为

$$T_J = \frac{J\Omega_0^2}{S_B} = \frac{GD^2}{4} \frac{\Omega_0^2}{S_B} = \frac{GD^2}{4S_B} \left(\frac{2\pi n}{60} \right)^2 = \frac{2.74GD^2}{1000S_B} n^2$$

式中，GD^2 为发电机组的飞轮转矩，单位为 $t \cdot m^2$。

发电机的功角 δ 表示各发电机电动势间的相位差，它不仅表示一个电磁参数，而且表示发电机转子间的相对空间位置，即可作为一个机械运动参数。通过这个参数可以把电力系统的机械运动与电磁运动联系起来，也就是把转子运动方程写成电气量的形式。

下面先分析一下 δ 与 ω 和 ω_N 之间的关系，如图 10-2 所示。

图 10-2 中，发电机的转子以角速度 ω 旋转，即 q 轴以角速度 ω 旋转，发电机的电动势相量以角速度 ω 旋转，参考相量 $\dot{U}$ 以角速度 ω_N 旋转，电动势与参考相量 $\dot{U}$ 之间的夹角为 δ，当 ω 不等于 ω_N 时，δ 不断变化，是时间的函数，有

$$\frac{d\delta}{dt} = \omega - \omega_N \tag{10-7}$$

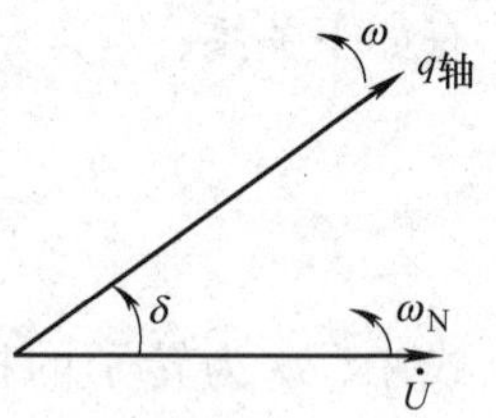

图 10-2 δ 与 ω 和 ω_N 之间的关系

$$\frac{\mathrm{d}\delta}{\mathrm{d}t_*}=\omega_*-1$$

$$\frac{\mathrm{d}^2\delta}{\mathrm{d}t^2}=\frac{\mathrm{d}\omega}{\mathrm{d}t} \tag{10-8}$$

考虑到式（10-6），有

$$\frac{T_\mathrm{J}}{\omega_\mathrm{N}}\frac{\mathrm{d}^2\delta}{\mathrm{d}t^2}=T_{\mathrm{m}*}-T_{\mathrm{e}*}=\Delta T_* \tag{10-9}$$

得到转子运动方程为

$$\begin{cases}\dfrac{\mathrm{d}\delta}{\mathrm{d}t_*}=\omega_*-1\\ T_{\mathrm{J}*}\dfrac{\mathrm{d}\omega_*}{\mathrm{d}t_*}=T_{\mathrm{m}*}-T_{\mathrm{e}*}\end{cases} \tag{10-10}$$

进一步得到以功率表示的转子运动方程为

$$\begin{cases}\dfrac{\mathrm{d}\delta}{\mathrm{d}t_*}=\omega_*-1\\ T_{\mathrm{J}*}\dfrac{\mathrm{d}\omega_*}{\mathrm{d}t_*}=P_{\mathrm{m}*}-P_{\mathrm{e}*}\end{cases} \tag{10-11}$$

从上述分析看，系统稳定运行时，输入转矩和输出端电磁转矩平衡，功角不变。也就是说，在系统没有扰动的情况下，功角没有变化，发电机的输入和输出转矩都没有变化。系统在暂态过程中，调速器参与调节后，输入转矩也会发生变化。为了分析方便，如果仅仅分析较短时间内的暂态过程，可以假定调速器没有参与调节，输入转矩不发生变化。

10.2.2　隐极发电机的功率特性

若发电机为隐极发电机，则其 d 轴与 q 轴的同步电抗相等，即 $x_d=x_q$，这时由图 10-1b 可得该简单电力系统的电压方程为

$$\dot{E}_q=\dot{U}+\mathrm{j}\dot{I}x_{d\Sigma} \tag{10-12}$$

得到隐极发电机的相量图如图 10-3 所示。

由相量图可得

$$E_q\sin\delta=Ix_{d\Sigma}\cos\varphi$$

因此，发电机输送到受端系统母线的功率为

$$P_{Eq}=UI\cos\varphi=\frac{E_qU}{x_{d\Sigma}}\sin\delta=P_{Eq\mathrm{m}}\sin\delta \tag{10-13}$$

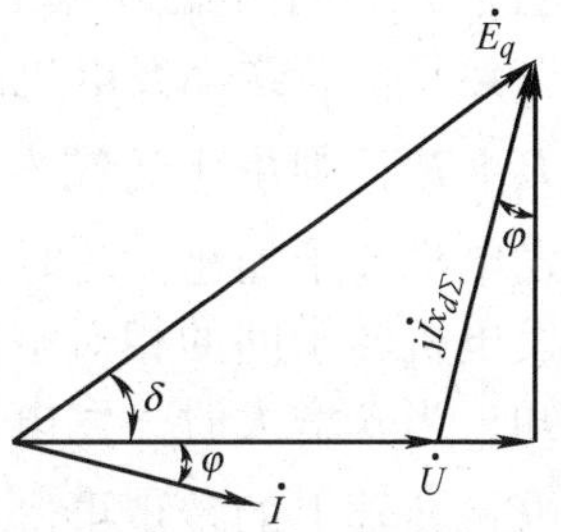

图 10-3　隐极发电机的相量图

式中，P_{Eqm} 为功率极限，$P_{Eqm}=E_qU/x_{d\Sigma}$。

由式（10-13）可见，当发电机的电动势 E_q 和受端电压 U 均为恒定时，传输功率 P_{Eq} 是 δ 的正弦函数。这里的 δ 是电动势 $\dot{E}_q$ 与电压 $\dot{U}$ 之间的夹角。因为传输功率 P_{Eq} 的大小与 δ 密切相关，所以称 δ 为功率角，即功角。传输功率与功角的关系 $P_{Eq}=f(\delta)$ 称为功角特性或功率特性。图 10-4 所示为隐极发电机的功率特性，由图可见功率极限出现在 δ=90° 处。

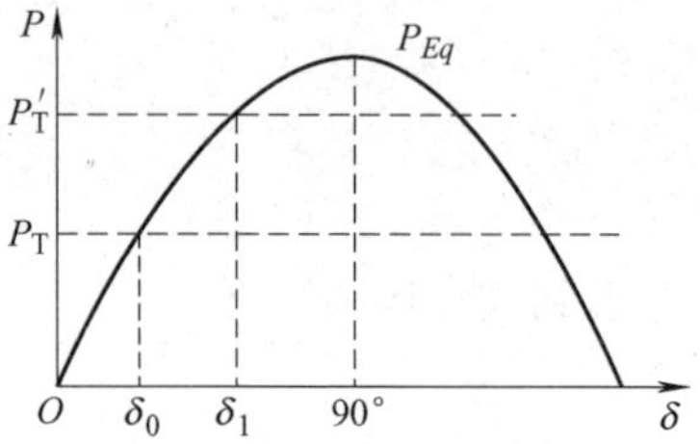

图 10-4　隐极发电机的功率特性

功角 δ 在电力系统稳定性问题的研究中占有重要的地位。它可以表示各发电机转子之间的相对空间位置。若将送端发电机和受端系统等效发电机的转子移到同一处，则功角 δ 就是两转子轴线间用电角度表示的相对空间位置角，因此 δ 又称为位置角，如图 10-5 所示。

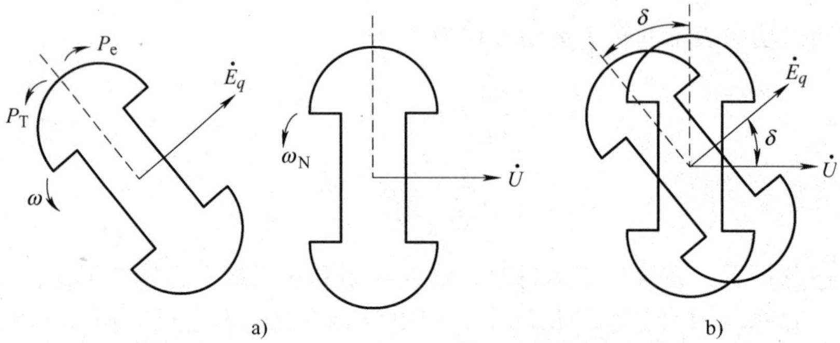

图 10-5　位置角 δ

δ 随时间的变化反映了各发电机转子间的相对运动，若两台发电机的电角速度相同，即 ω=ω_N，则 δ 保持不变。发电机电角速度的变化取决于作用在发电机转轴上的转矩（或功率）的改变。下面简单分析功角 δ 随功率变化的情况。

当不计摩擦等因素时，在送端发电机转轴上有两个转矩作用，一个是原动机的输入转矩 M_T（与其相对应的是输入功率 P_T），它是推动转子旋转的驱动转矩；另一个是阻碍转子旋转的电磁转矩 M_e（与其相对应的是电磁功率 P_e），它是制动转矩。当送端发电机的原动机功率 P_T 与发电机输出功率 P_0（忽略发电机内的电气损耗，输出功率 P_0 等于电磁功率 P_e）相等，即 P_T=P_e=P_0，由图 10-4 可见，此时发电机以功角 δ_0 运行。若送端发电机的原动机功率增大为 P'_T，而发电机输出功率 P_0 保持不变，即 $P'_T>P_0$，则由于送端发电机转轴上的转矩平衡遭到破坏，驱动转矩大于制动转矩，发电机转子加速，此时送端发电机转子转速 ω 大于受端发电机转子转速 ω_N，从而使发电机转子间的相对空间位置发生变化，功角 δ 增大。从图 10-4 所示的功率特性可知，当 δ 增大时，发电机输出的电磁功率也增大，直到 $P_e=P'_T$ 为止。此时，送端发电机转轴上的转矩再次达到平衡，送端发电机与受端系统在新的功角 δ_1 下保持同步稳定运行。

10.2.3　凸极发电机的功率特性

对于凸极发电机，其 d 轴与 q 轴的同步电抗不相等，即 $x_d \neq x_q$。令 $x_{d\Sigma} = x_d + x_{TL}$，$x_{q\Sigma} = x_q + x_{TL}$，由电机学理论知识可知，含凸极发电机的简单电力系统的电压方程为

$$\dot{E}_q = \dot{U} + j\dot{I}_d x_{d\Sigma} + j\dot{I}_q x_{q\Sigma} \tag{10-14}$$

式（10-14）也可表示为

$$\dot{E}_q = \dot{E}_Q + j\dot{I}_d (x_{d\Sigma} - x_{q\Sigma}) \tag{10-15}$$

式中，$\dot{E}_Q$ 为方便计算引入的虚构电动势，$\dot{E}_Q = \dot{U} + j\dot{I}x_{q\Sigma}$。

凸极发电机的相量图如图 10-6 所示。

不难看出，虚构电动势 $\dot{E}_Q$ 与空载电动势 $\dot{E}_q$ 同相位，也在 q 轴方向上。于是依据等效隐极发电机法，可得到用 E_Q 表示的含有凸极发电机的简单电力系统功率方程为

$$P_{E_Q} = \frac{E_Q U}{x_{q\Sigma}} \sin\delta \tag{10-16}$$

当给定系统的运行状态时，可由已知发电机输出功率 P 和 Q，利用相量图得到

$$\begin{cases} E_Q = \sqrt{\left(U + \dfrac{Qx_{q\Sigma}}{U}\right)^2 + \left(\dfrac{Px_{q\Sigma}}{U}\right)^2} \\ \delta = \arctan\dfrac{Px_{q\Sigma}/U}{U + Qx_{q\Sigma}/U} \end{cases} \tag{10-17}$$

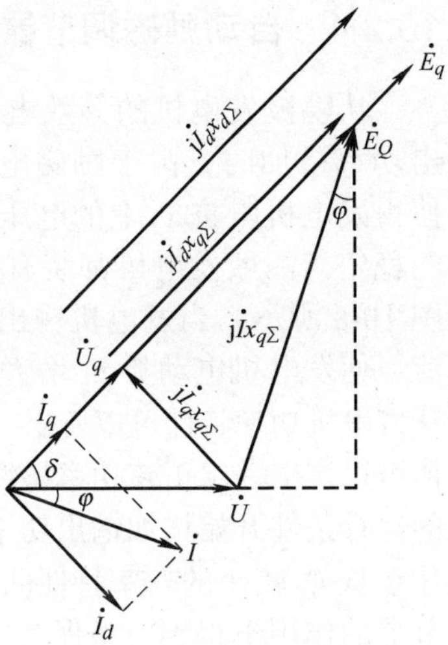

图 10-6　凸极发电机的相量图

这里用 E_Q 表示的凸极发电机功率特性虽为正弦曲线，但 E_Q 是为了计算方便而引入的，并没有实际物理意义，并且它将随系统运行情况而变化（即随发电机输出功率 P 和 Q 而变化）。E_q 为空载电动势，与发电机励磁电流成正比，不受系统运行情况的影响。当发电机励磁电流不变时，E_q 不随系统运行情况变化。因此，当发电机励磁电流不变时，E_q 为定值，以 E_q 表示的功率特性使发电机输出功率仅为功角 δ 的函数。而由于 E_Q 随运行状态而变化，因此用它计算功率并不方便。计算凸极发电机的功率特性时，首先根据给定的受端系统电压 U_0 和功率 P_0、Q_0，按式（10-17）计算出 E_Q 和 δ_0，再由相量图可得

$$I_d = \frac{E_q - U\cos\delta}{x_{d\Sigma}} = \frac{E_Q - U\cos\delta}{x_{q\Sigma}} \tag{10-18}$$

最后得到 E_Q 与 E_q 的关系为

$$E_Q = E_q \frac{x_{q\Sigma}}{x_{d\Sigma}} + \left(1 - \frac{x_{q\Sigma}}{x_{d\Sigma}}\right) U\cos\delta \tag{10-19}$$

将式（10-19）代入式（10-16），得到含有凸极发电机的简单电力系统的功率方程为

$$P_{Eq}=\frac{E_qU}{x_{d\Sigma}}\sin\delta+\frac{U^2}{2}\left(\frac{1}{x_{q\Sigma}}-\frac{1}{x_{d\Sigma}}\right)\sin 2\delta \tag{10-20}$$

当发电机电动势 E_q 与发电机端电压 U 不变时，含凸极发电机的简单电力系统的功率特性如图 10-7 所示。由图 10-7 可知，与隐极发电机比较，凸极发电机的功率特性多了一项与发电机电动势 E_q（即与励磁）无关的二次谐波项，该项是由于发电机 d 轴、q 轴磁阻不等而引起的，因此将其称为磁阻功率。磁阻功率的出现使功率与功角 δ 成非正弦关系，并且当 δ<90° 时功率达到最大值。

10.2.4 自动励磁调节器对功率特性的影响

从隐极发电机的等效电路可以看出，对于不带自动励磁调节器的发电机，当输出功率增加时，由于励磁电流和与之相应的电动势 E_q 保持不变，负荷电流的增大使得发电机电抗 x_d 上的电压降增大，从而引起发电机端电压下降。为维持系统电压的稳定，一般发电机都装有自动励磁调节器。自动励磁调节器对功率特性的影响如图 10-8 所示。当发电机输出功率增加、端电压下降时，自动励磁调节器增大励磁电流，使发电机电动势 E_q 增大，直到端电压恢复或接近恢复到整定值 U_{G0} 为止。这时，从发电机功率特性可以看出，自动励磁调节器使 E_q 随功角 δ 增大而增大。用不同的 E_q 值可以作出一组正弦功率特性曲线族，它们的幅值与 E_q 成正比。当发电机由某一给定的运行条件开始增加输出功率时，随着功角 δ 的增大，电动势 E_q 也增大，发电机的工作点从 E_q 较小的功率特性曲线过渡到 E_q 较大的功率特性曲线上，于是在自动励磁调节器的作用下得到一条保持发电机端电压 U_{G0} 不变的功率特性曲线。显然，有自动励磁调节器作用时，发电机的功率特性曲线明显高于无自动励磁调节器时的功率特性曲线。而且，在 δ>90° 的某一范围内，功率特性曲线仍然具有上升的性质。这是因为在 δ>90° 附近，当 δ 增大时，E_q 的增大使 P_e 上升的作用要超过 $\sin\delta$ 减小所起的作用。

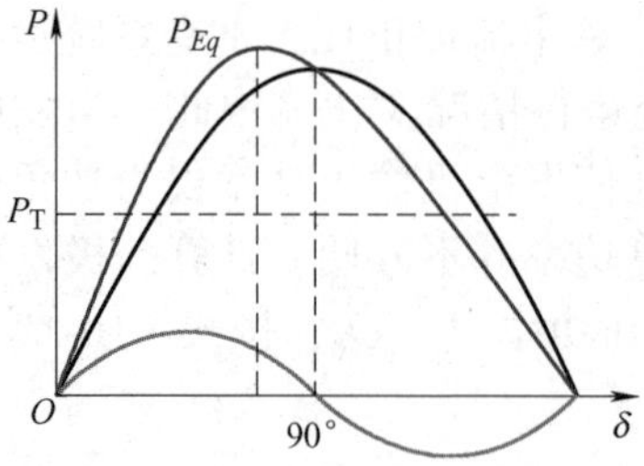

图 10-7　凸极发电机的功率特性

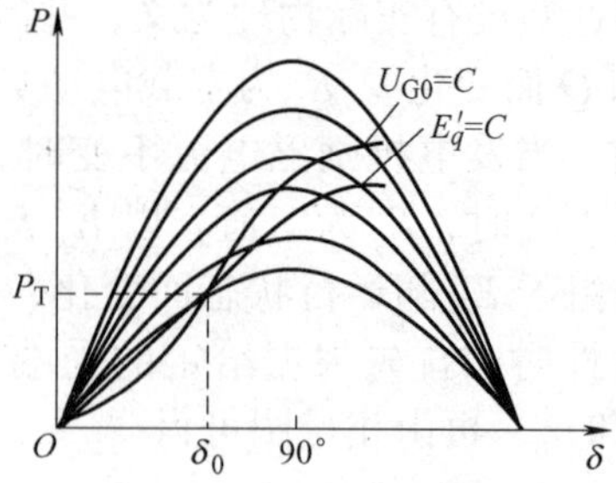

图 10-8　自动励磁调节器对功率特性的影响

实际上，一般的自动励磁调节器并不能完全保持发电机端电压不变，发电机端电压将随功率 P 和功角 δ 的增大而有所下降，E_q 则随 P 和 δ 的增大而增大。应用较多的带有电压校正器的复式励磁调节器可使暂态电抗 x'_d 后的暂态电动势 E'_q 保持不变，即 E_q 则随 P 和 δ 的增大而增大，而暂态电动势 E'_q 保持不变。图 10-8 给出了保持暂态电动势 E'_q 不变、发电机端电压 U_{G0} 不变以及空载电动势 E_q 不变的功率特性曲线。

从图 10-8 可以看出，不同性能的自动励磁调节器，其功率极限值以及功率极限值对应的功角 δ 均不同。

10.3　简单电力系统的静态稳定性

电力系统的静态稳定性是指系统在受到小扰动的情况下能自动恢复到原来运行状态的能力。电力系统具有静态稳定性是系统保持正常运行的基本前提。

10.3.1　简单电力系统的功率特性

在图 10-9a 所示的简单电力系统中，发电机通过升压变压器、输电线路、降压变压器与受端系统的母线相连接。假定受端系统容量相对于发电机来说足够大，以致可以认为发电机输出功率变化时，受端母线电压的幅值和频率均保持不变，或者说受端可看作无限大功率系统，这种简单电力系统称为单机－无限大系统。相对于复杂电力系统来说，这种系统稳定性问题的分析和计算都比较简单。

图 10-9c 所示为该简单电力系统的简化等效电路。不计各元件的电阻和输电线路导纳支路，此时系统的总电抗 $x_{d\Sigma}$ 为

$$x_{d\Sigma} = x_d + x_{T1} + x_L / 2 + x_{T2} = x_d + x_{TL}$$

式中，x_{TL} 为变压器和输电线路的总电抗，$x_{TL}=x_{T1}+x_L/2+x_{T2}$，$x_{L1}=x_{L2}=x_L$。

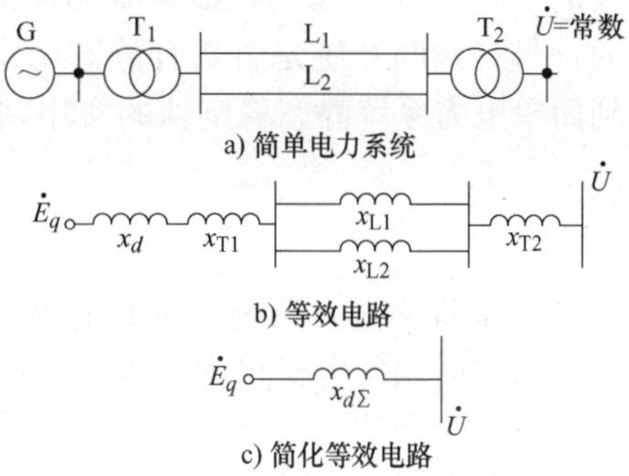

图 10-9　简单电力系统及其等效电路

10.3.2　简单电力系统静态稳定性的实用判据

图 10-9 所示的简单电力系统稳定运行时，原动机输出的机械功率为 P_T，在不计发电机功率损耗情况下，发电机输出功率 P_0 与 P_T 相等。与此相应，系统在功率特性曲线（见图 10-10）的 a、b 两个功率平衡点运行。此时，所对应的功角分别为 δ_a 和 δ_b。发电机是否能在这两点维持稳定运行，可以通过以下分析予以说明。

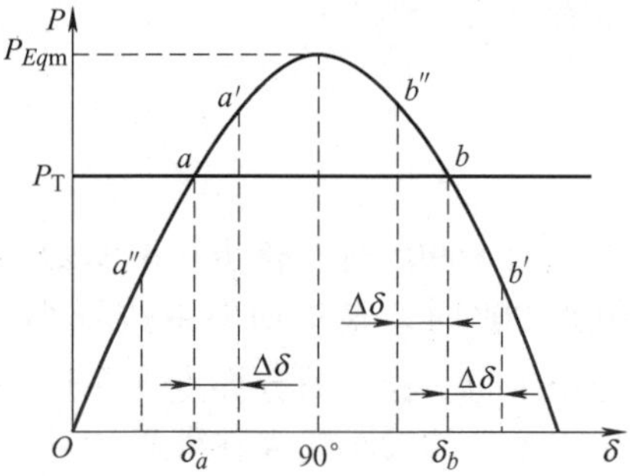

图 10-10　功率特性曲线

假设发电机在 a 点运行，若此时发电机受到一个小扰动，使功角 δ_a 获得一个正的增量 $\Delta\delta$。发电机的输出功率相应地从 a 点对应的值增加到 a' 点对应的值。而原动机向发电机输入的机械功率 P_T 保持不变，这样，发电机的输出功率（忽略发电机损耗时，发电机的输出功率等于电磁功率）大于原动机的输入功率，机组的功率平衡遭到破坏，发电机转子将减速，功角 δ 减小。当 δ 减小到 δ_a 时，虽然原动机的机械转矩与发电机的电磁转矩相平衡，但由于转子的惯性作用，功角 δ 继续减小，直至到 a'' 点才能停止减小。而在 a'' 点，原动机的机械转矩大于发电机的电磁转

矩，转子因受到一个加速的不平衡转矩而开始加速，使功角 δ 增大。由于阻尼、摩擦的作用，运行点达不到 a' 点，功角 δ 又开始减小，经过一系列衰减的振荡后，发电机又恢复在 a 点运行，即恢复原来的运行状态。反之，如果发电机受到一个负的角度扰动量，这时发电机的输入功率将大于输出功率，机组在加速的不平衡转矩作用下开始加速，功角相应增加。同样，经过一系列振荡过程又恢复到 a 点运行。由以上分析可以得出结论，发电机在 a 点运行是稳定的。

发电机运行在 b 点的情况则完全不同。假设发电机在 b 点运行时受到一个小扰动作用，使功角增加 $\Delta\delta$ 后，发电机的输出功率不是增加而是减小。此时原动机提供的机械转矩大于发电机的电磁转矩，发电机的转速继续增加，功角 δ 不断增大，再也回不到 b 点，这表明发电机与系统之间失去同步。若发电机初始受到的扰动使功角 δ 减小 $\Delta\delta$，则运行点将由 b 点逐步过渡到 a 点，而不能恢复到原来的运行状态，由此看出，发电机在 b 点是不能稳定运行的。

观察发电机在 a 点和 b 点运行的状况可见，在功率特性曲线的上升部分，发电机电磁功率的增量 ΔP 与功角增量 $\Delta\delta$ 具有相同的符号，即 $\Delta P/\Delta\delta>0$，在功率特性曲线的下降部分，ΔP 与 $\Delta\delta$ 具有相反的符号，即 $\Delta P/\Delta\delta<0$，因此可以用比值 $\Delta P/\Delta\delta$ 的符号来判断系统是否具有静态稳定性。将 $\Delta P/\Delta\delta$ 取极限形式，用微分表示，即得到简单电力系统静态稳定性的实用判据为

$$\frac{\mathrm{d}P}{\mathrm{d}\delta}>0 \tag{10-21}$$

上述简单电力系统通常只有两个平衡点，一个是稳定平衡点，另一个是不稳定平衡点。而当发电机出力为极限值时，系统只有一个不稳定平衡点。对于多机系统，平衡点的个数也与运行方式有关，在确定了一个拟运行的平衡点之后，需分析这个平衡点的小扰动稳定性。

10.3.3 整步功率系数与静态稳定储备系数

通常把 $\mathrm{d}P/\mathrm{d}\delta$ 称为整步功率系数（又称为同步功率或同步化力），对隐极发电机有

$$\frac{\mathrm{d}P}{\mathrm{d}\delta}=\frac{E_qU}{x_{d\Sigma}}\cos\delta \tag{10-22}$$

当 $\delta<90°$ 时，整步功率系数为正值，在这个范围内发电机的运行是稳定的；当 δ 接近 90° 时，整步功率系数越小，稳定的程度就越低；当 $\delta=90°$ 时，$\mathrm{d}P/\mathrm{d}\delta=0$，这是稳定与不稳定的分界点，在这一点达到了功率极限 P_{Eqm}（见图 10-10）。可见，整步功率系数的大小代表在外界扰动作用下同步发电机恢复同步运行的能力。

从电力系统运行可靠性要求出发，电力系统运行点应远离功率极限，即保持一定的稳定储备，以保证运行情况稍有变动时系统不会失去静态稳定。通常稳定储备的大小用稳定储备系数表示，静态稳定储备系数为

$$K_P=\frac{P_{Eqm}-P_0}{P_0}\times 100\% \tag{10-23}$$

式中，P_0为发电机的输出功率；P_{Eqm}为系统的功率极限。K_P的大小表示电力系统由功率特性所确定的静态稳定度。K_P越大，系统稳定度越高，但输送功率受到限制。反之，K_P过小，则稳定度太低，降低了系统运行的可靠性。目前，为了保证电力系统运行的可靠性，正常运行时要求$K_P \geqslant 15\%$或$K_P \geqslant 20\%$，事故运行方式下要求$K_P \geqslant 10\%$。事故运行方式是指电力系统事故消除之后，在恢复到正常运行方式之前，系统所出现的短时稳态运行方式。

例题 10-1　简单电力系统如图 10-11 所示，发电机经升压变压器和双回输电线路向无限大功率系统送电。输送功率和电压的标幺值为$P_0=1.0$，$Q_0=0.2$，$U_0=1.0$，试计算发电机不带励磁调节器时发电机的功率特性、功率极限和静态稳定储备系数。（假定发电机为隐极发电机。）

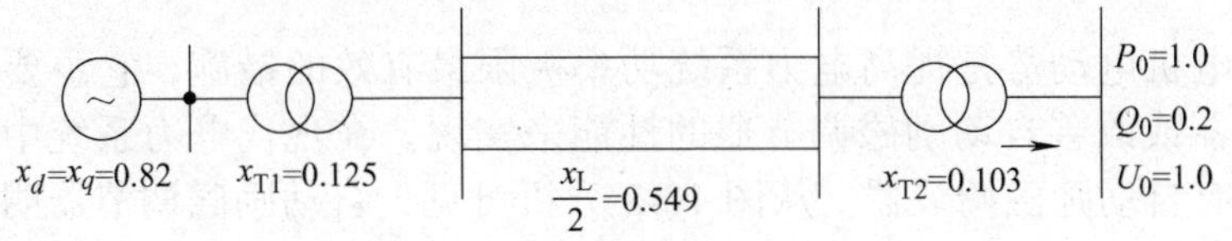

图 10-11　例题 10-1 的简单电力系统

解： 发电机与无限大功率系统间的电抗为

$$x_{d\Sigma}=x_{q\Sigma}=x_d+x_{T1}+\frac{x_L}{2}+x_{T2}=0.82+0.125+0.549+0.103=1.597$$

由图 10-11 可见，空载电动势E_q为

$$E_q=\sqrt{\left(U_0+\frac{Q_0x_{q\Sigma}}{U_0}\right)^2+\left(\frac{P_0x_{q\Sigma}}{U_0}\right)^2}=\sqrt{(1+0.2\times1.597)^2+1.597^2}=2.071$$

功率极限为

$$P_{Eqm}=\frac{E_qU_0}{x_{d\Sigma}}=\frac{2.071}{1.597}=1.297$$

功率特性为

$$P_{Eq}=P_{Eqm}\sin\delta=1.297\sin\delta$$

静态稳定储备系数为

$$K_P=\frac{P_{Eqm}-P_0}{P_0}=\frac{1.297-1}{1}=29.7\%$$

10.3.4　提高电力系统静态稳定性的措施

随着电力系统的发展和扩大，电力系统运行的稳定性问题更加突出。从前面的分析中不难掌握电力系统稳定性分析计算的基本方法。应用这个方法可以判断电力系统的运行是否具有稳定性，这固然十分重要，但更为重要的是，当进行电力系统

规划设计或运行分析时，对稳定储备不足的系统采取何种有效措施，以改进和提高系统的稳定性。

从静态稳定性的分析可以看出，提高电力系统的静态稳定性，应着力于提高电力系统的功率极限。从电力系统功率极限的简单表达式 $P_{Eqm}=E_qU/x_{d\Sigma}$ 可以看出，提高电力系统的功率极限应从提高发电机电动势 E、减小系统电抗 x、提高和稳定系统电压 U 等方面着手。如图 10-12 所示，当系统出现扰动导致功角增大时，提高功率极限，系统静态储备增加，系统仍会在稳定区域运行。

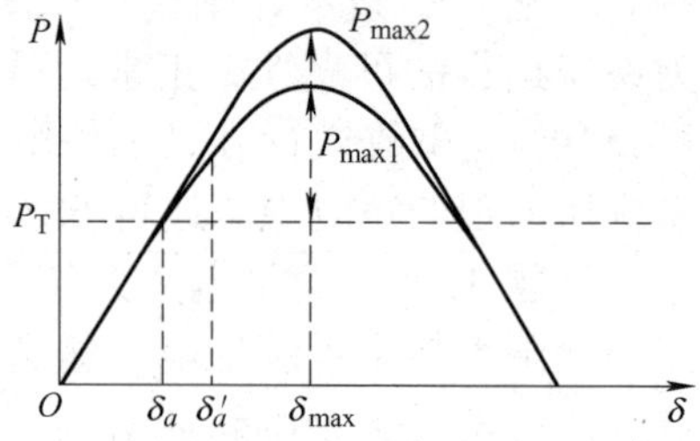

图 10-12　提高功率极限

1. 提高发电机电动势

提高发电机电动势是提高电力系统功率极限最有效的措施，它主要依靠采用自动励磁调节器或改善自动励磁调节器的性能来实现。在现代电力系统中，几乎所有发电机都装有自动励磁调节器。从图 10-8 分析可见，自动励磁调节器明显地提高了功率极限。当发电机装有比例积分式自动励磁调节器时，在静态稳定分析中发电机所呈现的电抗由同步电抗 x_d 减少到暂态电抗 x'_d，并近似维持暂态电动势 E'_q 为常数。当采用强力式自动励磁调节器时，相当于把发电机电抗减小到接近于 0，即可以近似当作发电机端电压维持恒定，这就大大地提高了发电机的功率极限，对提高静态稳定性极为有利。

自动励磁调节器在整个发电机投资中所占的比重很小，因此，在各种提高静态稳定性的措施中，总是优先考虑使用或改善自动励磁调节器。

2. 减少系统电抗

从简单电力系统的功率极限表达式可以看出，输电系统的功率极限与系统总电抗成反比，系统电抗越小，功率极限就越大，系统稳定性也就越高。

输电系统的总电抗由发电机、变压器和输电线路的电抗组成。发电机和变压器的电抗与它们的结构尺寸有关，一般在发电机和变压器设计时，已考虑在投资和材料相同的条件下，力求使它们的电抗减小一些。当发电机装有自动励磁调节器时，发电机的实际电抗已由 x_d 补偿为 x'_d 或更小，且 x'_d 主要是漏电抗。因此，从发电机结构方面减小电抗以提高稳定性就失去了实际意义。对于变压器而言，其短路阻抗直接影响到制造成本和运行性能，也不宜改变。自耦变压器除具有损耗小、体积小、价格低廉的优点外，它的电抗也较小，对提高稳定性有利，因此在超高压电力系统中得到广泛的应用。

相对而言，设法减小输电线路的电抗是一个可循的途径。主要方法之一是采用分裂导线，这可以使线路电抗约减小 20%，而且还能减少或避免因电晕所引起的有功功率损耗。减小输电线路电抗的另一方法是采用串联电容进行补偿以大幅度地减小线路电抗。串联电容的容抗与线路的感抗之比称为补偿度。一般来说，补偿度越大，对系统稳定性越有利，但过大的补偿度将使发电机轻载时引起发电机自励磁，给线路继电保护带来困难，还给串联电容本身带来过电压，对系统正常运行不利。目前，补偿度一般控制在 25% ～ 60%。实践证明，采用串联电容补偿对提高稳定性有明显的好处。

此外，在超高压远距离输电线路中，如果输电功率受稳定性限制，也可以增加输电回路数、减小电抗，以达到提高输电功率的目的。

3. 提高和稳定系统电压

要提高系统运行电压水平，最主要的是系统中应装设充足的无功电源。在远距离输电线路的中途或负荷中心装设同步调相机，将有助于提高和稳定系统的运行电压水平，从而提高系统运行的稳定性。

合理地选用高等级电压，除了降低网络损耗、增加输电容量等作用外，还将提高电力系统的功率极限，这在设计新线路或改造旧线路时常作为一个措施考虑。这是因为对于同一结构的输电线路，采用的额定电压越高，输电线路电抗的标幺值就越小，功率极限也就越高。

10.4 小扰动法分析简单电力系统稳定性

10.4.1 小扰动稳定性概述

电力系统是一个复杂的动态系统，几乎随时都受到小扰动，如电力系统中负荷少量的增加或减少、配电系统的局部操作、发电机运行参数的微小改变等，都会对系统产生影响。在扰动发生后的系统动态过程中一旦发生稳定性问题，系统可能在几秒内发生严重后果，造成极大的经济损失及社会影响。电力系统小扰动稳定性问题是电力系统规划与运行需要考虑的一个重要问题，因此对小扰动稳定性的计算和分析变得很重要。

电力系统小扰动稳定性是指系统受到小扰动后，不发生自发振荡或非周期性失步，自动恢复到起始运行状态的能力。系统小扰动稳定性取决于系统的固有特性，与扰动的大小无关。若对于某一特定的稳定运行状态，系统遭受一个微小的扰动，在经历一个暂态过程后，趋于恢复扰动前的运行工况，则称该系统在此特定运行工况下具有小扰动稳定性。

电力系统是一个动力学系统，可以用一组微分方程来描述该系统的运动状态，例如用转子运动方程来描述发电机转子的机械运动，用同步发电机的基本方程即派克方程来描述发电机的电磁运动等，因此动力学系统的运动状态及其性质可由这些非线性微分方程组的解来表征。对系统在小扰动下的动态行为进行分析时，可将描述系统动态行为的非线性微分方程组在运行工作点线性化，化为线性微分方程组，然后用线性系统理论和相应的分析方法，如特征根分析法、扫频分析法等进行分析。

实际进行小扰动稳定性分析时，常对线性化微分方程做进一步简化假定，即忽略元件和调节器的动态特性，系统的电磁回路部分和调节控制部分简化为用线性代数方程描述，并利用代数判据进行稳定性分析，如静态稳定性的实用判据 $\mathrm{d}P/\mathrm{d}\delta$。

为了实现严格准确的小扰动稳定性分析，需要在系统模型中考虑系统元件和调节器的动态特性。下面介绍考虑系统元件和调节器动态特性的小扰动法电力系统稳定性分析。

10.4.2 小扰动法的基本原理

小扰动法的基本原理是李雅普诺夫对一般运动稳定性的理论，对于一个动力学系统，其运动特性可以用一阶非线性微分方程描述为

$$\frac{\mathrm{d}\boldsymbol{X}}{\mathrm{d}t}=\boldsymbol{F}(\boldsymbol{X}) \tag{10-24}$$

式中，$\boldsymbol{X}$ 为系统状态变量的向量，对于电力系统就是运行参数；$\boldsymbol{F}$ 为非线性函数的向量。若 $\boldsymbol{X}_0$ 是系统的一个初始平衡状态向量，则 $\boldsymbol{F}(\boldsymbol{X}_0)=\boldsymbol{0}$。系统受到小扰动后，从数学的角度看，$\boldsymbol{X}_0$ 变为 $\boldsymbol{X}$，即 $\boldsymbol{X}=\boldsymbol{X}_0+\Delta\boldsymbol{X}$，代入式（10-24）并展开成泰勒级数得

$$\begin{aligned}\frac{\mathrm{d}(\boldsymbol{X}_0+\Delta\boldsymbol{X})}{\mathrm{d}(t)}&=\boldsymbol{F}(\boldsymbol{X}_0+\Delta\boldsymbol{X})\\&=\boldsymbol{F}(\boldsymbol{X}_0)+\left.\frac{\mathrm{d}\boldsymbol{F}(\boldsymbol{X})}{\mathrm{d}\boldsymbol{X}}\right|_{X=X_0}\Delta\boldsymbol{X}+\boldsymbol{R}(\Delta\boldsymbol{X})\end{aligned} \tag{10-25}$$

略去高阶项后得

$$\frac{\mathrm{d}\Delta\boldsymbol{X}}{\mathrm{d}t}=\left.\frac{\mathrm{d}\boldsymbol{F}(\boldsymbol{X})}{\mathrm{d}\boldsymbol{X}}\right|_{X=X_0}\Delta\boldsymbol{X}=\boldsymbol{A}\Delta\boldsymbol{X}$$

式中，$\boldsymbol{A}$ 为雅可比矩阵，有

$$\boldsymbol{A}=\left.\frac{\mathrm{d}\boldsymbol{F}(\boldsymbol{X})}{\mathrm{d}\boldsymbol{X}}\right|_{X=X_0} \tag{10-26}$$

由 $\mathrm{d}\Delta\boldsymbol{X}/\mathrm{d}t=\boldsymbol{A}\Delta\boldsymbol{X}$ 可以得出，原来非线性方程变为线性小扰动方程。根据李雅普诺夫小扰动稳定性判定原则如下：若矩阵 $\boldsymbol{A}$ 所有特征值的实部均为负值，则系统是稳定的；若矩阵 $\boldsymbol{A}$ 的特征值中出现一个 0 根或实部为 0 的一对虚根，则系统处于稳定的边界；若矩阵 $\boldsymbol{A}$ 的特征值中出现一个正实根或一对具有正实部的复根，则系统是不稳定的。

下面以隐极发电机为例，利用小扰动法分析电力系统的静态稳定性。考虑到发电机的电磁功率为

$$P_{\mathrm{e}}=\frac{E_qU}{x_{d\Sigma}}\sin\delta \tag{10-27}$$

由转子运动方程式（10-11）可得，系统的状态方程为

$$\begin{cases}\dfrac{\mathrm{d}\delta}{\mathrm{d}t}=(\omega-1)\omega_{\mathrm{N}}\\[2mm]\dfrac{\mathrm{d}\omega}{\mathrm{d}t}=\dfrac{1}{T_{\mathrm{J}}}\left(P_{\mathrm{m}}-\dfrac{E_qU}{x_{d\Sigma}}\sin\delta\right)\end{cases} \tag{10-28}$$

在系统状态变量上叠加一个小的偏移量，即 $\delta=\delta_0+\Delta\delta$，$\omega=1+\Delta\omega$，则式（10-28）变为

$$\begin{cases}\dfrac{\mathrm{d}(\delta_0+\Delta\delta)}{\mathrm{d}t}=\Delta\omega\omega_{\mathrm{N}}\\ \dfrac{\mathrm{d}(1+\Delta\omega)}{\mathrm{d}t}=\dfrac{1}{T_{\mathrm{J}}}\left(P_{\mathrm{m}}-\dfrac{E_qU}{x_{d\Sigma}}\sin(\delta_0+\Delta\delta)\right)\end{cases} \tag{10-29}$$

展开为

$$\begin{cases}\dfrac{\mathrm{d}\Delta\delta}{\mathrm{d}t}=\Delta\omega\omega_{\mathrm{N}}\\ \dfrac{\mathrm{d}\Delta\omega}{\mathrm{d}t}=\dfrac{1}{T_{\mathrm{J}}}\left(P_{\mathrm{m}}-\dfrac{E_qU}{x_{d\Sigma}}\sin(\delta_0+\Delta\delta)\right)\end{cases} \tag{10-30}$$

考虑到有

$$\begin{aligned}P_{\mathrm{e}}&=\frac{E_qU}{x_{d\Sigma}}\sin(\delta_0+\Delta\delta)=\frac{E_qU}{x_{d\Sigma}}\sin\delta_0+\left.\frac{\mathrm{d}P_{\mathrm{e}}}{\mathrm{d}\delta}\right|_{\delta=\delta_0}\Delta\delta+\frac{1}{2!}\frac{\mathrm{d}^2P_{\mathrm{e}}}{\mathrm{d}\delta^2}\Delta\delta^2+\cdots\\&\approx\frac{E_qU}{x_{d\Sigma}}\sin\delta_0+\left.\frac{\mathrm{d}P_{\mathrm{e}}}{\mathrm{d}\delta}\right|_{\delta=\delta_0}\Delta\delta\\&=P_0+\Delta P_{\mathrm{e}}=P_{\mathrm{m}}+\Delta P_{\mathrm{e}}\end{aligned} \tag{10-31}$$

整理得

$$\begin{cases}\dfrac{\mathrm{d}\Delta\delta}{\mathrm{d}t}=\Delta\omega\omega_{\mathrm{N}}\\ \dfrac{\mathrm{d}\Delta\omega}{\mathrm{d}t}=-\dfrac{1}{T_{\mathrm{J}}}\Delta P_{\mathrm{e}}=-\dfrac{1}{T_{\mathrm{J}}}\left.\dfrac{\mathrm{d}P_{\mathrm{e}}}{\mathrm{d}\delta}\right|_{\delta=\delta_0}\Delta\delta\end{cases} \tag{10-32}$$

进一步写成矩阵形式为

$$\begin{bmatrix}\Delta\dot{\delta}\\ \Delta\dot{\omega}\end{bmatrix}=\begin{bmatrix}0 & \omega_0\\ -\dfrac{1}{T_{\mathrm{J}}}\left.\dfrac{\mathrm{d}P_{\mathrm{e}}}{\mathrm{d}\delta}\right|_{\delta=\delta_0} & 0\end{bmatrix}\begin{bmatrix}\Delta\delta\\ \Delta\omega\end{bmatrix} \tag{10-33}$$

定义系数矩阵为

$$\boldsymbol{A}=\begin{bmatrix}0 & \omega_0\\ -\dfrac{1}{T_{\mathrm{J}}}\left.\dfrac{\mathrm{d}P_{\mathrm{e}}}{\mathrm{d}\delta}\right|_{\delta=\delta_0} & 0\end{bmatrix} \tag{10-34}$$

矩阵 $\boldsymbol{A}$ 的特征值为

$$\begin{vmatrix}0 & \omega_0\\ -\dfrac{1}{T_{\mathrm{J}}}\left.\dfrac{\mathrm{d}P_{\mathrm{e}}}{\mathrm{d}\delta}\right|_{\delta=\delta_0} & 0\end{vmatrix}=0 \tag{10-35}$$

特征值 p 为

$$p_{1,2}=\pm\sqrt{\frac{-\omega_0}{T_J}\frac{\mathrm{d}P_e}{\mathrm{d}\delta}\bigg|_{\delta=\delta_0}} \tag{10-36}$$

若$(\mathrm{d}P_e/\mathrm{d}\delta)_{\delta=\delta_0}<0$，则$p_{1,2}$为一个正实根和一个负实根，系统不稳定。若$(\mathrm{d}P_e/\mathrm{d}\delta)_{\delta=\delta_0}>0$，则$p_{1,2}$为一对虚根，$\Delta\delta$和$\Delta\omega$将作等幅振荡。等幅振荡的频率$f=(1/2\pi)\sqrt{(\omega_0/T_J)(\mathrm{d}P_e/\mathrm{d}\delta)_{\delta=\delta_0}}$，单机无穷大系统在运行点$\delta_0$的振荡频率称为该运行点的自然振荡频率，为$f_n=(1/2\pi)\sqrt{(\omega_0/T_J)(\mathrm{d}P_e/\mathrm{d}\delta)_{\delta=\delta_0}}$。一般$T_J$为5～10s，$\mathrm{d}P_e/\mathrm{d}\delta$为0.5～1，则$f$为1Hz左右，通常为低频振荡。若系统中存在正的阻尼因素，则$\Delta\delta$和$\Delta\omega$将作衰减振荡，最后系统恢复同步。这样小扰动法得到的系统静态稳定的判据为$\mathrm{d}P_e/\mathrm{d}\delta>0$，$\mathrm{d}P_e/\mathrm{d}\delta=S_{Eq}$为整步功率系数。

对于隐极发电机，有

$$\begin{cases}P_e=\dfrac{E_qU}{x_{d\Sigma}}\sin\delta\\ S_{Eq}=\dfrac{E_qU}{x_{d\Sigma}}\cos\delta\end{cases} \tag{10-37}$$

对于凸极发电机，有

$$\begin{cases}P_e=\dfrac{E_qU}{x_{d\Sigma}}\sin\delta+\dfrac{U^2(x_{d\Sigma}-x_{q\Sigma})}{2x_{d\Sigma}x_{q\Sigma}}\sin2\delta\\ S_{Eq}=\dfrac{E_qU}{x_{d\Sigma}}\cos\delta+\dfrac{U^2(x_{d\Sigma}-x_{q\Sigma})}{x_{d\Sigma}x_{q\Sigma}}\cos2\delta\end{cases} \tag{10-38}$$

系统必须在$S_{Eq}>0$的情况下运行才具有静态稳定性。

10.4.3 利用小扰动法分析简单电力系统静态稳定性

下面总结一下利用小扰动法分析简单电力系统静态稳定性的步骤。

1）列写电力系统各元件的微分方程和联系各元件关系的代数方程（如网络方程）。

2）分别将微分方程和代数方程线性化。

3）消去方程中的非状态变量，求出线性化小扰动状态方程和矩阵$\boldsymbol{A}$。

4）进行给定运行情况的初态计算，确定矩阵$\boldsymbol{A}$各元素的值。

5）确定或判断矩阵$\boldsymbol{A}$特征值实部的符号，判断系统在给定的运行条件下是否具有静态稳定性。这里有两种方法：直接求出矩阵$\boldsymbol{A}$的所有特征值；求出$\mathrm{d}\Delta\boldsymbol{X}/\mathrm{d}t=\boldsymbol{A}\Delta\boldsymbol{X}$的特征方程，由特征方程的系数间接判断特征值实部的符号。

例题 10-2 图10-13所示为简单电力系统。发电机为隐极发电机，惯性时间常数和各元件参数的标幺值已经统一。母线电压为$1\angle0°$，发电机端电压为1.05时，向系统输送功率为0.8，设E_q为常数，试计算此运行方式下系统的静态稳定储备系数和自然振荡频率f_n。相量图如图10-14所示。

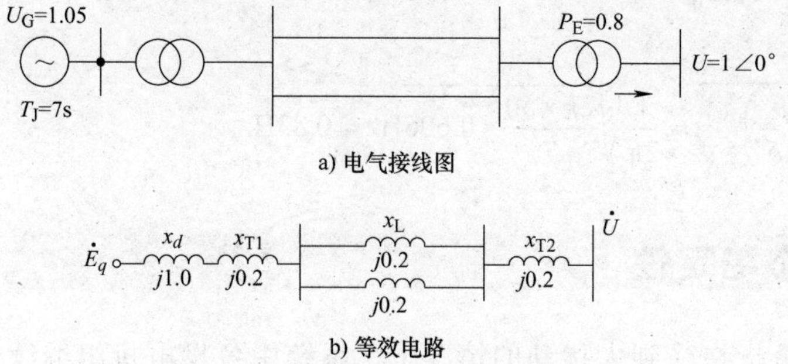

图 10-13　例题 10-2 的简单电力系统

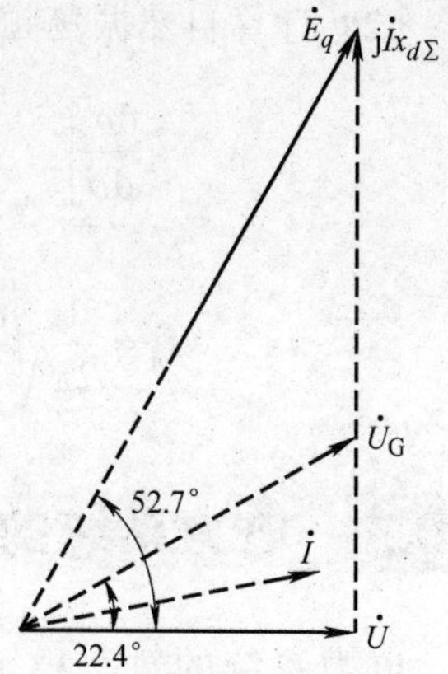

图 10-14　例题 10-2 的相量图

解：（1）计算静态稳定储备系数

因为 E_q 为常数，发电机为隐极发电机，所以系统的静态稳定极限对应的功角 δ=90° 时的电磁功率 $P_{\mathrm{emax}} = E_q U / x_{d\Sigma}$，需要求出 E_q。

发电机端电压到系统母线之间的总电抗为

$$x_\Sigma = x_{\mathrm{T_1}} + \frac{x_\mathrm{L}}{2} + x_{\mathrm{T_2}} = \mathrm{j}0.5$$

得出电磁功率为

$$P_\mathrm{e} = \frac{U_\mathrm{G} U}{x_\Sigma}\sin\delta_\mathrm{G} = \frac{1\times 1.05}{0.5}\sin\delta_\mathrm{G} = 0.8$$

求得

$$\delta_\mathrm{G} = 22.4°$$

计算定子电流 $\dot{I}$，为

$$\dot{I} = \frac{\dot{U}_\mathrm{G} - \dot{U}}{x_\Sigma} = \frac{1.05\angle 22.4° - 1\angle 0°}{\mathrm{j}0.5} = 0.80\angle 4.18°$$

$$\dot{E}_q = \dot{U} + \mathrm{j}\dot{I}x_{d\Sigma} = 1\angle 0° + \mathrm{j}0.80\angle 4.18° \times 1.5 = 1.51\angle 52.7°$$

功率极限为

$$P_\mathrm{M} = \frac{E_q U}{x_\Sigma} = \frac{1.51\times 1}{1.5} \approx 1$$

静态稳定储备系数为

$$K_\mathrm{P} = \frac{1-0.8}{0.8}\times 100\% = 25\%$$

（2）计算自然振荡频率 f_n

$$\left.\frac{\mathrm{d}p_\mathrm{e}}{\mathrm{d}\delta}\right|_{\delta=\delta_0}=\frac{E_qU}{x_{d\Sigma}}\cos\delta_0=P_\mathrm{M}\cos\delta_0=1\times\cos52.7^\circ=0.606$$

$$f_\mathrm{n}=\frac{1}{2\pi}\sqrt{\frac{\omega_0}{T_\mathrm{J}}\left(\frac{\mathrm{d}p_\mathrm{e}}{\mathrm{d}\delta}\right)_{\delta=\delta_0}}=\frac{1}{2\pi}\sqrt{\frac{2\pi\times50}{7}}\times0.606\mathrm{Hz}=0.83\mathrm{Hz}$$

10.5 电力系统的暂态稳定性

电力系统的暂态稳定性是指在受到大扰动的情况下，系统中各发电机组继续保持同步运行的能力。这里所说的大扰动，主要是指系统元件的切除或投入、大负荷的突然变化、系统发生短路故障等，其中短路故障对系统暂态稳定性的影响最为严重。

电力系统受到大扰动时引起的电力系统暂态过程，是一个电磁暂态过程和发电机转子间机械运动暂态过程交织在一起的复杂过程。精准确定所有电磁参数和机械运动参数在暂态过程中的变化是困难的，通常在暂态稳定性计算中采取如下假设。

1）考虑到发电机定子电流非周期分量衰减时间常数相较小，且产生的磁场在空间上是静止不动的，因此在暂态过程中忽略发电机定子电流非周期分量和与它相对应的转子电流周期分量，这就意味着发电机定子和转子绕组的电流、系统的电压、发电机的电磁功率在大扰动的瞬间均可以突变。

2）当发生不对称故障时，不计零序电流和负序电流对转子运动的影响，因此在发生不对称故障时可以应用正序等效定则和复合序网。故障时，确定正序等效电路与正常运行时等效电路的不同之处仅在于故障处接地阻抗 Z_Δ（不同故障类型确定的附加阻抗）。

3）对发电机电动势，近似考虑发电机电磁暂态过程和自动励磁调节器的作用，认为发电机保持暂态电动势 $E'=C$（常数），即采用发电机经典模型。

4）不考虑原动机调速器的作用，假定原动机输出功率保持恒定。

10.5.1 分析电力系统暂态稳定时的等效电路和功率特性

当系统遭受大扰动后，系统的各种运行参数（如电压、电流和功率等）都将发生急剧变化。但是，原动机的输出功率却由于机组惯性影响而不能随发电机电磁功率的瞬时变化而及时调整，因而各发电机输出功率与原动机提供的输入功率之间的平衡就要受到严重破坏。机组转轴上相应出现不平衡转矩，使转子的转速和转子间的相对角度发生变化，这一变化又影响到电流、电压和各发电机输出功率的变化。因此，在严重的情况下，可能导致发电机失去同步。

图 11-15 所示为简单电力系统在各种运行情况下的等效电路，下面以该系统中双回线路因短路故障切除一回线路后为例，进行系统的暂态稳定性分析。

正常运行时如图 11-15a 所示，系统的总电抗为

$$x_\mathrm{I}=x_d'+x_{\mathrm{T1}}+\frac{x_\mathrm{L}}{2}+x_{\mathrm{T2}} \tag{10-39}$$

发电机的功率特性为

$$P_{\mathrm{I}}=\frac{EU}{x_{\mathrm{I}}}\sin\delta=P_{\mathrm{Im}}\sin\delta \tag{10-40}$$

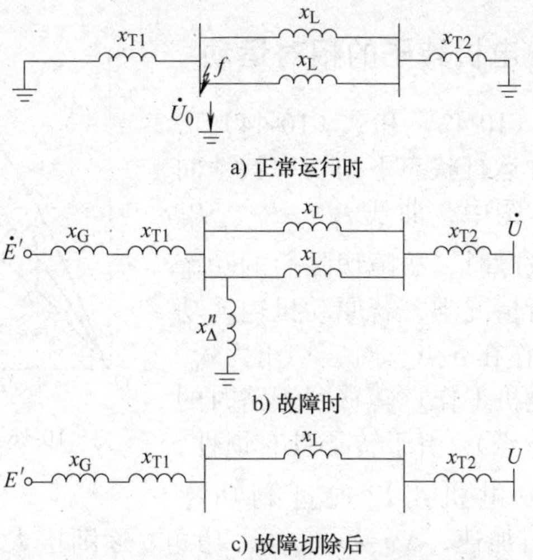

图 10-15　简单电力系统在各种运行情况下的等效电路

设一回线路始端发生某种类型的短路故障，根据正序等效定则，故障时系统的等效电路相当于正常情况下的等效电路，在短路点接入附加电抗 $x_{\Delta}^{(n)}$，如图 10-15b 所示。这里 n 表示不同的短路类型，从电力系统不对称短路分析可知：对于单相接地短路，有 $x_{\Delta}^{(1)}=x_{2\Sigma}+x_{0\Sigma}$；对于两相短路，有 $x_{\Delta}^{(2)}=x_{2\Sigma}$；对于两相接地短路 $x_{\Delta}^{(1,1)}=x_{2\Sigma}//x_{0\Sigma}$；对于三相短路 $x_{\Delta}^{(3)}=0$。

在系统短路过程中，从送端发电机到受端系统之间的转移电抗为

$$x_{\mathrm{II}}=x_d'+x_{\mathrm{T1}}+\frac{x_{\mathrm{L}}}{2}+x_{\mathrm{T2}}+\frac{(x_d'+x_{\mathrm{T1}})\left(\dfrac{x_{\mathrm{L}}}{2}+x_{\mathrm{T2}}\right)}{x_{\Delta}^{(n)}}=x_{\mathrm{I}}+\frac{(x_d'+x_{\mathrm{T1}})\left(\dfrac{x_{\mathrm{L}}}{2}+x_{\mathrm{T2}}\right)}{x_{\Delta}^{(n)}} \tag{10-41}$$

发电机的功率特性为

$$P_{\mathrm{II}}=\frac{EU}{x_{\mathrm{II}}}\sin\delta=P_{\mathrm{II\,m}}\sin\delta \tag{10-42}$$

显然，$x_{\Delta}^{(n)}$ 越小，x_{II} 越大，从而 $P_{\mathrm{II\,m}}$ 越小。比较各种短路故障时的附加电抗可以看出，当系统发生三相短路时，$x_{\Delta}^{(3)}=0$，则 $x_{\mathrm{II}}=\infty$，因此 $P_{\mathrm{II\,m}}=0$，对系统暂态稳定性的威胁最为严重。

故障切除后，系统成单回线路运行，如图 11-15c 所示，系统的总电抗为

$$x_{\mathrm{III}}=x_d'+x_{\mathrm{T1}}+x_{\mathrm{L}}+x_{\mathrm{T2}} \tag{10-43}$$

发电机的功率特性为

$$P_{\rm III}=\frac{EU}{x_{\rm III}}\sin\delta=P_{\rm IIIm}\sin\delta \tag{10-44}$$

一般情况下，由于$x_{\rm I}<x_{\rm III}<x_{\rm II}$，因此$P_{\rm Im}>P_{\rm IIIm}>P_{\rm IIm}$。以上三种状态下发电机的功率特性曲线如图 10-16 所示。

10.5.2 大扰动后发电机转子的相对运动

由式（10-40）、式（10-42）和式（10-44）可以作出在大扰动的各种运行状态下的功率特性曲线，如图 10-16 所示。图中，曲线$P_{\rm I}$、$P_{\rm II}$、$P_{\rm III}$分别为正常运行时、故障时、故障切除后的功率特性曲线。在正常运行情况下，若原动机输入功率为$P_{\rm T}=P_0$，发电机工作在 a 点，对应功角为δ_0。短路故障发生后，发电机工作点转移到短路时的功率特性$P_{\rm II}$上（对应 b 点）。由于转子具有惯性，功率保持P_0不变，发电机组出现过剩功率$\Delta P=P_0-P_{\rm e}>0$，引起机组加速，$\Delta\omega=\omega-\omega_{\rm N}>0$，功角$\delta$逐渐增大。如果到 c 点，故障线路被切除，发电机的工作点转移到$P_{\rm III}$上对应于δ_c的 d 点，这时$\Delta P=P_0-P_{\rm e}<0$，机组开始减速，从而把加速过程中转子所增加的动能在减速过程中不断地释放出来。机组开始减速时，由于相对速度$\Delta\omega$不可能突变，仍大于 0，因此功角将继续增大。若发电机到达 f 点时，加速过程中转子增加的动能已全部消耗完毕，则发电机的转速又恢复到同步转速，即$\Delta\omega=0$，这时功角δ达到它的最大值$\delta_{\max}$。虽然机组在 f 点恢复到同步转速，但在这一点发电机输出功率仍大于P_0，因此转子转速将继续减小，使$\Delta\omega<0$，于是功角δ开始减小。考虑到实际过程中阻尼、摩擦等的作用将损耗能量，系统经一系列减幅振荡后，最后在 s 点稳定运行。因此，系统在上述大扰动下仍将保持暂态稳定。暂态稳定的振荡过程中，功角δ和相对速度$\Delta\omega$随时间 t 的变化曲线如图 10-17 所示。

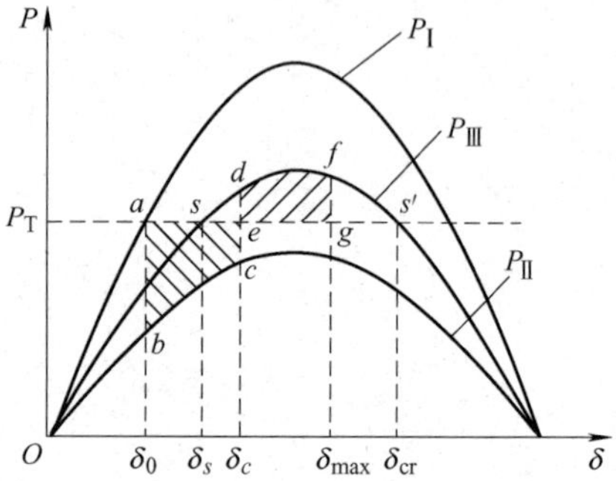

图 10-16 发电机的功率特性曲线

电力系统在受到大扰动的情况下，也可能产生另一种结果。如果故障切除较迟缓，这时因发电机加速过程长，储存的动能较多，转速在达到运行点 s'（图 10-16 中原动机输入功率P_0与功率特性曲线$P_{\rm III}$的交点）前仍未减至同步转速。这样，当越过 s' 点后，过剩转矩又变成加速性的，角加速度变为正值，从而使转子继续加速。随着δ的增大，加速性的转矩不断增大，迫使转子不断加速，于是发电机便与系统失去了同步。

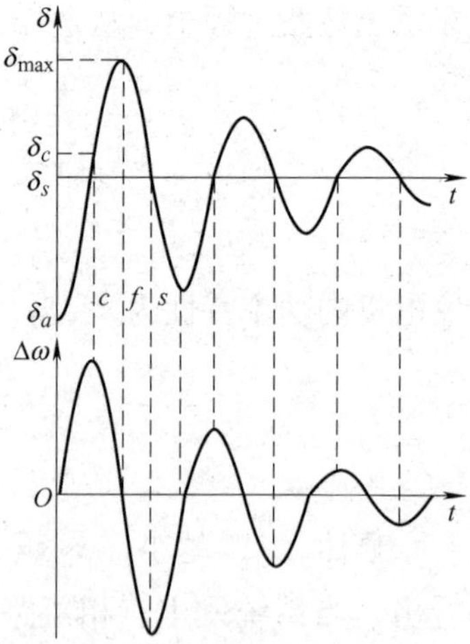

图 10-17 功角δ和相对速度$\Delta\omega$随时间 t 的变化曲线

10.5.3 等面积定则

下面进一步研究，如何通过定量计算来判断系统的暂态稳定性。

图 10-15 中，在转子的角度从 δ_0 摇摆至 δ_c 的过程中，过剩功率的存在使转子动能增加，它在数值上等于过剩功率对功角的积分，即图 10-16 中由 a、b、c、e 点所围成的面积，通常称之为加速面积，它既代表转子在加速过程中储存的动能，又等于过剩转矩对转子所做的功，以 W_+ 表示，有

$$W_+ = \int_{\delta_0}^{\delta_c} (P_{\mathrm{T}} - P_{\mathrm{II\,m}} \sin\delta)\,\mathrm{d}\delta \tag{10-45}$$

与加速面积对应，图 10-16 中由 d、e、g、f 点所围成的面积称为减速面积，它既代表转子在减速过程中所消耗的动能，又等于减速性的过剩转矩所做的功，以 W_- 表示，有

$$W_- = \int_{\delta_c}^{\delta_{\max}} (P_{\mathrm{T}} - P_{\mathrm{III\,m}} \sin\delta)\,\mathrm{d}\delta \tag{10-46}$$

在减速期间，当发电机转子耗尽了它在加速期间所储存的全部动能增量时，$\Delta\omega=0$，它的功角达到最大值 $\delta_{\max}$，显然，$\delta_{\max}$ 可由下式决定：

$$W_+ + W_- = 0$$

即

$$\int_{\delta_0}^{\delta_c} (P_{\mathrm{T}} - P_{\mathrm{II\,m}} \sin\delta)\,\mathrm{d}\delta + \int_{\delta_c}^{\delta_{\max}} (P_{\mathrm{T}} - P_{\mathrm{III\,m}} \sin\delta)\,\mathrm{d}\delta = 0 \tag{10-47}$$

在图 10-16 中，最大可能减速面积显然等于由 d、e、s' 点所围成的面积。若最大可能减速面积小于加速面积，则系统必定失去稳定。因此，根据最大可能减速面积必须大于加速面积的原则，可以判断电力系统是否具有暂态稳定性。从图 10-16 还可以看出，故障切除角 δ_c 越小，加速面积就越小，最大可能减速面积就越大，保持系统稳定的可能性也就越大。反之，故障切除角 δ_c 越大，加速面积就越大，最大可能减速面积就越小，保持暂态稳定就越困难。因此，总可以找到一个切除角，当在此角度下切除短路故障时，恰好使最大可能减速面积与加速面积相等，这时系统将处于稳定的极限情况，通常称此切除角为极限切除角，记作 δ_{clim}，该角可以根据面积定则确定，即

$$\int_{\delta_0}^{\delta_{\mathrm{clim}}} (P_{\mathrm{T}} - P_{\mathrm{II\,m}} \sin\delta)\,\mathrm{d}\delta + \int_{\delta_{\mathrm{clim}}}^{\delta_{\mathrm{cr}}} (P_{\mathrm{T}} - P_{\mathrm{III\,m}} \sin\delta)\,\mathrm{d}\delta = 0$$

解得

$$\delta_{\mathrm{clim}} = \arccos\frac{P_{\mathrm{T}}(\delta_{\mathrm{cr}} - \delta_0) + P_{\mathrm{III\,m}}\cos\delta_{\mathrm{cr}} - P_{\mathrm{II\,m}}\cos\delta_0}{P_{\mathrm{III\,m}} - P_{\mathrm{II\,m}}} \tag{10-48}$$

式中，δ_{cr} 为临界角，有

$$\delta_{\mathrm{cr}} = 180^\circ - \arcsin\frac{P_{\mathrm{T}}}{P_{\mathrm{III\,m}}} \tag{10-49}$$

按式（10-48）求得极限切除角 δ_{clim} 后，还需进一步找出与极限切除角 δ_{clim} 相对应的极限切除时间 t_{clim}，从而可以对继电保护和断路器切除故障时间提出要求。从稳定性的角度看，希望故障切除时间 t_{c} 尽可能短。故障切除角与对应的故障切除时间 t_{c} 的关系，原则上应通过发电机转子运动方程求解，但转子运动方程是非线性微分方

程，因此一般采用数值解法，限于篇幅，此处从略。

例题 10-3 某电力系统如图 10-18 所示，受端为无限大容量系统，系统各元件负序阻抗与正序阻抗相同。当输电线路某一回路始端发生两相短路时，试确定保证系统暂态稳定性的极限切除角 δ_{clim}。

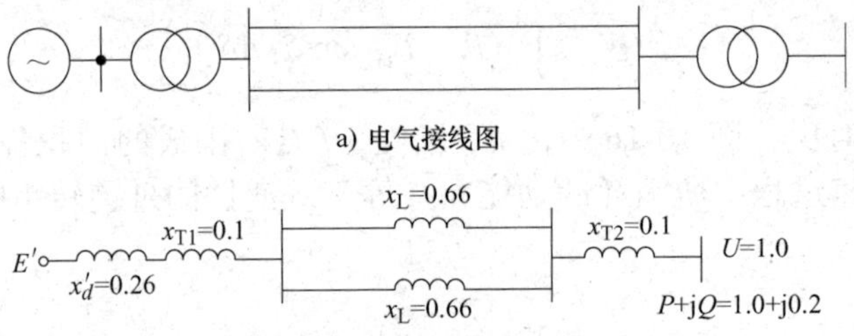

a) 电气接线图

b) 等效电路

图 10-18　例题 10-3 的电力系统

解：1）正常运行时的功率特性计算过程如下：

$$x_{\mathrm{I}} = x_d' + x_{\mathrm{T1}} + \frac{x_{\mathrm{L}}}{2} + x_{\mathrm{T2}} = 0.26 + 0.1 + \frac{0.66}{2} + 0.1 = 0.79$$

$$E' = \sqrt{(1+0.2\times0.79)^2 + 0.79^2} = 1.402$$

$$\delta_0 = \arctan\frac{0.79}{1+0.2\times0.79} = 34.3°$$

$$P_{\mathrm{Im}} = \frac{E'U}{x_{\mathrm{I}}} = \frac{1.402\times1}{0.79} = 1.775$$

2）故障时的功率特性计算过程如下：

$$x_{(2)} = \frac{(x_d' + x_{\mathrm{T1}})\left(\dfrac{x_{\mathrm{L}}}{2} + x_{\mathrm{T2}}\right)}{x_d' + x_{\mathrm{T1}} + \dfrac{x_{\mathrm{L}}}{2} + x_{\mathrm{T2}}} = \frac{(0.26+0.1)\times\left(\dfrac{0.66}{2}+0.1\right)}{0.26+0.1+\dfrac{0.66}{2}+0.1} = 0.196$$

$$x_{\Delta}^{(2)} = x_{(2)} = 0.196$$

$$x_{\mathrm{II}} = x_{\mathrm{I}} + \frac{(x_d' + x_{\mathrm{T1}})\left(\dfrac{x_{\mathrm{L}}}{2} + x_{\mathrm{T2}}\right)}{x_{\Delta}^{(2)}} = 0.79 + \frac{(0.26+0.1)\times\left(\dfrac{0.66}{2}+0.1\right)}{0.196} = 1.58$$

$$P_{\mathrm{II\,m}}\frac{E'U}{x_{\mathrm{II}}} = \frac{1.402\times1}{1.58} = 0.887$$

3）故障切除后的功率特性

$$x_{\mathrm{I}} = x_d' + x_{\mathrm{T1}} + x_{\mathrm{L}} + x_{\mathrm{T2}} = 0.26 + 0.1 + 0.66 + 0.1 = 1.12$$

$$P_{\text{Ⅲm}} = \frac{E'U}{x_{\text{Ⅲ}}} = \frac{1.402\times 1}{1.12} = 1.252$$

4）利用等面积定则确定极限切除角 δ_{clim}，计算过程如下：

$$\delta_{\text{cr}} = 180^\circ - \arcsin\frac{P_{\text{T}}}{P_{\text{Ⅲm}}} = 180^\circ - \arcsin\frac{1}{1.252} = 127^\circ$$

$$\begin{aligned}\delta_{\text{clim}} &= \arccos\frac{P_{\text{T}}(\delta_{\text{cr}}-\delta_0)+P_{\text{Ⅲm}}\cos\delta_{\text{cr}}-P_{\text{Ⅱm}}\cos\delta_0}{P_{\text{Ⅲm}}-P_{\text{Ⅱm}}}\\ &= \arccos\frac{1\times\pi\times(127^\circ-34.3^\circ)/180^\circ+1.252\times\cos 127^\circ-0.887\times\cos 34.3^\circ}{1.252-0.887}\\ &= \arccos 0.359\end{aligned}$$

从而得到 $\delta_{\text{clim}} = 69^\circ$。

10.5.4　提高暂态稳定性的措施

一般说来，提高电力系统静态稳定性的措施也有助于提高暂态稳定性，即 10.3.4 节中有关提高静态稳定性的措施都适合于提高暂态稳定性。从图 10-16 可以看出，提高了故障时和故障切除后的功率极限，显然可以增加最大可能减速面积，减小加速面积，从而有利于系统保持暂态稳定性。此外，从暂态稳定性分析来看，除提高系统的功率极限外，还可以采取一些相应的措施，减少发电机转子相对运动的振荡幅度，从而提高系统的暂态稳定性。

1. 快速切除故障

利用快速继电保护装置和快速动作的断路器尽快切除故障是提高暂态稳定性的重要措施。从图 10-16 可以看出，缩短故障切除时间，可以使故障切除角 δ_c 减小，从而减小加速面积，相应地增大减速面积。

2. 实行快速强行励磁

发电机实行快速强行励磁，当系统发生短路故障时，能迅速提高发电机的电动势，提高故障时和故障切除后发电机的功率特性，有利于提高系统的暂态稳定性。

3. 采用自动重合闸装置

高压输电线路的短路故障绝大多数是瞬时性的。故障跳闸后，如果能重新进行合闸，在许多情况下都可以恢复正常供电。为了提高供电可靠性，目前高压输电线路上都设有自动重合闸装置。下面通过图 10-19 来说明自动重合闸装置如何提高暂态稳定性。

图 10-15 所示的简单电力系统，发电机组在功率特性曲线 $P_{\text{Ⅰ}}$ 上 a 点运行时，若一回线路发生故障，则运行点变为 b 点，按功率特性曲线 $P_{\text{Ⅱ}}$ 运行，且由于原动机输出功率 P_{T} 大于机组输出功率 P_{e}，功角 δ 逐渐增大。当运行到 c 点时，继电保护装置起动断路器将故障线路切除，此时系统运行点为功率特性曲线 $P_{\text{Ⅲ}}$ 上的点 d，尽管此

时原动机输出功率 P_T 小于机组输出功率 P_e，但由于转子在加速过程中储存的动能没有释放完，因此功角 δ 仍继续增大。运行到 e 点时自动重合闸装置动作将被切断的线路重新投入运行，使系统恢复双回线路供电，于是发电机组重新回到功率特性曲线 P_I 上的 f 点。当运行到 g 点时，转子储存的动能全部释放完。

由图 10-19 可见，采用自动重合闸装置后增大了减速面积，且提高了系统的功率极限，有利于保持系统暂态稳定性，同时也提高了系统供电的可靠性。

4. 改善原动机的调节特性

电力系统受到大扰动后，由于发电机输出的电磁功率突然变化，而原动机的功率由于惯性和调速器的时滞等原因，功率不可能及时响应变化，从而造成了发电机轴上功率的不平衡，引起发电机产生剧烈的相对运动，甚至破坏系统的稳定性。若原动机调速系统能实行快速调节，使它的功率变化能接近跟上电磁功率的变化，则机组轴上的不平衡功率便可减小，从而防止暂态性被破坏。图 10-20 所示为快速调节汽门的作用。当发生短路故障时，保护装置或专门的检测控制装置使汽门快速动作，原动机的功率迅速下降，从而减小加速面积，增大了可能的减速面积，提高了系统的暂态稳定性。

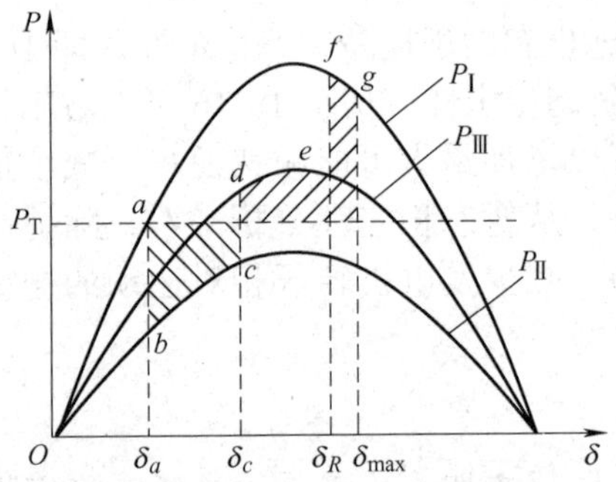

图 10-19 自动重合闸装置的作用

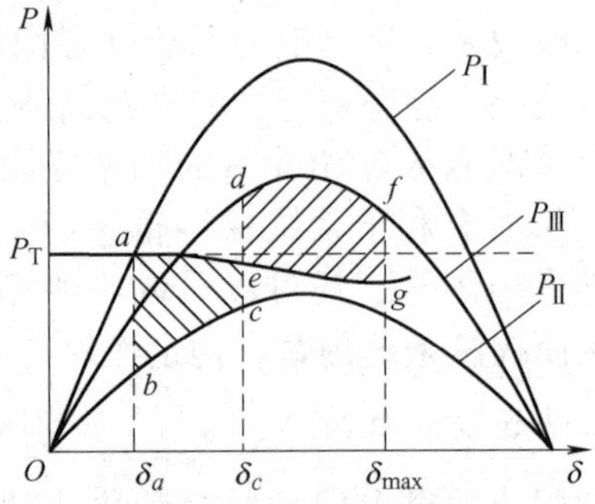

图 10-20 快速调节汽门的作用

此外，对于并联运行的发电机组，也可在故障发生后切除部分发电机组以减少过剩功率，或采用机械制动的方法消耗掉一部分原动机的机械功率。

5. 采用电气制动

电气制动就是在送端发电机附近装设电阻性负荷，当系统发生短路故障而引起发电机产生过剩功率时，自动地投入这一电阻性负荷以吸收过剩功率，抑制发电机的加速，从而提高电力系统的暂态稳定性。当电力系统发生短路故障时，发电机输出的有功功率急剧减少，发电机组因功率过剩而加速，如果在系统发生故障时迅速投入制动电阻，消耗发电机的有功功率，保持发电机转轴上的功率平衡，就可以防止系统失去稳定。

电气制动的接线图如图 10-21 所示。在送端发电机附近装设电阻 R，系统正常运行时断路器 QF 处于断开状态，当系统发生短路故障而引起发电机产生过剩功率时，QF 快速闭合，将电阻 R 投入系统中以吸收过剩功率，抑制发电机的加速，从而提高电力系统的暂态稳定性。

图 10-22 所示为电气制动的作用。当发生短路故障时，保护装置将断路器 QF 闭合，电阻 R 接入到系统中。由于电阻消耗了一部分发电机输出功率，减少了发电机向系统输送的功率，因此使得加速面积由原来的 $S_{ab'c'e}$ 变为 S_{abce}，减小了加速面积，提高了系统的暂态稳定性。

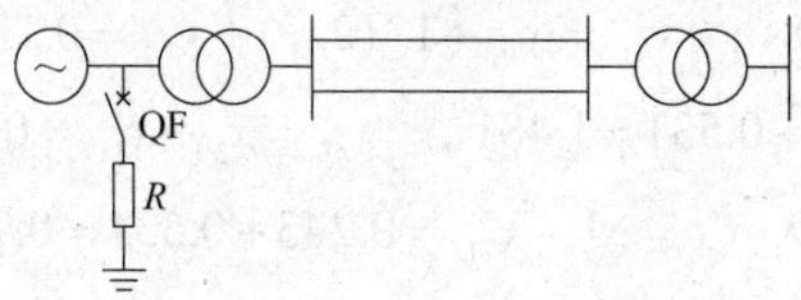

图 10-21 电气制动的接线图

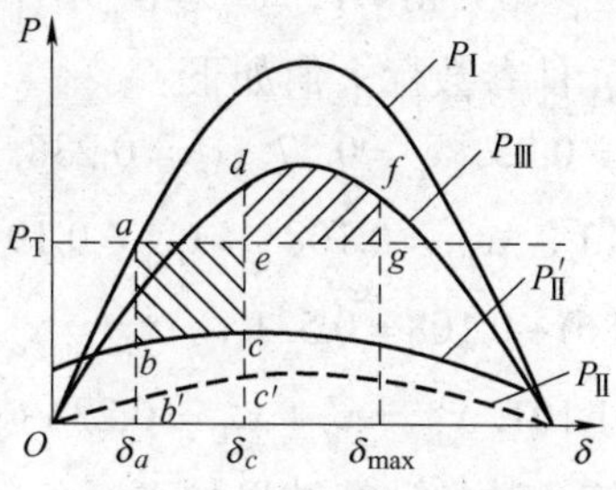

图 10-22 电气制动的作用

10.5.5 简单电力系统稳定性的计算

1. 简单电力系统静态稳定性的计算

现代电力系统中的发电机均装设了各种自动励磁调节器，本节只讨论带有自动励磁调节器的发电机系统，不计发电机各绕组的电磁暂态过程，忽略系统电阻的影响。

以图 10-23 所示的单机无穷大系统为例研究系统的静态稳定性。在给定的运行情况下，发电机输出功率为 P_0，$\omega = \omega_{\mathrm{N}}$，原动机的功率为 $P_{\mathrm{T0}} = P_0$。保持电动势 $E'_q = E'_{q0}$ = 常数的条件下，发电机励磁调节系统的综合放大系数为 $K_{\mathrm{a}} = 5.7857$。

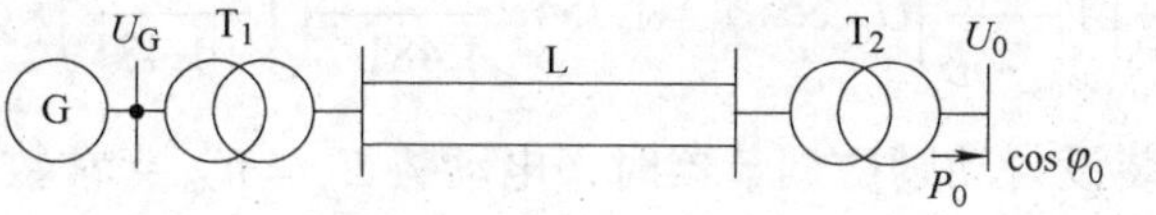

图 10-23 单机无穷大系统

发电机的参数如下：$S_{\mathrm{GN}} = 352.5\mathrm{MVA}$，$P_{\mathrm{GN}} = 300\,\mathrm{MW}$，$U_{\mathrm{GN}} = 10.5\,\mathrm{kV}$，$x_d = 1$，$x'_d = 0.25$，$x''_d = 0.252$，$x_q = 0.6$，$x'_q = 0.243$，$x_{(1)} = 0.18$，$T'_d = 1.01$，$T''_d = 0.053$，$T''_{q0} = 0.1$，$R_s = 0.0028$，$H(s) = 4\mathrm{s}$，$T_{\mathrm{JN}} = 8\mathrm{s}$，$x_{(2)} = 0.2$。

变压器 T_1 的参数如下：$S_{\mathrm{TN1}} = 360\,\mathrm{MVA}$，$U_{\mathrm{ST1}}\% = 14$，$k_{\mathrm{T1}} = 10.5/242$。

变压器 T_2 的参数如下：$S_{\mathrm{TN2}} = 360\,\mathrm{MVA}$，$U_{\mathrm{ST2}}\% = 14$，$k_{\mathrm{T2}} = 220/121$。

输电线路 L 的参数如下：$l = 250\mathrm{km}$，$U_{\mathrm{N}} = 220\mathrm{kV}$，$x_{\mathrm{L}} = 0.41\Omega/\mathrm{km}$，$r_{\mathrm{L}} = 0.07\Omega/\mathrm{km}$，输电线路的零序电抗为正序电抗的 5 倍。

运行条件如下：$U_0 = 115\,\mathrm{kV}$，$P_0 = 250\,\mathrm{MW}$，$\cos\varphi_0 = 0.95$。

（1）网络参数及运行参数计算

系统等效电路如图 10-24 所示。

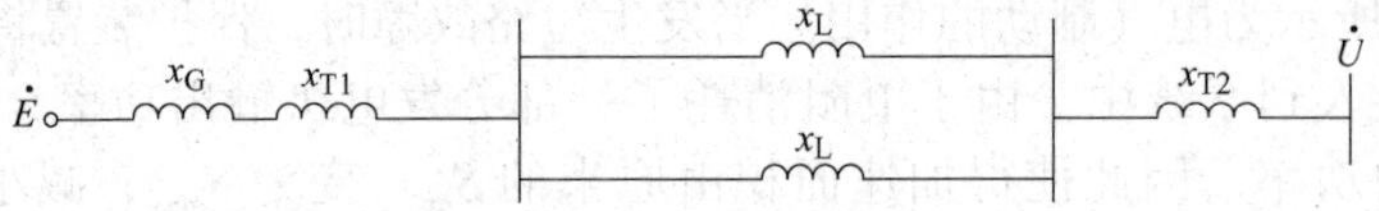

图 10-24　系统等效电路

取 $S_B = 335\,\text{MVA}$，$U_B = U_{av}$，利用近似计算法求出各元件的参数。

各元件参数标幺值如下：

$x_d = 0.95$，$x_q = 0.57$，$x'_d = 0.238$，$x'_q = 0.243$，$R_L = 0.1$，$x_L = 0.586$，$x_{L(0)} = 5x_L = 2.93$，$x_{T1} = 0.13$，$x_{T2} = 0.108$，$x_{(2)} = 0.19$，$T_J = 11.28\text{s}$；$x_{TL} = x_{T1} + 1/(2x_L) + x_{T2} = 0.13 + 1/(2\times 0.586) + 0.108 = 0.531$，$x_{d\Sigma} = x_d + x_{TL} = 0.95 + 0.531 = 1.481$，$x_{q\Sigma} = x_q + x_{TL} = 0.57 + 0.531 = 1.101$，$x'_{d\Sigma} = x'_d + x_{TL} = 0.238 + 0.531 = 0.769$，$x'_{q\Sigma} = x'_q + x_{TL} = 0.243 + 0.531 = 0.762$。

运算参数的计算结果如下：

$$U_{0*} = \frac{U_0}{U_B} = \frac{115}{115} = 1,\quad P_{0*} = \frac{P_0}{S_B} = \frac{250}{335} = 0.746,\quad Q_{0*} = P_{0*}\tan\varphi_0 = 0.245$$

（2）稳定运行参数计算

发电机电动势 E_{q0} 为

$$E_{q0} = \sqrt{\left(U_{0*} + \frac{Q_{0*}x_{d\Sigma}}{U_{0*}}\right)^2 + \left(\frac{P_{0*}x_{d\Sigma}}{U_{0*}}\right)^2} = \sqrt{(1+0.245\times 1.481)^2 + (0.746\times 1.481)^2} = 1.754$$

$$\delta_0 = \arctan\frac{0.746\times 1.481}{1+0.245\times 1.481} = 39.03^\circ$$

$$U_{Gq0} = E_{q0}\frac{x_{TL}}{x_{d\Sigma}} + \left(1 - \frac{x_{TL}}{x_{d\Sigma}}\right)U_{0*}\cos\delta_0 = 1.754\times\frac{0.531}{1.481} + \left(1 - \frac{0.531}{1.481}\right)\times\cos 39.03^\circ = 1.127$$

1）当发电机装设自动励磁调节器时，电动势 $E'_q = E'_{q0} =$ 常数，其值为

$$E'_{q0} = E_{q0}\frac{x'_{d\Sigma}}{x_{d\Sigma}} + \left(1 - \frac{x'_{d\Sigma}}{x_{d\Sigma}}\right)U_{0*}\cos\delta_0 = 1.754\times\frac{0.769}{1.481} + \left(1 - \frac{0.769}{1.481}\right)\cos 39.03^\circ = 1.284$$

发电机电动势 E'_q 对应的功率为

$$P_{E'q} = \frac{E'_{q0}U_{0*}}{x'_{d\Sigma}}\sin\delta_{E'q} + \frac{U_{0*}^2}{2}\left(\frac{x'_{d\Sigma} - x_{q\Sigma}}{x'_{d\Sigma}x_{q\Sigma}}\right)\sin 2\delta_{E'q} = \frac{1.284}{0.769}\sin\delta_{E'q} + \frac{1}{2}\times\frac{0.769-1.101}{0.769\times 1.101}\sin 2\delta_{E'q}$$
$$= 1.67\sin\delta_{E'q} - 0.196\sin 2\delta_{E'q}$$

根据 $\mathrm{d}P/\mathrm{d}\delta = 0$ 可得极限功率时功角满足如下等式：

$$-1.784\cos^2\delta_{E'qm} + 1.67\cos\delta_{E'qm} + 0.392 = 0$$

由此得稳定运行极限功角为

$$\delta_{E'qm} = \arccos\frac{1.67-\sqrt{1.67^2+4\times0.784\times0.392}}{2\times0.784} = 102.32°$$

功率极限为

$$P_{E'qm} = \frac{E'_{q0}U_{0*}}{x'_{d\Sigma}}\sin\delta_{E'qm} + \frac{U_{0*}^2}{2}\frac{x'_{d\Sigma}-x_{d\Sigma}}{x'_{d\Sigma}x_{d\Sigma}}\sin2\delta_{E'qm} = 1.67\sin102.32° - 0.196\sin(2\times102.32°) = 1.713$$

2）当自动励磁调节器的综合放大系数为 $K_a = 10$ 时，已超过保持电动势 $E'_q = E'_{q0} =$ 常数所要求的值，则发电机的电动势 E_q 为

$$E_q = \frac{E_{q0}+K_aU_{Gq0}}{1+K_a\dfrac{x_{TL}}{x_{d\Sigma}}} - \frac{K_a\left(1-\dfrac{x_{TL}}{x_{d\Sigma}}\right)}{1+K_a\dfrac{x_{TL}}{x_{d\Sigma}}}U_{0*}\cos\delta$$

$$= \frac{1.754+10\times1.127}{1+10\times\dfrac{0.531}{1.481}} - \frac{10\times\left(1-\dfrac{0.531}{1.481}\right)}{1+10\times\dfrac{0.531}{1.481}}\cos\delta = 2.84-1.40\cos\delta$$

发电机电动势 E_q 对应的功率为

$$\begin{aligned}P_{Eq} &= \frac{E_qU_{0*}}{x_{d\Sigma}}\sin\delta_{Eq} + \frac{U_{0*}^2}{2}\frac{x_{d\Sigma}-x_{q\Sigma}}{x_{d\Sigma}x_{q\Sigma}}\sin2\delta_{Eqm}\\ &= (2.84-1.40\cos\delta)\frac{1}{1.481}\sin\delta_{Eq} + \frac{1}{2}\times\frac{1.481-1.101}{1.481\times1.101}\sin2\delta_{Eq}\\ &= 1.918\sin\delta_{Eq} - 0.355\sin2\delta_{Eq}\end{aligned}$$

由 $\mathrm{d}P/\mathrm{d}\delta = 0$ 可得极限功率时功角满足如下等式：

$$-1.42\cos^2\delta_{Eq} + 1.918\cos\delta_{Eq} + 0.71 = 0$$

求得

$$\delta_{Eqm} = \arccos\frac{1.918-\sqrt{1.918^2+4\times1.42\times0.71}}{2\times1.42} = 107.605°$$

功率极限为

$$P_{Eqm} = 1.918\sin107.605° - 0.355\sin(2\times107.605°) = 2.03$$

可以看出，增大发电机励磁系统的综合放大系数可以提高功率极限，由 1.713 增大到 2.03。

2. 简单电力系统暂态稳定性的计算

仍以简单电力系统为例进行计算和分析，系统参数与静态稳定性计算相同。

如图 10-25 所示，当系统在 f 点发生两相接地短路时，通过输电线路两侧断路器切除故障线路，分析系统的暂态稳定性。

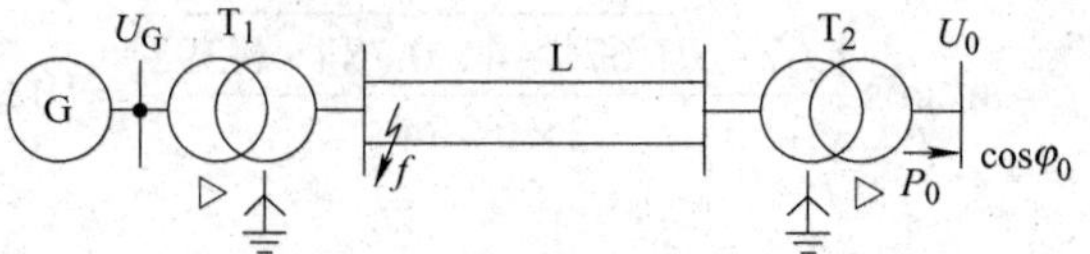

图 10-25　短路时系统的接线图

系统的等效电路如图 10-26 所示。

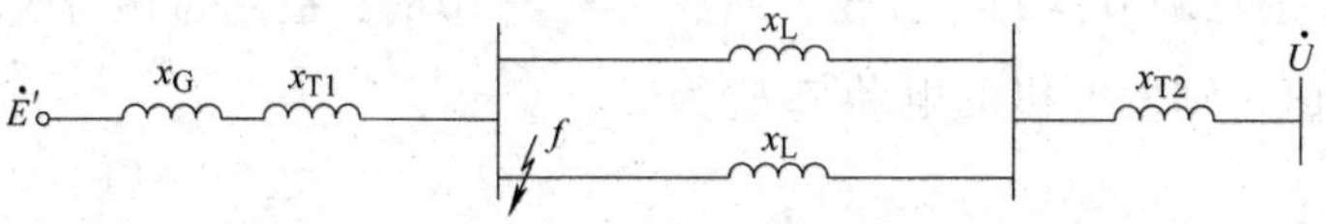

图 10-26　系统等效电路

运算参数的计算结果如下：

$$U_{0*}=1,\ P_{0*}=0.746,\ Q_{0*}=0.245$$

$$E_{0*}=\sqrt{\left(U_{0*}+\frac{Q_{0*}x'_{d\Sigma}}{U_{0*}}\right)^2+\left(\frac{P_{0*}x'_{d\Sigma}}{U_{0*}}\right)^2}=\sqrt{(1+0.245\times0.769)^2+(0.746\times0.769)^2}=1.32$$

$$\delta_0=\arctan\frac{0.746\times0.769}{1+0.245\times0.769}=25.77°$$

（1）系统转移电抗和功率特性计算

f点发生两相短路时的等效电路如图 10-27 所示。

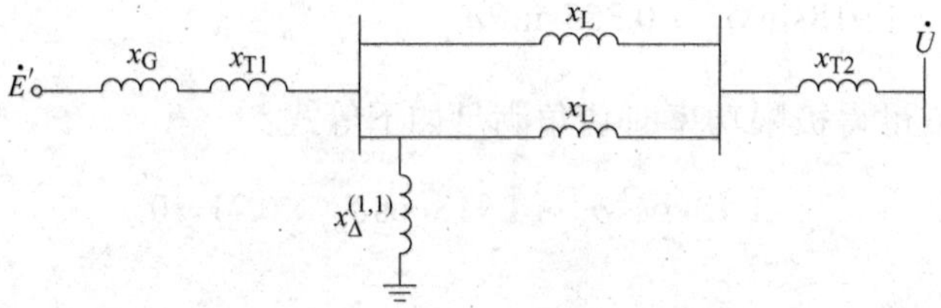

图 10-27　短路时的等效电路

负序和零序等效电抗分别为

$$x_{\Sigma(2)}=\frac{(x_{(2)}+x_{T1})\left(\dfrac{1}{2}x_L+x_{T2}\right)}{x_{(2)}+x_{T1}+\dfrac{1}{2}x_L+x_{T2}}=\frac{(0.19+0.13)\left(\dfrac{1}{2}\times0.586+0.108\right)}{0.19+0.13+\dfrac{1}{2}\times0.586+0.108}=0.178$$

$$x_{\Sigma(0)}=\frac{x_{T1}\left(\dfrac{1}{2}x_L+x_{T2}\right)}{x_{T1}+\dfrac{1}{2}x_L+x_{T2}}=\frac{0.13\left(\dfrac{1}{2}\times0.586+0.108\right)}{0.13+\dfrac{1}{2}\times0.586+0.108}=0.10$$

两相接地短路时的附加电抗为

$$x_{\Delta}^{(1,1)}=\frac{x_{\Sigma(0)}x_{\Sigma(2)}}{x_{\Sigma(0)}+x_{\Sigma(2)}}=\frac{0.10\times0.178}{0.10+0.178}=0.064$$

短路时系统的转移电抗和功率特性分别为

$$x_{\mathrm{II}}=x_d'+x_{\mathrm{T1}}+\frac{1}{2}x_{\mathrm{L}}+x_{\mathrm{T2}}+\frac{(x_d'+x_{\mathrm{T1}})\left(\frac{1}{2}x_{\mathrm{L}}+x_{\mathrm{T2}}\right)}{x_{\Delta}^{(1,1)}}$$

$$=\frac{0.238+0.13+\frac{1}{2}\times0.586+0.108+(0.238+0.13)\times\left(\frac{1}{2}\times0.586+0.108\right)}{0.064}=3.07$$

$$P_{\mathrm{II}}=\frac{E_{0*}U_{0*}}{x_{\mathrm{II}}}\sin\delta=\frac{1.32\times1}{3.07}\sin\delta=0.43\sin\delta$$

故障切除后系统的转移电抗和功率特性分别为

$$x_{\mathrm{III}}=x_d'+x_{\mathrm{T1}}+x_{\mathrm{L}}+x_{\mathrm{T2}}=0.238+0.13+0.586+0.108=1.062$$

$$P_{\mathrm{III}}=\frac{E_{0*}U_{0*}}{x_{\mathrm{III}}}\sin\delta=-\frac{1.32\times1}{1.062}\sin\delta=1.243\sin\delta$$

（2）系统极限切除角计算

临界角为

$$\delta_{\mathrm{cr}}=\pi-\arcsin\frac{P_{0*}}{P_{\mathrm{III m}}}=3.14-\arcsin\frac{0.746}{1.243}=2.497$$

应用等面积定则，可求得极限切除角为

$$\delta_{\mathrm{clim}}=\arccos\frac{P_{0*}(\delta_{\mathrm{cr}}-\delta_0)+P_{\mathrm{III m}}\cos\delta_{\mathrm{cr}}-P_{\mathrm{II m}}\cos\delta_0}{P_{\mathrm{III m}}-P_{\mathrm{II m}}}$$

$$=\arccos\frac{0.746(2.497-0.45)+1.243\cos2.497-0.43\cos0.45}{1.243-0.43}=1.39$$

换算成度数为 $\delta_{\mathrm{cr}}=143.14°$，$\delta_{\mathrm{clim}}=79.7°$。

（3）发电机摇摆曲线 δ-t 计算

在上述简单电力系统中，短路故障期间发电机摇摆曲线 δ-t 即转子的运动方程为

$$\begin{cases}\dfrac{\mathrm{d}\delta}{\mathrm{d}t}=(\omega-1)\omega_0\\ \dfrac{\mathrm{d}\omega}{\mathrm{d}t}=\dfrac{1}{T_{\mathrm{J}}}\left(P_{\mathrm{T}}-\dfrac{E'U}{x_{\mathrm{II}}}\sin\delta\right)\end{cases}$$

这是两个一阶的非线性常微分方程，它们的起始条件是已知的，即

$$t=0,\quad \omega=1,\quad \delta=\delta_0=\arcsin\frac{P_{\mathrm{T}}}{P_{\mathrm{I m}}}$$

当计算出故障期间的 δ–t 曲线后，就可由曲线找到与极限切除角相应的极限切除时间。

如果问题是已知切除时间，需要求出 δ–t 曲线来判断系统的稳定性，则当 δ–t 曲线计算到故障切除时，由于系统参数改变，以致发电机功率特性发生变化，必须求解另一组微分方程：

$$\begin{cases} \dfrac{\mathrm{d}\delta}{\mathrm{d}t}=(\omega-1)\omega_0 \\ \dfrac{\mathrm{d}\omega}{\mathrm{d}t}=\dfrac{1}{T_{\mathrm{J}}}\left(P_{\mathrm{T}}-\dfrac{E'U}{x_{\mathrm{III}}}\sin\delta\right) \end{cases} \tag{10-50}$$

这组方程的起始条件为

$$t=t_{\mathrm{c}},\quad \omega=\omega_{\mathrm{c}},\quad \delta=\delta_{\mathrm{c}}$$

式中，t_{c} 为给定的切除时间；δ_{c}、ω_{c} 为与 t_{c} 时刻相对应的 δ 和 ω，可由故障期间的 δ–t 曲线和 ω–t 曲线求得（δ 和 ω 都是不能突变的）。这样由式（10-50）可继续算得 δ 和 ω 随时间变化的曲线。一般来讲，在计算几秒钟内的变化过程时，若 δ 始终不超过 180°，而且振荡幅值越来越小，则系统是暂态稳定的。

10.6 简单电力系统稳定性的仿真分析

简单电力系统
静态稳定性
仿真分析

以 10.5 节计算的简单电力系统为例，验证简单电力系统的稳定性。

1. 简单电力系统静态稳定性仿真分析

在 MATLAB 中的 Simulink 仿真平台搭建系统模型，以发电机有功功率变化为例，分析系统的静态稳定性。系统仿真模型如图 10-28 所示。

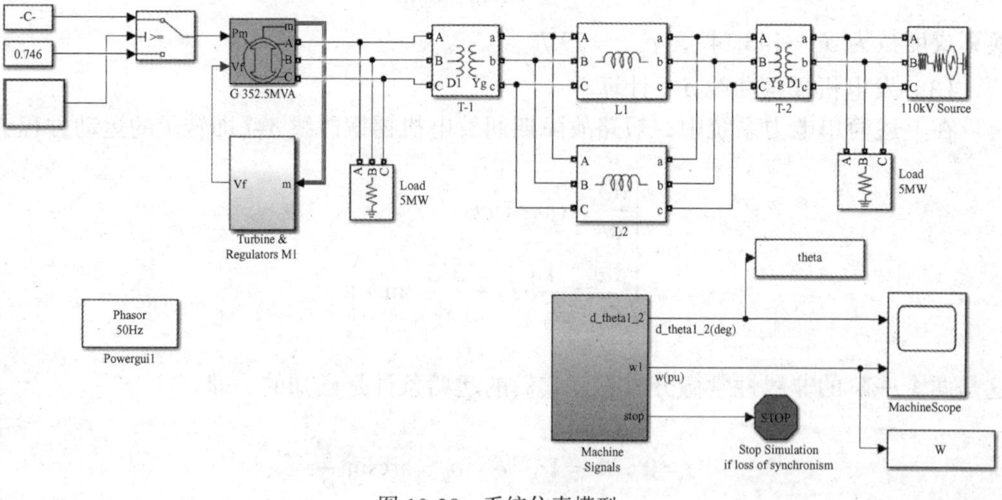

图 10-28 系统仿真模型

发电机有功功率从 0.746p.u. 阶跃为 0.4p.u. 时，发电机功角、转速如图 10-29 所示。

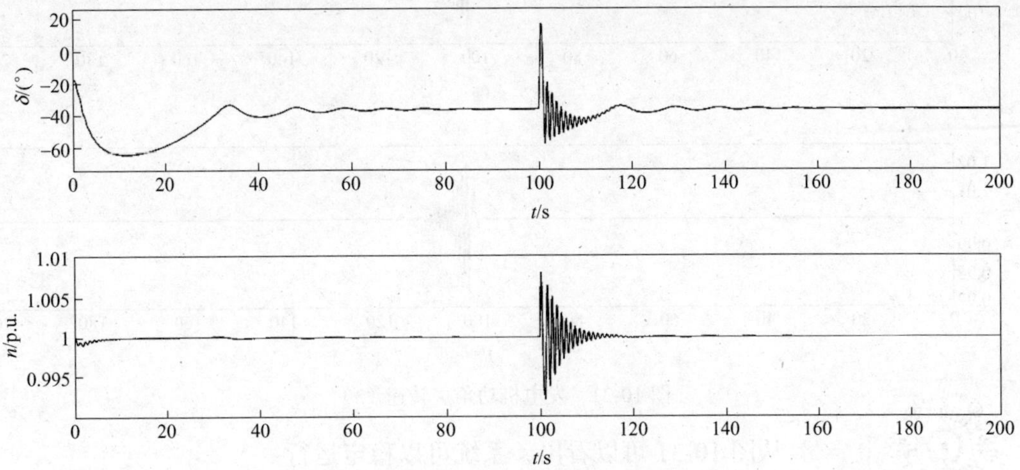

图 10-29 发电机功角、转速（1）

发电机有功功率从 0.746p.u. 阶跃为 0.6p.u. 时，发电机功角、转速如图 10-30 所示。

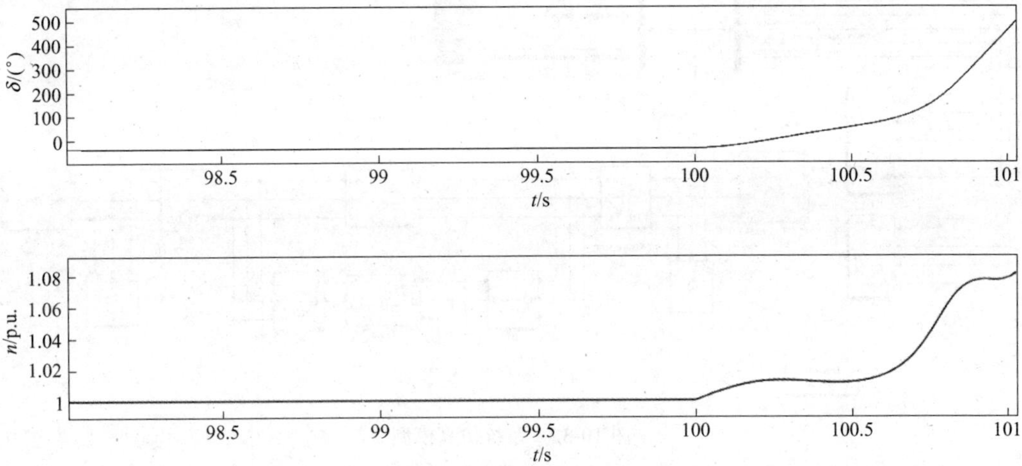

图 10-30 发电机功角、转速（2）

当发电机有功功率为 0.746p.u. 时，取小扰动信号模拟系统的阶跃为 0.4p.u.，运行仿真程序可得发电机功角、转速如图 10-29 所示。从图 10-29 中可以看出，此时系统能够保持静态稳定性。取小扰动信号模拟系统的阶跃为 0.6p.u.（扰动信号超过了发电机的功率极限），运行仿真程序可得发电机功角、转速如图 10-30 所示。从图 10-30 中可以看出，此时系统很快失去了静态稳定性。

增加励磁电压，增加仿真的励磁参考电压 V_{ref}，发电机有功功率从 0.746p.u. 阶跃为 0.6p.u. 时，发电机功角、转速如图 10-31 所示。

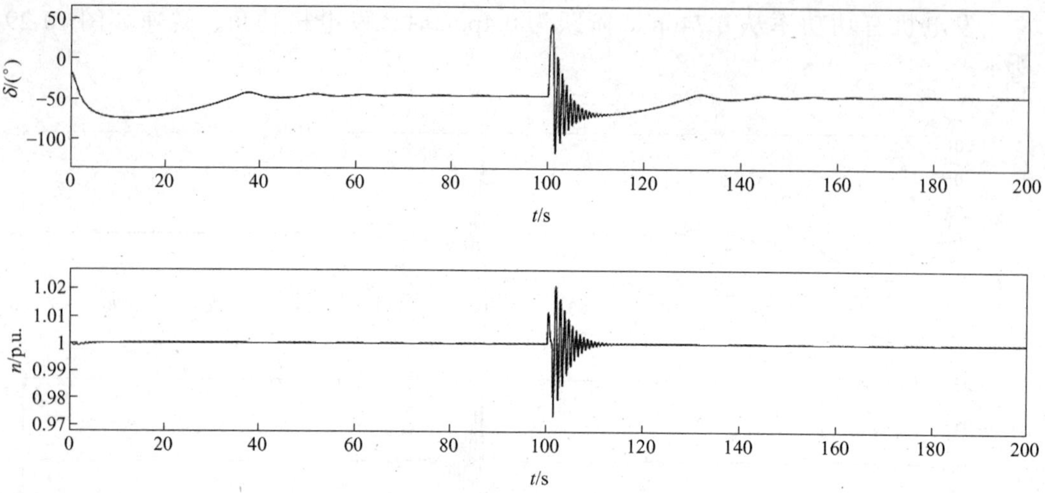

图 10-31 发电机功角、转速（3）

简单电力系统暂态稳定性仿真分析

从图 10-31 可以看出，系统可以稳定运行。

2. 简单电力系统暂态稳定性仿真分析

系统中双回输电线路的一回端部发生两相接地短路后，传输功率发生变化，系统仿真模型如图 10-32 所示。

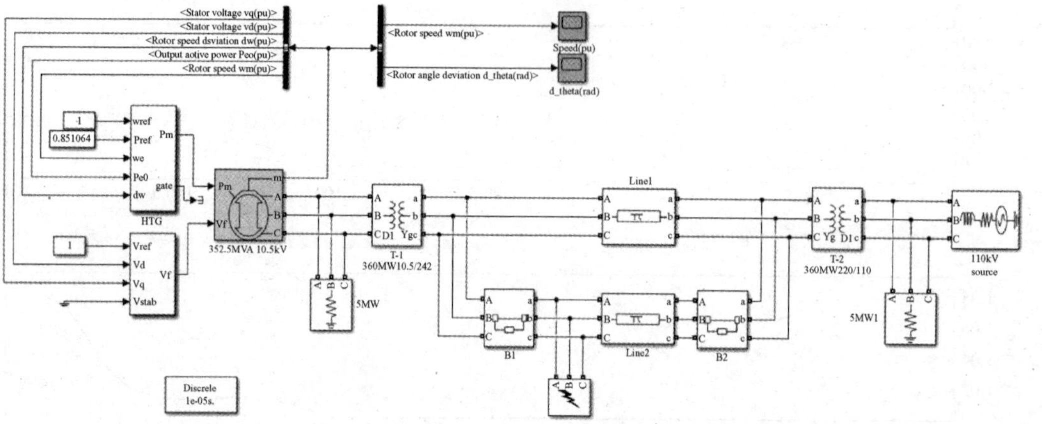

图 10-32 系统仿真模型

（1）不同时刻切除故障

仿真参数设置时，分别设置故障后 0.1s 和 0.55s 切除，发电机转速曲线如图 10-33 和图 10-34 所示。

由图 10-33 和图 10-34 可见，故障后 0.1s 切除，系统稳定；而当切除时间变为 0.55s，大于极限切除时间（该系统的极限切除时间为 0.2416s）时，系统失去稳定。仿真结果表明，故障切除时间对系统稳定性影响很大。

（2）增大 V_{ref}

仿真参数设置时，励磁参考电压 V_{ref} 从 1 增大到 1.05，故障后的 0.2s 切除，发电机转速曲线如图 10-35 所示。

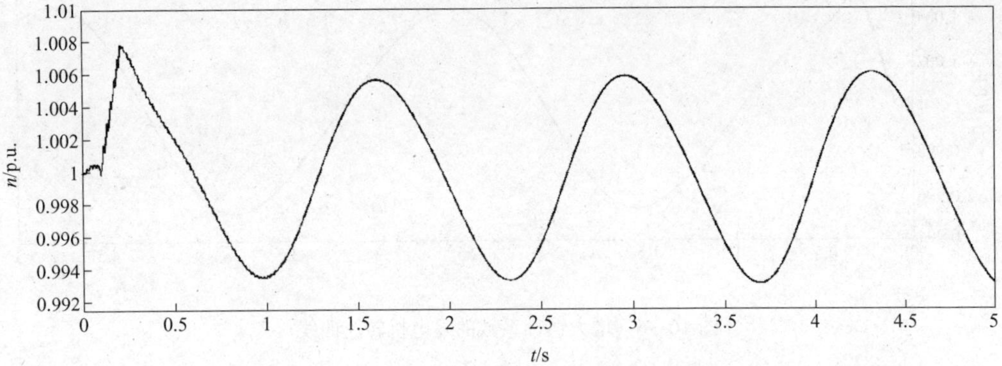

图 10-33　故障后 0.1s 切除的发电机转速曲线

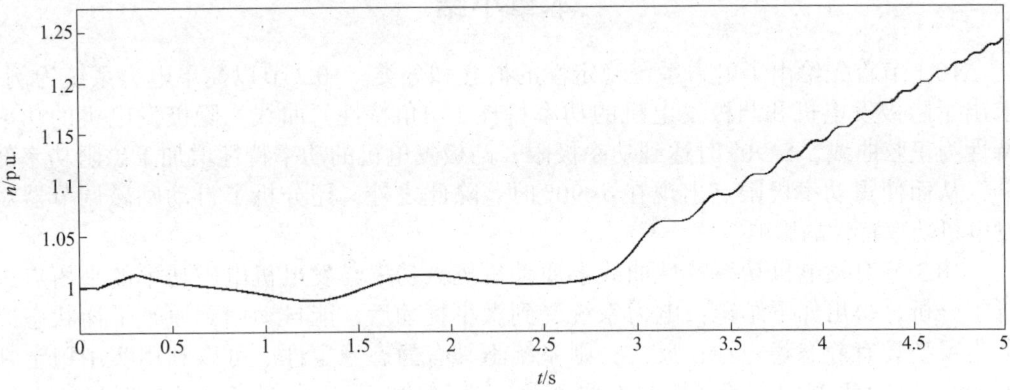

图 10-34　故障后 0.55s 切除的发电机转速曲线

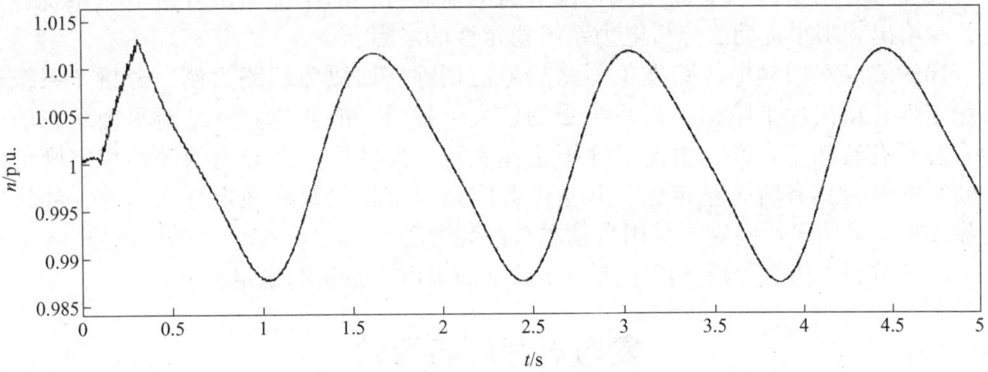

图 10-35　增大 V_{ref} 的发电机转速曲线

可以看出，增加 V_{ref}，可以使系统由原来的不稳定状态进入稳定状态。

（3）增大惯性系数

仿真参数设置时，惯性系数由原来的 4 改为 10，故障后的 0.2s 切除，发电机转速曲线如图 10-36 所示。

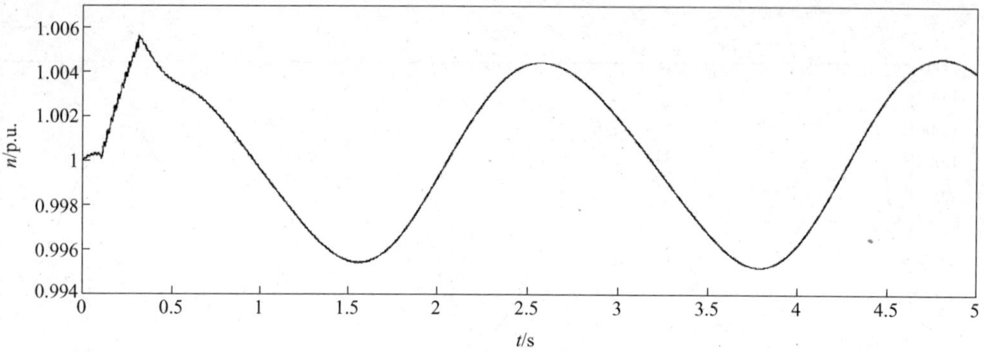

图 10-36　增大惯性系数的发电机转速曲线

可以看出，增大惯性系数，也可以提高系统的稳定性。

本章小结

10.1 节首先给出了电力系统稳定性的概念和分类。10.2 节以简单电力系统为例，求出了隐极发电机和凸极发电机的功率特性（功角特性）曲线。隐极发电机的功率特性为正弦曲线，$\delta=90°$ 时达到功率极限；凸极发电机的功率特性增加了磁阻功率部分，从而使得功率极限点出现在 $\delta<90°$ 时。除此之外，还分析了自动励磁调节器对发电机功率特性的影响。

10.3 节对发电机功率特性曲线上原动机机械功率与发电机电磁功率的平衡点进行了分析，得出如下结论：电力系统受到微小扰动后，能自动回到原来平衡状态的称为系统具有静态稳定性；反之，则系统不具有静态稳定性。可以利用实用稳定判据 $\mathrm{d}P/\mathrm{d}\delta>0$ 来判别系统是否具有静态稳定性。10.3 节还介绍了提高静态稳定性的措施。

10.4 节介绍了考虑系统元件和调节器的动态特性的小扰动法分析电力系统稳定性，并给出利用小扰动法分析电力系统稳定性的步骤。

10.5 节以双回输电线路发生短路故障后切除一回故障线路为例，分析了系统暂态稳定性，得出如下结论：当系统受到较大干扰后，能够建立一个新平衡状态的称为系统具有暂态稳定性。由能量守恒定律和功、能转换关系导出的等面积定则可以判断系统是否具有暂态稳定性，并基于此定则寻求提高暂态稳定性的措施，如快速切除故障、采用强行励磁、采用自动重合闸装置等。

10.6 节利用仿真分析方法，进一步验证简单电力系统的稳定性。

复习思考题与习题

10-1　什么是电力系统的静态稳定性？什么是电力系统的暂态稳定性？

10-2　隐极发电机和凸极发电机的功率特性有何不同？发电机输出功率达到极限功率时，发电机是否具有静态稳定性？

10-3　什么是电力系统静态稳定性的实用判据？其物理意义是什么？

10-4　什么是静态稳定储备系数？一般该系数应保持在什么范围？该系数过大或过小有哪些不利影响？

10-5　叙述利用小扰动法分析系统静态稳定性的步骤。

10-6　如何利用小扰动法判断系统静态稳定性？

10-7　发电机功率极限越高，对系统运行稳定性是否越有利？

10-8　自动励磁调节器对发电机的功率特性有何影响？

10-9　试画图说明快速切除故障对提高系统暂态稳定性的作用。

10-10　试画图说明自动重合闸装置对提高系统暂态稳定性的作用。

10-11　试画图说明改善原动机调节特性对提高系统暂态稳定性的作用。

10-12　系统的电气接线图如图 10-37 所示，若输电线路一回线路的末端发生两相接地短路，试分析系统的暂态稳定性。

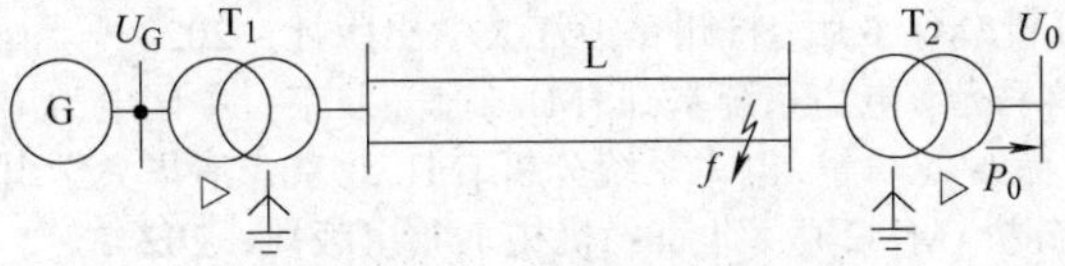

图 10-37　题 10-12 的电气接线图

发电机的参数如下：$P_{GN}=300\,MW$，$\cos\varphi=0.85$，$U_{GN}=18\,kV$，$x_d=x_q=2.42$，$x_d'=0.34$，$x_q'=0.23$，$x_{(1)}=0.18$，$T_d'=1.01$，$T_d''=0.053$，$T_{q0}''=0.1$，$R_s=0.0028$，$H(s)=4s$，$T_{JN}=6s$，$x_{(2)}=0.2$。

变压器 T_1 的参数如下：$S_{TN1}=360\,MVA$，$U_{ST1}\%=14\%$，$k_{T1}=18/242$。

变压器 T_2 的参数如下：$S_{TN2}=360\,MVA$，$U_{ST2}\%=14\%$，$k_{T2}=220/121$。

输电线路 L 的参数如下：$l=200\,km$，$U_N=220\,kV$，$x_L=0.41\Omega/km$，$x_{(0)}=4x_{(1)}$。

运行条件如下：$U_0=115\,kV$，$P_0=220\,MW$，$\cos\varphi_0=0.98$（滞后）。

10-13　在题 10-12 中，假设发电机的 E' 为常数，如果在一回线路的始端突然发生三相短路，试计算线路的极限切除角和时间。

参考文献

[1] 何仰赞，温增银 . 电力系统分析：上册 [M]. 4 版 . 武汉：华中科技大学出版社，2016.

[2] 何仰赞，温增银 . 电力系统分析：下册 [M]. 4 版 . 武汉：华中科技大学出版社，2016.

[3] 陈珩 . 电力系统稳态分析 [M]. 4 版 . 北京：中国电力出版社，2018.

[4] 李光琦 . 电力系统暂态分析 [M]. 3 版 . 北京：中国电力出版社，2012.

[5] 孟祥萍，高嬿 . 电力系统分析 [M]. 3 版 . 北京：高等教育出版社，2020.

[6] 李庚银 . 电力系统分析基础 [M]. 2 版 . 北京：机械工业出版社，2024.

[7] 穆钢 . 电力系统分析 [M]. 北京：机械工业出版社，2021.

[8] 韩祯祥 . 电力系统分析 [M]. 6 版 . 杭州：浙江大学出版社，2023.

[9] 杨以涵，张粒子，麻秀范 . 电力系统基础 [M]. 2 版 . 北京：中国电力出版社，2007.

[10] 吴俊勇，夏明超，徐丽杰，等 . 电力系统分析 [M]. 北京：清华大学出版社，2014.

[11] 孙丽华 . 电力系统分析 [M]. 2 版 . 北京：机械工业出版社，2024.

[12] 于群，曹娜 . MATLAB/Simulink 电力系统建模与仿真 [M]. 3 版 . 北京：机械工业出版社，2024.

[13] 全国电压电流等级和频率标准化技术委员会 . 电能质量　电压暂降与短时中断：GB/T 30137—2013[S]. 北京：中国标准出版社，2014.